教育部高等学校电工电子基础课程教学指导分委员会推荐教材
浙江省普通高校"十二五"优秀教材
新工科电工电子基础课程一流精品教材

电路与模拟电子技术基础
（第5版）

◎ 查丽斌　李自勤　编著

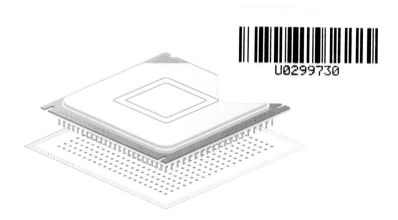

U0299730

电子工业出版社
Publishing House of Electronics Industry
北京·BEIJING

内 容 简 介

本书依据教育部高等学校电工电子基础课程教学指导分委员会制定的课程教学基本要求编写。全书共 10 章，主要内容包括：直流电路、一阶动态电路的暂态分析、正弦稳态电路的分析、模拟集成运算放大器及其应用、二极管及直流稳压电源、三极管及其放大电路、场效应管放大电路与放大电路的频率响应、低频功率放大电路、负反馈放大电路、信号产生与处理电路等。本书配备大量例题和习题，每章的"基于 Multisim 仿真的设计与讨论"有助于加深和进一步理解所学知识，适合翻转课堂教学使用。本书提供配套电子课件、习题详解、微课视频等。

本书可作为高等学校电子、电气、集成电路、计算机、通信、自动化等各专业和部分非电专业的本科生教材，也可作为高职本科和高职高专相关课程的教材和成人教育的自学教材，还可供电子工程技术人员学习参考。

图书在版编目（CIP）数据

电路与模拟电子技术基础 / 查丽斌，李自勤编著.

5 版. — 北京：电子工业出版社，2025. 1. — ISBN
978-7-121-49625-7

Ⅰ. TN7

中国国家版本馆 CIP 数据核字第 2025U0E502 号

责任编辑：王羽佳

印　　刷：河北鑫兆源印刷有限公司

装　　订：河北鑫兆源印刷有限公司

出版发行：电子工业出版社

　　　　　北京市海淀区万寿路 173 信箱　邮编：100036

开　　本：787×1092　1/16　印张：17　字数：539 千字

版　　次：2008 年 2 月第 1 版
　　　　　2025 年 1 月第 5 版

印　　次：2025 年 1 月第 1 次印刷

定　　价：59.90 元

凡所购买电子工业出版社图书有缺损问题，请向购买书店调换。若书店售缺，请与本社发行部联系，联系及邮购电话：（010）88254888，88258888。

质量投诉请发邮件至 zlts@phei.com.cn，盗版侵权举报请发邮件至 dbqq@phei.com.cn。

本书咨询联系方式：（010）88254535，wyj@phei.com.cn。

前　言

为了适应电子信息科学技术迅猛发展的需要，以及新的课程体系和教学内容改革的需要，我们根据教学基本要求，总结了多年从事电路、电子学教学工作丰富的教学经验，针对电路与电子学课程的基本要求和学习特点，为满足课程学时压缩的实际需要，将传统的"电路基础""模拟电子技术基础"两门课程合并。我们在2008年2月出版了本教材的第1版，继而在2011年8月、2015年2月和2019年1月修订出版了本教材的第2版、第3版和第4版。本书历经数十次印刷，受到广大师生和读者的关注，对此我们深表感谢！

鉴于近几年就业形势严峻，各学校都对专业基础课学时进行压缩，并且把教学时间安排提前到第二、三学期，使得学生在学习数学等基础课的同时学习专业基础课，内容衔接上的不连贯使学生对本门课程的掌握普遍感觉困难，所以本书的编写思路是保证基础、注重应用、讲清概念、力求精练。本书以基础知识为重点，在编写过程中特别注重使知识易懂、易学，做到语言简练，容易自学。

在电路基础部分，我们根据计算机各专业的需要，结合多年来电路课的教学经验，选出最基本的教学内容重点阐述，以保证学生掌握电路的基本原理及其基本分析方法，为模拟电子技术基础的学习打下扎实的基础。

在模拟电子技术部分，主要是突出集成电路，立足应用，将"模拟集成运算放大电路"的内容放在了第4章，形成了以模拟集成电路为主干的体系。另外将难点分散，循序渐进。在第5~7章中，均以一类半导体器件及其基本应用电路为一章，便于读者学习和掌握。在第6章中，强调对基本概念、基本原理、基本分析方法的理解和应用，减少复杂的数学推导。由于微电子学与制造工艺的进步，与双极性器件的性能相比，MOS器件具有明显的优势，所以在第7章加强了MOS管内容的讲解。第8、9章分别介绍低频功率放大电路和负反馈放大电路。这两章尽量简化定量分析，突出定性分析，力求简明扼要、系统性强。第10章讲解信号产生与处理电路。

本书的第4版相较于第3版主要增加了设计仿真的内容，将软件仿真贯穿全书，借助仿真来加深和巩固对所学知识的理解，每一章新增了一节"基于Multisim仿真的设计与讨论"内容，每一个仿真内容的设计都针对学生难以理解和容易出错的概念，通过仿真结果与理论结果进行比较来加深和巩固所学知识，强化知识点的学习。作为内容的扩展与加深，增加了设计仿真的题目，改善以前教材中重分析、轻设计的弊端，学习电路设计的思路，要求学生完成题目的设计和仿真。

为适应翻转课堂和学生自主学习需求，第5版在第4版的基础上进一步强调设计仿真，对有关内容做了适当调整：

① 5.4节"半导体器件型号命名及方法"中，介绍最新国标GB249—2017，替换了第4版中的国标249—74。

② 删除了第6章多级放大电路计算的例题与计算题。删除这些计算复杂的题目，主要是考虑没有必要花大量的时间在复杂的计算上，这些工作都可以借助计算机、利用仿真软件来完成。

③ 保留了第7章中晶体三极管和场效应管的高频等效模型的内容，这些内容有助于同学对晶体管频率响应的理解，为学习"高频电子线路"打下基础，但删除了"单管共射放大电路的频率特性分析""场效应管的频率响应"等内容中的例题，同时也删除了与之相对应的习题。放大电路频率响应的分析计算很烦琐，计算量也大，但实际测量或仿真放大电路的带宽是很简单方便的，因此没有必要手动计算了。

④ 修改了仿真电路内容中字母下标混乱的问题，全书做到了统一。

⑤ 调整了部分与教材内容不相符合的仿真设计内容。

本书配备了大量的例题，每章后面附有习题，这些例题和习题与教材内容紧密配合，深度适当。书末附有部分习题的参考答案，以供读者参考。本书提供多媒体电子课件和习题参考答案，请登录**华信教育资源网**免费注册下载。请扫描以下二维码学习本书视频课程。

《电路与模拟电子技术基础习题及实验指导（第 5 版）》是本书的配套教材。该指导书既可以作为学生的实验指导书，也可以作为学生的作业本和习题指导手册来使用。指导书共 11 章，第 1～10 章与本书对应，每章给出该章内容的知识要点总结、重点与难点、重点分析方法和步骤、填空题和选择题、习题 5 部分。可撕式习题部分供学生做作业时使用，可以省去抄题目和画图的时间，提高课后学习的效率，也可以减轻教师批改作业的负担。第 11 章提供了 11 个典型的实验，每个实验均给出实验内容和实验电路的设计方法，不针对具体的实验板设计，通用性较强。

本书由查丽斌策划、组织和统稿，第 1～3 章和附录 A 由李自勤编写，第 4～10 章由查丽斌编写，王宛苹和刘建岚在结构和内容方面提出了很多重要的意见，在此表示感谢；在本书编写的过程中，参考了本校教师、兄弟院校教师和部分读者的意见和建议，在此一并表示衷心感谢！

由于编者水平有限，书中难免存在错误和不妥之处，诚恳地希望读者提出宝贵意见和建议，以便今后不断改进。

目　录

第 1 章 直 流 电 路

本章介绍电路模型的概念，电路的基本物理量——电压、电流及功率；结合直流电路介绍电阻元件、独立电源、受控电源及它们的伏安关系（VAR，Volt-Ampere Relationship），重点讨论电路的基本定律、基本定理和基本分析方法，为后续的专业课程学习奠定基础。

1.1 电路及电路模型

现实生活中遇到的各种实际电路都是由一些电子元器件按一定方式相互连接而组成的。例如，常用的日光灯照明电路是由灯管、镇流器、启辉器、开关和交流电源相互连接而组成的。收音机是由一定数量的三极管（或集成电路器件）、电容器、电感器、扬声器及直流电源等元器件组成的。不同电路可以实现不同的应用任务，其电路的具体形式多种多样，所使用的元器件也是多种多样的，往往一个实际元器件呈现多种物理性质。比如一个用导线绕成的线圈，当通有电流时不仅会产生磁通，形成磁场，而且还有能量的消耗。此外，线圈的匝与匝之间还存在分布电容，因此该元器件不仅具有电感性质，还有电阻性质及电容性质。

由此可见，若以实际电路为研究对象，必然使所有实际元器件的电磁性能交织在一起，处理起来较为复杂。为了便于对电路进行分析计算，在一定条件下，需要对实际元器件加以近似、理想化，即用一个表征其主要物理特性的理想元件来代替它，这种理想化的元件称为理想电路元件，简称为电路元件。它是实际元器件的模型，任何实际电路元器件均可以用这些理想化元件模型或它们的组合来表征。如小灯泡，只用一个电阻元件 R_L 作为它的模型，而干电池则要由电压源和电阻元件串联构成。由于理想元件没有体积，特性集中在空间的一点上，故又称为集总参数元件，由集总参数元件组成的电路称集总电路，它是实际电路的模型。电路理论分析的是电路模型，而不是实际电路。

电路的一个作用是实现电能的传输与转换，如照明电路，它将电源提供的电能传输至照明灯，并转化为光能；另一个作用是传递和处理信号，如收音机、电视机，它们通过接收天线接收载有声音、图像信息的电磁波信号后，经过选频、放大和处理，最后由扬声器或显示屏管复原出原信号。

不论是电能的传输和转换，还是信号的传递和处理，都是通过电流、电压和电动势来实现的，所以在分析电路之前，首先讨论电路的几个物理量。

1.2 电 路 变 量

1.2.1 电流和电流的参考方向

电流是由电荷有规则地定向运动而形成的。其大小用电流强度表示：把每单位时间内通过导体横截面的电量定义为电流强度，用符号 $i(t)$ 表示，其数学表达式为

$$i(t) = \frac{\mathrm{d}q}{\mathrm{d}t} \tag{1.2.1}$$

电流方向规定为正电荷运动的方向。如果电流大小及方向都不随时间变化，则称恒定电流，简称直流（简写为 DC），用大写的斜体字母 I 表示。如果 $i(t)$ 是时间 t 的函数，称为时变电流，简写为 i，如果时变电流的大小和方向都随时间做周期性变化，则称为交流电流（简写为 AC）。

在国际单位制（SI）中，电荷的单位是库仑（C），时间的单位是秒（s），电流的单位是安培（A），则有 $1(A) = \frac{1(C)}{1(s)}$。常用的电流单位还有千安（kA）、毫安（mA）、微安（μA）。安培（A）是电流的基

本单位，换算关系为：$1\text{kA} = 10^3 \text{A}$，$1\text{mA} = 10^{-3}\text{A}$，$1\mu\text{A} = 10^{-6}\text{A}$。

在对电路进行分析时，如果电路较为复杂，一般预先无法知道电流的实际方向，因此先设定一个方向，称为参考方向。电流的参考方向可任意选择，在电路中用实线箭头来表示。例如图 1.2.1 所示的电流的实际方向和参考方向与数值的关系，其中方框表示一个两端元件。

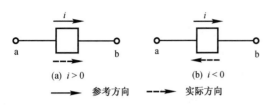

图 1.2.1　电流的实际方向和参考方向与数值的关系

图 1.2.1(a)中，电流的参考方向与实际方向一致，$i > 0$ 电流为正值；图 1.2.1(b)中，电流的参考方向与实际方向相反，$i < 0$ 电流为负值。所以只有在选定了参考方向后，电流才有正负之分。注意，电路图中标明的电流方向均为参考方向，一般不标实际方向，电流的实际方向是用电流的参考方向和该电流数值的正、负号一起加以判断的。

1.2.2　电压和电压的参考方向

电路中 a、b 两点间的电压在数值上等于电场力把单位正电荷从 a 点移到 b 点所做的功。其数学表达式为

$$u(t) = \frac{\mathrm{d}w}{\mathrm{d}q} \tag{1.2.2}$$

电压反映了单位正电荷由 a 点运动到 b 点所获取或失去的能量。例如，正电荷由 a 点运动到 b 点时失去能量，即 a 点能量高，b 点能量低，则 a 为正极，b 为负极。

规定电路中两点之间由高电位指向低电位，即电位降方向为电压的实际方向。电压的方向用+、–极性表示，也可用箭头来表示，还可以用双下标来表示，如图 1.2.2 所示。u_{ab} 表示 a 为正极性，b 为负极性，而 u_{ba} 正好相反，并且有 $u_{ab} = -u_{ba}$。同电流一样，对一个较复杂的电路，电压实际方向也是预先无法知道的，因此也要假设一个参考方向。当电压的实际方向与参考方向一致时，电压值为正，反之为负。

如果电压大小和极性都不随时间而变化，则称恒定电压或直流电压，用大写的斜体字母 U 表示。如果电压是时间 t 的函数，称为时变电压，用小写的斜体字母 u 表示。

在国际单位制（SI）中，能量的单位是焦耳（J），电压的单位是伏特（V），则有 $1(\text{V}) = \dfrac{1(\text{J})}{1(\text{C})}$。此外，电压的常用单位还有千伏（kV）和毫伏（mV），且有 $1\text{kV} = 10^3\text{V}$，$1\text{mV} = 10^{-3}\text{V}$。

一般情况下，电路在工作时，其电路元件上既存在电流又存在电压，而电压和电流都有各自的参考方向，这样就有关联参考方向（简称关联方向）和非关联参考方向（简称非关联方向）两种。图 1.2.3(a)中，电流从电压的正端流入，即电流的参考方向与电压的参考极性一致，称关联参考方向，图 1.2.3(b)正好相反，称非关联参考方向。在对电路进行分析时应尽可能选用关联参考方向。

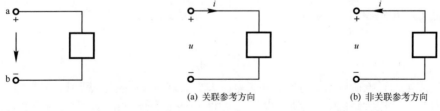

图 1.2.2　电压的方向　　　　　　　　　图 1.2.3　关联和非关联参考方向

引入关联参考方向后，只需在电路图中标出电流参考方向或电压参考极性中的任何一种就可以了。

1.2.3 功率和能量

除电压和电流外，功率和能量的计算在电路分析中也是很重要的。

电功率（简称功率）可以用来反映电能转换的快慢，定义为：单位时间内吸收（或产生）的电能量，即

$$p(t) = \frac{\mathrm{d}w}{\mathrm{d}t} \tag{1.2.3}$$

由于 $i(t) = \dfrac{\mathrm{d}q}{\mathrm{d}t}$，$u(t) = \dfrac{\mathrm{d}w}{\mathrm{d}q}$，所以 $\qquad\qquad p(t) = u(t)i(t) \tag{1.2.4}$

在直流电路中 $\qquad\qquad\qquad\qquad P = UI \tag{1.2.5}$

把能量传输的方向定为功率方向，当电压、电流为关联参考方向时，计算功率时采用式（1.2.4）；若为非关联参考方向时，则 $p(t) = -u(t)i(t)$。计算结果中，若 $p(t)$ 为正值，表明该元件吸收功率；若 $p(t)$ 为负值，表明该元件提供功率或产生功率。元件在电路中提供功率，起到电源作用的称为电源；吸收功率，起到负载作用的称为负载。一般来说：

$$吸收功率 = -产生功率$$

在国际单位制（SI）中，功率的单位是瓦特（W），则有 $1(\mathrm{W}) = \dfrac{1(\mathrm{J})}{1(\mathrm{s})}$。功率的常用单位还有毫瓦（mW）、千瓦（kW）和兆瓦（MW），且有 $1\mathrm{mW} = 10^{-3}\mathrm{W}$，$1\mathrm{kW} = 10^{3}\mathrm{W}$，$1\mathrm{MW} = 10^{6}\mathrm{W}$。

根据式（1.2.3）可求得能量 $\qquad w(t) = \displaystyle\int_{-\infty}^{t} P(\lambda)\mathrm{d}\lambda \tag{1.2.6}$

在 $t_1 \sim t_2$ 时间内，元件的能量变化为 $\displaystyle\int_{t_1}^{t_2} P(\lambda)\mathrm{d}\lambda$。

【例 1.2.1】 图 1.2.4 所示电路由 6 个元件组成，已知 $U_1 = 2\mathrm{V}$，$U_2 = 3\mathrm{V}$，$U_3 = 5\mathrm{V}$，$U_4 = -3\mathrm{V}$，$U_5 = U_6 = 2\mathrm{V}$，$I_1 = 2\mathrm{A}$，$I_2 = 1\mathrm{A}$，$I_3 = -3\mathrm{A}$，$I_4 = -2\mathrm{A}$，$I_5 = -1\mathrm{A}$；求每个元件的功率，并指出哪些是电源，哪些是负载。

解： $P_1 = U_1 I_1 = 2 \times 2 = 4(\mathrm{W})$ （吸收）

$P_2 = U_2 I_1 = 3 \times 2 = 6(\mathrm{W})$ （吸收）

$P_3 = U_3 I_2 = 5 \times 1 = 5(\mathrm{W})$ （吸收）

$P_4 = -U_4 I_3 = -(-3) \times (-3) = -9(\mathrm{W})$ （产生）

$P_5 = U_5 I_4 = 2 \times (-2) = -4(\mathrm{W})$ （产生）

$P_6 = U_6 I_5 = 2 \times (-1) = -2(\mathrm{W})$ （产生）

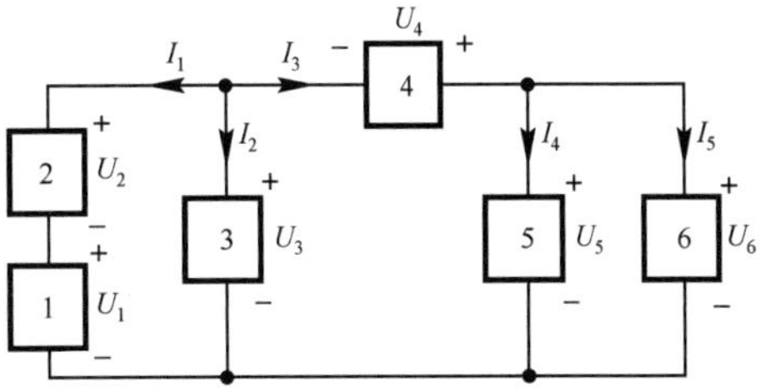

图 1.2.4 例 1.2.1 电路

所以，元件 1、2 和 3 是负载，4、5 和 6 是电源，而且 $P_1 + P_2 + P_3 = -(P_4 + P_5 + P_6)$，即所有元件提供的功率与吸收的功率相等。

1.3 电 阻 元 件

电路中表示材料电阻特性的元件称为电阻器，简称电阻，电阻元件是从实际电阻器中抽象出来的模型。线性电阻元件在电压与电流为关联参考方向时，如图 1.3.1(a)所示，其两端的电压和电流的关系服从欧姆定律，即有

$$u = Ri \tag{1.3.1}$$

式中，R 是常数，称为电阻，单位为欧姆（Ω）。常用的电阻单位还有千欧（kΩ）和兆欧（MΩ）。换算关系为 $1\mathrm{k\Omega} = 10^{3}\Omega$，$1\mathrm{M\Omega} = 10^{6}\Omega$。

欧姆定律体现了电阻器对电流呈现阻力的本质。若 u 与 i 为非关联参考方向，则欧姆定律应改为 $u = -Ri$。

如果把电阻元件的电压取为纵坐标，电流取为横坐标，可绘出 $i - u$ 平面上的曲线，称为电阻元件的伏安特性曲线（简称特性曲线）。显然，线性电阻元件的伏安特性曲线是一条经过坐标原点的直线，电阻值可由直线的斜率来确定，如图 1.3.1(b)所示。

电阻元件还可用另一个参数电导表示，电导 $G=1/R$，单位为西门子，符号为 S。用电导表征线性电阻元件时，欧姆定律为

$$i = Gu \qquad\qquad (1.3.2)$$

从线性电阻元件特性曲线可以看出，任一时刻电阻的电压（或电流）由同一时刻的电流（或电压）所决定。也就是说，线性电阻的电压不能"记忆"电流在"历史"上起过的作用，所以称为无记忆元件。对于任意一个二端元件，只要电压和电流之间存在代数关系，就是无记忆元件。

线性电阻有两个特殊情况——开路和短路。当电阻元件开路时，无论电压为何值，其上的电流恒等于零，如图 1.3.1(c)所示。当电阻元件短路时，无论电流为何值，其上电压恒等于零，如图 1.3.1(d)所示。

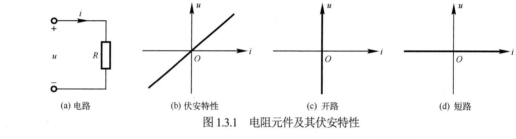

图 1.3.1　电阻元件及其伏安特性

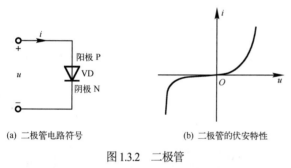

(a) 二极管电路符号　　　　　(b) 二极管的伏安特性

图 1.3.2　二极管

如果电阻不是常数，其值随电压或电流的大小或方向而改变，则称为非线性电阻。二极管是典型的非线性电阻，图 1.3.2(a)所示为二极管的电路符号。它的特性曲线由整条伏安特性曲线表示，如图 1.3.2(b)所示，所以不能笼统地说它是多少欧姆的电阻。

电阻元件除了线性和非线性外，还有时变和非时变（或时不变）之分，特性曲线不随时间变化的称为非时变的，否则称为时变的。

线性电阻元件在电压和电流的关联参考方向下

$$p = ui = Ri^2 = \frac{u^2}{R} = Gu^2 \qquad\qquad (1.3.3)$$

若 R 和 G 是正实常数，则功率 p 为正值，说明电阻元件消耗能量、吸收功率。

电阻器在电路中常用作电压调整、电流调整和作为负载电阻，电阻器的主要参数包括：电阻值、允许偏差、额定功率等。

（1）标称阻值和容许误差

标称阻值是指电阻器上标出的名义阻值。而实际上，阻值往往与标称阻值有一定的偏差，这个偏差与标称阻值的百分比称为容许误差，简称容差，容差越小，电阻器精度越高，国家标准规定普通电阻器的容差有±5%、±10%、±20%三个等级。商用电阻元件的标称阻值是按下列标准给出的：容差为±20%的廉价电阻在 0～10Ω 之间分为 6 挡，每挡大约相差 1.5 倍，即前一挡阻值乘以 1.5，取两位有效数字就是后一挡阻值，一共有 6 种阻值：1.0、1.5、2.2、3.3、4.7、6.8；阻值在 10～100Ω 之间也分 6 挡，其值在上述阻值上乘以 10，依次类推，每升一级，加一个 0，就得到±20%容差的整个系列的标称阻值。

容差为±10%的电阻每挡大约相差 1.222 倍，共有 12 种阻值：1.0、1.2、1.5、1.8、2.2、2.7、3.3、3.9、4.7、5.6、6.8、8.2。

容差为±5%的电阻每挡大约相差 1.105 倍，有 24 种阻值：1.0、1.1、1.2、1.3、1.5、1.6、1.8、2.0、2.2、2.4、2.7、3.0、3.3、3.6、3.9、4.3、4.7、5.1、5.6、6.2、6.8、7.6、8.2、9.1。

（2）额定功率

额定功率是指一个电阻可以耗散的最大功率。小型电阻器的外形尺寸及体积反映了其额定功率大小，通常额定功率有 1/20W、1/16W、1/8W、1/4W、1/2W、1W、2W、5W、10W 等。常用的色环电阻的功率是 0.25W，比 0.25W 大的是 0.5W，底色是蓝色的。1W 以上的底色是灰色的，功率小于 1W 的没有标注，大于 1W 的很多类型的电阻上会直接标注功率。

1.4　电压源与电流源

独立电源是二端器件，有电压源和电流源两种，每种又分为理想电源和实际电源。

1.4.1　理想电压源

理想电压源（简称电压源），是从实际电源抽象出来的一种模型。它是一个二端元件，其两端总能保持一定的电压而与流过的电流无关。如果端电压是常数（固定不变），称为直流电压源，其符号如图 1.4.1(a)和(b)所示，其伏安特性如图 1.4.1(c)所示。

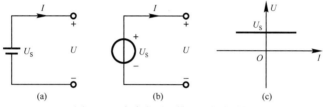

图 1.4.1　直流电压源符号及伏安特性

理想电压源的电压是定值，由它本身确定，而流过它的电流则是任意值，由与之连接的外电路决定。

1.4.2　理想电流源

理想电流源（简称电流源），也是从实际电源抽象出来的一种模型。它是一个二端元件，从其端钮上总能提供一定的电流而与端电压无关。如果电流为常数，称为直流电流源，其符号如图 1.4.2(a)所示，伏安特性如图 1.4.2(b)所示。

理想电流源的电流是定值，由它本身确定，而它两端的电压则是任意值，由与之连接的外电路决定。

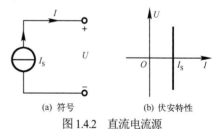

(a) 符号　　　(b) 伏安特性

图 1.4.2　直流电流源

1.4.3　实际电源的两个电路模型

实际电源有干电池、蓄电池、光电池、发电机等。实际电源的电路模型由产生电能的电源元件和消耗电能的电阻元件组合而成。

1. 实际电压源

实际电压源模型如图 1.4.3(a)所示，其电阻 R_S 称为电源的内电阻，一般是比较小的。实际电压源伏安特性如图 1.4.3(b)所示。图中虚线 1 是理想电压源的伏安特性，虚线 2 是电阻的伏安特性，显然虚线 1 减去虚线 2 等于实线部分，它是实际电压源的伏安特性，故实际电压源的伏安关系（VAR）为

$$U = U_S - R_S I \qquad (1.4.1)$$

从图 1.4.3 可见，实际电压源的外特性是工作电压 U 随着电流 I 的增加而下降，也就是说，实际电压源在向外提供电功率时，本身（在 R_S 上）也要消耗电功率，一个实际电压源的内阻越小，越接近理想电压源的特性。

当实际电压源接负载时，如图 1.4.4 所示。

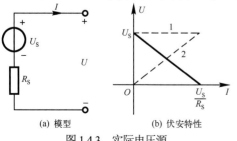

(a) 模型　　　(b) 伏安特性

图 1.4.3　实际电压源

根据负载情况的不同，可能会出现3种状态。

（1）有载状态：此时 $U = IR_L$ ， $I = \dfrac{U_S}{R_S + R_L}$ ，若电路中电压、电流及功率的实际值等于额定值（所谓的额定值，是指制造厂商为保证电路正常工作，在电器的铭牌上或产品说明书上所规定的电压、电流或功率的值），电路工作在额定状态，即满载状态时，设备的容量可得到充分利用，当然实际电路不一定就工作在额定状态。

（2）开路状态：此时 $R_L = \infty$ ， $I = 0$ ，即空载状态，开路时的电压用 U_{OC} 表示，开路电压最高， $U_{OC} = U_S$ 。

（3）短路状态：此时 $R_L = 0$ ，短路时的电流用 I_{SC} 表示， $I_{SC} = \dfrac{U_S}{R_S}$ ，短路时电流最大。

【例 1.4.1】 在图 1.4.5 所示直流电路中，已知额定功率 $P = 60W$ 、额定电压 $U = 30V$ ，内阻 $R_S = 0.5\Omega$ ，负载 R_L 可调，试求：（1）在额定工作状态下的电流 I 及负载电阻 R_L ；（2）开路电压；（3）短路电流。

解：（1） $I = \dfrac{P}{U} = \dfrac{60}{30} = 2(A)$ ， $R_L = \dfrac{U}{I} = \dfrac{30}{2} = 15(\Omega)$

（2） $U_{OC} = U_S = U + IR_S = 30 + 2 \times 0.5 = 31(V)$

（3） $I_{SC} = \dfrac{U_S}{R_S} = \dfrac{31}{0.5} = 62(A)$

由此可见，本题中短路电流是额定电流的 31 倍。由于一般电压源内阻 R_S 较小，故不可以将电压源短路，否则会因为短路电流太大而烧毁电源。因此，电压源在实际使用时必须加短路保护。

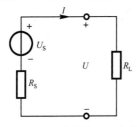
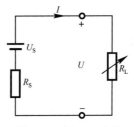

图 1.4.4　有负载电压源电路　　　　　图 1.4.5　例 1.4.1 电路

2. 实际电流源

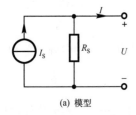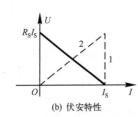

（a）模型　　　　　（b）伏安特性

图 1.4.6　实际电流源

图 1.4.6(a)所示为实际电流源的符号，其中， R_S 称为电流源的内阻，一般比较大。

图 1.4.6(b)中虚线 1 是理想电流源的伏安特性，虚线 2 是电阻的伏安特性，显然虚线 1 减去虚线 2 等于实线部分，它是实际电流源的伏安特性。其伏安关系为

$$I = I_S - \dfrac{U}{R_S} \tag{1.4.2}$$

【例 1.4.2】 计算如图 1.4.7 所示电路中电流 I 、电压 U 及理想电压源和理想电流源的功率。

解： 串联回路电流等于电流源电流，即 $I = 1A$

$$U = 2 \cdot I + 5 + 3 \cdot I = 10(V)$$

由于电流源电流参考方向与电压参考方向非关联，故

$$P_{1A} = -1 \cdot U = -1 \times 10 = -10(W) \quad （产生）$$

即电流源提供10W 功率。

电压源功率 $P_{5V} = 5 \cdot I = 5 \times 1 = 5(W)$ （吸收）

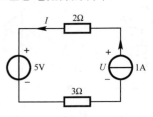

图 1.4.7　例 1.4.2 电路

若求电源提供的功率，还可采用另一种方法，即当电流 I 与电压 U 为非关联参考方向时，$P = UI$，若为关联参考方向时 $P = -UI$，计算结果 $P > 0$ 为提供功率，而 $P < 0$ 为吸收功率。

电流源提供功率 $P_{1A} = 1 \cdot U = 1 \times 10 = 10(\text{W})$；电压源提供的功率 $P_{5V} = -5 \cdot I = -5 \times 1 = -5(\text{W})$，所以电压源吸收功率 5W。

可见，电压源和电流源在电路中不一定都提供能量，有可能吸收能量，起负载的作用。

1.5　基尔霍夫定律

当元件相互连接组成具有一定几何结构形式的电路后，电路中便出现了节点和回路，与一个节点相连接的各支路，其电流必须受到基尔霍夫第一定律即电流定律（简写为 KCL）的约束，而与一个回路相连接的各支路，其电压必须受到基尔霍夫第二定律即电压定律（简写为 KVL）的约束。为了说明基尔霍夫定律，先介绍支路、节点、回路和网孔等几个电路术语。

支路：每一个两端元件视为一个支路，流经元件的电流和元件两端的电压分别称为支路电流和支路电压。

节点：两条或是两条以上支路的连接点称为节点。

图 1.5.1 中有 6 条支路，4 个节点。为方便起见，也可以把支路定义为多个元件串联组成的一段电路，图中元件 1 与元件 2 串联形成一条支路，而元件 1 与元件 2 之间的连接点也不再作为节点，这样定义后，支路数和节点数都将减少，有助于电路的分析和计算。

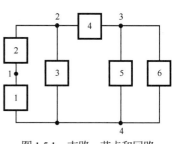

图 1.5.1　支路、节点和回路

回路：电路中任一闭合路径称为回路，图中有 6 个回路。

网孔：在回路内部不另含支路的回路称为网孔，该图有 3 个网孔。

1.5.1　基尔霍夫电流定律（KCL）

基尔霍夫电流定律：在集总参数电路中，在任一时刻，对任一节点，流出（或流入）该节点的所有电流的代数和等于零，即

$$\sum I = 0 \tag{1.5.1}$$

或者说，对任何一个节点，流入该节点的电流之和等于流出该节点的电流之和。

KCL 说明了电路中节点处各个支路电流之间的约束关系。实际上，基尔霍夫电流定律可由节点推广到任意一个闭合面，即通过一个闭合面的支路电流的代数和总是等于零，或者说流入闭合面的电流等于流出该闭合面的电流。

【例 1.5.1】　求如图 1.5.2 所示电路的电流 I_1、I_2 和 I_3。

解：设流入节点 a 的电流为正，则节点 a 的 KCL 方程为

$$4 - 3 - I_1 = 0，即 I_1 = 1(\text{A})$$

同理，节点 c 的 KCL 方程为

$$I_2 + 2 - 4 = 0，即 I_2 = 2(\text{A})$$

I_3 可由节点 b 的 KCL 方程求得，即

$$I_3 = I_1 - I_2 = -1(\text{A})$$

另外，还可以通过由 R_3、R_4 和 R_5 构成的闭合面

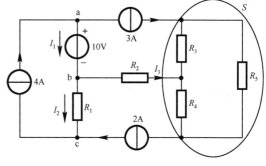

图 1.5.2　例 1.5.1 电路

S 求 I_3。在如图 1.5.2 所示的闭合面 S 中，若将它看做是一个闭合表面缩小后的一个点，流入 S 的电流有 3A 和 I_3，流出电流有 2A，则 $I_3 + 3 = 2$，故 $I_3 = -1(\text{A})$。

1.5.2　基尔霍夫电压定律（KVL）

基尔霍夫电压定律：在集总参数电路中，在任一时刻，对任一回路，沿着指定的回路绕行方向，

各元件两端的电压的代数和为零，即

$$\sum U = 0 \tag{1.5.2}$$

应用式（1.5.2）时要注意，元件两端的电压方向与回路绕行方向相同时取正号，相反则取负号。回路绕行方向可取顺时针方向，也可取逆时针方向。

基尔霍夫电压定律不仅应用于闭合回路，也可以把它推广应用于不闭合回路或某一条支路，其电路中任意两点之间的电压等于以这两点作为端点的任意路径上各个电压之和。

【例 1.5.2】 如图 1.5.3 所示电路，求 U_1 和 U_2。

解： 取网孔 1 和网孔 2 的顺时针方向为绕行方向。

对网孔 1 列 KVL 方程，有

$$U_1 + 2 - 5 = 0$$

求得 $U_1 = 3(V)$。

对网孔 2 列 KVL 方程，有 $\qquad U_2 - 3 - 2 = 0$

求得 $U_2 = 5(V)$。

【例 1.5.3】 求图 1.5.4 所示电路的 U_{ab} 和 U_{ac}。

解： 列 KVL 方程，有 $\qquad 5 \cdot I + 3 \cdot I + 2 - 6 = 0$

求得

$$I = \frac{6-2}{5+3} = 0.5(A)$$

$$U_{ac} = 3 \cdot I + 2 = 3.5(V)$$

由于 $U_{ac} = U_{ab} - 4$，求得 $U_{ab} = 3.5 + 4 = 7.5(V)$。

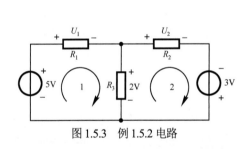

图 1.5.3　例 1.5.2 电路

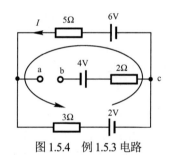

图 1.5.4　例 1.5.3 电路

1.6　单口网络及等效

单口网络是指只有一个端口与外部电路连接的电路。所谓端口，是一对端钮，流入一个端钮的电流总等于流出另一个端钮的电流。单口网络又称为二端网络。

单口网络在端口上的电压 U 和电流 I 的关系称为单口网络的伏安特性。如图 1.6.1 所示，两个单口网络 N_1 和 N_2，在相同的电压 U 和电流 I 参考方向下，如果 N_1 的伏安特性和 N_2 的伏安特性完全相同，或在 U-I 平面上的特性曲线完全重叠，则称这两个单口网络是等效的，N_1 和 N_2 互为等效电路。

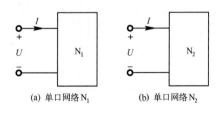

(a) 单口网络 N_1　　(b) 单口网络 N_2

图 1.6.1　单口网络

注意：等效是指对外电路等效，用 N_1 或用 N_2 连接，端口上的电压 U 和电流 I 对外电路的作用相同，并不一定要求 N_1 和 N_2 的内部结构完全一样。

1.6.1　电阻的串并联及等效

图 1.6.2(a)所示为两个电阻的串联，显然是一个单口网络，其伏安特性为

$$U = U_1 + U_2 = R_1 I + R_2 I = (R_1 + R_2)I \tag{1.6.1}$$

图 1.6.2(b)所示为一个电阻的单口网络，其伏安特性为

$$U = RI \tag{1.6.2}$$

显然，当 $R = R_1 + R_2$ 时，式（1.6.1）和式（1.6.2）相同，称图 1.6.2(b)所示电路是图 1.6.2(a)所示电路的等效电路。根据 $I = \dfrac{U}{R_1 + R_2}$，可得

$$\begin{cases} U_1 = \dfrac{R_1}{R_1 + R_2} U \\ U_2 = \dfrac{R_2}{R_1 + R_2} U \end{cases} \tag{1.6.3}$$

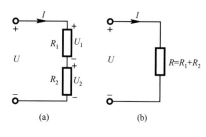

图 1.6.2　两电阻的串联及等效

式（1.6.3）称为分压公式。由式（1.6.3）可知，串联电阻中的任一电阻的电压等于总电压乘以该电阻对总电阻的比值。显然电阻值大的分配到的电压也高。对于 n 个电阻的串联，伏安特性为

$$U = U_1 + U_2 + \cdots + U_n = (R_1 + R_2 + \cdots + R_n)I = RI \tag{1.6.4}$$

所以串联电路的等效电阻为

$$R = R_1 + R_2 + \cdots + R_n = \sum_{i=1}^{n} R_i \tag{1.6.5}$$

第 k 个电阻的电压为

$$U_k = \frac{R_k}{\sum\limits_{i=1}^{n} R_i} U \tag{1.6.6}$$

串联电阻电路起分压的作用，而并联电阻电路则起分流作用。图 1.6.3(a)所示为两个电阻的并联，两个并联电阻的总电流为 I，两端的电压为 U，则由 KCL 及欧姆定律得

$$I = I_1 + I_2 = G_1 U + G_2 U = (G_1 + G_2)U = GU$$

根据 $U = \dfrac{I}{G_1 + G_2}$，可得

$$\begin{cases} I_1 = \dfrac{G_1}{G_1 + G_2} I \\ I_2 = \dfrac{G_2}{G_1 + G_2} I \end{cases} \tag{1.6.7}$$

若用电阻表示，则

$$\begin{cases} I_1 = \dfrac{R_2}{R_1 + R_2} I \\ I_2 = \dfrac{R_1}{R_1 + R_2} I \end{cases} \tag{1.6.8}$$

对于正电阻，如 $R_1 > R_2$，则 $I_1 < I_2$，表明电流在流动时主要沿着电阻小的路径流动。

若有 n 个电导并联，如图 1.6.3(b)所示，有

$$I = I_1 + I_2 + \cdots + I_n = \left(\frac{1}{R_1} + \frac{1}{R_2} + \cdots + \frac{1}{R_n} \right)U = (G_1 + G_2 + \cdots + G_n)U = GU$$

其等效电路如图 1.6.3(c)所示，并联电路的等效电阻为

$$\frac{1}{R} = \frac{1}{R_1} + \frac{1}{R_2} + \cdots + \frac{1}{R_n} \tag{1.6.9}$$

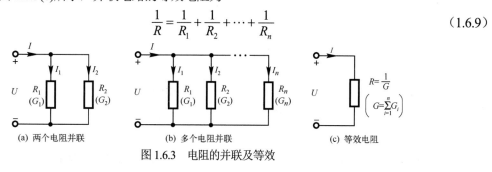

(a) 两个电阻并联　　　　　(b) 多个电阻并联　　　　　(c) 等效电阻

图 1.6.3　电阻的并联及等效

若两个电阻并联，则有

$$R = \frac{R_1 \cdot R_2}{R_1 + R_2} \qquad\qquad (1.6.10)$$

并联电路的等效电导为

$$G = G_1 + G_2 + \cdots + G_n \qquad\qquad (1.6.11)$$

第 k 个电导的电流为

$$I_k = \frac{G_k}{\sum\limits_{i=1}^{n} G_i} I \qquad\qquad (1.6.12)$$

由此可知：并联电导中流过任一电导的电流等于总电流乘以该电导对总电导的比值。显然电导值大的分配到的电流也大。

【例 1.6.1】 求图 1.6.4 中的各支路电流及电压 U。

解： 将图 1.6.4 的电阻进行串并联等效，其等效电阻为

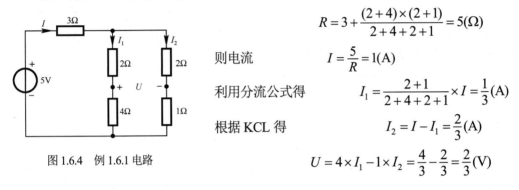

图 1.6.4　例 1.6.1 电路

$$R = 3 + \frac{(2+4)\times(2+1)}{2+4+2+1} = 5(\Omega)$$

则电流

$$I = \frac{5}{R} = 1(\text{A})$$

利用分流公式得

$$I_1 = \frac{2+1}{2+4+2+1} \times I = \frac{1}{3}(\text{A})$$

根据 KCL 得

$$I_2 = I - I_1 = \frac{2}{3}(\text{A})$$

$$U = 4 \times I_1 - 1 \times I_2 = \frac{4}{3} - \frac{2}{3} = \frac{2}{3}(\text{V})$$

1.6.2　理想电源的等效变换

1. 电压源的串联及等效

电压源串联支路可以用一个等效的电压源替代。图 1.6.5(a)为 n 个电压源的串联，可以用图 1.6.5(b)中的单个电压源等效，这个等效电压源的端口电压为

$$u_S = u_{S1} + u_{S2} + \cdots + u_{Sn} = \sum_{k=1}^{n} u_{Sk} \qquad\qquad (1.6.13)$$

如果 u_{Sk} 的参考方向与图 1.6.5(b)中的等效电压源 u_S 的参考方向一致，则式（1.6.13）中 u_{Sk} 的前面取"+"号，不一致时取"–"号。

2. 电流源的并联及等效

电流源并联支路可以用一个等效的电流源替代。图 1.6.6(a)为 n 个电流源的并联，可以用图 1.6.6(b)中的单个电流源等效，这个等效电流源的电流为

$$i_S = i_{S1} + i_{S2} + \cdots + i_{Sn} = \sum_{k=1}^{n} i_{Sk} \qquad\qquad (1.6.14)$$

如果 i_{Sk} 的参考方向与图 1.6.6(b)中的等效电流源 i_S 的参考方向一致，则式（1.6.14）中 i_{Sk} 的前面取"+"号，反之取"–"号。

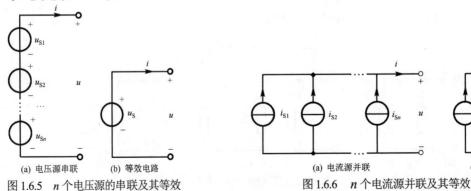

(a) 电压源串联　　(b) 等效电路　　　　　　　　　(a) 电流源并联　　　　　　　(b) 等效电路

图 1.6.5　n 个电压源的串联及其等效　　　　　图 1.6.6　n 个电流源并联及其等效

3. 电压源与元件的并联

图 1.6.7(a)所示为电压源与元件的并联结构，VAR 为 $U = U_S$，与图 1.6.7(b)所示的 VAR 相同，即图 1.6.7(a)与图 1.6.7(b)所示电路等效。

可见，电压源与元件并联后等效成电压源本身，如果并联的元件也是电压源，要求两电压源的极性和大小必须相同，否则不允许并联。

4. 电流源与元件的串联

图 1.6.8(a)所示的 VAR 为 $I = I_S$，与图 1.6.8(b)所示的 VAR 相同，即图 1.6.8(a)与图 1.6.8(b)所示电路等效。

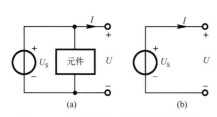

图 1.6.7　电压源与元件的并联及等效

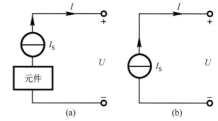

图 1.6.8　电流源与元件的串联及等效

图 1.6.8 表明，电流源与元件的串联等效成电流源本身，如果串联的元件也是电流源，则要求两个电流源的方向和大小必须完全相同，否则不允许串联。

1.6.3　实际电压源和实际电流源的等效

图 1.6.9(a)所示为实际电压源模型，图 1.6.9(b)所示为实际电流源模型，两图中的 U 和 I 参考方向相同。

图 1.6.9(a)的 VAR 为
$$U = U_S - RI$$

图 1.6.9(b)的 VAR 为
$$U = R' \cdot (I_S - I) = R'I_S - R'I$$

比较两图的 VAR 可以看出，当满足 $R = R'$，且

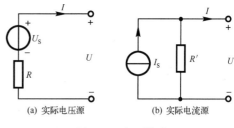

(a) 实际电压源　　　　(b) 实际电流源

图 1.6.9　电源模型

$U_S = R'I_S$ 或 $I_S = \dfrac{U_S}{R'}$ 时，两个 VAR 完全相同，即这两个电路是等效的，这就是所谓的电源间的等效变换。在等效变换时，不但要注意数值关系，还要注意电压源的极性和电流源的方向，应始终保持电压源的正极性和电流源的箭头方向一致。

【例 1.6.2】 将图 1.6.10(a)所示电路简化为最简单形式。

解： 最简单形式是指仅由一个电压源串联一个电阻或由一个电流源并联一个电阻所组成的电路。将原电路逐次化简的过程如图 1.6.10(b)、(c)、(d)、(e)所示。

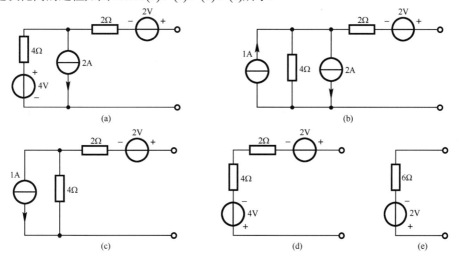

图 1.6.10　等效电路过程

　　在进行等效电源变换时，如遇到两支路并联时，可以将电压源串联一个电阻等效成电流源并联一个电阻，如图 1.6.10(a)到图 1.6.10(b)的转换，因为在并联电路中电流源可直接进行加减运算。同理，在遇到串联支路时，可将电流源并联一个电阻等效成电压源串联一个电阻，如图 1.6.10(c)到图 1.6.10(d)的转换，因为在串联电路中电压源可直接进行加减运算。

　　【例 1.6.3】 将图 1.6.11(a)所示电路简化为最简单形式。

　　解： 由于电压源与元件并联后等效为电压源，而电流源与元件串联后等效为电流源，故图 1.6.11(a)可转换成图 1.6.11(b)，再根据串联支路等效成实际电压源，而并联支路等效成实际电流源的原则，进一步化简电路，最后得到图 1.6.11(e)所示的最简单形式。

　　若图 1.6.11(a)中的 6V 理想电压源改为 3V 电压时，则图 1.6.11(c)中的两个电压源电压大小相等，方向相反，此时电压为零相当于短路，而图 1.6.11(d)中的电流源为零相当于开路，因此最终的等效电路仅为 2Ω 电阻支路。

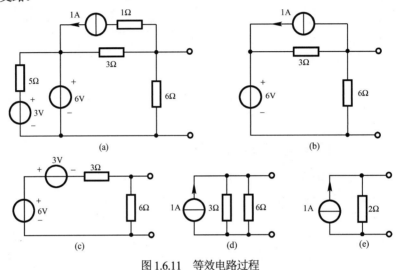

图 1.6.11　等效电路过程

1.7　电位的概念与计算

　　在电子电路分析计算中，经常要用到电位的概念。电路中某点电位是指该点与参考点之间的电压，用符号 V 表示，如 a 点电位为 V_a，a、b 间的电压为 a 点电位减去 b 点电位，即 $U_{ab} = V_a - V_b$。参考电位可以任意选定，并将其规定为零。当参考点电位改变时，各点电位随之改变，但两点之间的电位差不会改变。谈到电位，电路中必有一个参考点，也只能有一个参考点。通常在电力电路中，选择大地作为参考点，在电路图中用符号"⏚"表示接大地，而在电子电路中，通常选定与金属外壳相连的点作为参考点，在电路图中用符号"⊥"表示接机壳或接底板。

　　利用电位可以将电路简化。如在图 1.7.1(a)中，$V_a = U_{S1} = +15V$，$V_c = U_{S2} = -5V$，将图 1.7.1(a)中的电源符号省去标出电位值（大小和极性），如图 1.7.1(b)所示，该电路是电子电路的习惯画法。

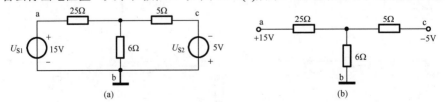

图 1.7.1　将电压源用电位表示

　　【例 1.7.1】 求图 1.7.2 电路中的 a、b 和 c 各点电位。

　　解： $I = \dfrac{5 - 15}{2 + 3} = -2(A)$

$$V_a = 5 - 3 \times (-2) + 3 = 14(V) \ , \quad V_b = 15 + 3 = 18(V) \ , \quad V_c = 3(V)$$

【例 1.7.2】 图 1.7.3 所示电路，当开关 S 断开和闭合时，求 a 点的电位 V_a。

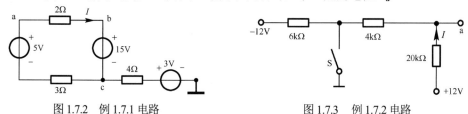

图 1.7.2 例 1.7.1 电路   图 1.7.3 例 1.7.2 电路

解：（1）S 断开时，电路为单一支路，3 个电阻流过同一电流

$$I = \frac{12 - (-12)}{6 + 4 + 20} = 0.8(\text{mA})$$

流过 20kΩ 电阻的电流 I 方向为由下向上，有 $12 - V_a = I \times 20$，所以

$$V_a = 12 - 0.8 \times 20 = -4(V)$$

（2）S 闭合时，4kΩ 电阻和 20kΩ 电阻流过同样的电流，a 点电位等于 4kΩ 电阻上的电压。

$$V_a = \frac{12}{4 + 20} \times 4 = 2(V)$$

1.8 支路电流分析法

以支路电流为求解变量的分析方法称为支路电流法。假设电路具有 n 个节点、b 条支路，则应根据基尔霍夫定律列出 b 个独立方程式。其整个分析过程如下：

（1）标出每个支路电流以及参考方向；

（2）根据 KCL 列出 $n-1$ 个独立的节点电流方程；

（3）选定所有独立回路并指定每个回路的绕行方向，再根据 KVL 列出 $b-(n-1)$ 个回路电压方程；

（4）求解（2）、（3）所列的联立方程组，得各支路电流；

（5）根据需要，利用元件 VAR 可求得各元件电压及功率。

下面以图 1.8.1 为例进行分析。

电路中有 6 条支路、4 个节点，根据基尔霍夫电流定律可列出任意 3 个独立的 KCL 方程，本题列出节点 1、2、3 的 KCL 方程为

节点 1： $I_1 - I_2 - I_3 = 0$

节点 2： $I_2 - I_4 - I_5 = 0$

节点 3： $I_3 + I_5 - I_6 = 0$

应用基尔霍夫电压定律列出 3 个独立的 KVL 方程为

回路 1： $R_1 I_1 + R_2 I_2 + R_4 I_4 - U_{S1} = 0$

回路 2： $R_3 I_3 - R_5 I_5 - R_2 I_2 = 0$

回路 3： $-R_4 I_4 + R_5 I_5 + R_6 I_6 + U_{S2} = 0$

【例 1.8.1】   用支路电流法求图 1.8.2 中各支路电流及电流源功率。

解：与图 1.8.1 比较，图 1.8.2 所示电路只是 R_4 电阻支路改为电流源支路，由于电流源支路的电流为已知电流，故 6 条支路中只需列出 5 个独立方程就可以了。其中独立的节点方程数仍为 3 个，另外两个为回路方程。在列回路方程时应避开电流源支路，因为电流源两端的电压由与之连接的外电路决定，所以无法直接写出来。

其 KCL 方程为

节点 1： $I_1 - I_2 - I_3 = 0$

节点 2： $I_2 + 2 - I_4 = 0$

节点 3： $I_3 + I_4 - I_5 = 0$

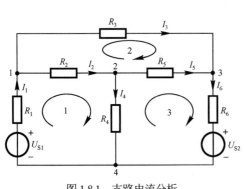

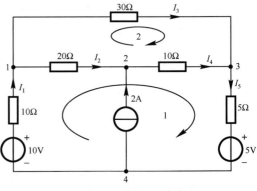

图 1.8.1 支路电流分析   图 1.8.2 例 1.8.1 电路

由 KVL 列写的回路方程为

回路 1：$\qquad\qquad 10 \cdot I_1 + 20 \cdot I_2 + 10 \cdot I_4 + 5 \cdot I_5 + 5 - 10 = 0$

回路 2：$\qquad\qquad 30 \cdot I_3 - 10 \cdot I_4 - 20 \cdot I_2 = 0$

联立解得

$$I_1 = -\frac{1}{2}(\text{A}),\ \ I_2 = -\frac{7}{12}(\text{A}),\ \ I_3 = \frac{1}{12}(\text{A}),\ \ \ I_4 = \frac{17}{12}(\text{A}),\ \ I_5 = \frac{3}{2}(\text{A})$$

电流源支路两端电压 U 取上正下负，则

$$U = 10 \cdot I_4 + 5 \cdot I_5 + 5 = \frac{80}{3}(\text{V})$$

电流源功率为 $P = -2 \cdot U = -53.3(\text{W})$，即电流源提供功率是 53.3W。

支路电流法是最基本的方法，因为它是以 KCL、KVL 为依据，但当支路数目较大时，求解方程数较多，计算量也比较大，因而在此基础上引出了节点分析法。

1.9 节点分析法

如果在电路中任选一个节点作为参考节点（设此节点电位为零），则其他节点到参考节点的电压降称为该节点的节点电压。以节点电压为未知量，将各支路电流用节点电压表示，利用 KCL 列出独立的电流方程进行求解，此种方法称节点分析法。

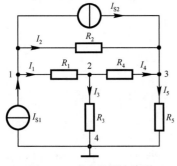

图 1.9.1 节点分析法电路

图 1.9.1 所示电路共有 4 个节点。以节点 4 为参考节点。对节点 1、2、3 列 KCL 方程有

$$\begin{cases} I_{S1} - I_1 - I_2 - I_{S2} = 0 \\ I_1 - I_3 - I_4 = 0 \\ I_{S2} + I_2 + I_4 - I_5 = 0 \end{cases} \qquad (1.9.1)$$

根据元件 VAR，又可得

$$I_1 = \frac{V_1 - V_2}{R_1}, I_2 = \frac{V_1 - V_3}{R_2}, I_3 = \frac{V_2}{R_3}, I_4 = \frac{V_2 - V_3}{R_4}, I_5 = \frac{V_3}{R_5}$$

将电流表达式代入式（1.9.1），整理后可得

$$\begin{cases} \left(\dfrac{1}{R_1} + \dfrac{1}{R_2}\right)V_1 - \dfrac{1}{R_1}V_2 - \dfrac{1}{R_2}V_3 = I_{S1} - I_{S2} \\[2mm] -\dfrac{1}{R_1}V_1 + \left(\dfrac{1}{R_1} + \dfrac{1}{R_3} + \dfrac{1}{R_4}\right)V_2 - \dfrac{1}{R_4}V_3 = 0 \\[2mm] -\dfrac{1}{R_2}V_1 - \dfrac{1}{R_4}V_2 + \left(\dfrac{1}{R_2} + \dfrac{1}{R_4} + \dfrac{1}{R_5}\right)V_3 = I_{S2} \end{cases} \qquad (1.9.2)$$

式（1.9.2）是以节点电压为变量所列的方程，故称节点电压方程。

一个具有 n 个节点的电路，由于假定了一个参考点，并设该点电位为零，所以未知的节点数只有 $n-1$ 个。将这 $n-1$ 个节点作为独立节点，恰好可以列出 $n-1$ 个独立的节点方程。节点分析法与支路电流法比较，可节省回路电压方程。这对于节点少、支路多的电路来说是非常适用的。

【例 1.9.1】 用节点分析法求图 1.9.2(a)中各节点电压。

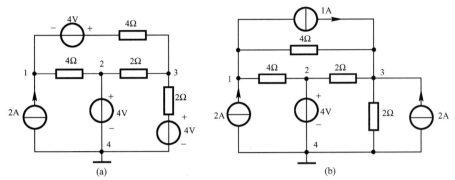

图 1.9.2　例 1.9.1 电路

解： 为便于列出节点电压方程，可将图(a)中的实际电压源等效成图(b)中的实际电流源后再列方程，由于本题中节点 2 电压为已知电压，故只需列节点 1 和节点 3 的 KCL 方程即可。

节点 1：
$$\frac{V_1-4}{4}+\frac{V_1-V_3}{4}+1-2=0$$

节点 3：
$$\frac{V_3-V_1}{4}+\frac{V_3-4}{2}+\frac{V_3}{2}-1-2=0$$

整理得
$$\begin{cases} 2V_1-V_3=8 \\ -V_1+5V_3=20 \end{cases}$$

解得
$$V_1=\frac{20}{3}(\text{V})，V_3=\frac{16}{3}(\text{V})$$

说明：电路中含有独立电压源支路时，尽可能选电压源一端作为参考点，则另一端电位为已知电位，可节省方程数。本题中选 4 为参考点，则 $V_2=4\text{V}$。

【例 1.9.2】 求图 1.9.3(a)所示电路的 a 点电位。

解： 图 1.9.3(a)是电子线路的习惯画法，标出了电位的大小和极性，省去了电压源符号，但通常列节点方程时，常转换成以电压源形式表示的电路，如图 1.9.3(b)所示，其节点 a 的 KCL 方程为
$$\frac{V_a-5}{2}+\frac{V_a+6}{3}+\frac{V_a}{6}=0$$

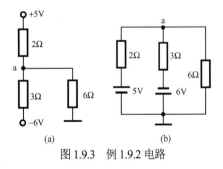

整理得
$$6V_a=3$$
解得
$$V_a=0.5(\text{V})$$

图 1.9.3　例 1.9.2 电路

1.10　叠 加 定 理

叠加定理又称叠加原理，是电路分析中的一个重要定理，它反映了线性电路的一个基本性质，即叠加性。叠加定理表述为：在线性电路中，由多个独立电源共同作用在某一支路中产生的电压（或电流）等于电路中每个独立电源单独作用时在该支路产生的电压（或电流）的代数和。当某一独立源单独作用时，其余的独立源置为零，即独立电压源短路，独立电流源开路，而其余元件应保留。

图 1.10.1(a)所示电路中，含有两个独立电源，当两个电源共同作用时，可将实际电流源等效成实际电压源，如图 1.10.1(b)所示。

由图 1.10.1(b)所示电路，可得

$$I = \frac{U_S - R_2 I_S}{R_1 + R_2} = \frac{U_S}{R_1 + R_2} - \frac{R_2 I_S}{R_1 + R_2} \qquad (1.10.1)$$

当 U_S 单独工作时，如图 1.10.1(c)所示

$$I' = \frac{U_S}{R_1 + R_2} \qquad (1.10.2)$$

当 I_S 单独工作时，如图 1.10.1(d)所示

$$I'' = -\frac{R_2 I_S}{R_1 + R_2} \qquad (1.10.3)$$

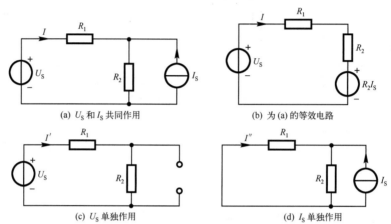

(a) U_S 和 I_S 共同作用　　　　　　　(b) 为 (a) 的等效电路

(c) U_S 单独作用　　　　　　　(d) I_S 单独作用

图 1.10.1　叠加定理的验证

比较式（1.10.1）、式（1.10.2）和式（1.10.3）可得 $I = I' + I''$。即图 1.10.1(a)所示电路中支路电流 I 等于图 1.10.1(c)所示电路中电流 I' 和图 1.10.1(d)所示电路中电流 I'' 的代数和。这一结论也适用于其他支路电流和电压的计算。

必须指出，叠加定理只限于线性电路的电流和电压的计算，不适用于功率的计算。因为功率不是电源电压或电流的一次函数。当电压、电流分量的方向与总量的方向一致时，叠加取正，相反时取负。

【例 1.10.1】　用叠加定理计算图 1.10.2(a)所示电路中的电流 I、电压 U 及 2Ω 电阻消耗的功率。

解：画出每个独立源单独作用时的分电路，如图 1.10.2(b)、(c)和(d)所示。

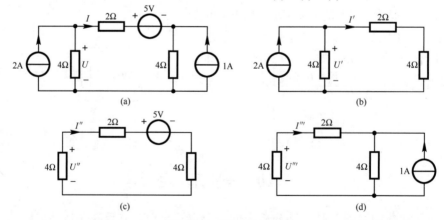

图 1.10.2　例 1.10.1 电路

（1）2A 电流源单独工作时，如图 1.10.2(b)所示，利用分流公式求得

$$I' = \frac{4}{4 + 2 + 4} \times 2 = 0.8(A)$$

$$U' = (2 + 4) \cdot I' = 4.8(V)$$

（2）5V 电压源单独工作时，如图 1.10.2(c)所示，此时

$$I'' = -\frac{5}{4+2+4} = -0.5(A)$$

$$U'' = -4 \cdot I'' = 2(V)$$

（3）1A 电流源单独工作时，如图 1.10.2(d)所示，利用分流公式求得

$$I''' = -\frac{4}{4+2+4} \times 1 = -0.4(A)$$

$$U''' = -4 \cdot I''' = 1.6(V)$$

原电路 1.10.2(a)的电流和电压分别为 $\qquad I = I' + I'' + I''' = -0.1(A)$

$$U = U' + U'' + U''' = 8.4(V)$$

2Ω 电阻消耗的功率为 $\qquad P = 2 \cdot I^2 = 2 \times (-0.1)^2 = 0.02(W)$

显然 $\qquad P \neq 2 \cdot I'^2 + 2 \cdot I''^2 + 2 \cdot I'''^2$

1.11 等效电源定理

在电路分析中，若只需求出复杂电路中某一特定支路的电流或电压时，应用等效电源定理计算比较方便。

这种方法是把待求支路从网络中拉出来，把它看做外电路，而把其余部分看做是线性有源单口网络。无论该网络多么复杂，对其外部电路来说，总可以用一个等效电源模型代替。当等效电源模型为实际电压源时，则对应的是戴维南定理；若等效电源模型为实际电流源时，则对应的是诺顿定理。

1.11.1 戴维南定理

戴维南定理：任意一个线性有源单口网络，如图 1.11.1(a)所示，就其对外电路的作用而言，总可以用一个理想电压源和一个电阻串联的支路来等效，如图 1.11.1(b)所示。

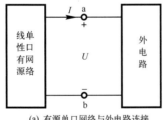 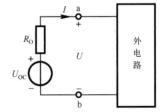

(a) 有源单口网络与外电路连接 　　　　　(b) 戴维南等效电路与外电路连接

图 1.11.1 戴维南定理示意图

理想电压源的电压等于有源线性单口网络的开路电压 U_{OC}，串联电阻 R_O 等于该网络中所有独立电源置零时的等效电阻。通常把电压源串联电阻支路称为戴维南等效电路。

根据图 1.11.1(b)所示电路的电压 U 与电流 I 的参考方向，可以得到端口电压–电流的伏安关系（VAR）为 $\qquad U = U_{OC} - R_O I \qquad\qquad\qquad (1.11.1)$

【例 1.11.1】 电路如图 1.11.2(a)所示，试用戴维南定理求电压 U。

解：应用戴维南定理求解时，先将待求支路（即 24Ω 电阻支路）看做是外电路，再求其余部分的戴维南等效电路。

（1）U_{OC} 的计算

为求得 U_{OC}，应将待求支路（即 24Ω 电阻支路）断开，如图 1.11.2(b)所示，利用叠加定理求 U_{OC}。

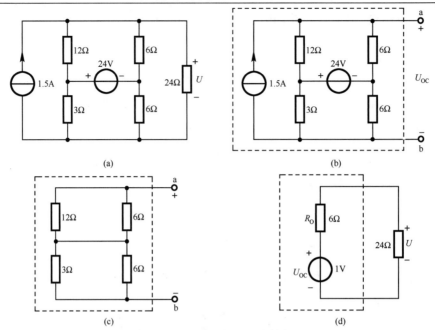

图 1.11.2　例题 1.11.1 的电路

1.5A 电流源单独工作时，将 24V 电压源短路，得

$$U'_{OC} = 1.5 \times \left(\frac{12 \times 6}{12+6} + \frac{3 \times 6}{3+6} \right) = 9(V)$$

24V 电压源单独工作时，将 1.5A 电流源开路，由分压公式得

$$U''_{OC} = \frac{6}{12+6} \times 24 - \frac{6}{3+6} \times 24 = -8(V)$$

根据叠加定理可得 　　　　$U_{OC} = U'_{OC} + U''_{OC} = 1(V)$

（2）R_O 的计算

将图 1.11.2(b)所示含源单口网络中的两个独立电源置零，即电压源短路，电流源开路，如图 1.11.2(c)所示。

显然，a、b 两端的等效电阻为

$$R_O = \frac{12 \times 6}{12+6} + \frac{3 \times 6}{3+6} = 6(\Omega)$$

（3）U 的计算

图 1.11.2(d)虚框内的电路即为图 1.11.2(b)所示电路的等效电路，由图 1.11.2(d)可求出

$$U = \frac{24}{R_O + 24} \times U_{OC} = \frac{4}{5} = 0.8(V)$$

1.11.2　诺顿定理

诺顿定理：任意一个有源线性单口网络，如图 1.11.3(a)所示，就其对外电路的作用而言，总可以用一个理想电流源和一个电阻 R_O 并联来等效，如图 1.11.3(b)所示。其中电流源的电流等于有源线性单口网络的短路电流 I_{SC}，并联电阻 R_O 等于将此网络中所有独立电源置零后的等效电阻。通常把电流源与电阻的并联组合称为诺顿等效电路。

根据图 1.11.3(b)所示电路的电压 U 和电流 I 的参考方向，可列写端口 VAR 为

$$I = I_{SC} - \frac{U}{R_O} \tag{1.11.2}$$

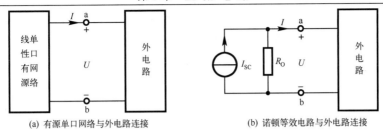

(a) 有源单口网络与外电路连接　　　(b) 诺顿等效电路与外电路连接

图 1.11.3　诺顿定理示意图

在 1.6 节已讨论过，实际电压源可以等效为实际电流源。因此，含源单口网络的戴维南等效电路和诺顿等效电路对外电路来讲也是彼此可以等效的，所以诺顿定理中等效电阻的计算与求戴维南等效电阻的计算方法完全相同。由式（1.11.1）和式（1.11.2）容易导出

$$R_{\mathrm{O}} = \frac{U_{\mathrm{OC}}}{I_{\mathrm{SC}}} \tag{1.11.3}$$

即等效电阻 R_{O} 可用开路电压除以短路电流得出。

【例 1.11.2】 利用诺顿定理求图 1.11.4(a)所示电路的电流 I 。

解： 将图 1.11.4(a)中的电压源串联电阻等效成图 1.11.4(b)中的电流源并联电阻，为求短路电流，将待求支路（即3Ω 电阻支路）短接，如图 1.11.4(c)所示，求得

$$I_{\mathrm{SC}} = 3 - 1 = 2(\mathrm{A})$$

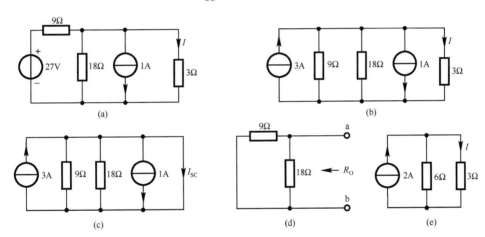

图 1.11.4　例 1.11.2 电路

为求等效电阻，将图 1.11.4(a)中的待求支路断开，并将所有独立源置为零，如图 1.11.4(d)所示，可得

$$R_{\mathrm{O}} = \frac{9 \times 18}{9 + 18} = 6(\Omega)$$

画出诺顿等效电路，并与待求支路连接，如图 1.11.4(e)所示，根据分流公式求得

$$I = \frac{6}{6+3} \times 2 = \frac{4}{3}(\mathrm{A})$$

1.12　含受控源的电阻电路

1.12.1　受控电源

前面讲的电压源和电流源都是独立电源，这种电压源的电压和电流源的电流是不受外电路控制而独立存在的。然而电子电路中往往还有另外一种类型的电源，它的电压源的电压和电流源的电流受到同一电路中其他支路的电压或电流控制，这种电源称为受控源。为与独立源区别，受控源用菱形符号

表示。借助于受控源能得到有源电子元器件（如晶体三极管、运算放大器等）的电路模型。

根据受控源支路是开路还是短路，以及控制支路是电压源还是电流源，可以将受控源分成 4 种类型，分别为：电压控制电压源（VCVS，Voltage-Controlled Voltage Source）、电压控制电流源（VCCS，Voltage-Controlled Current Source）、电流控制电压源（CCVS，Current-Controlled Voltage Source）、电流控制电流源（CCCS，Current-Controlled Current Source），其理想受控源的模型如图 1.12.1 所示。

由图 1.12.1 可得 4 种受控源的伏安关系为

$$U_2 = \mu U_1 \quad \text{（VCVS）} \tag{1.12.1}$$

$$I_2 = g U_1 \quad \text{（VCCS）} \tag{1.12.2}$$

$$U_2 = r I_1 \quad \text{（CCVS）} \tag{1.12.3}$$

$$I_2 = \alpha I_1 \quad \text{（CCCS）} \tag{1.12.4}$$

式中，μ 和 α 无量纲，g 使用电导单位 S，r 使用电阻单位 Ω。

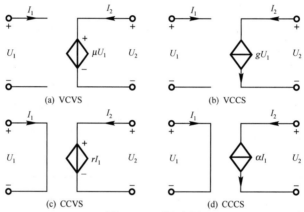

图 1.12.1　受控电源

如果控制系数 μ、g、r、α 是常数，则受控源是线性受控源。

【例 1.12.1】 求图 1.12.2 中各元件的功率。

解： 本题的受控源为电压控制电压源（VCVS）

控制量为	$U = 2 \times 0.5 = 1(\text{V})$
电流源提供功率为	$P = 0.5 \times (U + 3U) = 2(\text{W})$
受控源吸收的功率为	$P = 3U \times 0.5 = 1.5(\text{W})$
电阻吸收的功率为	$P = 0.5^2 \times 2 = 0.5(\text{W})$

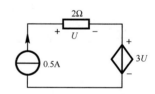

图 1.12.2　例 1.12.1 电路

1.12.2　含受控源电阻电路的分析

当电路中含受控源时，仍可采用前面介绍的支路电流法、节点电压法、叠加定理、戴维南定理等进行分析，但要注意，由于受控源的输出要通过控制量来确定，因此，对含受控源电路进行等效时，应在电路中保留控制量支路。

【例 1.12.2】 求图 1.12.3(a)中的电压 U。

解： 本例中可将受控源视为独立源来处理，但由于控制量 U 在 2Ω 电阻支路上，因此该控制支路予以保留。将图 1.12.3(a)所示电路的实际电流源等效成图 1.12.3(b)所示电路的实际电压源。

由图(b)列 KVL 方程
$$\begin{cases} 2 \cdot I + 2 \cdot I + 4U + 4 + 4 \cdot I = 0 \\ I = \dfrac{U}{2} \end{cases}$$

求得 $U = -0.5(\text{V})$。

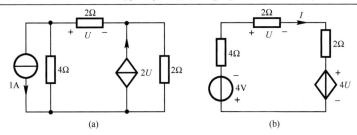

图 1.12.3　例 1.12.2 电路

【例 1.12.3】 用支路电流法求图 1.12.4 中各元件的功率。

解： 电路仅 1 个独立节点，其 KCL 方程为（节点 1）

$$I_1 - I_2 + 3I_2 = 0$$

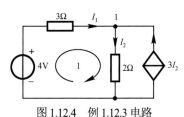

图 1.12.4　例 1.12.3 电路

虽然电路中含有 3 条支路，但其中一条支路为受控电流源支路，其电流为 $3I_2$。在利用支路电流法计算含受控源的电路时，可将受控源视为独立源来处理，但需增加控制量与变量之间的关系所列的辅加方程，由于本例中控制量 I_2 就是支路电流的变量，故辅加方程可省略，因此只需要再列一个 KVL 方程。

KVL 方程为
$$3 \cdot I_1 + 2 \cdot I_2 = 4$$

联立求解得
$$\begin{cases} I_1 = 2(\text{A}) \\ I_2 = -1(\text{A}) \end{cases}$$

$$P_{4\text{V}} = -4 \cdot I_1 = -8(\text{W})\ （产生），\quad P_{受控源} = -3 \cdot I_2 \times 2 \cdot I_2 = -6(\text{W})\ （产生）$$

$$P_{3\Omega} = 3 \cdot I_1^2 = 12(\text{W})\ （吸收），\quad P_{2\Omega} = 2 \cdot I_2^2 = 2(\text{W})\ （吸收）$$

【例 1.12.4】 用叠加定理求图 1.12.5(a)所示电路的电流 I、I_1 及受控源吸收的功率。

解： 本例电路含有受控源，运用叠加定理时要注意受控源不是独立源，不可单独作用，受控源应和电阻一样保留在电路中。当控制量发生改变时，被控制量也要同时发生改变。

图 1.12.5(b)所示为 12V 电压源单独作用时的电路，由 KVL 得

$$(4+6) \cdot I' + 2I' = 12$$

解得
$$I' = I_1' = 1(\text{A})$$

图 1.12.5(c)所示为 1A 电流源单独作用时的电路，由 KVL 及 KCL 得

$$\begin{cases} 4 \cdot I'' + 6 \cdot I_1'' + 2I'' = 0 \\ I'' = I_1'' + 1 \end{cases}$$

解联立方程得
$$I'' = 0.5(\text{A}),\quad I_1'' = -0.5(\text{A})$$

根据叠加定理可得
$$I = I' + I'' = 1.5(\text{A})$$
$$I_1 = I_1' + I_1'' = 0.5(\text{A})$$

受控源吸收的功率
$$P = 2I \cdot I_1 = 1.5(\text{W})$$

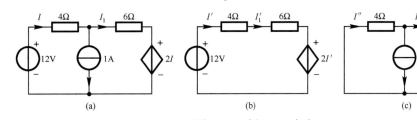

图 1.12.5　例 1.12.4 电路

【例 1.12.5】　图 1.12.6(a)所示含受控源电路中 $\beta = 40$，求从负载电阻 R_L 端口看入的等效电阻 R_O。

解： 用外施电源法求等效电阻 R_O，其方法是将所有独立源置为零，受控源保留，将负载电阻 R_L 断开，在其端口外接一电压源 U，如图 1.12.6(b) 所示，有 $I = \dfrac{U}{R_e} - (1+\beta)I_b$，而 $I_b =$

$-\dfrac{U}{r_{be} + (R_b //R_S)}$，所以 $I = \dfrac{U}{R_e} + \dfrac{U}{\dfrac{r_{be} + (R_b //R_S)}{(1+\beta)}}$

则等效电阻

$$R_O = \frac{U}{I} = R_e // \frac{r_{be} + (R_b //R_S)}{(1+\beta)} = 5.6 // \frac{1.63 + (10//240)}{1+40} = 0.26(\text{k}\Omega)$$

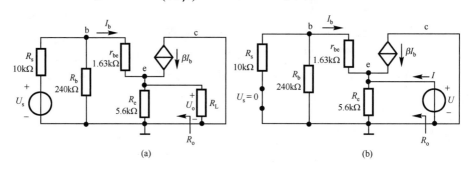

图 1.12.6　例 1.12.5 电路

注意：当网络中含受控源时，求等效电阻时，必须考虑受控源的作用，不能像处理独立源那样把受控源也用开路和短路代替，除非控制量为零。所以在一般情况下，对含受控源的等效电阻计算不能直接用简单的串并联求解。

【例 1.12.6】　求图 1.12.7(a)所示电路 a、b 端口戴维南等效电路和诺顿等效电路。

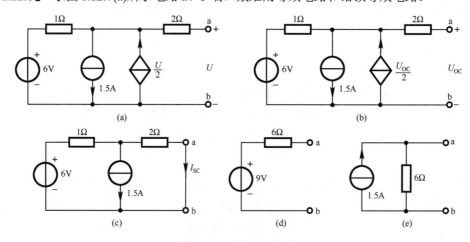

图 1.12.7　例 1.12.6 电路

解： 由图 1.12.7(b)可求出单口网络的开路电压 U_{OC}

$$U_{OC} = 1 \times \left(\frac{U_{OC}}{2} - 1.5 \right) + 6$$

解得

$$U_{OC} = 9(\text{V})$$

求单口网络的短路电流 I_{SC} 时，将 a、b 端短路，显然 $U = 0$，受控电流源的电流 $\dfrac{U}{2} = 0$，故可将受控电流源看做开路，如图 1.12.7(c)所示，根据叠加定理可得

$$I_{\text{SC}} = \frac{6}{1+2} - \frac{1}{1+2} \times 1.5 = 1.5(\text{A})$$

则等效电阻

$$R_{\text{O}} = \frac{U_{\text{OC}}}{I_{\text{SC}}} = \frac{9}{1.5} = 6(\Omega)$$

根据已求出的 U_{OC}、I_{SC} 及 R_{O} 画出如图 1.12.7(d)所示的戴维南等效电路及图 1.12.7(e)所示的诺顿等效电路。

值得注意的是，戴维南定理和诺顿定理要求等效网络必须是线性的，而对外电路则无此要求。当电阻 $R_{\text{O}} = 0$ 或 $R_{\text{O}} = \infty$ 时，只含有戴维南等效电路或诺顿等效电路。在此情况下，戴维南等效电路和诺顿等效电路是不能进行等效变换的。

通过以上分析可知：应用戴维南定理和诺顿定理的关键是如何正确求出含源单口网络的开路电压 U_{OC}、短路电流 I_{SC} 及等效电阻 R_{O}。其中，开路电压 U_{OC} 及短路电流 I_{SC} 的计算可以采用前面介绍的支路电流法、节点分析法、叠加定理等方法进行求解，而等效电阻 R_{O} 的计算有如下 3 种方法。

（1）方法一：电阻串、并联法

对不含受控源的电路，将单口网络所有独立源置为零，利用电阻的串、并联等效关系，求出从 ab 端看进去的等效电阻 R_{O}。

（2）方法二：外施电源法

将所有独立源置为零，受控源保留，得无源二端网络，在 ab 端外加电压源 U，写出 ab 端口的 VAR 关系式，对于该无源二端网络来说，在电压、电流参考方向关联时，可得等效电阻 $R_{\text{O}} = \dfrac{U}{I}$。

（3）方法三：开路短路法

对含受控源的电路，先求开路电压和短路电流，再根据 $R_{\text{O}} = \dfrac{U_{\text{OC}}}{I_{\text{SC}}}$ 求等效电阻 R_{O}。

1.13　基于 Multisim 仿真的设计与讨论

1.13.1　基尔霍夫定律的验证

构建如图 1.13.1 所示电路，对两个网孔验证 KVL，在节点 a 验证 KCL。

如图 1.13.2 所示，添加电压表测量 R_1、R_2、R_3 两端的电压，添加测量探针测量节点 a 的 3 个支路电流。运行仿真，得到测量结果如图 1.13.2 所示。

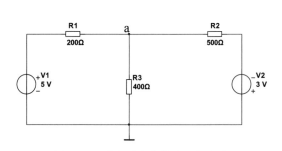

图 1.13.1　基尔霍夫定律验证电路图

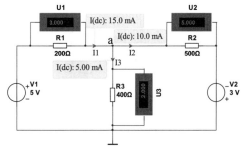

图 1.13.2　测量结果

① 根据测量结果验证 KVL 和 KCL。

② 改变 V_1 和 V_2 的值，重新测量电压和电流，验证 KVL 和 KCL。

③ 改变 R_1、R_2、R_3 的值，重新测量电压和电流，验证 KVL 和 KCL。

1.13.2 叠加定理的验证

依照图 1.10.2(a)所示的电路结构，构建仿真电路如图 1.13.3 所示。（小贴士：单刀双掷开关 $S_1 \sim S_3$ 的接入是方便对独立源进行置零，其中电压源置零对电路而言相当于短路，但电压源自身禁止短路；电流源置零对电路而言相当于开路，但电流源自身禁止开路。）

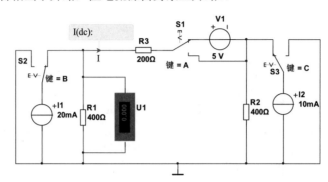

图 1.13.3　叠加定理验证电路图

① 运行仿真，得到 3 个电源共同作用时的 U_1 和 I。

② 改变 S_1、S_2、S_3 的状态，使 3 个电源分别单独作用，得到 U_1'、I'，U_1''、I''，U_1'''、I'''，根据测量结果验证叠加定理。

③ 改变 R_1 的值，重复①和②。

1.13.3 含受控源的电阻电路分析

1. 认识受控源

在 Multisim 中构建 CCVS（$r = 2\text{k}\Omega$）电路，如图 1.13.4 所示。

① 运行仿真，测量 I_i 和 U_o，改变 R_2 的阻值（$1 \sim 5\text{k}\Omega$），观察 U_o 的变化。

② 改变电流源 I_1 的输出电流为 4mA、8mA，重复①，根据测量结果验证 U_o 和 I_i 之间的关系。

③ 对图 1.13.4 进行直流扫描仿真，设置 I_1 的扫描范围为 $0 \sim 10\text{mA}$，扫描增量为 1mA，得到其传输特性曲线如图 1.13.5 所示。

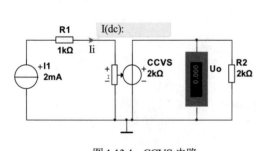

图 1.13.4　CCVS 电路

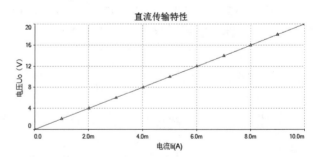

图 1.13.5　受控源 CCVS 的传输特性曲线

④ 构建 VCVS($\mu = 2$)、VCCS($g = 2\text{mS}$)、CCCS($\alpha = 2$)电路，如图 1.13.6 所示。（小贴士：Multisim 软件中受控电流源流向采用"+""−"极性标注，表示电流从"+"极流向"−"极，所以请注意 VCCS 和 CCCS 的连接方法。）验证它们的输入输出关系。

⑤ 根据构建的 VCVS、VCCS、CCCS 电路，绘制它们的传输特性曲线。

2. 含受控源的电阻电路分析

根据图 1.12.3(a)所示电路图构建 Multisim 仿真电路，如图 1.13.7 所示。

① 运行仿真，得到待求量 U。

② 仿真分析例 1.12.3～1.12.4。

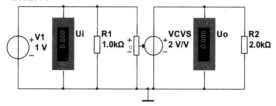

(a) VCVS 仿真电路图

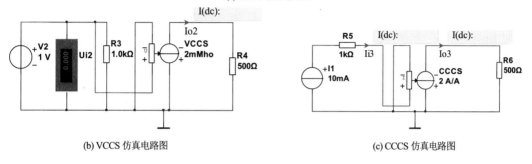

(b) VCCS 仿真电路图

(c) CCCS 仿真电路图

图 1.13.6 3 种受控源仿真电路

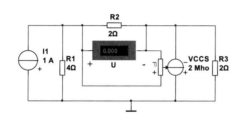

图 1.13.7 含受控源的电阻电路分析

1.13.4 设计仿真题目

1. 试利用电源、开关（单刀单掷、单刀双掷、双刀双掷等）和白炽灯等元件为 T 型过道设计一个"一灯三控"电路。

白炽灯安装在 T 型过道中间的过道交叉点，一盏灯照亮"—"和"｜"两个过道，3 个开关分别位于 T 型过道的 3 个入口，在每个入口都能够独立地控制灯的亮灭。

用 Multisim 绘制出电路图并仿真验证设计结果（电路图绘制时就要体现出 T 型路口来）。

2. 仿真分析含受控源的电阻电路。

① 用 Multisim 仿真测量图 1.13.8 中的各支路电流。

② 用 Multisim 仿真测量图 1.12.6(a)所示电路的输出电阻 R_o。

③ 用 Multisim 仿真求解图 1.12.7(a)所示电路的戴维南等效电路。

图 1.13.8 仿真 2 电路图

3. 实验室有一个 15V 的直流电压源，可调电阻有 500Ω、1kΩ、2kΩ、5kΩ、10kΩ、20kΩ 和 50kΩ 各一个，固定电阻有 10kΩ、20kΩ、33kΩ、47kΩ、51kΩ、82kΩ 和 100kΩ 各一个。试用 Multisim 设计仿真调压电路，使之输出需要的直流电压（电位器可调端子最后的位置应位于 30%～70%间）。

① 输出 0.1V、0.2V 和 0.4V。

② 输出 0.5V、1V 和 1.5V。

③ 输出 1V、3V 和 5V。

习　题　1

1.1　求图 1.1 中各元件的功率，并指出每个元件起电源作用还是负载作用。

1.2　求图 1.2 中的电流 I、电压 U 及电压源和电流源的功率。

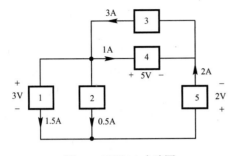

图 1.1　习题 1.1 电路图

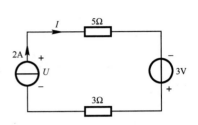

图 1.2　习题 1.2 电路图

1.3　求图 1.3 电路中的电流 I_1、I_2 及 I_3。

1.4　试求图 1.4 所示电路的 U_{ab}。

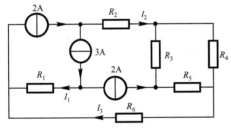

图 1.3　习题 1.3 电路图

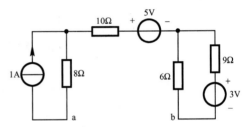

图 1.4　习题 1.4 电路图

1.5　求图 1.5 中的 I 及 U_S。

1.6　试求图 1.6 中的 I、I_X、U 及 U_X。

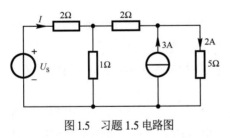

图 1.5　习题 1.5 电路图

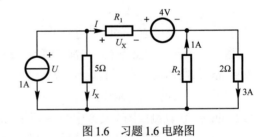

图 1.6　习题 1.6 电路图

1.7　电路如图 1.7 所示。（1）求图(a)中的 ab 端等效电阻；（2）求图(b)中电阻 R。

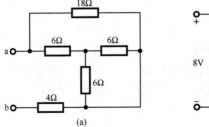

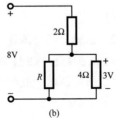

图 1.7　习题 1.7 电路图

1.8　电路如图 1.8 所示。（1）求图(a)中的电压 U_S 和 U；（2）求图(b)中 $U=2V$ 时的电压 U_S。

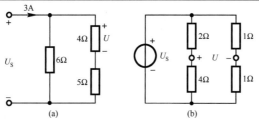

图 1.8 习题 1.8 电路图

1.9 滑线电阻分压器电路如图 1.9(a)所示，已知 $R=500\Omega$，额定电流为 1.8A，外加电压 500V，$R_1=100\Omega$，求（1）输出电压 U_o；（2）如果误将内阻为 0.5Ω，最大量程为 2A 的电流表连接在输出端口，如图(b)所示，将发生什么结果？

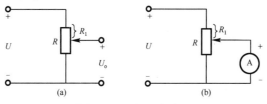

图 1.9 习题 1.9 电路图

1.10 计算图 1.10 中各支路电流。

1.11 为扩大电流表量程，要在电流表外侧接一个与电流表并联的电阻 R_m，此电阻称为分流器，其电路如图 1.11 所示。已知电流表内阻 $R_g=5\Omega$，若用 100mA 电流表测量 1A 电流时，需接多少欧姆的分流器？该电阻的功率应选择多大？

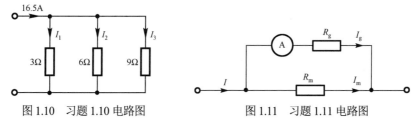

图 1.10 习题 1.10 电路图　　　　　图 1.11 习题 1.11 电路图

1.12 将图 1.12 所示电路化为最简形式。

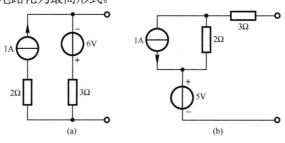

图 1.12 习题 1.12 电路图

1.13 用电源等效变换求图 1.13 中的电流 I。

1.14 求图 1.14 所示电路的 a 点电位和 b 点电位。

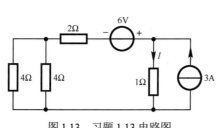

图 1.13 习题 1.13 电路图

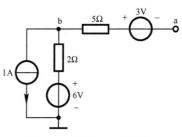

图 1.14 习题 1.14 电路图

1.15　利用支路电流法求图 1.15 中各支路电流。

1.16　利用支路电流法求图 1.16 所示电路的电流 I_1、I_2 及 I_3。

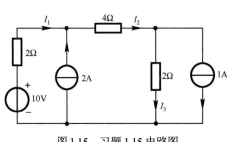

图 1.15　习题 1.15 电路图

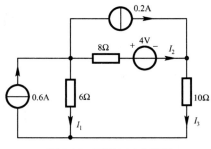

图 1.16　习题 1.16 电路图

1.17　用节点分析法求图 1.17 中的电压 U。

1.18　求图 1.18 所示电路的节点电位 V_a。

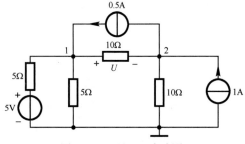

图 1.17　习题 1.17 电路图

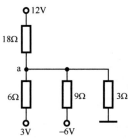

图 1.18　习题 1.18 电路图

1.19　用叠加定理求图 1.19 所示电路的电压 U。

1.20　用戴维南定理求图 1.20 所示电路的电流 I。

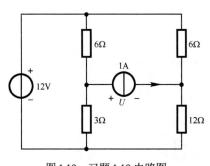

图 1.19　习题 1.19 电路图

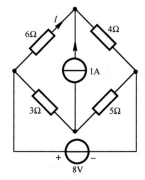

图 1.20　习题 1.20 电路图

1.21　用戴维南定理求图 1.21 所示电路的电压 U。

1.22　用诺顿定理求图 1.22 所示电路的电流 I。

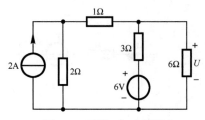

图 1.21　习题 1.21 电路图

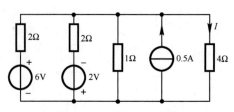

图 1.22　习题 1.22 电路图

1.23　试求图 1.23 所示电路的电流 I 及受控源功率。

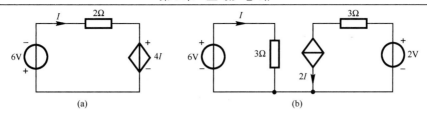

图 1.23 习题 1.23 电路图

1.24 用电源等效变换求图 1.24 中的电流 I 及电压源功率。

1.25 利用支路电流法求图 1.25 中的电流 I_1 及 I_2。

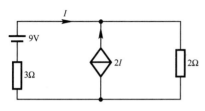

图 1.24 习题 1.24 电路图

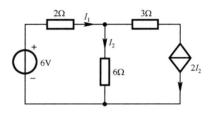

图 1.25 习题 1.25 电路图

1.26 利用节点分析法求图 1.26 所示电路的各节点电压。

1.27 用叠加定理求图 1.27 所示电路的电流 I 和电压 U。

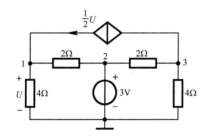

图 1.26 习题 1.26 电路图

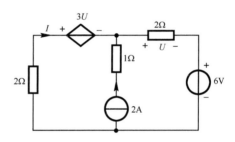

图 1.27 习题 1.27 电路图

1.28 在图1.28 所示电路中，试用戴维南定理分别求出 $R_L = 5\Omega$ 和 $R_L = 15\Omega$ 时的电流 I_L。

1.29 试用外施电源法求图 1.29 所示电路输入端口的等效电阻 R_i，$\beta = 50$。

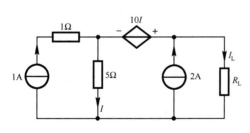

图 1.28 习题 1.28 电路图

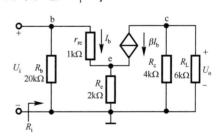

图 1.29 习题 1.29 电路图

第 2 章　一阶动态电路的暂态分析

　　第 1 章讨论的是直流电阻电路的分析方法。本章首先引入两个元件，即电容元件和电感元件。由于电容元件和电感元件能够储存能量，所以称为储能元件。含有储能元件的电路从一个状态变化到另一个状态时，需要经过一个短暂的时间，这个过程称为过渡过程。过渡过程在电子技术中应用相当广泛，所以本章主要讨论，在直流激励下，RC 和 RL 一阶电路过渡过程的时域分析方法。

2.1　电容元件与电感元件

2.1.1　电容元件及其性质

　　电容元件是电容器的理想化模型。电容器是由具有一定间隙，中间充有绝缘介质的两块金属板构成的。当在电容器两端外加电压 u 时，两块金属板上分别聚集等量异性电荷 q，从而形成电场，所以电容器是一个储存电荷或者说储存电场能量的元件。如果忽略电容器的漏电阻和介质损耗时，可将其抽象为只具有储存电场能量特性的电容元件。如果电荷 q 与所加电压 u 之间是线性函数关系，则称为线性电容，用 C 表示，其数学表达式为

$$C = \frac{q}{u} \tag{2.1.1}$$

式中，C 为正值常数，是表征电容元件聚集电荷能力的物理量。其单位为法拉，简称法（F）。当电容较小时，常以微法（μF）、纳法（nF）和皮法（pF）作为单位：$1\mu F = 10^{-6} F$，$1nF = 10^{-9} F$，$1pF = 10^{-12} F$。

　　电容器的主要用途有耦合、滤波、振荡、调谐、储能及无功功率补偿等。电容器的主要参数有：标称容量、允许偏差和工作电压。

　　（1）标称容量和容许误差

　　电容器外壳表面标出的电容量值称为电容器的标称容量。标称容量与实际容量之间的偏差与标称容量之比的百分数称为电容器的容差，常用电容器的容差有±0.5%、±1%、±2%、±5%、±10%和±20%。

　　与电阻元件的阻值一样，并不是每个容量的电容器都有产品与之对应，商用电容器根据容差确定生产标称系列。例如，对于 E6、E12 和 E24 系列，其数值如表 2.1.1 所示。

表 2.1.1　电容的 E6、E12 和 E24 系列

系　列	容　差	插值系列
E6	±20%	1.0、1.5、2.2、3.3、4.7、6.8
E12	±10%	1.0、1.2、1.5、1.8、2.2、2.7、3.3、3.9、4.7、5.6、6.8、8.2
E24	±5%	1.0、1.1、1.2、1.3、1.5、1.6、1.8、2.0、2.2、2.4、2.7、3.0、3.3、3.6、3.9、4.3、4.7、5.1、5.6、6.2、6.8、7.6、8.2、9.1

　　（2）工作电压

　　电容器在使用时，容许加在其两端的最大电压值称为工作电压，也称耐压。常用的固定电容器额定工作电压有 10V、16V、25V、50V、100V、160V、250V、400V、2500V 等。一旦工作电压过高超过额定电压值时，就可能造成介质击穿，使介质由原来的不导电变为导电，丧失电容作用。

　　本书所讨论的是线性时不变电容，图 2.1.1 所示为电容元件符号。在图 2.1.1 中，电容元件的电压、电流为关联参考方向，所以

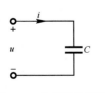

图 2.1.1　电容元件符号

$$i = \frac{\mathrm{d}q}{\mathrm{d}t} = \frac{\mathrm{d}Cu}{\mathrm{d}t} = C\frac{\mathrm{d}u}{\mathrm{d}t} \qquad (2.1.2)$$

若电容元件的电压、电流参考方向为非关联时，则

$$i = -C\frac{\mathrm{d}u}{\mathrm{d}t} \qquad (2.1.3)$$

由式（2.1.2）和式（2.1.3）可知，某一时刻电容元件的电流只取决于该时刻电容电压的变化率，所以电容是动态元件。如果电容两端的电压保持不变，则通过它的电流为零，即对直流电压而言，电容相当于开路。

若将式（2.1.2）两边积分，便可得出电容元件上电压与电流的另一种关系式

$$u(t) = \frac{1}{C}\int_{-\infty}^{t} i(\lambda)\mathrm{d}\lambda \qquad (2.1.4)$$

或

$$u(t) = \frac{1}{C}\int_{-\infty}^{t_0} i(\lambda)\,\mathrm{d}\lambda + \frac{1}{C}\int_{t_0}^{t} i(\lambda)\,\mathrm{d}\lambda = u(t_0) + \frac{1}{C}\int_{t_0}^{t} i(\lambda)\,\mathrm{d}\lambda, \qquad t > t_0 \qquad (2.1.5)$$

式（2.1.4）表明，某一时刻电容上的电压，并不是只取决于该时刻的电流值，而取决于从$-\infty$到t所有时刻的电流值。这是因为电容是聚集电荷的元件，而电荷的聚集是电流从$-\infty$到t长时间作用的结果，因此电容电压具有“记忆”电流的性质，称为记忆元件。

电容的记忆特性是它具有储存电场能量的反映。在电压和电流的关联参考方向下，线性电容吸收的功率为

$$p(t) = u(t)i(t) = Cu\frac{\mathrm{d}u}{\mathrm{d}t}$$

从$t=-\infty$到任意时刻t，电容元件吸收的电场能量为

$$w_{\mathrm{C}}(t) = \int_{-\infty}^{t} p(\lambda)\,\mathrm{d}\lambda = \int_{-\infty}^{t} i(\lambda)\,u(\lambda)\mathrm{d}\lambda = \int_{-\infty}^{t} C\frac{\mathrm{d}u}{\mathrm{d}\lambda}\,u\,\mathrm{d}\lambda = C\int_{u(-\infty)}^{u(t)} u\,\mathrm{d}u$$

$$= \frac{1}{2}Cu^2(t) - \frac{1}{2}Cu^2(-\infty) \qquad (2.1.6)$$

式（2.1.6）表明，电容能量只与时间端点电压值有关，与此期间其他电压值无关。通常总是假定$t=-\infty$时，电容电压为零，从而得到

$$w_{\mathrm{C}}(t) = \frac{1}{2}Cu^2(t) \qquad (2.1.7)$$

由于 C 为大于零的常数，故$w_{\mathrm{C}}(t)$不可能为负，即电容释放的能量不可能大于从外电路吸收的能量，所以电容是一个无源元件。

2.1.2　电感元件及其性质

一根导线当通有电流时，周围会产生磁场，若将导线绕成线圈，可增加线圈内部的磁场，由此形成的元件称为电感线圈或电感器。每一线圈为一匝，当匝数为N的电感线圈通入电流时，每匝都会感应出磁通$\varPhi$，且匝与匝之间相互交链，用磁链ψ表示，则$\psi = N\varPhi$。如果忽略电感器内阻及匝与匝之间的分布电容，则为理想电感器，又称电感元件，简称电感。如果电感元件中的磁链ψ与电流i之间是线性函数关系，则称为线性电感。用L表示，其数学表达式为

$$L = \frac{\psi}{i} \qquad (2.1.8)$$

式中，L 为正值常数，是表征电感元件产生磁链能力的物理量。L 的单位是亨利，简称亨（H），电感量较小时，常以毫亨（mH）和微亨（μH）为单位，有$1\mathrm{mH} = 10^{-3}\mathrm{H}$，$1\mu\mathrm{H} = 10^{-6}\mathrm{H}$。

电感器是构成振荡、调谐、滤波、储能及电磁偏转等电路的主要元件。电感器的主要参数有：电感量、品质因数和标称电流。

（1）电感量和容许误差

电感线圈的容差为±(0.2%～20%)，通常用于谐振回路的电感线圈精度比较高，而用于耦合回路、滤波回路、换能回路的电感线圈精度比较低。精密电感线圈的容差为±(0.2%～0.5%)，耦合回路电感线圈的容差为±(10%～15%)，高频阻流圈、镇流器线圈等的容差为±(10%～20%)。

（2）品质因数

品质因数是衡量电感线圈质量的重要参数，用字母 Q 表示。Q 值的大小表明了线圈损耗的大小，Q 值越大，线圈的损耗越小，效率越高。

（3）标称电流

图 2.1.2 电感元件的符号

标称电流是指电感线圈在正常工作时，容许通过的最大电流，也叫额定电流。若工作电流超过额定电流，线圈就会因发热而被烧毁。

本书只讨论线性时不变电感。图 2.1.2 所示为电感元件的符号。

当电感线圈通有随时间变化的电流时，磁链 ψ 也会随时间变化，在电感线圈两端会感应出电压。如果感应电压 u 的参考方向与 ψ 的方向符合右手螺旋法则，则根据法拉第电磁感应定律可得

$$u(t) = \frac{\mathrm{d}\psi}{\mathrm{d}t} \tag{2.1.9}$$

当电感电流、电压参考方向关联时，如图 2.1.2 所示，将式（2.1.8）代入式（2.1.9）可得

$$u = L\frac{\mathrm{d}i}{\mathrm{d}t} \tag{2.1.10}$$

式（2.1.10）表明：在某一时刻的电感电压只取决于该时刻电流的变化率，因此电感元件也是一个动态元件。当电感电流不变，即为直流时，电压为零。这就意味着电感对直流相当于短路。若将电感电流表示成电压的函数，则有

$$i(t) = \frac{1}{L}\int_{-\infty}^{t} u(\lambda)\mathrm{d}\lambda = \frac{1}{L}\int_{-\infty}^{t_0} u(\lambda)\,\mathrm{d}\lambda + \frac{1}{L}\int_{t_0}^{t} u(\lambda)\,\mathrm{d}\lambda = i(t_0) + \frac{1}{L}\int_{t_0}^{t} u(\lambda)\mathrm{d}\lambda \tag{2.1.11}$$

式（2.1.11）表明，某一时刻 t 电感上的电流与 t 时刻以前电压的全部历史有关，即使 t 时刻电压为零，电感上的电流仍可能存在，即电感电流有"记忆"电压的性质，因此电感也是一种记忆元件。

电感的记忆特性是它存储磁场能量的反映。当电感上电压、电流参考方向关联时，电感吸收功率为 $p(t) = u(t)i(t)$。当 $p > 0$ 时，电感从外电路中吸收能量建立磁场；当 $p < 0$ 时，电感释放储存的能量。其从$-\infty$到任意 t 时刻储存的能量为

$$w_{\mathrm{L}}(t) = \int_{-\infty}^{t} p(\lambda)\mathrm{d}\lambda = \int_{-\infty}^{t} iL\frac{\mathrm{d}i}{\mathrm{d}\lambda}\mathrm{d}\lambda = L\int_{i(-\infty)}^{i(t)} i\,\mathrm{d}i$$

$$= \frac{1}{2}Li^2(t) - \frac{1}{2}Li^2(-\infty) \tag{2.1.12}$$

通常都假定 $t=-\infty$ 时，电感电流为零，从而有

$$w_{\mathrm{L}}(t) = \frac{1}{2}Li^2(t) \tag{2.1.13}$$

由于 L 为正值常数，故式（2.1.13）不可能为负。说明电感元件释放出的能量不可能大于它吸收的能量，电感元件也属于无源元件。

【例 2.1.1】 如图 2.1.3 所示电路，已知 $i_1 = (2 - \mathrm{e}^{-t})$ (A)，$t > 0$。求 $t > 0$ 时的电流 $i(t)$。

解：由电感的 VAR 得 $u_{\mathrm{L}} = L\frac{\mathrm{d}i_1}{\mathrm{d}t} = \mathrm{e}^{-t}$ (V)

由 KVL 得 $u = 2i_1 + u_{\mathrm{L}} = 4 - \mathrm{e}^{-t}$(V)

由电容的 VAR 得 $i_2 = C\frac{\mathrm{d}u}{\mathrm{d}t} = 0.2\mathrm{e}^{-t}$ (A)

由 KCL 得 $i = i_1 + i_2 = 2 - 0.8\mathrm{e}^{-t}$(A)，$t > 0$

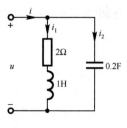

图 2.1.3 例 2.1.1 电路

2.2　换路定则及其初始条件

2.2.1　换路定则

如果电路中含有动态元件（电感或电容），则该电路称动态电路。动态电路的一个特征是当电源突然接入或断开，电路结构或元件参数突然改变时，电路中的电流或电压可能要经过一个变化过程才能达到稳定。这是由于储能元件能量的积累和释放都需要一定的时间。分析电路从一种稳定状态转变成另一种稳定状态的过程称为瞬态分析或暂态分析。

当电路结构或参数发生变化时，会引起电路变化，此时称为"换路"，并认为换路即刻完成。通常把换路时刻取为零，用 $t = 0_-$ 表示换路开始前的一瞬间，称起始时刻，$t = 0_+$ 表示换路开始后的一瞬间，称初始时刻。它们反映了两种不同的物理状态。若换路前瞬间电容电压为 $u_C(0_-)$，换路后瞬间电容电压为 $u_C(0_+)$，则

$$u_C(0_+) = u_C(0_-) + \frac{1}{C} \int_{0_-}^{0_+} i(\lambda) \, d\lambda \qquad (2.2.1)$$

在换路过程中，若电容电流为有限值，则式（2.2.1）积分项为零，即

$$u_C(0_+) = u_C(0_-) \qquad (2.2.2)$$

同理，对于电感来说

$$i_L(0_+) = i_L(0_-) + \frac{1}{L} \int_{0_-}^{0_+} u(\lambda) \, d\lambda \qquad (2.2.3)$$

在换路过程中，若电感电压为有限值，则积分为零

$$i_L(0_+) = i_L(0_-) \qquad (2.2.4)$$

把式（2.2.2）和式（2.2.4）称为换路定则，它只适用于换路瞬间，且电容电流、电感电压均为有限值。根据换路定则可求出 $t = 0_+$ 时各支路电流电压的初始值。所以初始条件就是求变量在换路后瞬间的值。

2.2.2　初始条件确定

电路中电压、电流初始值计算过程如下。

（1）首先求出换路前一瞬间的 $u_C(0_-)$ 和 $i_L(0_-)$。在直流激励下，换路前，如果储能元件已储有能量，并且电路已处于稳定状态时，电容视为开路，电感视为短路，然后求 $t = 0_-$ 时的电容电压和电感电流。如果换路前储能元件没有储能（即 $u_C(0_-) = 0$，$i_L(0_-) = 0$），则电容视为短路，电感视为开路。

（2）由换路定则可以得出电容电压的初始值 $u_C(0_+)$ 和电感电流的初始值 $i_L(0_+)$。在求其他支路电压、电流的初始值时，可用电压为 $u_C(0_+)$ 的电压源替代电容，用电流为 $i_L(0_+)$ 的电流源替代电感，画出 $t = 0_+$ 时的等效电路。利用前面在电阻电路中介绍的各种方法可以求出其他支路电流、电压的初始值。

【例 2.2.1】　电路如图 2.2.1(a)所示，开关动作前电路已处于稳定状态，$t = 0$ 时开关闭合，求 u_C、u_L、i_L、i_C 及 i 的初始值。

解： 在直流激励下，换路前电容、电感均已储能，所以电容相当于开路，电感相当于短路。根据 $t = 0_-$ 时刻的电路状态，求得

$$i_L(0_-) = \frac{6}{1+5} = 1(A)$$

$$u_C(0_-) = i_L(0_-) \times 1 = 1(V)$$

根据换路定则可知　　　　　　$i_L(0_+) = i_L(0_-) = 1(A)$

$$u_C(0_+) = u_C(0_-) = 1(V)$$

用电压为 $u_C(0_+)$ 的电压源替换电容，用电流为 $i_L(0_+)$ 的电流源替换电感，得到换路后一瞬间 $t = 0_+$ 时的等效电路如图 2.2.1(b)所示。所以

$$u_L(0_+) + i_L(0_+) \times 1 = 0$$

得

$$u_L(0_+) = -1(V)$$

$$1 + 2 \times i_C(0_+) = 0$$

得

$$i_C(0_+) = -\frac{1}{2}(A)$$

$$i(0_+) = -i_L(0_+) - i_C(0_+) = -\frac{1}{2}(A)$$

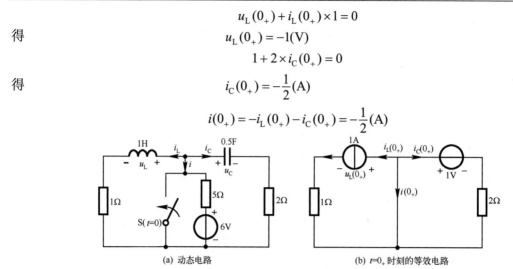

图 2.2.1 例 2.2.1 电路

由上述可知，在换路瞬间，除电容电压和电感电流不发生跃变外，其余的电流、电压都可能发生跃变。

【例 2.2.2】 如图 2.2.2(a)所示电路，开关 S 在 $t = 0$ 时打开，开关打开前电感电容均未储能。求 u_C、i_C、u_L、i_L 及 u 的初始值。

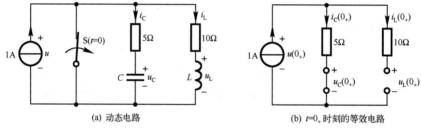

图 2.2.2 例 2.2.2 电路

解：由于换路前动态元件均未储能，所以 $t = 0_-$ 时 $u_C(0_-) = 0$，$i_L(0_-) = 0$。由换路定则可知 $u_C(0_+) = u_C(0_-) = 0$，$i_L(0_+) = i_L(0_-) = 0$，相当于电容短路、电感开路，则换路后 $t = 0_+$ 时的等效电路如图 2.2.2(b)所示。求得

$$i_C(0_+) = 1(A)$$
$$u_L(0_+) = u(0_+) = 5i_C(0_+) = 5(V)$$

2.3 一阶电路零输入响应

零输入响应是指动态电路在没有外施激励时，仅由动态元件的初始储能所引起的响应。

1. RC 电路的零输入响应

如图 2.3.1(a)所示电路，换路前开关 S 合在位置"1"上，电源对电容充电，且电路已达稳态，$t = 0$ 时将开关从位置"1"合到位置"2"，如图 2.3.1(b)所示，此时无激励源作用，输入信号为零，由于 $t > 0$ 时，无信号源作用，因而称为零输入响应。

在换路前，由于电容上已储有能量，设初始电压 $u_C(0_+) = u_C(0_-) = U_0$。$t > 0$ 时电容经过电阻开始放电，由 KVL 可知，$u_C - iR = 0$，因为 $i = -C\dfrac{du_C}{dt}$，得

$$RC\frac{du_C}{dt} + u_C = 0 \tag{2.3.1}$$

该方程为一阶齐次常微分方程，其解为 $u_C = Ae^{st}$，代入式（2.3.1）并消去公因子 Ae^{st} 得特征方程

为

$$RCs + 1 = 0$$

特征根为

$$s = -\frac{1}{RC}$$

则

$$u_C = A\mathrm{e}^{-\frac{1}{RC}t} \qquad\qquad (2.3.2)$$

由初始条件确定待定系数 A 　　　　$u_C(0_+) = A = U_0$

得

$$u_C(t) = U_0\mathrm{e}^{-\frac{t}{RC}} = u_C(0_+)\mathrm{e}^{-\frac{t}{\tau}} \qquad\qquad (2.3.3)$$

式中，$\tau = RC$ 称时间常数，单位为秒（s），即

$$1\mathrm{s} = 1\Omega \times 1\mathrm{F}$$

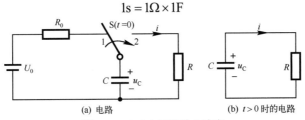

(a) 电路 　　　　　　　　　　(b) $t > 0$ 时的电路

图 2.3.1　RC 电路零输入响应

电压 $u_C(t)$ 的衰减快慢取决于时间常数 τ。表 2.3.1 所示为不同时刻 t 对应的 $u_C(t)$ 的数值。

表 2.3.1　不同 t 值对应的 $u_C(t)$

t	0	τ	2τ	3τ	4τ	5τ	6τ
u_C	U_0	$0.368U_0$	$0.135U_0$	$0.050U_0$	$0.018U_0$	$0.007U_0$	$0.002U_0$

从理论上讲，只有 t 趋向于 ∞，过渡过程才结束，但实际上，经过 $t = 4\tau \sim 5\tau$ 就足以认为电路达到了稳态。

根据 $u_C = U_0\mathrm{e}^{-\frac{t}{\tau}}$ 及 $i = -C\dfrac{\mathrm{d}u_C}{\mathrm{d}t} = \dfrac{U_0}{R}\mathrm{e}^{-\frac{t}{\tau}}$，画出 u_C、i 的曲线如图 2.3.2 所示。

由此可见，时间常数 τ 等于电压 u_C 衰减到初始值 U_0 的 36.8%所需的时间。此外，还可以通过数学方法证明指数曲线上任意点的次切距的长度都等于 τ。以初始点为例，$\dfrac{\mathrm{d}u_C}{\mathrm{d}t}\bigg|_{t=0} = -\dfrac{U_0}{\tau}$，即过初始点的切线与横轴相交于 τ。τ 越小，衰减越快，反之越慢。由于 $s = -\dfrac{1}{\tau}$，因而特征根具有频率量纲，故称自然频率或固有频率，它们的大小取决于电路结构和元件参数，而与激励无关。

从以上分析可知，RC 电路的零输入响应实际上是电容的放电过程，其物理意义是电容不断放出能量为电阻所消耗，最终使得原来储存在电容中的电场能量全部被电阻所吸收而转换成热能。

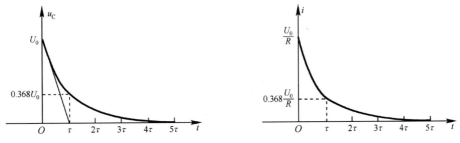

图 2.3.2　RC 电路的零输入响应曲线

2. RL 电路的零输入响应

在图 2.3.3(a)中，换路前电感已储有能量，电感起始电流为 $i_L(0_-) = \dfrac{U_0}{R_0} = I_0$，$t = 0$ 时，开关置于 2，电路如图 2.3.3(b)所示。

由 KVL 及元件 VAR 得，$t > 0$ 时电路微分方程

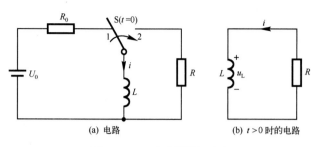

$$Ri + L\frac{\mathrm{d}i}{\mathrm{d}t} = 0 \tag{2.3.4}$$

该方程也是一阶齐次常微分方程，其解

$i = Ae^{st}$，代入式（2.3.4）并消去公因子 Ae^{st}

得特征方程为　　　　　$Ls + R = 0$

特征根为　　　　　　$s = -\dfrac{R}{L}$

由此得式（2.3.4）的解为　$i = Ae^{st} = Ae^{-\frac{R}{L}t}$

图 2.3.3　RL 电路零输入响应

在 $t = 0_+$ 时，$i_L(0_+) = i_L(0_-) = I_0 = A$，所以

$$i = I_0 e^{-\frac{R}{L}t} = i(0_+)e^{-\frac{t}{\tau}} \tag{2.3.5}$$

式中，时间常数 $\tau = \dfrac{L}{R}$，也具有时间量纲。即

$$1(\mathrm{s}) = \frac{1(\mathrm{H})}{1(\Omega)}$$

由电感的 VAR 得

$$u_L = L\frac{\mathrm{d}i}{\mathrm{d}t} = -RI_0 e^{-\frac{t}{\tau}} \tag{2.3.6}$$

i、u_L 的波形如图 2.3.4 所示。

由零输入响应的波形及数学表达式可以看出，RL 电路与 RC 电路都是从初始值开始按指数规律衰减的，其衰减速度与时间常数 τ 有关。在 RC 电路中，$\tau = RC$，而 RL 电路中 $\tau = \dfrac{L}{R}$，式中，R 是动态元件以外的戴维南等效电阻。

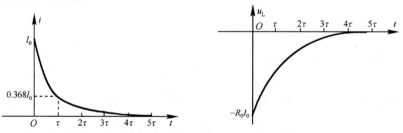

图 2.3.4　RL 电路零输入响应曲线

在零输入响应中，若初始值增加 K 倍，则响应也增加 K 倍，这种响应与初始值之间的正比关系称为零输入响应的线性特性。

【例 2.3.1】　如图 2.3.5(a)所示电路，$t < 0$ 时开关位于"1"处并已达到稳定，$t = 0$ 时开关转到"2"的位置。求 $t > 0$ 时各支路电流的变化规律并画出波形图。

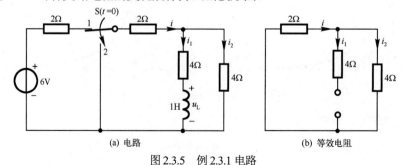

图 2.3.5　例 2.3.1 电路

解：$t<0$ 时，电感储能且达到稳定，电感相当于短路，求得

$$i_1(0_-) = \frac{6}{2+2+\frac{4\times4}{4+4}} \times \frac{1}{2} = \frac{1}{2}(\text{A})$$

由于电流 i_1 是流过电感上的电流，根据换路定则得

$$i_1(0_+) = i_1(0_-) = \frac{1}{2}(\text{A})$$

$t>0$ 时，由图 2.3.5(b)求得电感两端的等效电阻为

$$R_O = 4 + \frac{2\times4}{2+4} = \frac{16}{3}(\Omega)$$

时间常数 τ 为

$$\tau = \frac{L}{R_O} = \frac{3}{16}(\text{s})$$

由此可得，$t>0$ 时各电流和电压为

$$i_1(t) = i_1(0_+)\text{e}^{-\frac{t}{\tau}} = \frac{1}{2}\text{e}^{-\frac{16}{3}t}(\text{A})，\quad t>0$$

$$u_L = L\frac{\text{d}i_1}{\text{d}t} = -\frac{8}{3}\text{e}^{-\frac{16}{3}t}(\text{V})，\quad t>0$$

$$i_2 = \frac{4i_1+u_L}{4} = -\frac{1}{6}\text{e}^{-\frac{16}{3}t}(\text{A})，\quad t>0$$

$$i = i_1+i_2 = \frac{1}{3}\text{e}^{-\frac{16}{3}t}(\text{A})，\quad t>0$$

波形如图 2.3.6 所示。

【例2.3.2】 如图 2.3.7 所示电路原已稳定，$t=0$ 时，开关 S 断开，试求零输入响应 $u_C(t)$ 及 $i_C(t)$。

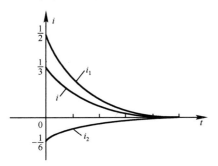

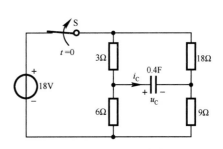

图 2.3.6 例 2.3.1 各支路电流的波形图   图 2.3.7 例 2.3.2 电路

解：开关断开前电容已储能，相当于开路，根据分压公式得

$$u_C(0_-) = \frac{6}{3+6} \times 18 - \frac{9}{9+18} \times 18 = 6(\text{V})$$

由换路定则可知

$$u_C(0_+) = u_C(0_-) = 6(\text{V})$$

从电容两端看进去的戴维南等效电阻为

$$R_O = \frac{(3+18)(6+9)}{3+18+6+9} = \frac{35}{4}(\Omega)$$

时间常数为

$$\tau = R_O C = 3.5(\text{s})$$

零输入响应为

$$u_C(t) = u_C(0_+)\text{e}^{-\frac{t}{\tau}} = 6\text{e}^{-\frac{t}{3.5}}(\text{V})，\quad t>0$$

$$i_C = C\frac{\text{d}u_C}{\text{d}t} = -\frac{24}{35}\text{e}^{-\frac{t}{3.5}}(\text{A})，\quad t>0$$

2.4　一阶电路零状态响应

零状态响应是指动态元件初始储能为零，仅由外施激励所引起的响应。

1. RC 电路零状态响应

图 2.4.1 中，开关闭合前电容 C 无储能，所以电容初始状态 $u_C(0_-) = 0$，$t = 0$ 时开关闭合，故其响应为零状态响应。

由换路定则可知，$u_C(0_+) = u_C(0_-) = 0$，$t > 0$ 时由 KVL 及元件 VAR 可得

$$RC\frac{du_C}{dt} + u_C = U_S \tag{2.4.1}$$

该一阶非齐次常微分方程的解由通解 u_{Ch} 和特解 u_{Cp} 两部分构成。其通解为对应齐次方程的解，即 $u_{Ch} = Ae^{-\frac{1}{RC}t}$。特解 u_{Cp} 具有与输入函数相同的形式，因为直流激励源为常数，令特解 $u_{Cp} = B$ 代入式（2.4.1），得 $u_{Cp} = B = U_S$。于是

$$u_C = u_{Ch} + u_{Cp} = Ae^{-\frac{1}{RC}t} + U_S$$

当 $t = 0_+$ 时，$u_C(0_+) = A + U_S = 0$，得 $A = -U_S$，则

$$u_C(t) = U_S - U_S e^{-\frac{t}{\tau}} = U_S(1 - e^{-\frac{t}{\tau}}) \tag{2.4.2}$$

由式（2.4.2）可知，电容电压由两部分组成。一部分为该非齐次常微分方程的特解 u_{Cp}，其值等于换路后电路稳态时的电容电压值 U_S，称为稳态响应分量。由于它的变化规律与激励电源的变化规律相同，又称为强迫响应分量或强制响应分量。另一部分是对应方程的齐次解，其值为 $-U_S e^{-\frac{t}{\tau}}$，它是一个随时间的增长按指数规律衰减的分量，当衰减至零时，过渡过程结束，所以称暂态响应分量。又由于这一响应分量实质上与激励电源无关，仅由固有频率 s 确定，故称自由响应分量或固有响应分量。电路中另一个响应为

$$i(t) = C\frac{du_C}{dt} = \frac{U_S}{R}e^{-\frac{t}{\tau}} \tag{2.4.3}$$

$u_C(t)$、$i(t)$ 随时间 t 变化的曲线如图 2.4.2 所示。

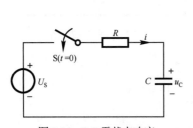

图 2.4.1　RC 零状态响应

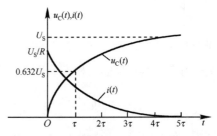

图 2.4.2　RC 电路的零状态响应曲线

上述电路变化过程是，换路后一瞬间，由于电容电压不能跃变，电容相当于短路，电源电压全部施加到电阻两端，使电容电流由零跳变到 $\dfrac{U_S}{R}$。随着时间 t 的增加，电容不断充电，使其电容电压按指数规律上升，而电容电流则按指数规律下降。当电容充电结束，电容电压达到稳定值，电容电流为零，则过渡过程结束，电路进入新的稳定状态，所以 RC 电路的零状态响应是一个电容充电的过程。

2. RL 电路零状态响应

如图 2.4.3 所示，换路前电感无储能，$i_L(0_-) = 0$，$t = 0$ 时开关闭合。

由换路定则得：$i_L(0_+) = i_L(0_-) = 0$。$t > 0$ 时，由 KVL 及元件 VAR 可得

$$L\frac{\mathrm{d}i_{\mathrm{L}}}{\mathrm{d}t} + Ri_{\mathrm{L}} = U_{\mathrm{S}} \tag{2.4.4}$$

该一阶非齐次常微分方程的解为

$$i_{\mathrm{L}} = i_{\mathrm{Lh}} + i_{\mathrm{Lp}} = A\mathrm{e}^{-\frac{R}{L}t} + \frac{U_{\mathrm{S}}}{R}$$

当 $t = 0_+$ 时，$i_{\mathrm{L}}(0_+) = A + \dfrac{U_{\mathrm{S}}}{R} = 0$，得 $A = -\dfrac{U_{\mathrm{S}}}{R}$，于是有

$$i_{\mathrm{L}}(t) = \frac{U_{\mathrm{S}}}{R} - \frac{U_{\mathrm{S}}}{R}\mathrm{e}^{-\frac{t}{\tau}} = \frac{U_{\mathrm{S}}}{R}(1 - \mathrm{e}^{-\frac{t}{\tau}}) \tag{2.4.5}$$

$$u_{\mathrm{L}} = L\frac{\mathrm{d}i_{\mathrm{L}}}{\mathrm{d}t} = U_{\mathrm{S}}\mathrm{e}^{-\frac{t}{\tau}} \tag{2.4.6}$$

$u_{\mathrm{L}}(t)$、$i_{\mathrm{L}}(t)$ 随时间 t 变化的曲线如图 2.4.4 所示。

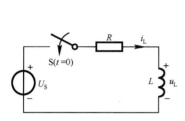

图 2.4.3　RL 电路零状态响应

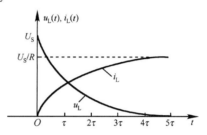

图 2.4.4　RL 电路零状态响应曲线

以上分析了在直流激励下电路的零状态响应。无论电容电压还是电感电流都是从零开始按指数规律上升，最终达到稳态的，所以零状态响应的物理过程是动态元件的储能从无到有逐渐增长的过程。当达到稳态时电容开路，电感短路。一般认为 t 趋于∞时达到稳态，所以用 $u_{\mathrm{C}}(\infty)$ 和 $i_{\mathrm{L}}(\infty)$ 代表电容电压、电感电流的稳态值，则式（2.4.2）和式（2.4.5）可以改写成零状态响应的一般公式

$$u_{\mathrm{C}}(t) = u_{\mathrm{C}}(\infty)(1 - \mathrm{e}^{-\frac{t}{\tau}}) \tag{2.4.7}$$

$$i_{\mathrm{L}}(t) = i_{\mathrm{L}}(\infty)(1 - \mathrm{e}^{-\frac{t}{\tau}}) \tag{2.4.8}$$

由此可见，只需求出电容电压、电感电流的稳态值和时间常数 τ，代入式（2.4.7）或式（2.4.8）中，便可求出零状态响应。

由于稳态值的大小是由外加激励决定的，所以当外加激励增加 K 倍时，其零状态响应也增加 K 倍，这种外加激励与零状态响应之间的正比关系称为零状态比例性。当多个激励电源作用于初始状态为零的电路时可以进行叠加，所以零状态响应具有线性特性。

【例 2.4.1】 如图 2.4.5 所示为零状态电路，$t = 0$ 时开关闭合，求开关闭合后的 u_{C} 及 i。

解： 换路前电容无储能，由换路定则得

$$u_{\mathrm{C}}(0_+) = u_{\mathrm{C}}(0_-) = 0$$

换路后开关闭合，电路达稳态时，电容开路。利用叠加定理求电容稳态值为

$$u_{\mathrm{C}}(\infty) = \frac{1 \times 2}{1 + 2} \times 3 + \frac{2}{1 + 2} \times 6 = 6(\mathrm{V})$$

时间常数为　$\tau = 0.3 \times (2 + \dfrac{1 \times 2}{1 + 2}) = 0.8(\mathrm{s})$

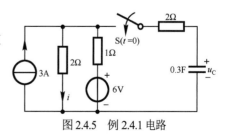

图 2.4.5　例 2.4.1 电路

零状态响应为　$u_{\mathrm{C}}(t) = u_{\mathrm{C}}(\infty)(1 - \mathrm{e}^{-\frac{t}{\tau}})$

$$= 6(1 - \mathrm{e}^{-\frac{1}{0.8}t})(\mathrm{V}),\quad t > 0$$

$$i = \frac{(2i_C + u_C)}{2} = \frac{\left(2C \dfrac{du_C}{dt} + u_C \right)}{2}$$

$$= \frac{9}{4} e^{-\frac{t}{0.8}} + 3(1 - e^{-\frac{t}{0.8}})$$

$$= 3 - \frac{3}{4} e^{-\frac{t}{0.8}} (A), \quad t > 0$$

【例 2.4.2】 如图 2.4.6(a)所示为零状态电路，$t = 0$ 时开关闭合，求开关闭合后的 i_L 及 i。

解： 换路前电感无储能，由换路定则得 $i_L(0_+) = i_L(0_-) = 0$。

换路后将电感元件以外的电路用戴维南等效电路代替，电感断开后的电路如图 2.4.6(b)所示，开路电压为

$$U_{OC} = \frac{9}{18 + 9} \times 3 + 1 \times 3 = 4(V)$$

等效电阻为

$$R_O = \frac{18 \times 9}{18 + 9} + 3 + 3 = 12(\Omega)$$

利用戴维南定理将原电路化简为图 2.4.6(c)，电感电流的稳态值为

$$i_L(\infty) = \frac{4}{12} = \frac{1}{3}(A)$$

时间常数为

$$\tau = \frac{2}{12} = \frac{1}{6}(s)$$

零状态响应为

$$i_L(t) = i_L(\infty)(1 - e^{-\frac{t}{\tau}})$$

$$= \frac{1}{3}(1 - e^{-6t})(A), \quad t > 0$$

$$i(t) = \frac{3 - \left[L \dfrac{di_L}{dt} + 3(i_L - 1) + 3i_L \right]}{18}$$

$$= \frac{3 - 4e^{-6t} - 2(1 - e^{-6t}) + 3}{18}$$

$$= \frac{1}{9}(2 - e^{-6t})(A), \quad t > 0$$

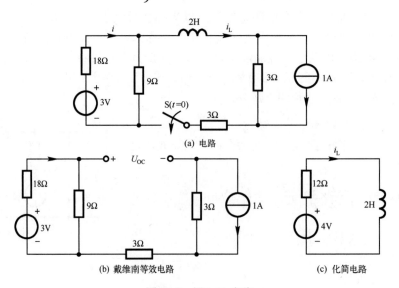

(a) 电路

(b) 戴维南等效电路　　　　　(c) 化简电路

图 2.4.6　例 2.4.2 电路

2.5　一阶电路完全响应

完全响应是指由非零初始状态和外施激励共同作用所产生的响应。

以 RC 电路为例，如图 2.5.1 所示，换路前电路已处于稳态，则 $u_C(0_-) = U_0$，$t = 0$ 时开关由 "1" 置于 "2" 处。

由换路定则得：$u_C(0_+) = u_C(0_-) = U_0$。在 $t > 0$ 时，由 KVL 及元件 VAR 得

$$RC\frac{\mathrm{d}u_C}{\mathrm{d}t} + u_C = U_S \qquad (2.5.1)$$

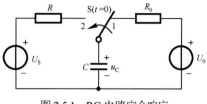

图 2.5.1　RC 电路完全响应

该微分方程的完全解为　　　　　$u_C(t) = A\mathrm{e}^{-\frac{t}{\tau}} + U_S$

由初始条件 $u_C(0_+) = A + U_S = U_0$，得 $A = U_0 - U_S$，于是

$$u_C(t) = \underbrace{(U_0 - U_S)\mathrm{e}^{-\frac{t}{\tau}}}_{\text{暂态响应}} + \underbrace{U_S}_{\text{稳态响应}} \qquad (2.5.2)$$

式（2.5.2）可改写成　　　$u_C(t) = \underbrace{U_0\mathrm{e}^{-\frac{t}{\tau}}}_{\text{零输入响应}} + \underbrace{U_S\left(1 - \mathrm{e}^{-\frac{t}{\tau}}\right)}_{\text{零状态响应}} \qquad (2.5.3)$

式（2.5.3）表明完全响应为零输入响应与零状态响应的叠加，这是叠加定理在动态电路中的体现。

需要指出，零输入响应是初始状态的线性函数，零状态响应是外加激励的线性函数，但完全响应既不是激励的线性函数也不是初始状态的线性函数，因此完全响应不具有比例性。

完全响应的曲线如图 2.5.2 所示。

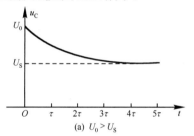
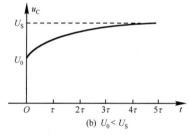

图 2.5.2　一阶电路完全响应曲线

由图 2.5.2 所示的响应曲线可以看出，完全响应由初始值开始按指数规律变化到达稳态值。所以完全响应由初始值、稳态值和时间常数这 3 个参数确定。

式（2.5.2）表明，u_C 的完全响应可看做是由稳态响应分量和暂态响应分量两部分构成。如图 2.5.2 所示，稳态响应分量是不随时间变化的量，由 $U_S = u_C(\infty)$ 可知，稳态响应分量就等于过渡过程结束后 u_C 的稳态值。而暂态响应分量是随时间变化的量，当 $t = \infty$ 时，暂态响应分量变为零，同时过渡过程结束。根据 $U_0 = u_C(0_+)$ 可知，式（2.5.2）中的 U_0 就是换路瞬间 u_C 的初始值。由此可将式（2.5.2）改写成

$$u_C(t) = u_C(\infty) + [u_C(0_+) - u_C(\infty)]\mathrm{e}^{-\frac{t}{\tau}} \qquad (2.5.4)$$

式（2.5.4）表明，如果求出 $u_C(0_+)$、$u_C(\infty)$ 和 τ 这 3 个量，就可以按式（2.5.4）直接写出 u_C 的完全响应。所以将初始值 $u_C(0_+)$、稳态值 $u_C(\infty)$ 和时间常数 τ 称为动态电路的三要素。

2.6　三要素法求一阶电路响应

由于在一阶 RC 电路中，其他支路的电压或电流的完全解也是与式（2.5.4）形式相同，即只要求出初始值、稳态值和时间常数这 3 个要素后，就可仿照式（2.5.4）得到其他支路电压和电

流随时间变化的关系式。因此可以将式（2.5.4）改写成一般形式

$$f(t) = f(\infty) + [f(0_+) - f(\infty)]e^{-\frac{t}{\tau}} \qquad (2.6.1)$$

式中，3 个要素为初始值 $f(0_+)$、稳态值 $f(\infty)$ 和时间常数 τ，其中 f 既可表示电压又可表示电流。只要求出这 3 个要素，就可直接用三要素法公式写出解答。

利用三要素求解电路响应的步骤如下。

（1）求初始值 $f(0_+)$

首先求换路前 $t = 0_-$ 时的 $u_C(0_-)$ 或 $i_L(0_-)$，然后由换路定则求出 $u_C(0_+)$ 或 $i_L(0_+)$，再用电压源 $u_C(0_+)$ 或电流源 $i_L(0_+)$ 替代电容或电感，所得电路为直流电阻电路，画出换路后 $t = 0_+$ 时刻的等效电路，由此等效电路可以求得任意支路电压、电流的初始值。

（2）求稳态值 $f(\infty)$

换路后，在直流激励下，当 $t \to \infty$ 时，电容相当于开路，电感相当于短路，所得电路为直流电阻电路，由此电路可求得任意支路电压、电流的稳态值。

（3）求时间常数 τ

由于时间常数 τ 是反映换路后暂态响应变化快慢的量，所以求 τ 必须在换路后的电路中进行。对一般电路而言，先求电容或电感以外的戴维南等效电阻 R_O，再计算时间常数 $\tau = R_O C$ 或 $\tau = \dfrac{L}{R_O}$。

（4）求一阶电路响应

在 $0 < t < \infty$，根据计算得到的 3 个要素，依据三要素法公式得

$$f(t) = f(\infty) + [f(0_+) - f(\infty)]e^{-\frac{t}{\tau}}, \quad t > 0$$

代入 3 个要素 $f(0_+)$、$f(\infty)$ 和 τ，即可写出任意支路电压、电流的解答式。

若换路时刻 $t \neq 0$，则三要素法公式改写成

$$f(t) = f(\infty) + [f(t_0) - f(\infty)]e^{-\frac{t-t_0}{\tau}}, \quad t > t_0$$

注意，三要素法不仅适用于计算完全响应，还可以计算零输入响应和零状态响应，但三要素法只适用于一阶线性动态电路。

【例2.6.1】 如图 2.6.1 所示电路在 $t = 0$ 时闭合，求 $t > 0$ 时的 u_C 及 i。

解： 电容电压的初始值为

$$u_C(0_+) = u_C(0_-) = 10(\text{V})$$

稳态值为 　　　$u_C(\infty) = 5 \times 1 + 10 = 15(\text{V})$

时间常数为 　　　$\tau = 0.2 \times 5 = 1(\text{s})$

利用三要素法公式得

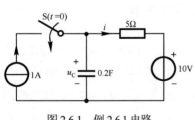

图 2.6.1　例 2.6.1 电路

$$u_C(t) = u_C(\infty) + [u_C(0_+) - u_C(\infty)]e^{-\frac{t}{\tau}} = 15 - 5e^{-t}(\text{V}), \quad t > 0$$

$$i(t) = \frac{u_C - 10}{5} = 1 - e^{-t}(\text{A}), \quad t > 0$$

【例2.6.2】 如图 2.6.2(a) 所示的电路，开关闭合前电路已达稳态，$t = 0$ 开关闭合，利用三要素法求 $t > 0$ 时的 i_L 和 i。

解：（1）求初始值 　　　$i_L(0_-) = \dfrac{6}{3+3} = 1(\text{A})$

由换路定则得 $i_L(0_+) = 1\text{A}$，用 1A 的电流源替代电感，其等效电路如图 2.6.2(b) 所示。

$$i(0_+) = \frac{3}{3+6} \cdot i_L(0_+) = \frac{1}{3}(\text{A})$$

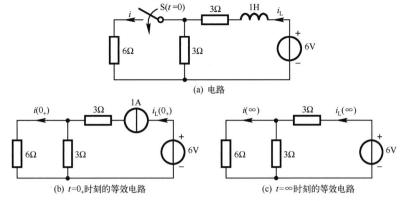

图 2.6.2　例 2.6.2 电路

（2）求稳态值

电路如图 2.6.2(c)所示，有　　$i_L(\infty) = \dfrac{6}{3 + \dfrac{3 \times 6}{3+6}} = \dfrac{6}{5}(\text{A})$

$$i(\infty) = \frac{3}{3+6} \cdot i_L(\infty) = \frac{2}{5}(\text{A})$$

（3）求时间常数 τ

换路后，从电感两端看进去的戴维南等效电阻为

$$R_O = 3 + \frac{3 \times 6}{3+6} = 5(\Omega)$$

时间常数为　　　　　　　　　　$\tau = \dfrac{L}{R_O} = \dfrac{1}{5}(\text{s})$

（4）用三要素法的公式求得

$$i(t) = i(\infty) + [i(0_+) - i(\infty)]\mathrm{e}^{-\frac{t}{\tau}} = \frac{2}{5} - \frac{1}{15}\mathrm{e}^{-5t}(\text{A})，\quad t > 0$$

$$i_L(t) = i_L(\infty) + [i_L(0_+) - i_L(\infty)]\mathrm{e}^{-\frac{t}{\tau}} = \frac{6}{5} - \frac{1}{5}\mathrm{e}^{-5t}(\text{A})，\quad t > 0$$

【例 2.6.3】　如图 2.6.3 所示电路，在 S 闭合前电路已处于稳态，$t = 0$ 时开关 S 闭合。求 S 闭合后的响应 u_C、i_L 及 i_K。

解：该电路虽然含有两个动态元件，但 S 闭合后，电路被分成独立的两部分，每一部分只含一个动态元件，所以仍满足三要素法所需条件。

（1）应用三要素法求电感电流

初始值为　　　　　　　　　　$i_L(0_+) = i_L(0_-) = 0.2(\text{A})$

稳态值为　　　　　　　　　　$i_L(\infty) = 0$

时间常数为　　　　　　　　　$\tau_L = \dfrac{2}{\dfrac{6 \times 6}{6+6}} = \dfrac{2}{3}(\text{s})$

利用三要素法得　　　　　　　$i_L(t) = 0.2\mathrm{e}^{-\frac{3}{2}t}(\text{A})$

（2）应用三要素法求电容电压

初始值为　　　　　　$u_C(0_+) = u_C(0_-) = 0.2 \times (6+2) = 1.6(\text{V})$

稳态值为　　　　　　$u_C(\infty) = 0.2 \times 2 = 0.4(\text{V})$

时间常数为　　　　　　$\tau_C = 2 \times 0.1 = 0.2(\text{s})$

利用三要素法得　　　　$u_C(t) = 0.4 + 1.2\mathrm{e}^{-5t}(\text{V})$

（3）用电压源 $u_C(t)$ 替代电容，电流源 $i_L(t)$ 替代电感，则

$$i_K = \frac{u_C}{2} - \frac{1}{2}i_L(t) = 0.2 + 0.6e^{-5t} - 0.1e^{-\frac{3}{2}t}(A)，\quad t > 0$$

【例 2.6.4】 如图 2.6.4 所示电路，已知 $R = 1\text{k}\Omega$，$C = 10\mu\text{F}$，$U_S = 2\text{V}$，$t < 0$ 时，开关 S_1 断开，而开关 S_2 处于"1"的位置，并且电路已处于稳态且电容未储能，$t = 0$ 时开关 S_1 闭合，$t = 1\text{s}$ 时，开关 S_2 由"1"转到"2"的位置，试分析电容电压 u_C 的变化规律。

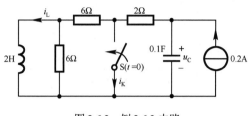

图 2.6.3　例 2.6.3 电路　　　　　　　图 2.6.4　例 2.6.4 电路

解： $0 < t < 1\text{s}$ 时，应用三要素法求电容电压。初始值 $u_C(0_+) = u_C(0_-) = 0$

稳态值　　　　　　　　　　　　$u_C(\infty) = U_S = 2(\text{V})$

时间常数　　　　　　　$\tau = RC = 1000 \times 10 \times 10^{-6} = 0.01(\text{s})$

则　　　　　　　　　　　　$u_C(t) = 2(1 - e^{-100\,t})(\text{V})$

在此期间电容完成的是充电过程，由于 $\tau \ll 1\text{s}$，故电容很快从零充电到电源电压 U_S。

$t > 1\text{s}$ 时，应用三要素法求电容电压

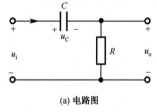

图 2.6.5　例 2.6.4 波形图

初始值　　　　$u_C(1_+) = u_C(1_-) = 2(1 - e^{-100 \times 1}) = 2(\text{V})$

稳态值　　　　　　　　$u_C(\infty) = 0$，

时间常数未发生改变

所以　　　　$u_C(t) = 2e^{-100(t-1)}(\text{V})$，$t > 1\text{s}$

此期间电容完成的是放电过程，同样由于 $\tau \ll 1\text{s}$，电容很快从电源电压 U_S 放电到零，其波形如图 2.6.5 所示。

【例 2.6.5】 设图 2.6.6(a) 的 RC 电路处于零状态，输入波形如图 2.6.6(b) 所示，已知 $R = 10\text{k}\Omega$，$C = 10\mu\text{F}$，试分析 u_o 的变化规律，并画出波形。

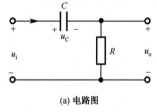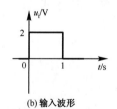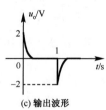

(a) 电路图　　　　　　　　(b) 输入波形　　　　　　　(c) 输出波形

图 2.6.6　例 2.6.5 电路及波形

解： 电路时间常数 $\tau = RC = 10 \times 10^3 \times 10 \times 10^{-6} = 0.1\text{s}$。本题中的 τ 远小于脉冲宽度 $t_p = 1\text{s}$。

$0 < t < 1\text{s}$ 期间：当 $t = 0$ 时，u_i 从零突跳到 2V，由于电容未储能故 $u_C(0_+) = u_C(0_-) = 0$，则 $u_o(0_+) = u_i(0_+) - u_C(0_+) = 2\text{V}$，因为 $\tau \ll t_p$，所以在 $0 \sim 1\text{s}$ 期间电容很快充电到 2V，而 u_o 很快衰减到 0，根据三要素公式可得 $u_o = u_o(0_+)e^{-\frac{t}{\tau}} = 2e^{-10t}\text{V}$，即在电阻两端出现一个正的尖脉冲。

$t > 1\text{s}$ 期间：在 $t = 1\text{s}$ 时，u_i 突然降为零，相当于短路，由于电容两端电压不能跃变，故 $u_o = -u_C = -2\text{V}$，当 $t > 1\text{s}$ 时电容经电阻很快放电，u_o 很快衰减到零，此时 $u_o = -2e^{\frac{t-1}{\tau}} =$

$-2\mathrm{e}^{-10(t-1)}\mathrm{V}$，即在电阻两端出现一个负的尖脉冲，输出波形如图 2.6.6(c)所示。这种输出尖脉冲反映了输入矩形脉冲的微分结果，因此称为微分电路。

由例 2.6.5 可以看出，RC 微分电路的形成条件是：①$\tau \ll t_\mathrm{p}$（一般 $\tau < 0.2t_\mathrm{p}$）；②从电阻两端输出。

若例 2.6.5 中输入信号是周期矩形脉冲，则输出的是周期性正负尖脉冲。在脉冲数字电路中，经常采用尖脉冲作为触发信号。

2.7　基于 Multisim 仿真的设计与讨论

2.7.1　RC 一阶动态电路的响应

图 2.6.4 所示电压源 U_S 和开关 S_2 的作用可以用方波来代替，由此得到图 2.7.1 所示 Multisim 仿真电路图，图中的函数信号发生器设置为频率 5Hz、占空比 50%、幅值 1V、偏置 1V 的方波输出，如图 2.7.2 所示。

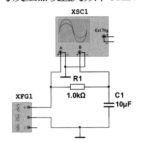

图 2.7.1　RC 一阶动态电路的响应

图 2.7.2　函数信号发生器的设置

① 运行仿真，用示波器观察电容的充放电波形。（小贴士：如果观察不到波形，可尝试将触发边沿更改为下降沿触发。）

② 用示波器测量电路的时间常数，如图 2.7.3 所示。

调小 T 轴刻度，展宽波形，将测量光标 1 置于电容电压开始上升的位置，将测量光标 2 置于电容电压上升到一半的位置。（图中电容电压的最大值为 2V，所以上升到一半，就是上升到 1V 时，图中实际放置的位置为 1.003V。）

读出两个光标之间的时间差 Δt（图中显示为7.009ms），根据 $\tau = \Delta t / 0.69$ 求出电路的时间常数 τ，并与理论计算值相比较。

③ 分别将 R_1 更改为 2.0kΩ、C_1 更改为15μF，重复①和②，探讨电阻值和电容值对时间常数 τ 的影响。

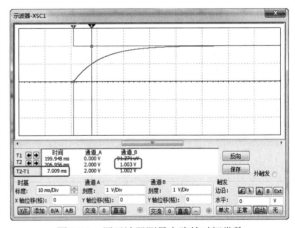

图 2.7.3　用示波器测量电路的时间常数

④ 还原 R_1 和 C_1 的值，将方波频率调整为 1Hz、10Hz、20Hz、50Hz，重复①，分析信号频率对输出波形的影响。

可以看出，随着方波频率的升高，输出波形的弧度越来越小，当充放电波形可以近似看成直线时，输出波形就形成三角波，称此时的电路为积分电路。

⑤ 将函数信号发生器设置为频率 100Hz、幅值 1V、偏置 0V 的方波输出，观察此时的输入输出波形，根据输出波形，理解为什么称此时的电路为积分电路。

⑥ 将方波频率调整为 200Hz、300Hz、500Hz，观察信号频率与输出三角波幅值之间的关系。

⑦ 将波形更改为正弦波，重复①和④。

2.7.2　微分电路

将图 2.7.1 所示电路中的 R_1 和 C_1 交换位置，得到图 2.7.4 所示的微分电路。

① 运行仿真，用示波器观察输入输出波形，理解为什么称此时的电路为微分电路。

② 将方波频率调整为 1Hz、10Hz、50Hz，重复①，分析信号频率对输出波形的影响。

③ 将波形更改为正弦波，重复①和②。

图 2.7.4　RC 微分电路

2.7.3　设计仿真题目

1. 设计一个方波-三角波转换电路，输入信号频率为 100Hz、幅值为 1V、偏置 0V 的方波，输出为三角波。用 Multisim 仿真软件绘制电路，并用示波器显示输入输出波形。

① 输出信号为 -25mV~25mV 的三角波。

② 输出信号为 -50mV~50mV 的三角波。

2. 设计一个时间常数 $\tau = 10\text{ms}$ 的电阻电感（RL）动态电路。

① 观察方波激励下 RL 电路的响应，（小贴士：RL 电路应该观察电路的电流波形，可以借助电流探针实现用示波器观察电流波形。）测量电路的时间常数并与理论值相比较。

② 分别改变 L 和 R 的值，重新测量时间常数，探讨 L 和 R 对 τ 的影响。

③ 通过调整方波周期和时间常数 τ 之间的大小关系，构成积分电路和微分电路，观察其输出波形。要求绘制出电路图，并用示波器观察输入输出波形。

习　题　2

2.1　在图 2.1 所示电路中，已知 $u(t) = 8\cos 4t\text{V}$，$i_1(0) = 2\text{A}$，$i_2(0) = 1\text{A}$，求 $t > 0$ 时的 $i_1(t)$ 和 $i_2(t)$。

2.2　电路如图 2.2 所示，开关在 $t = 0$ 时由"1"扳向"2"，已知开关在"1"时电路已处于稳定，求 u_C、i_C、u_L 和 i_L 的初始值。

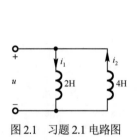

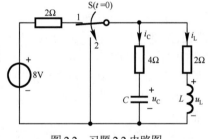

图 2.1　习题 2.1 电路图　　　　　图 2.2　习题 2.2 电路图

2.3　开关闭合前如图 2.3 所示电路已稳定且电容未储能，$t = 0$ 时开关闭合，求 $i(0_+)$ 和 $u(0_+)$。

2.4　电路如图 2.4 所示，开关在 $t = 0$ 时断开，断开前电路已稳定，求 u_C、u_L、i_L、i_1 和 i_C 的初始值。

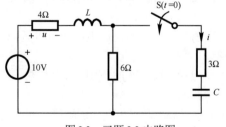

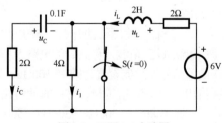

图 2.3　习题 2.3 电路图　　　　　图 2.4　习题 2.4 电路图

2.5　图 2.5 所示为一实际电容器的等效电路，充电后通过泄漏电阻 R 释放其贮存的能量，设 $u_C(0_-) = 250\text{V}$，$C = 100\mu\text{F}$，$R = 4\text{M}\Omega$，试计算：

（1）电容 C 的初始储能；

（2）零输入响应 u_C，电阻电流的最大值；

（3）电容电压降到人身安全电压 36V 时所需的时间。

图 2.5　习题 2.5 电路图

2.6　换路前如图 2.6 所示电路已处于稳态，$t = 0$ 时开关断开，求换路后的 i_L 及 u。

2.7　换路前如图 2.7 所示电路已处于稳态，$t = 0$ 时开关闭合，求换路后电容电压 u_C 及电流 i。

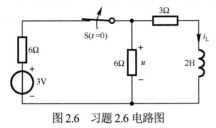

图 2.6　习题 2.6 电路图

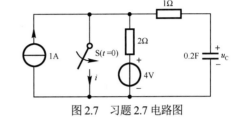

图 2.7　习题 2.7 电路图

2.8　换路前如图 2.8 所示电路已处于稳态，$t = 0$ 时开关闭合，求换路后电容电压 u_C 及电流 i_C。

2.9　开关在 $t = 0$ 时关闭，求如图 2.9 所示电路的零状态响应 $i(t)$。

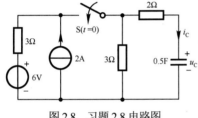

图 2.8　习题 2.8 电路图

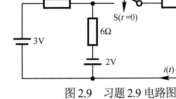

图 2.9　习题 2.9 电路图

2.10　在如图 2.10 所示电路中，开关接在位置"1"时已达稳态，在 $t = 0$ 时开关转到"2"的位置，试用三要素法求 $t > 0$ 时的电容电压 u_C 及电流 i。

2.11　图 2.11 所示电路原已达稳态，$t = 0$ 开关断开，求 $t > 0$ 时的响应 u_C、i_L 及 u。

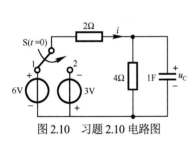

图 2.10　习题 2.10 电路图

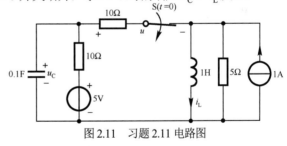

图 2.11　习题 2.11 电路图

2.12　在开关 S 闭合前，如图 2.12 所示的电路已处于稳态，$t = 0$ 时开关闭合，求开关闭合后的电流 i_L。

2.13　一延时继电器原理线路如图 2.13 所示，当开关 S_1 闭合时，线圈中就会流过一定的电流而使线圈内部产生磁场，随着电流的增加，磁场增强，当通过继电器 J 的电流 i 达到 6mA 时，开关 S_2 即被吸合，从开关 S_1 闭合到开关 S_2 闭合的时间间隔称继电器的延时时间，为使延时时间可在一定范围内调节，在电路中串联一个可调电阻 R，设 $R_L = 250\Omega$，$L = 14.4H$，$U_S = 6V$，$R = 0 \sim 250\Omega$ 可调，求电流 i 的表达式及该继电器的延时调节范围。

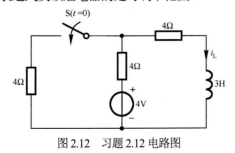

图 2.12　习题 2.12 电路图

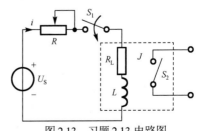

图 2.13　习题 2.13 电路图

第 3 章　　正弦稳态电路的分析

　　前面主要是针对直流信号激励下的各种情况进行分析和计算的，但对于长距离传送，交流电更为有效和经济。在交流电中应用最广的是正弦交流电。这是因为，首先，许多自然现象本身是按正弦规律变化的，如钟摆的运动、乐器中弦的振动、海洋表面的波纹等；其次，正弦信号的产生和传送比较容易，所以目前发电厂提供的或家用电器使用的电源几乎都采用正弦交流电。因此研究正弦电压（电流）信号及其稳态响应具有重要意义。

　　本章首先介绍正弦交流电的基本概念及其相量表示法。其次，介绍基尔霍夫定律相量形式以及 3 种基本元件伏安关系式的相量形式，引入阻抗和导纳概念及电路的相量图，用相量法分析线性电路的正弦稳态响应。然后，介绍正弦稳态电路的有功功率、无功功率、视在功率和功率因数。最后，介绍电路的谐振现象和三相交流电路。

3.1　　正弦交流电的基本概念

　　随时间按正弦规律变化的电压、电流称为正弦交流电（简称交流电）。正弦交流电瞬时值的一般表达式为

$$u = U_\text{m} \sin(\omega t + \theta_\text{u}) \tag{3.1.1}$$

$$i = I_\text{m} \sin(\omega t + \theta_\text{i}) \tag{3.1.2}$$

正弦交流电压的波形如图 3.1.1 所示。

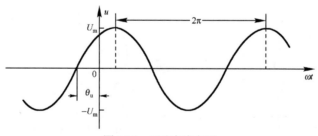

图 3.1.1　　正弦交流电压

　　由式（3.1.1）和式（3.1.2）可见，正弦量包含三要素：最大值又称幅值（U_m 或 I_m）、角频率（ω）及初相位（θ_u 或 θ_i），它们分别表示正弦量的变化大小、快慢和进程，只要知道正弦量的这 3 个要素，那么就可以确定它的解析表达式并画出波形图。

3.1.1　周期和频率

　　正弦函数是周期函数，所谓周期是一个基本波形所占用的时间，单位是秒（s），以 T 表示。周期的倒数为频率 f，单位是赫兹（Hz），它表示 1 秒内基本波形的个数。有

$$T = \frac{1}{f} \tag{3.1.3}$$

　　角频率 ω 是衡量交流电变化快慢的物理量。由于正弦波每循环一周，角度变化 2π 弧度（rad），所经历的时间为 T，故有 $\omega T = 2\pi$，所以角频率 ω、频率 f 和周期 T 三者之间的关系为

$$\omega = \frac{2\pi}{T} = 2\pi f \tag{3.1.4}$$

式中，ω 的单位为弧度/秒，记为 rad/s。

3.1.2　幅值和有效值

从图 3.1.1 所示正弦电压波形可见，正弦交流电压的瞬时值 u 随时间变量 t 的改变，在 U_m 到 $-U_m$ 之间变化，其瞬时值的最大值 U_m 称为幅值或振幅，最小值为 $-U_m$，$U_m - (-U_m) = 2U_m$ 是正弦电压的峰–峰值。不过在正弦交流电中，各种交流电流表或交流电压表测量的既不是瞬时值也不是最大值，而是有效值。例如，家用电器使用的 220V 电压，就是指有效值电压。

交流电的有效值是根据电流的热效应来定义的，如果一个交流电流 i 通过一个电阻 R，在一个周期内产生的热量和另一个直流电流 I 通过同样大小的电阻，在相同时间内产生的热量相等，则这一直流电流的值就称为该交流电流的有效值。其数学表达式为：

$$\int_0^T i^2 R dt = I^2 RT，即 \qquad I = \sqrt{\frac{1}{T} \int_0^T i^2 dt} \tag{3.1.5}$$

将 $i = I_m \sin(\omega t + \theta_i)$ 代入式（3.1.5），有

$$I = \sqrt{\frac{1}{T} \int_0^T I_m^2 \sin^2(\omega t + \theta_i) dt} = \sqrt{\frac{I_m^2}{2T} \int_0^T \left[1 - \cos 2(\omega t + \theta_i)\right] dt} = \frac{I_m}{\sqrt{2}}$$

即

$$I = \frac{I_m}{\sqrt{2}} = 0.707 I_m \tag{3.1.6}$$

同理，交流电压 $u = U_m \sin(\omega t + \theta_u)$ 的有效值为

$$U = \sqrt{\frac{1}{T} \int_0^T u^2 dt} = \frac{U_m}{\sqrt{2}} = 0.707 U_m \tag{3.1.7}$$

注意：有效电流值或有效电压值均用大写字母 I 或 U 表示。

3.1.3　相位和相位差

在正弦交流电的表达式中，$(\omega t + \theta)$ 表示正弦量变化的角度，称为相位角，简称相位，在计算时常化为度（°）的单位。而 θ 是初相角，简称初相，它表示 $t = 0$ 时的相位角，其值与计时起点有关。由于 $\sin(\theta + 2n\pi) = \sin\theta$（$n$ 为整数），一般规定初相角的数值不超过 180°，即 $|\theta| \leqslant 180°$。图 3.1.2(a)中初相选 θ_1，图 3.1.2(b)中初相选 θ_2。为方便起见，选 $\sin\omega t$ 为参考正弦量，其初相位为零，其他各正弦量的初相位为该正弦量与参考正弦量的相位之差，即初相位之差。当角 θ_1 落在纵轴左边时，其数值为正，这是由于 $\sin(\omega t + \theta_1) = 0$ 时，$\omega t = -\theta_1$。而角 θ_2 落在纵轴右边时，其数值为负，因为 $\sin(\omega t - \theta_2) = 0$ 时，$\omega t = \theta_2$。

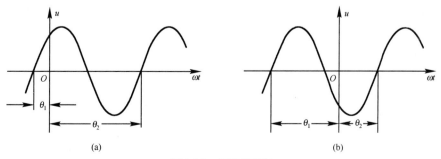

(a)　　　　　　　　　　　　　　(b)

图 3.1.2　初相的选取

在正弦交流电路中，经常遇到两个同频率正弦量，它们只是最大值和初相角有所不同，如图 3.1.3

所示波形，设正弦电流 $i = I_m \sin(\omega t + \theta_1)$，正弦电压 $u = U_m \sin(\omega t + \theta_2)$。通常把两个同频率的正弦量的相位之差称为相位差，用 φ 表示，即

$$\varphi = (\omega t + \theta_1) - (\omega t + \theta_2) = \theta_1 - \theta_2 \tag{3.1.8}$$

相位差反映了两个同频率正弦量在时间轴上的相对位置。在图 3.1.3(a)中，$\theta_1 > \theta_2$，i 比 u 先到达最大值，所以 i 超前于 u φ 角，或 u 滞后于 i φ 角，而在图 3.1.3(b)中，$\theta_2 > \theta_1$，u 比 i 先到达最大值，所以 u 超前于 i φ 角，或 i 滞后于 u φ 角。若 $\varphi = 0$，即 $\theta_1 = \theta_2$，称为同相，如果 $\varphi = \pm\pi$，称两者反相，$\varphi = \pm\dfrac{\pi}{2}$，称两者正交。当两个同频率正弦量的计时起点($t = 0$)改变时，它们的相位和初相位都随之发生变化，但两者之间的相位差始终不变。

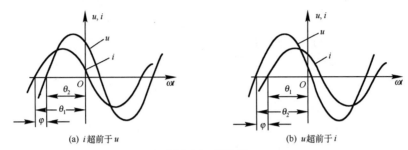

图 3.1.3 相位差

【例 3.1.1】 正弦电压 $u = -\cos(2t+60°)$(V)，$i = 3\sin(2t+60°)$(A)。试求相位差，并说明超前滞后关系。

解： i 和 u 同频率，可以求相位差。若令参考正弦量初相位为零，则 i 的初相位 $\theta_1 = 60°$，而 $u = -\cos(2t+60°) = \sin(2t-30°)$，则初相位 $\theta_2 = -30°$，其相位差 $\varphi = 60° - (-30°) = 90°$，所以 i 超前于 u 90°，或 u 滞后于 i 90°，i 和 u 是正交的。

【例 3.1.2】 已知正弦交流电流 i 的频率为 1000Hz，幅值为 200mA，初相位为 $-\dfrac{\pi}{4}$。（1）计算周期、角频率及有效值；（2）写出它的三角函数表达式；（3）当 $t = \dfrac{T}{2}$ 时，求出 i 值；（4）画出波形。

解：（1）周期为

$$T = \frac{1}{f} = 1\text{(ms)}$$

角频率为

$$\omega = 2\pi f = 6280\,(\text{rad/s})$$

有效值为

$$I = 0.707 I_m = 0.707 \times 200 = 141.4\text{(mA)}$$

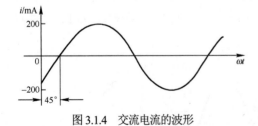

图 3.1.4 交流电流的波形

（2）电流 i 的三角函数表达式为

$$i = 200\sin(6280t - 45°)\text{(mA)}$$

（3）当 $t = \dfrac{T}{2}$ 时

$$i = 200\sin\left(\frac{2\pi}{T} \times \frac{T}{2} - \frac{\pi}{4}\right) = 141.4\text{(mA)}$$

（4）波形如图 3.1.4 所示。

3.2 正弦量的相量表示

一个正弦量可由其最大值、角频率和初相位 3 个要素来确定，而在平面坐标上的一个旋转有向线段可以表示正弦量的三要素。以图 3.2.1(a)为例。令有向线段 A 的长度等于正弦电压的最大值

U_m，$t=0$ 时的初始位置与坐标横轴的夹角为正弦电压的初相角 θ，并以正弦量的角频率 ω 逆时针旋转，则这一旋转的有向线段任意时刻在纵轴上的投影就是相应正弦量在该时刻的瞬时值，如图 3.2.1(b) 所示。当 $t=0$ 时，$u=U_0=U_m\sin\theta$；当 $t=t_1$ 时，$u=U_1=U_m\sin(\omega t_1+\theta)$。由此可见，任何一个正弦量都可以用一个相应的旋转有向线段来表示，而有向线段可以用复数表示，那么正弦量也可以用复数表示。

在直角坐标系中，令其横轴为复数的实部，纵轴为复数的虚部，将有向线段 A 置于由实轴与虚轴构成的复平面上，令有向线段的实部为 a，虚部为 b，长度为 r，与横轴的夹角为 θ，如图 3.2.2 所示。即

$$A=a+\mathrm{j}b=r\cos\theta+\mathrm{j}r\sin\theta \tag{3.2.1}$$

式中，r 是复数的模，θ 为复数的辐角。

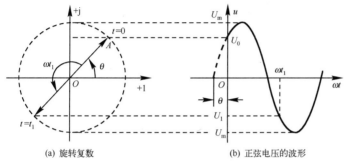

图 3.2.1　旋转复数和波形表示正弦电压　　　　图 3.2.2　有向线段的复数表示

根据欧拉公式：$\mathrm{e}^{\mathrm{j}\theta}=\cos\theta+\mathrm{j}\sin\theta$，可将式（3.2.1）

改写成

$$A=r\mathrm{e}^{\mathrm{j}\theta}=r\underline{/\theta} \tag{3.2.2}$$

式（3.2.1）为直角坐标形式，而式（3.2.2）为极坐标形式。比较两式可得

$$\begin{cases} a=r\cos\theta \\ b=r\sin\theta \\ r=\sqrt{a^2+b^2} \\ \theta=\arctan\dfrac{b}{a} \end{cases} \tag{3.2.3}$$

利用式（3.2.3）既可以将极坐标转换为直角坐标，也可以将直角坐标转换为极坐标。

在复数的加减运算中，采用直角坐标形式比较方便，在复数的乘、除、乘方运算中，采用极坐标计算比较方便。

【例 3.2.1】　已知 $A=4+\mathrm{j}3$，$B=10\underline{/-60^\circ}$，求 $A+B$、$A-B$、$A\cdot B$ 及 $\dfrac{A}{B}$。

解：
$$A=4+\mathrm{j}3=5\underline{/36.87^\circ}，\quad B=10\underline{/-60^\circ}=5-\mathrm{j}8.66$$
$$A+B=4+\mathrm{j}3+5-\mathrm{j}8.66=9-\mathrm{j}5.66$$
$$A-B=4+\mathrm{j}3-(5-\mathrm{j}8.66)=-1+\mathrm{j}11.66$$
$$A\cdot B=5\underline{/36.87^\circ}\times10\underline{/-60^\circ}=50\underline{/-23.13^\circ}$$
$$\frac{A}{B}=\frac{5\underline{/36.87^\circ}}{10\underline{/-60^\circ}}=0.5\underline{/96.87^\circ}$$

在正弦稳态电路中大量采用的是复数运算。如果用复数表示正弦量，则复数的模为正弦量的幅值或有效值（当有向线段的长度为正弦量的有效值时），复数的辐角为正弦量的初相角。为了与一般复数区别，把表示正弦量的复数称为相量，其符号用大写字母上加点表示。由于相量是一个复数，

因此可以画在复平面上。在研究多个同频率正弦交流电的关系时，按各正弦量的大小和相位关系用初始位置的有向线段画出若干个相量的图形，称为相量图。图 3.2.3 所示为正弦交流电压 $u = U_m \sin(\omega t + \theta)$ 所对应的相量图，其最大值相量为

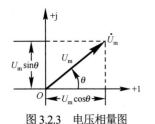

图 3.2.3　电压相量图

$$\dot{U}_m = U_m(\cos\theta + j\sin\theta) = U_m e^{j\theta} = U_m\underline{/\theta} \qquad (3.2.4)$$

或用有效值相量表示为

$$\dot{U} = U(\cos\theta + j\sin\theta) = U e^{j\theta} = U\underline{/\theta} \qquad (3.2.5)$$

由于 $U_m = \sqrt{2}U$，所以　　　$\dot{U}_m = \sqrt{2}\dot{U}$ 或 $\dot{U} = \dfrac{1}{\sqrt{2}}\dot{U}_m$ $\qquad (3.2.6)$

同理，正弦交流电流 $i = I_m \sin(\omega t + \theta)$ 的最大值相量表示为

$$\dot{I}_m = I_m e^{j\theta} = I_m\underline{/\theta} \qquad (3.2.7)$$

有效值相量为　　　　　　　　$\dot{I} = I e^{j\theta} = I\underline{/\theta}$ $\qquad (3.2.8)$

注意：相量是一个与时间无关的复值常数，所以它可以表示正弦量，但不等于正弦量。相量与正弦量之间的关系是一一对应的关系，用双箭头表示，即

$$u \longleftrightarrow \dot{U} \quad 或 \quad u \longleftrightarrow \dot{U}_m$$

$$i \longleftrightarrow \dot{I} \quad 或 \quad i \longleftrightarrow \dot{I}_m$$

一般在正弦交流电路计算中多采用有效值相量。

需要指出：只有同频率的正弦量可以画在同一个相量图上。用相量图可以直观地反映各相量间的相位关系，并能够帮助分析计算正弦稳态电路。

3.3　基尔霍夫定律的相量表示

在正弦稳态电路中，由于各支路电压和电流均为同频率的正弦量，所以可用相量法将 KCL 和 KVL 转换为相量形式。

1. KCL 的相量表示

对电路中的任意节点，可根据 KCL 得

$$\sum i = 0 \qquad (3.3.1)$$

当所有电流都是同频率的正弦交流电时，将时域形式转化为相量形式，有

$$\sum \dot{I} = 0 \quad 或 \sum \dot{I}_m = 0 \qquad (3.3.2)$$

【例 3.3.1】 图 3.3.1(a)中，已知 $i_1 = 5\sqrt{2}\sin t$ (A)，$i_3 = 4\sqrt{2}\sin(t - 45°)$ (A)，求 i_2。

解：由时域 KCL 得 $i_1 - i_2 - i_3 = 0$，求得 $i_2 = i_1 - i_3$。为利用 KCL 的相量形式，写出已知电流 i_1 和 i_3 的相量，即 $\dot{I}_1 = 5\underline{/0°}$ (A)，$\dot{I}_3 = 4\underline{/-45°}$ (A)，然后运用 KCL 的相量形式得 $\dot{I}_2 = \dot{I}_1 - \dot{I}_3 = 5\underline{/0°} - 4\underline{/-45°} = 5 - 2.828 + j2.828 = 2.172 + j2.828 = 3.566\underline{/52.5°}$ (A)，最后，根据所得相量 $\dot{I}_2$ 写出对应的电流 i_2，即

$$i_2 = 3.566\sqrt{2}\sin(t + 52.5°) \text{ (A)}$$

其电流相量图如图 3.3.1(b)所示。

2. KVL 的相量表示

对电路中的任意回路，根据 KVL 有

$$\sum u = 0 \qquad (3.3.3)$$

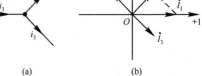

(a)　　　　　　　(b)

图 3.3.1　例 3.3.1 图

当所有的电压都是同频率的正弦交流电时，得到 KVL 的相量表示为

$$\sum \dot{U} = 0 \quad \text{或} \quad \sum \dot{U}_{\text{m}} = 0 \qquad (3.3.4)$$

3.4　3 种基本元件伏安关系的相量形式

3.4.1　电阻元件 R

图 3.4.1(a)所示为电阻 R 在时域中的模型，设流过电阻上的电流 $i = \sqrt{2}I \sin(\omega t + \theta_\text{i})$，由于电阻上的电流和电压为关联参考方向，根据欧姆定律可得

$$u = Ri = \sqrt{2}RI \sin(\omega t + \theta_\text{i}) = \sqrt{2}U \sin(\omega t + \theta_\text{u}) \qquad (3.4.1)$$

式（3.4.1）可表示为 $U = RI$，$\theta_\text{u} = \theta_\text{i}$。前者表明电压有效值和电流有效值符合欧姆定律，后者表明电压与电流是同相的。如果将大小和相位综合起来考虑，有 $U \underline{/\theta_\text{u}} = RI \underline{/\theta_\text{i}}$，则电阻的相量形式为

$$\dot{U} = R\dot{I} \qquad (3.4.2)$$

对应的相量模型如图 3.4.1(b)所示，而相量图如图 3.4.1(c)所示。

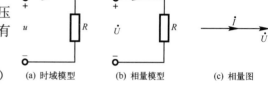

(a) 时域模型　　(b) 相量模型　　(c) 相量图

图 3.4.1　电阻的模型和相量图

3.4.2　电感元件 L

图 3.4.2(a)所示为电感 L 在时域中的模型，设流过电感上的电流 $i = \sqrt{2}I \sin(\omega t + \theta_\text{i})$，在标定的关联参考方向下，其电感元件的 VAR 为

$$
\begin{aligned}
u &= L\frac{\mathrm{d}i}{\mathrm{d}t} = L\frac{\mathrm{d}}{\mathrm{d}t}\sqrt{2}I \sin(\omega t + \theta_\text{i}) = \sqrt{2}\omega LI \cos(\omega t + \theta_\text{i}) \\
&= \sqrt{2}\omega LI \sin(\omega t + \theta_\text{i} + 90°) = \sqrt{2}U \sin(\omega t + \theta_\text{u})
\end{aligned}
\qquad (3.4.3)
$$

由式（3.4.3）可得

$$
\begin{cases}
U = \omega LI & (3.4.4a) \\
\theta_\text{u} = \theta_\text{i} + 90° & (3.4.4b)
\end{cases}
$$

式（3.4.4a）中，ωL 是电感电压与电流的比值，用 X_L 表示，即 $X_\text{L} = \omega L$ 称为感抗，单位为欧姆（Ω）。感抗 X_L 不仅与 L 有关，而且还与角频率 ω 有关，当 L 值一定时，ω 越高，则 X_L 越大，ω 越低，则 X_L 越小，当 $\omega = 0$（相当于直流激励）时，$X_\text{L} = 0$，电感相当于短路，当 $\omega \to \infty$，则 $X_\text{L} \to \infty$，电感可视为开路。式（3.4.4b）表明电压超前电流 90°角或电流滞后电压 90°角。如果将大小和相位综合起来考虑，有

$$U \underline{/\theta_\text{u}} = \omega LI \underline{/(\theta_\text{i} + 90°)} = \text{j}\omega LI \underline{/\theta_\text{i}}$$

j 代表 90°的旋转因子，因为

$$\mathrm{e}^{\text{j}90°} = \cos 90° + \text{j}\sin 90° = \text{j}$$

所以，得出电感元件相量形式的 VAR 为

$$\dot{U} = \text{j}\omega L\dot{I} = \text{j}X_\text{L}\dot{I} \qquad (3.4.5)$$

电感相量模型如图 3.4.2(b)所示，相量图如图 3.4.2(c)所示。

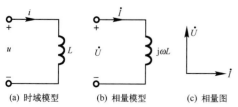

(a) 时域模型　　(b) 相量模型　　(c) 相量图

图 3.4.2　电感的模型和相量图

3.4.3　电容元件 C

图 3.4.3(a)所示为电容 C 在时域中的模型，设电容电压为$u = \sqrt{2}U\sin(\omega t + \theta_u)$，在标定的关联参考方向下，电容元件的 VAR 为

$$
\begin{aligned}
i = C\frac{\mathrm{d}u}{\mathrm{d}t} &= C\frac{\mathrm{d}}{\mathrm{d}t}\sqrt{2}U\sin(\omega t + \theta_u) = \sqrt{2}\omega CU\cos(\omega t + \theta_u) \\
&= \sqrt{2}\omega CU\sin(\omega t + \theta_u + 90°) = \sqrt{2}I\sin(\omega t + \theta_i)
\end{aligned}
\tag{3.4.6}
$$

式（3.4.6）可表示为

$$
I = \omega CU \tag{3.4.7a}
$$
$$
\theta_i = \theta_u + 90° \tag{3.4.7b}
$$

式（3.4.7a）中，$\dfrac{U}{I} = \dfrac{1}{\omega C} = X_C$ 称为容抗，单位为欧姆（Ω）。容抗 X_C 不仅与 C 有关，而且还与角频率 ω 有关，当 C 值一定时，ω 越高，则 X_C 越小，ω 越低，则 X_C 越大，当 $\omega = 0$ 时，则 $X_C \to \infty$，电容可视为开路；当 $\omega \to \infty$ 时，$X_C = 0$，电容相当于短路。式（3.4.7b）表明电流超前电压 90° 角或电压滞后电流 90° 角。如将大小和相位综合起来考虑，有 $I\underline{/\theta_i} = \omega CU\underline{/\theta_u + 90°} = \mathrm{j}\omega CU\underline{/\theta_u}$，因此可得电容元件相量形式的 VAR 为

$$
\dot{I} = \mathrm{j}\omega C\dot{U} \tag{3.4.8}
$$

电容相量模型如图 3.4.3(b)所示，相量图如图 3.4.3(c)所示。

【例 3.4.1】 在图 3.4.4 中，电容两端的电压$u = 6\sin(3t)$ (V)，电容量为 0.5F，求电流 i。

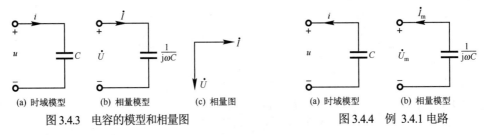

　　(a) 时域模型　　　(b) 相量模型　　　(c) 相量图　　　　　　　(a) 时域模型　　　　(b) 相量模型

　　　　　图 3.4.3　电容的模型和相量图　　　　　　　　　图 3.4.4　例 3.4.1 电路

解： $u \leftrightarrow \dot{U}_m = 6\underline{/0°}$V，由于 u 与 i 是非关联参考方向，故

$$
\dot{I}_m = -\mathrm{j}\omega C\dot{U}_m = -\mathrm{j}3 \times 0.5 \times 6\underline{/0°} = 9\underline{/-90°}\ (A)
$$

所以　　　　　　　　　　$i = 9\sin(3t - 90°) = -9\cos(3t)\ (A)$

3.5　简单正弦交流电路

3.5.1　RLC 串联交流电路

图 3.5.1(a)所示为 RLC 串联电路，设流过 R、L、C 的电流为$i = I_m\sin\omega t$，各元件电压参考方向如图 3.5.1(a)所示。由元件 VAR 的相量形式可知$\dot{U}_R = R\dot{I}$，$\dot{U}_L = \mathrm{j}\omega L\dot{I} = \mathrm{j}X_L\dot{I}$，$\dot{U}_C = \dfrac{\dot{I}}{\mathrm{j}\omega C} = -\mathrm{j}X_C\dot{I}$，因此得出相应的相量模型如图 3.5.1(b)所示。

由 KVL 相量形式可得

$$
\dot{U} = \dot{U}_R + \dot{U}_L + \dot{U}_C = (R + \mathrm{j}X_L - \mathrm{j}X_C)\dot{I} = (R + \mathrm{j}X)\dot{I} = Z\dot{I} \tag{3.5.1}
$$

式中，$X = X_L - X_C = \omega L - \dfrac{1}{\omega C}$，$X$ 称为电抗，单位

为欧姆（Ω）。而 Z 称为阻抗（或复阻抗）

$$Z = \frac{\dot{U}}{\dot{I}} = R + j(X_L - X_C) = R + jX = |Z|\underline{/\varphi} \qquad (3.5.2)$$

阻抗的模和辐角分别为

$$|Z| = \sqrt{R^2 + X^2} = \sqrt{R^2 + \left(\omega L - \frac{1}{\omega C}\right)^2} \qquad (3.5.3)$$

$$\varphi = \arctan\frac{X}{R} \qquad (3.5.4)$$

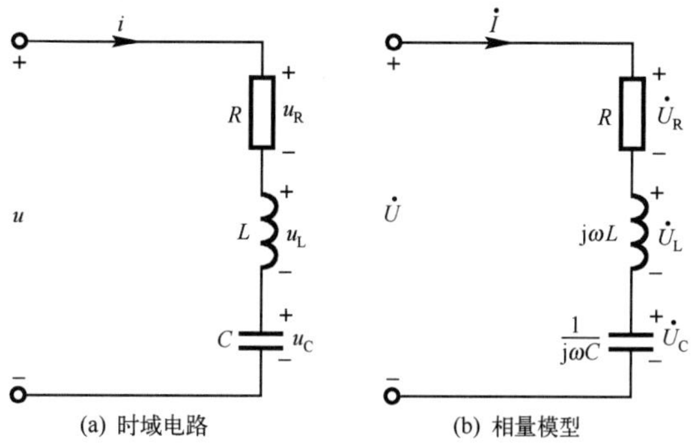

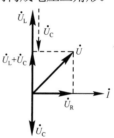

(a) 时域电路　　(b) 相量模型

图 3.5.1　RLC 串联电路

由式（3.5.3）可知，$|Z|$ 与 R、X 之间构成直角三角形，如图 3.5.2 所示，称阻抗三角形。

另外，根据单一参数元件在交流电路中电压与电流的关系可知，电阻端电压与电流同相，电感端电压超前电流 90°，电容端电压滞后电流 90°，在串联电路中各元件流过的电流相同。由此可以画出如图 3.5.3 所示的电压相量图，其中总电压与各元件端电压之间构成电压三角形。

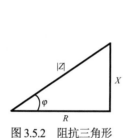

图 3.5.2　阻抗三角形

图 3.5.3　电压相量图

如果把电压与电流用有效值和初相角表示，则有

$$Z = \frac{\dot{U}}{\dot{I}} = \frac{U\underline{/\theta_u}}{I\underline{/\theta_i}} = \frac{U}{I}\underline{/(\theta_u - \theta_i)} \qquad (3.5.5)$$

与式（3.5.2）比较可得

$$\frac{U}{I} = |Z| \qquad (3.5.6)$$

$$\varphi = \theta_u - \theta_i \qquad (3.5.7)$$

阻抗模等于电压有效值与电流有效值之比，单位为欧姆(Ω)。阻抗角等于电压与电流的相位差。阻抗角的性质如下：

● 当 $X_L > X_C$ 时，$X > 0$，$\varphi > 0$，电压超前电流，电路呈电感性，称为感性电路；
● 当 $X_L < X_C$ 时，$X < 0$，$\varphi < 0$，电压滞后电流，电路呈电容性，称为容性电路；
● 当 $X_L = X_C$ 时，$X = 0$，$\varphi = 0$，电压与电流同相，电路呈电阻性，称为电阻性电路。

RLC 串联电路，包含了 3 种性质不同的参数，是具有一般意义的典型电路，而单一参数的电路可以看做是 RLC 串联电路的特例。

【例 3.5.1】　已知 $u_S = 10\sin 2t$ (V)，求图 3.5.4(a)所示电路的电流 i 及电压 u_C。

解：先将时域电路画成相量模型如图 3.5.4(b)所示。则

$$\dot{I}_m = \frac{10\underline{/0°}}{5 + j4 - j} = \frac{10\underline{/0°}}{5.83\underline{/31°}} = 1.715\ \underline{/-31°}\ (A)$$

$$\dot{U}_{Cm} = -j \times \dot{I}_m = 1.715\underline{/-121°}(V)$$

$$i(t) = 1.715 \sin(2t - 31°)(A)$$

$$u_C(t) = 1.715 \sin(2t - 121°)(V)$$

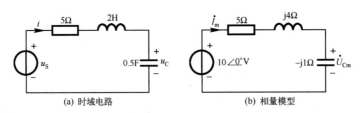

(a) 时域电路   (b) 相量模型

图 3.5.4 例 3.5.1 电路

3.5.2 阻抗的串并联

1. 阻抗的串联

在正弦交流稳态电路中，若有 n 个阻抗串联，则总电压为

$$\dot{U} = (Z_1 + Z_2 + \cdots + Z_n)\dot{I} = Z\dot{I} \tag{3.5.8}$$

等效阻抗为

$$Z = Z_1 + Z_2 + \cdots + Z_n = \sum_{k=1}^{n} Z_k \tag{3.5.9}$$

串联阻抗的分压公式为

$$\dot{U}_k = \frac{Z_k}{Z}\dot{U} = \frac{Z_k}{\sum_{k=1}^{n} Z_k}\dot{U} \tag{3.5.10}$$

2. 阻抗的并联

图 3.5.5(a)所示为两阻抗的并联。

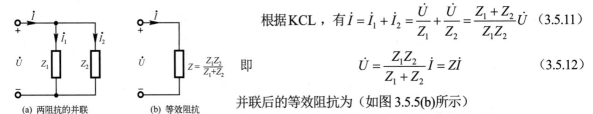

根据 KCL，有 $\dot{I} = \dot{I}_1 + \dot{I}_2 = \dfrac{\dot{U}}{Z_1} + \dfrac{\dot{U}}{Z_2} = \dfrac{Z_1 + Z_2}{Z_1 Z_2}\dot{U}$ (3.5.11)

(a) 两阻抗的并联   (b) 等效阻抗

图 3.5.5 两阻抗的并联及等效

即

$$\dot{U} = \frac{Z_1 Z_2}{Z_1 + Z_2}\dot{I} = Z\dot{I} \tag{3.5.12}$$

并联后的等效阻抗为（如图 3.5.5(b)所示）

$$Z = \frac{Z_1 Z_2}{Z_1 + Z_2} \tag{3.5.13}$$

由式（3.5.11）～式（3.5.13）可以得出两阻抗并联时的分流公式为

$$\begin{cases} \dot{I}_1 = \dfrac{Z_2}{Z_1 + Z_2}\dot{I} \\[2mm] \dot{I}_2 = \dfrac{Z_1}{Z_1 + Z_2}\dot{I} \end{cases} \tag{3.5.14}$$

3. 导纳

阻抗的倒数称导纳（或复导纳），用 Y 表示，单位为西门子（S）。其数学表达式为

$$Y = \frac{1}{Z} \tag{3.5.15}$$

应用导纳来计算并联电路较为方便，在正弦交流电路中若有 n 个导纳并联，则总电流为

$$\dot{I} = (Y_1 + Y_2 + \cdots + Y_n)\dot{U} = Y\dot{U} \tag{3.5.16}$$

等效导纳为

$$Y = Y_1 + Y_2 + \cdots + Y_n = \sum_{k=1}^{n} Y_k \tag{3.5.17}$$

各导纳分配的电流为

$$\dot{I}_k = \frac{Y_k}{Y}\dot{I} = \frac{Y_k}{\sum_{k=1}^{n} Y_k}\dot{I} \tag{3.5.18}$$

【例 3.5.2】　已知图 3.5.6 所示的正弦交流电路中，$u_S = 20\sqrt{2}\sin 2t$ (V)，$R=5\Omega$，$L=1$H，$C=0.1$F，求各电流表的读数。

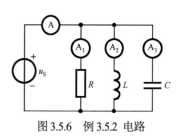

图 3.5.6　例 3.5.2 电路

解：$\dot{U}_S = 20\underline{/0^\circ}$(V)，$Z_L = j\omega L = j2(\Omega)$，$Z_C = \dfrac{1}{j\omega C} = -j5(\Omega)$

$$\dot{I}_R = \frac{20\underline{/0^\circ}}{5} = 4\underline{/0^\circ}(A),\quad \dot{I}_L = \frac{20\underline{/0^\circ}}{j2} = -j10(A),\quad \dot{I}_C = \frac{20\underline{/0^\circ}}{-j5} = j4(A)$$

则　　　　　　　　$\dot{I} = \dot{I}_R + \dot{I}_L + \dot{I}_C = 4 - j10 + j4 = 7.2\underline{/-56.3^\circ}(A)$

各表读数分别为，表 A_1：4A；表 A_2：10A；表 A_3：4A；表 A：7.2A。

3.6　正弦稳态电路分析

将正弦稳态电路与直流电阻电路比较，若正弦交流电路的各电压、电流用相量表示，电阻和电导用阻抗和导纳表示，则计算直流电阻电路的一些公式、分析方法及定律就可以完全用到正弦稳态电路的分析和计算中来。

【例 3.6.1】　已知 $i_S = 2\sqrt{2}\sin(50t)$ (A)，$u_S = 10\sqrt{2}\sin(50t + 30^\circ)$ (V)，利用支路电流法求图 3.6.1(a) 所示电路的电流 i。

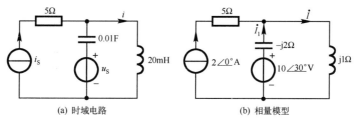

图 3.6.1　例 3.6.1 电路

解：在图 3.6.1(b)电路中，由 KCL 和 KVL 得

$$\begin{cases} 2 + \dot{I}_1 - \dot{I} = 0 \\ (-j2)\dot{I}_1 + j1\dot{I} - 10\underline{/30^\circ} = 0 \end{cases}$$

$$\dot{I} = \frac{8.66 + j5 - j4}{-j1} = 8.72\underline{/96.59^\circ}(A)$$

$$i = 8.72\sqrt{2}\sin(50t + 96.59^\circ)(A)$$

【例 3.6.2】　已知 $i_{S1} = 0.5\sin(4t)$ (A)，$i_{S2} = \sin(4t - 45^\circ)$ (A)，$u_S = 6\cos(4t)$ (V)，试用叠加定理求如图 3.6.2(a)所示的电流 i。

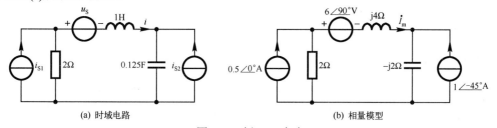

图 3.6.2　例 3.6.2 电路

解：将时域模型转化为相量模型如图 3.6.2(b)所示。

（1）当 i_{S1} 单独工作时，u_S 置为零相当于短路，i_{S2} 置为零相当于开路，由分流公式得

$$\dot{I}_{1m} = \frac{2}{2+j4-j2} \times 0.5\underline{/0^\circ} = \frac{1}{2+j2}(A)$$

（2）当 i_{S2} 单独工作时，u_S 置为零相当于短路，i_{S1} 置为零相当于开路，由分流公式得

$$\dot{I}_{2m} = -\frac{-j2}{2+j4-j2} \times 1\underline{/-45^\circ} = \frac{1.414+j1.414}{2+j2}(A)$$

（3）当 u_S 单独工作，两个电流源置为零时

$$\dot{I}_{3m} = -\frac{6\underline{/90^\circ}}{2+j4-j2} = \frac{-j6}{2+j2}(A)$$

（4）总电流为

$$\dot{I}_m = \dot{I}_{1m} + \dot{I}_{2m} + \dot{I}_{3m}$$

$$= \frac{1+1.414+j1.414-j6}{2+j2} = \frac{5.183\underline{/-62.24^\circ}}{2.828\underline{/45^\circ}}$$

$$= 1.83\underline{/-107.24^\circ}(A)$$

$$i = 1.83\sin(4t-107.24^\circ)(A)$$

【例 3.6.3】 已知 $u_S = 5\sin 5t\,(V)$，试用戴维南定理求图 3.6.3(a)中的电压 u。

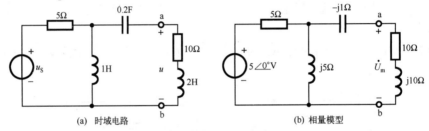

图 3.6.3　例 3.6.3 电路

解： 将时域模型转化为相量模型如图 3.6.3(b)所示。

（1）计算 $\dot{U}_{OCm}$（即 ab 端的开路电压相量）。由分压公式得

$$\dot{U}_{OCm} = \frac{j5}{5+j5} \times 5\underline{/0^\circ} = \frac{j25}{5+j5}(V)$$

（2）计算从 a、b 端看进去的等效阻抗 Z_O 为

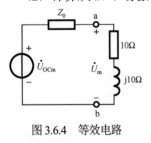

图 3.6.4　等效电路

$$Z_O = -j + \frac{5 \times j5}{5+j5} = -j + \frac{j25 \times (5-j5)}{50} = (2.5+j1.5)\,(\Omega)$$

其对应的等效电路如图 3.6.4 所示，由分压分式得

$$\dot{U}_m = \frac{10+j10}{Z_O+10+j10} \times \dot{U}_{OCm} = \frac{10+j10}{12.5+j11.5} \times \frac{j25}{5+j5} = \frac{50\underline{/90^\circ}}{17\underline{/42.6^\circ}} =$$

$$2.94\underline{/47.4^\circ}\,(V)$$

$$u = 2.94\sin(5t+47.4^\circ)(V)$$

3.7 正弦稳态电路的功率

3.7.1 瞬时功率

设图 3.7.1 所示单口网络 N 内部不含独立源，只含电阻、电感、电容等无源元件，若端口电压 $u = \sqrt{2}U\sin(\omega t+\theta_u)$，电流 $i = \sqrt{2}I\sin(\omega t+\theta_i)$，则它吸收的瞬时功率为

$$p(t) = ui = 2UI\sin(\omega t+\theta_u)\sin(\omega t+\theta_i)$$

$$= UI\cos(\theta_u-\theta_i) - UI\cos(2\omega t+\theta_u+\theta_i) \tag{3.7.1}$$

式（3.7.1）表明，瞬时功率由两部分组成，一部分为恒定值 $UI\cos(\theta_u - \theta_i)$，另一部分为正弦分量，其频率为电源电压（电流）频率的 2 倍。其 u、i 和 $p(t)$ 波形如图 3.7.2 所示。从图中看，该单口网络与外电路有能量交换，当瞬时功率为正时，单口网络从外电路吸收电能，当瞬时功率为负时，单口网络提供电能给外电路。由于瞬时功率不便于测量，通常引用平均功率的概念。

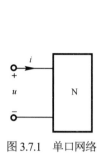

图 3.7.1　单口网络

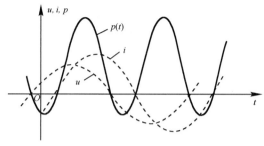

图 3.7.2　u、i 和 $p(t)$ 的波形

3.7.2　有功功率及功率因数

瞬时功率 $p(t)$ 是一个周期函数，定义瞬时功率在一个周期内的平均值为平均功率或称为有功功率，用大写字母 P 表示，即

$$P = \frac{1}{T}\int_0^T p(t)\,\mathrm{d}t = \frac{1}{T}\int_0^T \big[UI\cos(\theta_u - \theta_i) - UI\cos(2\omega t + \theta_u + \theta_i)\big]\mathrm{d}t$$
$$= UI\cos(\theta_u - \theta_i) = UI\cos\varphi \tag{3.7.2}$$

式中，$\varphi = \theta_u - \theta_i$。

有功功率代表单口网络实际消耗的能量，它是式（3.7.1）的恒定分量，它不仅与电压和电流的有效值乘积有关，而且还与它们之间的相位差有关。式中，$\cos\varphi$ 称为功率因数，用 λ 表示，即

$$\lambda = \cos\varphi \tag{3.7.3}$$

当 $\varphi = 0$ 时，$\dot{U}$ 与 $\dot{I}$ 同相，称为电阻性负载，此时 $P_R = UI$；当 $\varphi > 0$ 为感性负载时，因为电流滞后电压 φ 角，所以称功率因数 λ 滞后；而当 $\varphi < 0$ 为容性负载时，由于电流超前电压 φ 角，所以称功率因数 λ 超前。为了说明电路的性质，通常在功率因数 λ 后面标出"感性"、"容性"或"滞后"、"超前"字样。若单口网络为纯电感或纯电容，即 $\varphi = \pm 90^\circ$ 时，$P = 0$，由此可见只有电阻消耗有功功率，而电容、电感不消耗有功功率。

根据能量守恒原理，无源单口网络吸收的总有功功率 P 应为各支路吸收的有功功率之和，即无源单口网络的有功功率是网络中各电阻的有功功率之和，有

$$P = \sum_{i=1}^{n} P_i = \sum_{i=1}^{n} R_i I_i^2 \tag{3.7.4}$$

式中，I_i 是流过电阻 R_i 上电流的有效值。

根据无源单口网络 $|Z| = \dfrac{U}{I}$，$\varphi = \theta_u - \theta_i = \varphi_Z$ 可得

$$P = UI\cos\varphi_Z = I^2|Z|\cos\varphi_Z \tag{3.7.5}$$

3.7.3　无功功率和视在功率

单口网络除了消耗能量外，与外施电源之间还存在能量的交换，为了衡量这种能量交换的规模，引入了无功功率的概念。对于无源单口网络来说，网络与外电路之间的能量交换是由电抗分量引起的。若将无源单口网络等效成阻抗 $Z = R + \mathrm{j}X$，其串联等效电路如图 3.7.3(a)所示，所对应的相量图如图 3.7.3(b)所示，图中假设阻抗 Z 为感性，所以电压相量 $\dot{U}$ 超前电流相量 $\dot{I}$，其夹角为 φ。

由图 3.7.3(b)的相量图可知，电压的一个分量 $U_R = U\cos\varphi$，而另一个分量 $U_X = U\sin\varphi$，其中 U_R 与

I 的乘积产生有功功率，即 $P = U_R I = UI \cos\varphi$，而 U_X 与 I 的乘积不产生有功功率，因为它们相互垂直，将其定义为无功功率，用大写字母 Q 表示，即

$$Q = U_X I = UI \sin\varphi \qquad (3.7.6)$$

Q 的单位是乏（var）或千乏（kvar）。

当单口网络为纯电阻时，$\varphi = 0$，则无功功率 $Q_R = UI \sin 0° = 0$，说明电阻不存在能量的交换。

当单口网络为纯电感时，无功功率为

$$Q_L = UI \sin 90° = UI = \omega L I^2 = X_L I^2 \qquad (3.7.7)$$

当单口网络为纯电容时，无功功率为

$$Q_C = UI \sin(-90°) = -UI = -\frac{I^2}{\omega C} = -X_C I^2 \qquad (3.7.8)$$

因为电阻不消耗无功功率，所以无源单口网络的无功功率 Q 等于网络中各储能元件的无功功率的代数和，其中电感的无功功率为正，电容的无功功率为负，即

$$Q = \sum_{i=1}^{n} Q_i \qquad (3.7.9)$$

由于电力设备的容量是由它们的额定电流和额定电压的乘积决定的，为此引入了视在功率的概念，用大写字母 S 表示，其定义为

$$S = UI \qquad (3.7.10)$$

视在功率单位是伏安（VA）或千伏安（kVA）。

根据单口网络有功功率 $P = UI\cos\varphi$，无功功率 $Q = UI\sin\varphi$，可得

$$\begin{cases} P = S\cos\varphi \\ Q = S\sin\varphi \end{cases} \qquad (3.7.11)$$

$$S = \sqrt{P^2 + Q^2} \qquad (3.7.12)$$

P、Q、S 满足功率三角形，如图 3.7.4 所示。

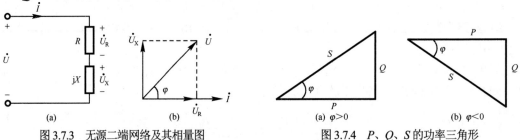

图 3.7.3　无源二端网络及其相量图　　　图 3.7.4　P、Q、S 的功率三角形

通常情况下，电气设备工作时电压和电流不能超过其额定值，因此视在功率表示了电气设备"容量"的大小。例如，发电机、变压器等用视在功率表示其额定容量。视在功率说明了该电气设备允许提供的最大有功功率，而实际工作中提供的有功功率还要由 $\cos\varphi$ 来确定。

由于 $\lambda = \cos\varphi = \dfrac{P}{S}$，所以功率因数反映了有功功率占视在功率的比重，为了充分利用电源设备容量，总是要求尽量提高功率因数。另外，根据 $I = \dfrac{P}{U\lambda}$ 可知，当负载的有功功率 P 和电压 U 一定时，提高 $\cos\varphi$ 可使线路中的电流 I 减少，从而降低线路损耗。同时随着 $\cos\varphi$ 的增大，$\sin\varphi$ 将减小，则无功功率降低，从而减少电源与负载间徒劳往返的能量交换，因此提高功率因数有着重要的经济意义。

【例 3.7.1】　某工厂使用的感应电动机为感性负载，负载电压 220V，频率 50Hz，感应电动机功率

100kW，功率因数 0.6，为使功率因数提高到 0.9，问需要并联多大的电容？并联前后输电线上的电流为多大？

解：电路如图 3.7.5(a)所示，并联电容前输电线上的电流为

$$I_1=\frac{P}{U\lambda_1}=\frac{100\times10^3}{220\times0.6}=757.58(\text{A})$$

并联电容后，由于电容不消耗有功功率，所以电路中电压和功率均未发生改变，则输电线上的电流为

$$I=\frac{P}{U\lambda_2}=\frac{100\times10^3}{220\times0.9}=505.05(\text{A})$$

由并联电容前 $\lambda=0.6$，可得 $\varphi_1=53.13°$，而并联电容后 $\lambda=0.9$，可得 $\varphi_2=\pm25.84°$。若补偿后仍为感性，则相量图如图 3.7.5(b)所示，由相量图可求出电容支路电流为

$$\begin{aligned}I_2&=I_1\sin\varphi_1-I\sin\varphi_2\\&=757.58\sin53.13°-505.05\sin25.84°=385.93(\text{A})\end{aligned}$$

$$C=\frac{I_2}{\omega U}=\frac{385.93}{2\pi\times50\times220}=5587(\mu\text{F})$$

(a)　　(b)

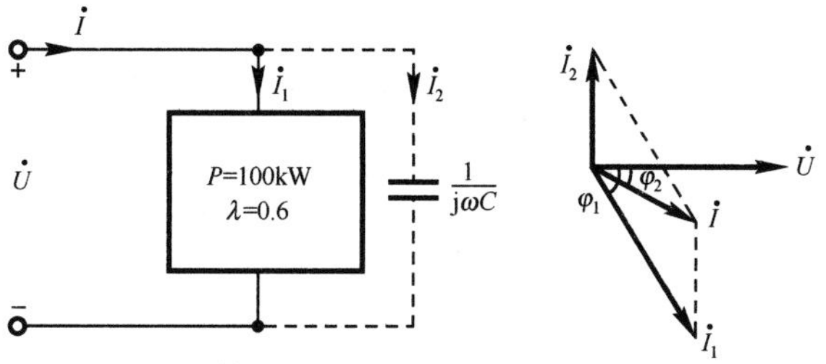

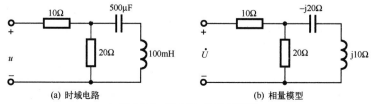

图 3.7.5　例 3.7.1 电路

【例 3.7.2】 在图 3.7.6(a)的单口网络中，已知 $u(t)=20\sqrt{2}\sin(100t)$ (V)。求单口网络串并联等效阻抗及网络吸收的 P、Q、S 和 λ。

解：相量模型如图 3.7.6(b)所示。在计算功率时，所有的电压和电流采用有效值相量。

$$u(t)=20\sqrt{2}\sin(100\,t)(\text{V})\qquad \dot{U}=20\underline{/0°}(\text{V})$$

单口网络的等效阻抗为

$$Z=10+\frac{20\times(\text{j}10-\text{j}20)}{20+\text{j}10-\text{j}20}=14-\text{j}8=16.12\underline{/-29.74°}(\Omega)$$

$$\dot{I}=\frac{\dot{U}}{Z}=\frac{20\underline{/0°}}{16.12\underline{/-29.74°}}=1.24\underline{/29.74°}(\text{A})$$

有功功率为　$P=UI\cos(\theta_u-\theta_i)=20\times1.24\times\cos(-29.74°)=21.53(\text{W})$

无功功率为　$Q=UI\sin(\theta_u-\theta_i)=20\times1.24\times\sin(-29.74°)=-12.30(\text{var})$

视在功率为　$S=UI=20\times1.24=24.8(\text{VA})$

功率因数为　$\lambda=\cos(\theta_u-\theta_i)=0.868$ (容性)

(a) 时域电路　　(b) 相量模型

图 3.7.6　例 3.7.2 的单口网络

3.8　交流电路的频率特性

对于交流电路，由于容抗和感抗都是频率的函数，这将导致同一电路对不同频率的信号有不同的响应，这种电路响应随激励频率而变化的特性称为电路的频率特性或频率响应。

3.8.1　滤波电路

对信号频率具有选择性的电路称为滤波电路，其主要功能是传送输入信号中的有用频率成分，衰减或抑制无用的频率成分。

滤波电路通常分为低通、高通、带通和带阻等多种，本节主要讨论由电阻和电容组成的滤波电路。

1. 低通滤波电路

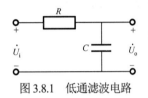

图 3.8.1　低通滤波电路

RC 低通滤波电路如图 3.8.1 所示。$\dot{U}_\mathrm{i}$ 是输入信号，$\dot{U}_\mathrm{o}$ 是输出信号，都是频率的函数。由图示电路可求得电压放大倍数（也称电压传递函数）为

$$\dot{A}_\mathrm{u} = \frac{\dot{U}_\mathrm{o}}{\dot{U}_\mathrm{i}} = \frac{\dfrac{1}{\mathrm{j}\omega C}}{R + \dfrac{1}{\mathrm{j}\omega C}} = \frac{1}{1 + \mathrm{j}\omega RC} \tag{3.8.1}$$

令

$$f_\mathrm{H} = \frac{1}{2\pi RC} = \frac{1}{2\pi\tau} \tag{3.8.2}$$

$\tau = RC$，是图 3.8.1 电路的时间常数，则式（3.8.2）可写为

$$\dot{A}_\mathrm{u} = \frac{1}{1 + \mathrm{j}\dfrac{f}{f_\mathrm{H}}} \tag{3.8.3}$$

幅频特性和相频特性分别为

$$\left|\dot{A}_\mathrm{u}\right| = \frac{1}{\sqrt{1 + (f / f_\mathrm{H})^2}} \tag{3.8.4a}$$

$$\varphi = -\arctan(f / f_\mathrm{H}) \tag{3.8.4b}$$

当 $f = 0$ 时，得 $\left|\dot{A}_\mathrm{u}\right| = 1$，$\varphi = 0$；当 $f = f_\mathrm{H}$ 时，得 $\left|\dot{A}_\mathrm{u}\right| = \dfrac{1}{\sqrt{2}} = 0.707$，$\varphi = -45°$；当 $f \to \infty$ 时，得 $\left|\dot{A}_\mathrm{u}\right| \to 0$，$\varphi \to -90°$。

该电路的频率特性曲线如图 3.8.2 所示。

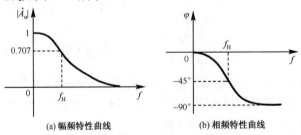

(a) 幅频特性曲线　　　　　　　　　(b) 相频特性曲线

图 3.8.2　低通滤波电路的频率特性曲线

由幅频特性曲线可知，对同样大小的输入电压来说，频率越高，输出电压就越小，即该电路的低频信号比高频信号更易通过，故称低通滤波电路。由相频特性可知，输出电压总是滞后输入电压，故又称滞后网络。

式（3.8.4a）和式（3.8.4b）中，由于频率可以从几赫兹到上百兆赫兹，甚至更宽，而有的放大电路的放大倍数可从几倍到上百万倍。为了在同一坐标系中表示如此宽的变化范围，在画频率特性曲线

时常采用对数坐标，称为波特图。波特图由对数幅频特性和对数相频特性两部分组成，它们的横轴采用对数刻度 lg f ，但常标注为 f ；幅频特性的纵轴采用 $20\lg\left|\dot{A}_{u}\right|$ 表示，称为增益，单位是分贝（dB），一个放大电路的放大倍数为 100，则用分贝表示的电压放大倍数为 40dB；若放大倍数为 1，则相应的分贝数为 0dB；由于 $\varphi(f)$ 的变化范围不大，因此相频特性的纵轴还是用线性刻度，仍用 φ 表示。RC 低通电路的波特图如图 3.8.3 所示。

图中用虚线画出了实际的幅频特性和相频特性，实际应用中用折线近似就可以了。在 f_{H} 处，电压放大倍数下降为中频电压放大倍数的 0.707 倍，用分贝表示时，下降了 3dB，所以 f_{H} 又称为上限截止频率，简称为上限频率。$0\sim f_{H}$ 这一频率范围为电路的通频带（简称通带），而 $f_{H}\sim\infty$ 这一频率范围称为阻带。图 3.8.3(a) 中斜线下降的速度是频率每增加 10 倍，幅值下降 20dB。

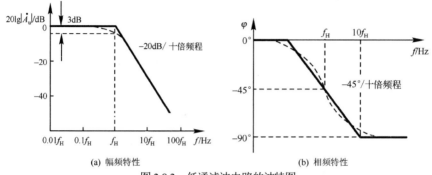

(a) 幅频特性　　　　　　　　　　　　　　(b) 相频特性

图 3.8.3　低通滤波电路的波特图

2. 高通滤波电路

RC 高通滤波电路如图 3.8.4 所示。$\dot{U}_{o}$ 和 $\dot{U}_{i}$ 分别是输出电压和输入电压，则它们之比为

$$\dot{A}_{u}=\frac{\dot{U}_{o}}{\dot{U}_{i}}=\frac{R}{R+\dfrac{1}{j\omega C}}=\frac{1}{1-j\dfrac{1}{\omega RC}} \tag{3.8.5}$$

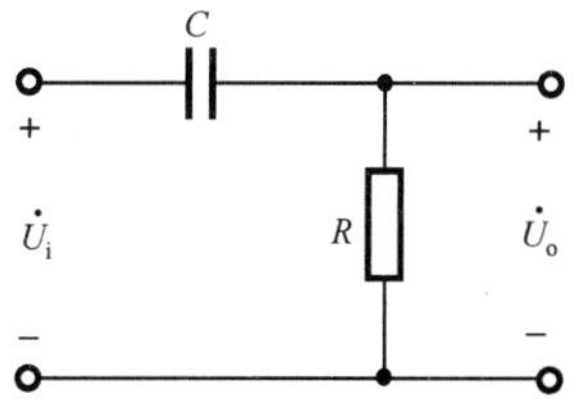

令

$$f_{L}=\frac{1}{2\pi RC}=\frac{1}{2\pi\tau} \tag{3.8.6}$$

则

$$\dot{A}_{u}=\frac{1}{1-j\dfrac{f_{L}}{f}} \tag{3.8.7}$$

图 3.8.4　高通滤波电路

幅频特性和相频特性分别为

$$\left|\dot{A}_{u}\right|=\frac{1}{\sqrt{1+(f_{L}/f)^{2}}} \tag{3.8.8a}$$

$$\varphi=\arctan(f_{L}/f) \tag{3.8.8b}$$

式中，f_{L} 是高通电路的下限截止频率（简称下限频率），频率响应可根据式（3.8.8a）和式（3.8.8b）画出。

当 $f=0$ 时，得 $\left|\dot{A}_{u}\right|=0$ ，$\varphi=90°$ ；当 $f=f_{L}$ 时，得 $\left|\dot{A}_{u}\right|=\dfrac{1}{\sqrt{2}}=0.707$ ，$\varphi=45°$ ；当 $f\to\infty$ 时，得 $\left|\dot{A}_{u}\right|\to 1$ ，$\varphi\to 0°$ 。该电路的频率特性曲线如图 3.8.5 所示。

由幅频特性曲线可知，该电路对高频信号有较大输出，而对低频信号衰减很大，故称高通滤波电路，而由相频特性曲线可知，输出电压总是超前输入电压，故又称超前网络。$f_{L}\sim\infty$ 这一频率范围为电路的通带，而 $0\sim f_{L}$ 这一频率范围称为阻带。

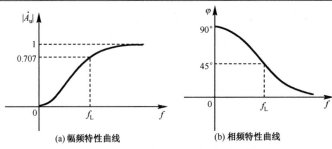

（a）幅频特性曲线　　　　　　　　　（b）相频特性曲线

图 3.8.5　高通滤波电路的频率特性曲线

3. 带通滤波电路

RC 带通滤波电路如图 3.8.6 所示。

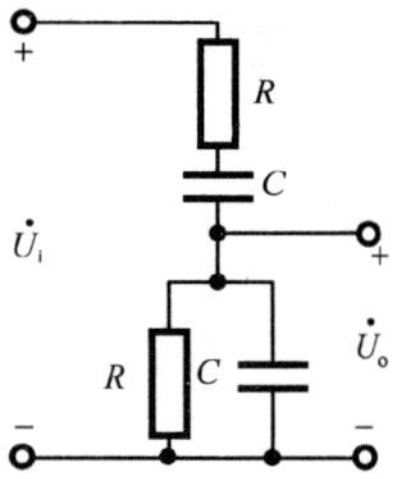

$$\dot{A}_{u} = \frac{\dot{U}_{o}}{\dot{U}_{i}} = \frac{R /\!/ \dfrac{1}{j\omega C}}{R + \dfrac{1}{j\omega C} + R /\!/ \dfrac{1}{j\omega C}} = \frac{1}{3 + j\left(\omega RC - \dfrac{1}{\omega RC}\right)} \tag{3.8.9}$$

图 3.8.6　带通滤波电路

令 $\omega_0 = \dfrac{1}{RC}$，则 $f_0 = \dfrac{1}{2\pi RC}$，代入式（3.8.9），得

$$\dot{A}_{u} = \frac{1}{3 + j\left(\dfrac{f}{f_0} - \dfrac{f_0}{f}\right)} \tag{3.8.10}$$

式（3.8.10）为带通滤波电路的频率特性，将其写成幅频特性和相频特性，则幅频特性为

$$\left|\dot{A}_{u}\right| = \frac{1}{\sqrt{9 + \left(\dfrac{f}{f_0} - \dfrac{f_0}{f}\right)^2}} \tag{3.8.11a}$$

相频特性为

$$\varphi = -\arctan\frac{1}{3}\left(\frac{f}{f_0} - \frac{f_0}{f}\right) \tag{3.8.11b}$$

根据式（3.8.11a）和式（3.8.11b）画出 $\dot{A}_{u}$ 的频率特性，如图 3.8.7 所示。

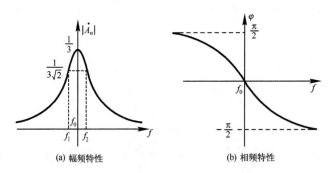

（a）幅频特性　　　　　　　　　　　（b）相频特性

图 3.8.7　带通滤波电路的频率特性曲线

由图 3.8.7 可知，当 f 由零变到无穷大时，相移由 $\dfrac{\pi}{2}$ 连续变化到 $-\dfrac{\pi}{2}$。当 $f = f_0$ 时，幅值出现最大值，而此时相移为零，由式（3.8.11）可得

$$\left|\dot{A}_{u}\right|_{\max} = \frac{1}{3}, \quad \varphi = 0$$

即当 $f = f_0$ 时，$\dot{U}_{o}$ 的幅值为 $\dot{U}_{i}$ 的 1/3，且相位为同相。

该电路的幅频特性 $\left|\dot{A}_{u}\right|$ 下降到最大值的 $1/\sqrt{2}$ 倍所对应的两个截止频率分别为 f_1 和 f_2，其中 f_1 称为

下限截止频率，f_2 为上限截止频率，通频带宽度 $f_{BW} = f_2 - f_1$。

3.8.2　串联谐振

谐振电路是电路分析和通信技术中的基本电路，人们利用谐振现象做成了各种功能电路，用来选择信号和处理信号。最常用的谐振电路是串联谐振和并联谐振电路。

图 3.8.8(a)所示为 RLC 串联电路，设输入信号 $u_S = \sqrt{2}U_S \sin \omega t(V)$。

一般情况下，含有电感、电容的电路，对正弦信号所呈现的阻抗均为复数。图 3.8.8(b)所示电路的阻抗为

$$Z = R + j\omega L + \frac{1}{j\omega C} = R + j(X_L - X_C) = R + jX \tag{3.8.12}$$

阻抗模为

$$|Z| = \sqrt{R^2 + X^2} = \sqrt{R^2 + \left(\omega L - \frac{1}{\omega C}\right)^2} \tag{3.8.13}$$

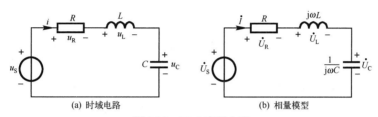

(a) 时域电路　　　　　　　　　　　(b) 相量模型

图 3.8.8　RLC 串联电路

阻抗模与频率的关系如图 3.8.9 所示。由图示曲线可知，当频率较低时，容抗大于感抗，即 $\omega L - \frac{1}{\omega C} < 0$ 或 $X < 0$，电路呈电容性；而当频率较高时，感抗大于容抗，即 $\omega L - \frac{1}{\omega C} > 0$ 或 $X > 0$，电路呈电感性；当感抗等于容抗即 $\omega L = \frac{1}{\omega C}$ 时，则 $X = 0$，电路呈电阻性，此时电压、电流同相，工程上将电路的这种工作状况称为谐振，由于是在 RLC 串联电路中发生的，故称串联谐振。对应的频率称谐振频率，记为 ω_0 或 f_0，即

$$\omega_0 = \frac{1}{\sqrt{LC}} \tag{3.8.14a}$$

或

$$f_0 = \frac{\omega_0}{2\pi} = \frac{1}{2\pi\sqrt{LC}} \tag{3.8.14b}$$

由式（3.8.14b）可知，调整 L、C 和 f 中的任何一个量，电路都能产生谐振。

串联谐振电路的特性如下：

（1）电压与电流同相位，电路呈电阻性；

（2）串联谐振阻抗最小，$Z = R$。当电源电压一定时，电流为 $I = I_0 = \frac{U_S}{R}$ 最大；

（3）电感端电压与电容端电压大小相等，相位相反，互相抵消，即 $\dot{U}_L + \dot{U}_C = 0$；

（4）串联谐振时电感电压和电容电压分别为：

$$\dot{U}_L = j\omega_0 L \dot{I} = j\omega_0 L \frac{\dot{U}_S}{R} = jQ\dot{U}_S \tag{3.8.15}$$

$$\dot{U}_C = \frac{\dot{I}}{j\omega_0 C} = -j\frac{\dot{U}_S}{\omega_0 CR} = -jQ\dot{U}_S \tag{3.8.16}$$

式中
$$Q = \frac{U_L}{U_S} = \frac{U_C}{U_S} = \frac{\omega_0 L}{R} = \frac{1}{\omega_0 C R} = \frac{1}{R}\sqrt{\frac{L}{C}} \tag{3.8.17}$$

即电感电压和电容电压相等且为电源电压的 Q 倍。所以串联谐振又称电压谐振，Q 称为 RLC 串联电路的品质因数。其串联谐振电路的相量图如图 3.8.10 所示。

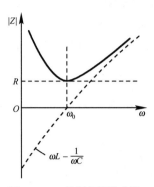

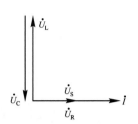

图 3.8.9　$|Z|$ 的频率特性曲线　　　　　　图 3.8.10　串联谐振电路的相量图

在无线电技术中使用的 Q 值通常在几十倍以上，所以当输入信号微弱时，可以利用电压谐振来获得一个较高的电压。例如，在收音机中，就是利用谐振现象来选择电台的。但在电力系统中，过高的电压会使电容器和电感线圈的绝缘被击穿而造成损害，因而要避免谐振或接近谐振的情况发生。

如图 3.8.8(a)所示的 RLC 串联电路中，已知 $R = 1\Omega$，$L = 0.2\text{H}$，$C = 80\mu\text{F}$，$u_S = 10\sqrt{2}\sin(\omega t)\,(\text{mV})$，求谐振角频率、品质因数，以及谐振时电阻、电感、电容上的有效值电压。

解：谐振角频率为
$$\omega_0 = \frac{1}{\sqrt{LC}} = \frac{1}{\sqrt{0.2 \times 80 \times 10^{-6}}} = 250\,(\text{rad/s})$$

品质因数为
$$Q = \frac{\omega_0 L}{R} = \frac{250 \times 0.2}{1} = 50$$

电阻电压为
$$U_R = U_S = 10\,(\text{mV})$$

电感和电容上的电压为
$$U_L = U_C = QU_S = 10 \times 50 = 500\,(\text{mV})$$

3.8.3　并联谐振

如图 3.8.11(a)所示，RLC 并联电路是另一种典型的谐振电路，图 3.8.11(b)所示为该电路的相量模型。

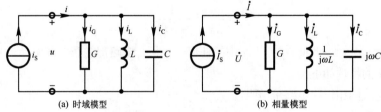

(a) 时域模型　　　　　　　(b) 相量模型

图 3.8.11　RLC 并联电路

根据相量模型可得该电路的等效导纳为
$$Y = G + \frac{1}{j\omega L} + j\omega C = G + j\left(\omega C - \frac{1}{\omega L}\right) \tag{3.8.18}$$
$$= G + j(B_C - B_L) = G + jB$$

式中，$B = B_C - B_L = \omega C - \dfrac{1}{\omega L}$，称 B 为电纳，单位为西门子（S）。导纳 Y 的模为

$$|Y| = \sqrt{G^2 + B^2} = \sqrt{G^2 + \left(\omega C - \frac{1}{\omega L}\right)^2} \tag{3.8.19}$$

并联谐振的定义与串联谐振的定义相同，即电流 $\dot{I}$ 与电压 $\dot{U}$ 同相时发生谐振，所以要使电路发生谐振必须满足 $B=0$ 的条件，即谐振时，$\omega C - \dfrac{1}{\omega L} = 0$，对应的谐振频率为

$$\omega_0 = \frac{1}{\sqrt{LC}} \tag{3.8.20a}$$

或

$$f_0 = \frac{\omega_0}{2\pi} = \frac{1}{2\pi\sqrt{LC}} \tag{3.8.20b}$$

当电路发生并联谐振时，输入导纳 $Y=G$ 最小，而阻抗 $Z=R$ 最大。如图 3.8.12(a)所示，因此当 $\dot{U}$ 一定时，电路中的电流 $\dot{I}$ 最小，并且有 $\dot{I}_L + \dot{I}_C = 0$，其并联谐振电路的相量图如图 3.8.12(b)所示。

并联谐振时，电感支路和电容支路的电流分别为

$$\dot{I}_L = \frac{\dot{U}}{j\omega_0 L} = -j\frac{R}{\omega_0 L}\dot{I}_S = -jQ\dot{I}_S \tag{3.8.21}$$

$$\dot{I}_C = j\omega_0 C\dot{U} = j\omega_0 CR\dot{I}_S = jQ\dot{I}_S \tag{3.8.22}$$

式中，Q 是并联谐振回路的品质因数

$$Q = \omega_0 CR = \frac{R}{\omega_0 L} \tag{3.8.23}$$

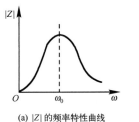

(a) $|Z|$ 的频率特性曲线

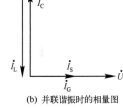

(b) 并联谐振时的相量图

图 3.8.12 并联谐振

从式（3.8.21）和式（3.8.22）可以看出，电感支路的电流与电容支路的电流相等，且等于总电流的 Q 倍，但相位相反，这是并联谐振所特有的现象，故并联谐振又称为电流谐振。由于并联时阻抗最大，所以可以利用谐振阻抗高的特性来选择信号或消除干扰。

3.9 三 相 电 路

三相电路是由三相电源和三相负载组成的，通常把由三相电源作为供电电源体系的称为三相制。发电、输配电一般都采用三相制。在用电方面，由于对称三相电路总的瞬时功率是恒定的，如果三相负载是电动机，则运行就比较平稳，所以交流电动机多数是三相的。三相电路在生产上广泛应用，而我们日常生活中使用的单相交流电是取之于三相制中的一相。

3.9.1 三相电源

三相电源是由三相同步交流发电机产生的。三相发电机主要由定子和转子两部分构成，定子上装有匝数相等、彼此相隔120°的 3 个绕组，分别称为三相电源的 A 相、B 相和 C 相，如图 3.9.1(a)所示。转子是一个电磁极，当在外力的作用下它以角频率 ω 旋转时，定子绕组将感应出 3 个等幅值、同频率、初相位相差120°的正弦电压，如图 3.9.1(b)所示，对应的相量图如图 3.9.1(c)所示。

正弦电压 u_A、u_B 和 u_C 的函数表达式为

$$\begin{cases} u_A = U_m \sin(\omega t) \\ u_B = U_m \sin(\omega t - 120°) \\ u_C = U_m \sin(\omega t - 240°) = U_m \sin(\omega t + 120°) \end{cases} \tag{3.9.1}$$

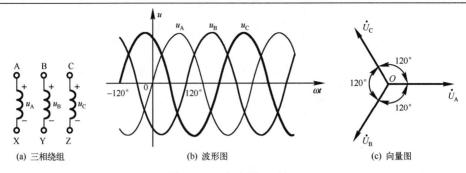

图 3.9.1　三相电压（正序）

其相量表示为

$$\begin{cases} \dot{U}_A = U\,\underline{/0^\circ} \\ \dot{U}_B = U\,\underline{/-120^\circ} \\ \dot{U}_C = U\,\underline{/120^\circ} \end{cases} \tag{3.9.2}$$

从图 3.9.1(b)和(c)可见

$$\begin{cases} u_A + u_B + u_C = 0 \\ \dot{U}_A + \dot{U}_B + \dot{U}_C = 0 \end{cases} \tag{3.9.3}$$

在电工技术中，把 3 个电压到达最大值的先后次序称为相序。如图 3.9.1 所示的三相电压的相序为 A、B、C，称为正序（或顺序）。如果 B 相与 C 相互换，则 B 相超前 A 相120°，C 相超前 B 相120°，这种是反序（或逆序）。电力系统一般是正序。

三相电压经一定方式连接后构成三相电源，连接方式分为：星形（Y 形）和三角形（△形）两种，如图 3.9.2 所示，注意连接时电压的正负极性不可接反。

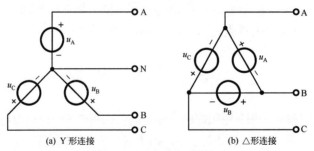

(a) Y 形连接　　　　　(b) △形连接

图 3.9.2　三相电源的连接

从电源的正极端引出的线为 A 线、B 线和 C 线，称为相线（或火线）。在 Y 形连接中，将 3 个绕组末端连接在一个公共点上（该公共点称为中点或零点），从公共点引出的线称为中线（或零线）。由于 3 个相电压大小相等、频率相同、相位依次相差120°，这种关系称为对称，所构成的三相电源称为对称三相电源。

Y 形连接的三相电源有 3 根相线和 1 根零线的称为三相四线制，如果只有 3 根相线的称三相三线制，△形连接的电源是三相三线制的。在我国，低压配电系统大都采用三相四线制。

1. Y 形连接中的线电压与相电压

在正序中 Y 形连接的线电压与相电压关系如图 3.9.2(a)所示。

$$\begin{cases} u_{AB} = u_A - u_B \\ u_{BC} = u_B - u_C \\ u_{CA} = u_C - u_A \end{cases} \tag{3.9.4}$$

对应的相量关系如图 3.9.3 所示，其中

$$\begin{cases} \dot{U}_{AB} = \dot{U}_A - \dot{U}_B = \dot{U}_A - \dot{U}_A \underline{/-120°} = \sqrt{3}\dot{U}_A \underline{/30°} \\ \dot{U}_{BC} = \dot{U}_B - \dot{U}_C = \dot{U}_B - \dot{U}_B \underline{/-120°} = \sqrt{3}\dot{U}_B \underline{/30°} \\ \dot{U}_{CA} = \dot{U}_C - \dot{U}_A = \dot{U}_C - \dot{U}_C \underline{/-120°} = \sqrt{3}\dot{U}_C \underline{/30°} \end{cases} \qquad (3.9.5)$$

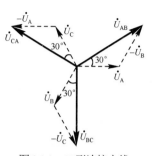

显然 3 个线电压是对称的，即大小相等，相角彼此差120°，其线电压有效值 U_L 为相电压有效值 U_p 的 $\sqrt{3}$ 倍，即 $U_L = \sqrt{3}U_p$，而线电压超前相电压30°角。

2. △形连接中的线电压与相电压

从图 3.9.2(b)中的三相电源的△形连接可得

$$\begin{cases} u_{AB} = u_A \\ u_{BC} = u_B \\ u_{CA} = u_C \end{cases} \qquad (3.9.6)$$

图 3.9.3　Y 形连接中线
电压与相电压的关系

即 AB 的线电压与电源 A 相的相电压相等，BC 的线电压与电源 B 相的相电压相等，CA 的线电压与电源 C 相的相电压相等。

3.9.2　负载星形连接的三相电路分析

三相电路中的负载是三相负载，三相负载是 3 个单相负载经星形（Y 形）或三角形（△形）连接组成的。3 个单相负载用阻抗表示，如图 3.9.4 所示。

三相负载的星形（Y 形）连接如图 3.9.5 所示，三个尾端 X、Y、Z 连接成一点 N′，称为负载的中点。

若从电源 A、B、C 引出的 3 根相线分别与负载的 3 个端子 A、B、C 相连，电源公共点引出的中线与负载中点 N′ 相连，则此方式称为三相四线制方式，否则称为三相三线制方式。在三相四线制中，当忽略导线的阻抗时，由于电源中线与负载中点相连，每相负载的电压就等于对应的电源相电压。

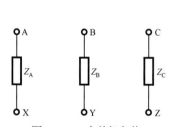

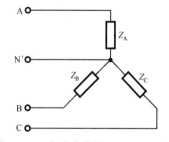

图 3.9.4　3 个单相负载　　　　　　图 3.9.5　三相负载的星形（Y 形）连接

在三相电路中，把流过每相负载上的电流称为相电流，而流过相线上的电流称为线电流，显然在 Y 形连接时，线电流等于相电流。其每相负载电流为

$$\dot{I}_A = \frac{\dot{U}_A}{Z_A}, \quad \dot{I}_B = \frac{\dot{U}_B}{Z_B}, \quad \dot{I}_C = \frac{\dot{U}_C}{Z_C} \qquad (3.9.7)$$

当三相负载阻抗相等，即 $Z_A = Z_B = Z_C = Z$ 时，中线电流为

$$\dot{I}_N = \dot{I}_A + \dot{I}_B + \dot{I}_C = \frac{\dot{U}_A + \dot{U}_B + \dot{U}_C}{Z} = 0$$

由于 $\dot{I}_N = 0$，在对称负载时中线可以不接。

对称负载的相电流有效值为
$$I_p = I_L = \frac{U_p}{|Z|} \qquad (3.9.8)$$

【例 3.9.1】　在图 3.9.6 所示的对称三相电路中，已知电源正相序且 $\dot{U}_{AB} = 380\underline{/0°}$ V，每相阻抗

$Z = (40 + \mathrm{j}30)\Omega$，求各相电流值。

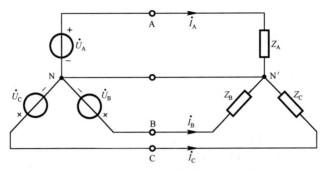

图 3.9.6　例 3.9.1 Y–Y 连接的三相交流电路

解：由式（3.9.5）可知 $\dot{U}_{AB} = \sqrt{3}\dot{U}_A\underline{/30^\circ}$，由此可得 A 相的电压和电流为

$$\dot{U}_A = \frac{\dot{U}_{AB}}{\sqrt{3}}\underline{/-30^\circ} = 220\underline{/-30^\circ}(\mathrm{V})$$

$$\dot{I}_A = \frac{\dot{U}_A}{Z_A} = \frac{220\underline{/-30^\circ}}{40 + \mathrm{j}30} = 4.4\underline{/-66.87^\circ}(\mathrm{A})$$

由于相电流对称，有

$$\dot{I}_B = \dot{I}_A\underline{/-120^\circ} = 4.4\underline{/-186.87^\circ} = 4.4\underline{/173.13^\circ}(\mathrm{A})$$
$$\dot{I}_C = \dot{I}_A\underline{/120^\circ} = 4.4\underline{/53.13^\circ}(\mathrm{A})$$

3.9.3　负载三角形连接的三相电路分析

图 3.9.7 所示电路为 Y-△ 连接的三相交流电路，这是三相三线制电路。

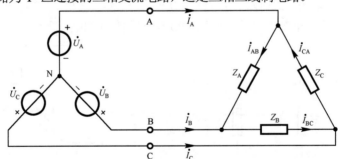

图 3.9.7　Y-△ 连接的三相交流电路

对于 Y-△ 连接的电路，不论三相负载是否对称，三相电源总是对称的，A 相负载两端的电压为电源的线电压 $\dot{U}_{AB}$，B 相负载两端的电压为电源的线电压 $\dot{U}_{BC}$，C 相负载两端的电压为电源的线电压 $\dot{U}_{CA}$，因此求得 3 个相电流为

$$\dot{I}_{AB} = \frac{\dot{U}_{AB}}{Z_A},\ \dot{I}_{BC} = \frac{\dot{U}_{BC}}{Z_B},\ \dot{I}_{CA} = \frac{\dot{U}_{CA}}{Z_C} \tag{3.9.9}$$

当三相负载对称时，即 $Z_A = Z_B = Z_C$ 时，由于电源对称，所以 3 个相电流对称，3 个线电流也对称，由 KCL 求得 3 个线电流为

$$\begin{cases} \dot{I}_A = \dot{I}_{AB} - \dot{I}_{CA} = \dot{I}_{AB} - \dot{I}_{AB}\underline{/120^\circ} = \sqrt{3}\dot{I}_{AB}\underline{/-30^\circ} \\ \dot{I}_B = \dot{I}_{BC} - \dot{I}_{AB} = \dot{I}_{BC} - \dot{I}_{BC}\underline{/120^\circ} = \sqrt{3}\dot{I}_{BC}\underline{/-30^\circ} \\ \dot{I}_C = \dot{I}_{CA} - \dot{I}_{BC} = \dot{I}_{CA} - \dot{I}_{CA}\underline{/120^\circ} = \sqrt{3}\dot{I}_{CA}\underline{/-30^\circ} \end{cases} \tag{3.9.10}$$

由式（3.9.10）可知，线电流的有效值 I_L 是相电流有效值 I_P 的 $\sqrt{3}$ 倍，即 $I_L = \sqrt{3}I_P$，线电流滞后相电流30°角。

【例 3.9.2】 Y-△连接的对称三相电路如图 3.9.7 所示，已知电源线电压 $\dot{U}_{AB} = 380\underline{/0°}\text{V}$，每相负载阻抗 $Z = 10\underline{/60°}\Omega$。求各相电流和线电流的大小。

解：（1）相电流为
$$\dot{I}_{AB} = \frac{\dot{U}_{AB}}{Z} = \frac{380\underline{/0°}}{10\underline{/60°}} = 38\underline{/-60°}(\text{A})$$

由于相电流对称，有
$$\dot{I}_{BC} = \dot{I}_{AB}\underline{/-120°} = 38\underline{/-180°} = -38(\text{A})$$
$$\dot{I}_{CA} = \dot{I}_{AB}\underline{/120°} = 38\underline{/60°}(\text{A})$$

（2）线电流为
$$\dot{I}_A = \sqrt{3}\dot{I}_{AB}\underline{/-30°} = 65.82\underline{/-90°}(\text{A})$$

由于线电流对称，有
$$\dot{I}_B = \dot{I}_A\underline{/-120°} = 65.82\underline{/-210°} = 65.82\underline{/150°}(\text{A})$$
$$\dot{I}_C = \dot{I}_A\underline{/120°} = 65.82\underline{/30°}(\text{A})$$

相量图如图 3.9.8 所示。

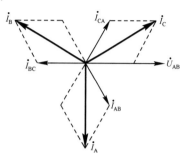

图 3.9.8　对称负载△连接的相量图

3.10　基于 Multisim 仿真的设计与讨论

3.10.1　3 种基本元件的伏安关系

图 3.10.1 所示为电阻元件电路，将函数信号发生器设置为 1kHz、振幅 1V 的正弦波输出，如图 3.10.2 所示。示波器 1 通道观察电阻两端的电压波形，2 通道通过电流探针观察流过电阻的电流波形。

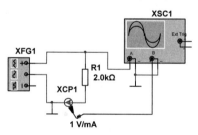

图 3.10.1　电阻元件电路

图 3.10.2　函数信号发生器的设置

① 运行仿真，用示波器观察电阻元件的电压波形和电流波形，探讨二者的大小关系和相位关系。

② 将函数信号发生器的正弦波频率调整为 100Hz、10kHz，重复①，分析信号频率对电阻电流大小的影响。

③ 将图 3.10.1 中的 R_1 替换为 200nF 的电容，重复①和②，探讨电容元件的伏安关系。

④ 将图 3.10.1 中的 R_1 替换为 200mH 的电感，重复①和②，探讨电感元件的伏安关系。

3.10.2　功率因数的提高

根据例 3.7.1，构建仿真电路如图 3.10.3 所示。图中虚线方框部分为电机等效模型，功率计 1 测量电路总的有功功率 P_1 和功率因数 λ_1，功率计 2 测量电机的有功功率 P_2 和功率因数 λ_2，示波器 1 通道观察电路的电压波形，2 通道观察电路的电流波形，测量探针 U_I 测量电路的总电压 U 和总电流 I。（小贴士：为了提高电流 I 的测量精度，将探针参数中的 $I(\text{rms})$ 的精度设定为 4。）

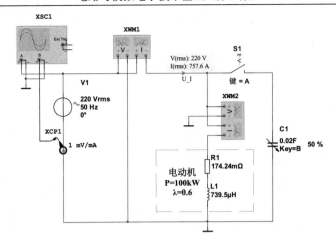

图 3.10.3　功率因数的提高

① 断开开关 S_1，运行仿真，用功率计测量 P_1、λ_1 和 P_2、λ_2，显然应有 $P_1 =P_2$、$\lambda_1=\lambda_2$。

② 用测量探针 U_I 测量电路的总电压 U 和总电流 I，从而得到视在功率 $S = U \cdot I$。

③ 用示波器观察电路的电压波形和电流波形，判断电路呈感性还是容性。

④ 闭合开关 S_1，即接入电容 C_1，改变 C_1 的值，重复①～③，将测量结果填入表 3.10.1。

⑤ 在 λ_1=0.9 附近时提高 C_1 的调节精度，找出 λ_1=0.9 时"欠补偿"和"过补偿"的两个电容值，将测量结果填入表 3.10.2。

⑥ 根据表 3.10.1，绘制 C_1-λ_1 变化曲线和 C_1-I 变化曲线。

⑦ 根据表 3.10.2 理解电路的"欠补偿"和"过补偿"，并探讨哪一种补偿方案更佳。

表 3.10.1　感性负载电路功率因数提高测量数据表

C_1　(0.02F×)	开路	5%	10%	15%	20%	……	90%	95%	100%
总功率 P_1 (kW)						……			
总功率因数 λ_1						……			
电机功率 P_2 (kW)						……			
电机功率因数 λ_2						……			
总电压 U(V)						……			
总电流 I(A)						……			
总视在功率(kVA) $S = U \cdot I$						……			
电路呈 感性/容性						……			

表 3.10.2　λ_1 =0.9 的"欠补偿"和"过补偿"测量数据

测量量	C_1(F)	总功率因数 λ_1	总电流 I(A)	电路呈 感性/容性
欠补偿				
过补偿				

3.10.3　交流电路的频率特性

1. 滤波电路

构建低通滤波电路如图 3.10.4 所示。函数信号发生器设置为 1kHz，V_p=1V 的正弦波输出，用波特测试仪测量滤波器的频率特性。

① 运行仿真，双击波特测试仪，点击幅值，并进行合理设置，得到滤波器的幅频特性如图 3.10.5 所示，由图可以看出该滤波器为一个低通滤波器，其通带增益为-0.001dB；

② 移动测量光标，按照下降 3dB 测量滤波器的上限截止频率，如图 3.10.6 所示，得到上限截止

频率为 15.91kHz，与理论计算的 15.92kHz 相吻合；

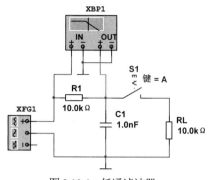

图 3.10.4　低通滤波器

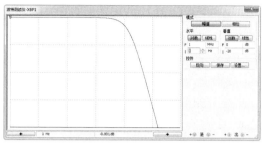

图 3.10.5　滤波器幅频特性

③　点击相位，并进行合理设置，得到滤波器的相频特性如图 3.10.7 所示，由图可以看出该滤波器为一个滞后网络，读取在截止频率处的滞后角度，图中所示为-45.042°，与理论值-45°相吻合；

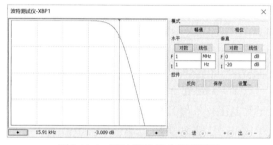

图 3.10.6　滤波器的截止频率测量

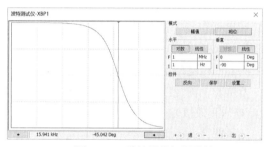

图 3.10.7　滤波器的相频特性

④　在幅频特性上远离截止频率的下降段取两点测量，得到(f_1, A_{u1})和(f_2, A_{u2})两组数据，根据公式：下降速率 $= \dfrac{A_{u2} - A_{u1}}{\lg f_2 - \lg f_1}$ (dB/十倍频)，计算下降速率，并与理论的-20dB/十倍频比较。

⑤　分别改变 R_1 为 1.0kΩ，C_1 为 0.15μF，重复①~④，与前面的结果进行比较。

⑥　恢复 R_1、C_1 的值，闭合开关 S_1，即接入负载电阻 R_L，分别取 R_L 为 100kΩ、10kΩ、1kΩ、100Ω，重复①~②，分析负载电阻对截止频率的影响。

⑦　交换 R_1 和 C_1 的位置，断开开关 S_1，重复①~④，与前面的电路相比较，说明滤波器的类型（高通/低通、超前/滞后），测量截止频率和截止频率处的移相角度，测量下降速率，将上述值与理论值相比较。

2. RLC 串联谐振电路

构建 RLC 串联电路如图 3.10.8 所示。图中示波器 1 观察信号源电压波形和电阻两端的电压波形，示波器 2 观察电容两端的电压波形和电感(L_1+L_2)两端的电压波形。（小贴士：Multisim 里面示波器输入负端可以不接地，实验室里面的实际示波器输入负端要求接地。）万用表 1 测量电感(L_1+L_2)两端的交流电压有效值，万用表 2 测量电阻两端的交流电压有效值。

①　运行仿真，观察示波器 1 的波形，仔细调节 L_2 的值，使得两个波形完全重合，即电阻两端的电压等于电源电压，此时电路谐振。

②　观察示波器 2 的波形，分析谐振时电容两端电压和电感两端电压的大小和相位关系。

③　读取万用表 1 和万用表 2 的测量数据，分析谐振时电感两端电压和电阻两端电压的大小关系，并求取电路的 Q 值。

④　如果要改变谐振频率，应如何实现？试仿真实现之。如果要改变 Q 值，应如何实现？试仿真实现之。

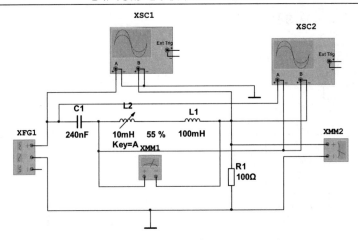

图 3.10.8　RLC 串联谐振电路

3.10.4　三相交流电路

1. 三相电路的 Y-Y 连接

构建三相电路 Y-Y 连接电路如图 3.10.9 所示。图中四通道示波器用于观察三相电源电压波形。

万用表 1 测量线电压 U_L（交流电压有效值），万用表 2/3/4 测量 A/B/C 相负载电压 $U_{AN'}/U_{BN'}/U_{CN'}$（交流电压有效值），万用表 5 测量中性点电压 $U_{NN'}$（交流电压有效值）。

测量探针 $I_A/I_B/I_C$ 测量线电流 $I_A/I_B/I_C$（此时也等于相电流），测量探针 I_N 测量中线电流 I_N。

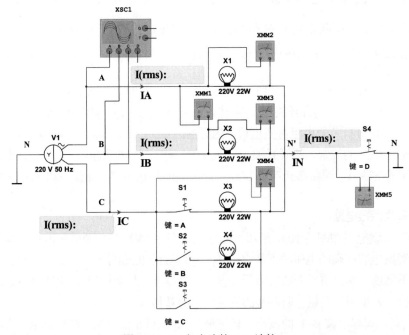

图 3.10.9　三相电路的 Y-Y 连接

开关 $S_1\sim S_3$ 用于实现 C 相的负载变化，开关 S_4 用于接入中线和断开中线。（小贴士：三相电路中是禁止中线断开或在中线上安装开关、保险丝的，此处添加开关只是为了方便仿真中线的作用，实际应用中应禁止该行为。）

① 运行仿真，用示波器观察三相电源的电压波形，分析 3 个电压之间的大小和相位关系。

② 读取测量数据，完成表 3.10.3。

表 3.10.3　Y-Y 连接测量数据

负载 情况	接入灯盏数			线电流(mA)			线电压(V)	相电压(V)			中线 电流 I_N(mA)	中性点 电压 $U_{NN'}$(V)
	A 相	B 相	C 相	I_A	I_B	I_C	U_L(V)	$U_{AN'}$	$U_{BN'}$	$U_{CN'}$		
S₄闭有中线 平衡负载	1	1	1									—
S₄闭有中线 非平衡负载	1	1	2									—
S₄闭有中线 C 相断开	1	1	断开									—
S₄开无中线 平衡负载	1	1	1								—	
S₄开无中线 非平衡负载	1	1	2								—	
S₄开无中线 C 相断开	1	1	断开								—	
S₄开无中线 C 相短路	1	1	短路								—	

根据表 3.10.3 的测量数据，分析：①平衡负载，有/无中线时负载能否正常工作？此时相电压和线电压的关系如何？此时中线是否有作用？②非平衡负载，有中线时负载能否正常工作？无中线时呢？③C 相开路，有中线时负载能否正常工作？无中线呢？④无中线，C 相短路会出现什么样的情形？

对比分析结果理解中线的作用。

2. 三相电路的 Y-△连接

构建三相电路 Y-△连接如图 3.10.10 所示。图中万用表 1~3 测量线电压 $U_{AB}/U_{BC}/U_{CA}$（交流电压有效值，此时也等于相电压），测量探针 I_A~I_C 测量线电流 $I_A/I_B/I_C$，测量探针 $I_{AB}/I_{BC}/I_{CA}$ 测量相电流 $I_{AB}/I_{BC}/I_{CA}$，开关 S_1 改变 CA 相的负载连接情况。

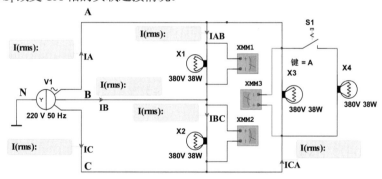

图 3.10.10　三相电路的 Y-△连接

运行仿真，读取测量结果，完成表 3.10.4。

根据表 3.10.4 分析：①平衡负载时相电流和线电流之间的关系；②非平衡负载时相电流和线电流产生了哪些变化？

表 3.10.4　Y-△连接测量数据

负载 情况	接入灯盏数			相电压=线电压(V)			线电流(mA)			相电流(mA)		
	AB 相	BC 相	CA 相	U_{AB}	U_{BC}	U_{CA}	I_A	I_B	I_C	I_{AB}	I_{BC}	I_{CA}
平衡	1	1	1									
不平衡	1	1	2									

3.10.5　设计仿真题目

1．设计风扇调速器。

条件：风扇转速与风扇电机的端电压成正比；风扇电机的电感线圈的内阻为 200Ω，线圈的电感系数为 500mH。风扇工作电源为市电，即有效值 220V，频率 50Hz 的交流电。

要求：将风扇转速由最高至停止分为 4 挡，即 0、1、2、3 挡，其中 0 挡停止、3 挡最高。

2．某电机额定电压为 220V，额定功率为 2.23kW，功率因数为 0.6，工作频率为 50Hz。

① 试求解电机的等效参数 R 和 L，Multisim 仿真求解结果。

② 在电机两端并联电容，将功率因数提高到 0.99，通过 Multisim 仿真确定需要并联的电容值。

3．设计 1 阶 RC 滤波器。

① 一个数字电路的工作时钟为 5MHz，工作电压 5V。但该数字电路的+5V 电源上存在一个 100MHz 的高频干扰。设计一个简单的 RC 电路，将高频干扰滤除。

② 一个数字电路的工作时钟为 12MHz，工作电压 5V。但是该数字电路的+5V 电源上存在一个 50kHz 的低频干扰。设计一个简单的 RC 电路，将低频干扰滤除。

4．采用低通滤波器和高通滤波器串联的结构组成带通滤波器，要求 f_L=100Hz，f_H=10kHz，显示输入输出波形和波特图。

5．采用低通滤波器和高通滤波器并联（求和）的结构组成带阻滤波器，要求 f_H=100Hz，f_L=10kHz，显示输入输出波形和波特图。

6．设计一个双 T 网络带阻滤波电路，用 Multisim 仿真软件绘制电路，画出波特图，测量出上、下限频率（阻带宽度）。

① 要求中心频率为 50Hz。

② 要求中心频率为 500Hz。

习　题　3

3.1　已知正弦电压 $u = 10\sin(314t - \theta)\,(\text{V})$，当 $t = 0$ 时，$u = -5\text{V}$。求出有效值、频率、周期和初相，并画出波形图。

3.2　正弦电流 i 的波形如图 3.1 所示，写出瞬时值表达式。

3.3　正弦电流 $i_1 = 5\cos(3t - 120°)\,(\text{A})$，$i_2 = \sin(3t + 45°)\,(\text{A})$。求相位差，说明超前滞后关系。

3.4　正弦电流和电压分别为

（1）$u_1 = 3\sqrt{2}\sin(4t + 60°)\,(\text{V})$

（2）$u_2 = 5\cos(4t - 75°)\,(\text{V})$

（3）$i_1 = -2\sin(4t + 90°)\,(\text{A})$

（4）$i_2 = -5\sqrt{2}\cos(4t + 45°)\,(\text{A})$

写出有效值相量，画出相量图。

3.5　图 3.2 中，已知 $i_1 = 2\sqrt{2}\sin(2t + 45°)(\text{A})$，$i_2 = 2\sqrt{2}\cos(2t + 45°)(\text{A})$，求 i_S。

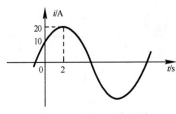

图 3.1　习题 3.2 波形图

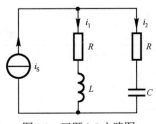

图 3.2　习题 3.5 电路图

3.6　图 3.3 中，已知 $u_1 = 4\sin(t + 150°)$ (V) ，$u_2 = 3\sin(t - 90°)$ (V) ，求 u_S 。

3.7　图 3.4 中，$i = 2\sqrt{2}\sin(10t + 30°)$ (A) ，求电压 u 。

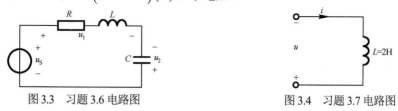

图 3.3　习题 3.6 电路图　　　　　　　　　　图 3.4　习题 3.7 电路图

3.8　某线圈电阻可以忽略，其电感为 0.01H，接于电压为 220V 的工频交流电源上时，求电路中电流的有效值；若电源频率改为 100Hz，重新求电流的有效值，并写出电流的瞬时表达式。

3.9　求图 3.5 中电流表和电压表的读数。

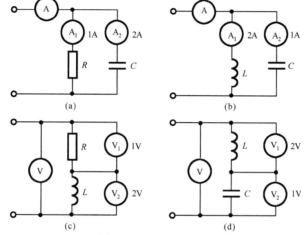

图 3.5　习题 3.9 电路图

3.10　求图 3.6 所示电路 ab 端的等效阻抗 Z 及导纳 Y 。

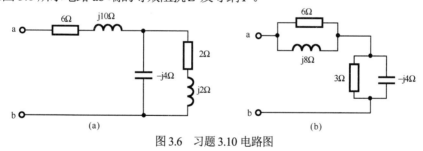

图 3.6　习题 3.10 电路图

3.11　在图 3.7 所示电路中，已知 $u = 220\sqrt{2}\sin(314t)$ (V) ，$i = 10\sqrt{2}\sin(314t + 60°)$ (A) ，求电阻 R 及电容 C 。

3.12　一电感线圈接在 30V 的直流电源上时，其电流为 1A，如果接在 30V、50Hz 的正弦交流电源时，其电流为 0.6A，求线圈的电阻和电感。

3.13　已知 $u_S = 2\sin(100t)$ (V) ，试求图 3.8 中的电压 u 。

3.14　求图 3.9 所示电路的各支路电流。

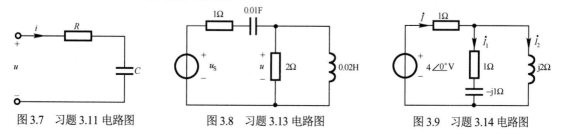

图 3.7　习题 3.11 电路图　　　　图 3.8　习题 3.13 电路图　　　　图 3.9　习题 3.14 电路图

3.15　已知图 3.10 中的 $U_R = U_L = 10V$，$R = 10\Omega$，$X_C = 10\Omega$，求 $\dot{I}_S$。

3.16　已知图 3.11 中的 $u_C = 5\sin(4t - 90°)(V)$，求 i、u_R、u_L 及 u_S，并画相量图。

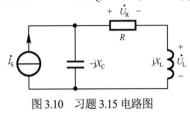

图 3.10　习题 3.15 电路图

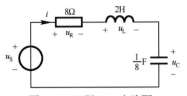

图 3.11　习题 3.16 电路图

3.17　用支路电流法求图 3.12 中各支路电流。

3.18　用叠加定理计算图 3.13 中的 $\dot{U}$。

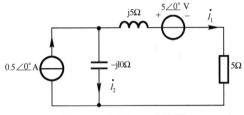

图 3.12　习题 3.17 电路图

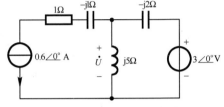

图 3.13　习题 3.18 电路图

3.19　已知 $u_{S1} = 8\sqrt{2}\sin(4t)(V)$，$u_{S2} = 3\sqrt{2}\sin(4t)(V)$，试用戴维南定理求图 3.14 中的电流 i。

3.20　在图 3.15 所示电路中，已知 $u_S = -4\sqrt{2}\cos t\ (V)$，求 i、u 及电压源提供的有功功率。

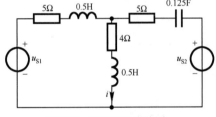

图 3.14　习题 3.19 电路图

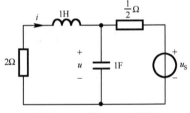

图 3.15　习题 3.20 电路图

3.21　日光灯可以等效为一个 RL 串联电路，已知 30W 日光灯的额定电压为 220V。灯管电压为 75V。若镇流器上的功率损耗可以略去，试计算电路的电流及功率因数。

3.22　求图 3.16 所示电路中网络 N 的阻抗、有功功率、无功功率、功率因数和视在功率。

3.23　某一供电站的电源设备容量是 30kVA，它为一组电机和一组 40W 的白炽灯供电，已知电机的总功率为 11kW，功率因数为 0.55，试问：白炽灯可接多少只？电路的功率因数为多少？

3.24　图 3.17 所示电路中，已知正弦电压为 $U_S = 220V$，$f = 50Hz$，其功率因数 $\cos\varphi = 0.5$，额定功率 $P = 1.1kW$。求：（1）并联电容前通过负载的电流 $\dot{I}_L$ 及负载阻抗 Z；（2）为了提高功率因数，在感性负载上并联电容，如虚线所示，要把功率因数提高到 1，应并联多大电容及并联电容后线路上的电流 I。

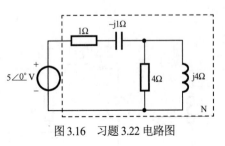

图 3.16　习题 3.22 电路图

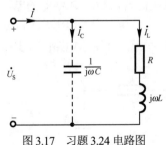

图 3.17　习题 3.24 电路图

3.25　在下列各种情况下，应分别采用哪种类型（低通、高通、带通、带阻）的滤波电路。

（1）希望抑制 50Hz 交流电源的干扰；

（2）希望抑制 500Hz 以下的信号；

（3）有用信号频率低于 500Hz；

（4）有用信号频率为 500Hz。

3.26　电路如图 3.18 所示，图中 $C = 0.1\mu F$，$R = 5k\Omega$。（1）确定其截止频率；（2）画出幅频响应的渐进线和-3dB 点。

3.27　RC 带阻滤波电路如图 3.19 所示，试推导 $\dot{A}_u = \dfrac{\dot{U}_o}{\dot{U}_i}$ 的表达式，并画出幅频特性和相频特性曲线。

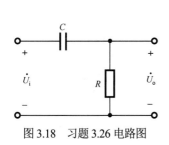

图 3.18　习题 3.26 电路图

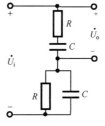

图 3.19　习题 3.27 电路图

3.28　图 3.20 为移相器电路，在测试控制系统中广泛应用。图中的 R_1 为可调电位器，当调节 R_1 时，输出电压 $\dot{U}_o$ 的相位可在一定范围内连续可变，试求电路中 R_1 变化时，输入输出电压之间相位差的变化范围。

3.29　图 3.21 是 RLC 串联电路，$u_S = 4\sqrt{2}\sin(\omega t)$ (V)。求谐振频率、品质因数、谐振时的电流和电阻、电感及电容两端的电压。

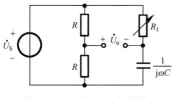

图 3.20　习题 3.28 电路图

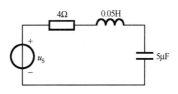

图 3.21　习题 3.29 电路图

3.30　图 3.22 所示电路已工作在谐振状态，已知 $i_S = 3\sqrt{2}\sin\omega t$(A)，（1）求电路的固有谐振角频率 ω_o，（2）求 i_R、i_L 及 i_C。

3.31　图 3.23 所示谐振电路中，$u_S = 20\sqrt{2}\sin(1000t)$ (V)，电流表读数是 20A，电压表读数是 200V，求 R、L、C 的参数。

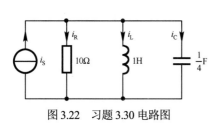

图 3.22　习题 3.30 电路图

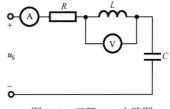

图 3.23　习题 3.31 电路图

3.32　图 3.24 所示对称电路中，已知 $Z = (2 + j2)\Omega$，$\dot{U}_A = 220\underline{/0°}$ V，求每相负载的相电流及线电流。

3.33　在图 3.25 所示对称三相电路中，已知电源正相序且 $\dot{U}_{AB} = 380\underline{/0°}$ V，每相阻抗 $Z = (3 + j4)\Omega$，求各相电流值。

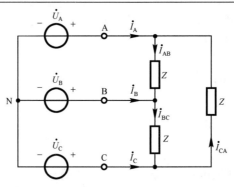

图 3.24　习题 3.32 电路图

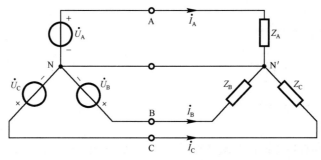

图 3.25　习题 3.33 电路图

3.34　在图 3.26 所示对称三相电路中，已知 $\dot{U}_{AB} = 380\underline{/0^\circ}$ V，$Z_1 = 10\underline{/60^\circ}\ \Omega$，$Z_2 = (4 + j3)\ \Omega$，求电流表的读数。

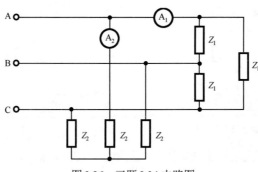

图 3.26　习题 3.34 电路图

第 4 章　模拟集成运算放大器及其应用

本章首先介绍放大电路的基本概念和性能指标，然后介绍集成运算放大器的基本组成、特点以及由集成运算放大器组成的基本运算电路，最后介绍电压比较器。

4.1　放大电路概述及其主要性能指标

4.1.1　放大电路概述

放大电路（又称放大器）的功能是将微弱的电信号不失真地放大到所需要的数值，从而使电子设备的终端执行器件（如继电器、仪表、扬声器等）工作。

图 4.1.1 所示为放大电路的结构示意图。放大电路是由集成电路组件或三极管、场效应管等组成的双口网络，即一个信号输入口，一个信号输出口。放大电路应能够提供足够大的放大能力，而且应尽可能地减小信号失真。

信号源是待放大的输入信号，这些电信号通常是由传感器将非电量（如温度、声音、压力等）转换成的电量，它们一般很弱，不足以驱动负载，因而需要放大电路将其放大。

经过放大后的较强信号输出到终端执行器件，通常被称为负载。

放大电路不可能产生能量，输出信号的能量增加实际上是由直流电源提供的。放大电路只是在输入信号的控制下，由晶体管起能量转化作用，将直流电源的能量转化为负载所需要的信号能量。因此，放大作用实质上是一种能量的控制作用。

4.1.2　放大电路的框图及其主要性能指标

由于有不同的应用，因此放大电路种类繁多，但任何一个放大电路都可以用双口网络来表示，放大电路框图如图 4.1.2 所示。图中，u_S 为信号源电压，R_S 为信号源内阻，u_i 和 i_i 分别为输入电压和输入电流，R_L 为负载电阻，u_o 和 i_o 分别为输出电压和输出电流。

放大电路放大信号性能的优劣是用它的性能指标来衡量的。性能指标是在规定条件下，按照规定程序和测试方法所获得的。放大电路性能指标很多，这里主要讨论放大电路的放大倍数、输入电阻、输出电阻、通频带等几项主要性能指标。

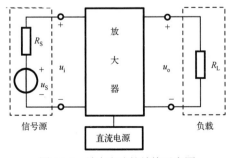

图 4.1.1　放大电路的结构示意图

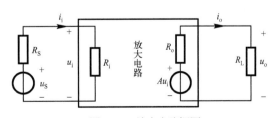

图 4.1.2　放大电路框图

由于任何稳态信号都可以分解为正弦信号的叠加，所以放大电路常用正弦信号作为测试信号。

1. 放大倍数 $\dot{A}$

放大倍数又称为增益，是衡量放大电路放大能力的重要指标，根据输入、输出量的不同，可以分为电压放大倍数 $\dot{A}_u$、互阻放大倍数 $\dot{A}_r$、互导放大倍数 $\dot{A}_g$ 和电流放大倍数 $\dot{A}_i$，定义为输出量 $\dot{X}_o$ 与输入量 $\dot{X}_i$ 之比。

（1）电压放大倍数 $\dot{A}_u$，定义为输出电压 $\dot{U}_o$ 与输入电压 $\dot{U}_i$ 之比，即

$$\dot{A}_u = \frac{\dot{U}_o}{\dot{U}_i} \tag{4.1.1}$$

（2）电流放大倍数 $\dot{A}_i$，定义为输出电流 $\dot{I}_o$ 与输入电流 $\dot{I}_i$ 之比，即

$$\dot{A}_i = \frac{\dot{I}_o}{\dot{I}_i} \tag{4.1.2}$$

（3）互阻放大倍数 $\dot{A}_r$，定义为输出电压 $\dot{U}_o$ 与输入电流 $\dot{I}_i$ 之比，即

$$\dot{A}_r = \frac{\dot{U}_o}{\dot{I}_i} \tag{4.1.3}$$

（4）互导放大倍数 $\dot{A}_g$，定义为输出电流 $\dot{I}_o$ 与输入电压 $\dot{U}_i$ 之比，即

$$\dot{A}_g = \frac{\dot{I}_o}{\dot{U}_i} \tag{4.1.4}$$

其中，$\dot{A}_u$ 和 $\dot{A}_i$ 两种无量纲的增益在工程上常用以 10 为底的对数增益表达，其基本单位为贝尔（B），平时用它的十分之一单位分贝（dB），这样用分贝表示的电压增益和电流增益分别表示如下

$$A_u(\text{dB}) = 20\lg|A_u|(\text{dB}) \tag{4.1.5a}$$

$$A_i(\text{dB}) = 20\lg|A_i|(\text{dB}) \tag{4.1.5b}$$

2. 输入电阻 R_i

输入电阻 R_i 是从放大电路输入端看进去的等效电阻，定义为输入电压 $\dot{U}_i$ 和输入电流 $\dot{I}_i$ 之比，即

$$R_i = \frac{\dot{U}_i}{\dot{I}_i} \tag{4.1.6}$$

输入电阻的大小决定了放大电路从信号源获取信号的能力，对电压放大和互导放大电路，希望 R_i 越大越好；对电流放大和互阻放大电路，希望 R_i 越小越好。

通常测定输入电阻的办法是在输入端加正弦波信号 u_S 和电阻 R_S，测出输入端的电压有效值 U_i，如图 4.1.3 所示。则

$$R_i = \left(\frac{U_i}{U_S - U_i}\right) R_S \tag{4.1.7}$$

3. 输出电阻 R_o

任何放大电路的输出都可以等效为一个带内阻的电压源或一个带内阻的电流源，从放大电路输出端看进去的等效电阻称为输出电阻 R_o。放大电路输出电阻的大小决定了它带负载的能力。带负载能力是指当负载变化时，放大电路的输出量随负载变化的程度。对电压放大和互阻放大电路，希望 R_o 越小越好；对电流放大和互导放大电路，希望 R_o 越大越好。

通常测定输出电阻的办法是在输入端加正弦波信号，测出负载开路时的输出电压有效值 U_o'，再测出接入负载 R_L 时的输出电压有效值 U_o，如图 4.1.4 所示。则

$$R_o = \left(\frac{U_o'}{U_o} - 1\right) R_L \tag{4.1.8}$$

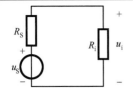

图 4.1.3　输入电阻 R_i 测量电路

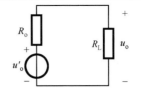

图 4.1.4　输出电阻 R_o 测量电路

4. 通频带 f_{BW}

当改变输入信号的频率时，放大电路的放大倍数是随之变化的，输出波形的相位也发生变化，用通频带来反映放大电路对于不同频率信号的适应能力。一般情况下，放大电路只适用于放大一个特定频率范围的信号，当信号频率太高或太低时，放大倍数都有大幅度的下降，如图 4.1.5 所示。

当信号频率升高而使放大倍数下降为中频时放大倍数 A_{um} 的 0.707 倍时，这个频率称为上限截止频率，记作 f_H；同样，使放大倍数下降为 A_{um} 的 0.707 倍时的低频信号频率称为下限截止频率，记作 f_L。f_H 和 f_L 之间形成的频带差称为通频带，记作 f_{BW}，即

$$f_{BW} = f_H - f_L \qquad (4.1.9)$$

通频带 f_{BW} 越宽，表明放大电路对信号频率的适应能力越强。

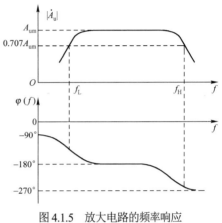

图 4.1.5　放大电路的频率响应

如果因为受放大电路通频带的限制，而使输出信号产生的失真称为频率失真，也称为线性失真，包括幅度失真和相位失真。显然，当放大单一频率的正弦波时，不会出现频率失真。

4.2　模拟集成电路运算放大器

4.2.1　集成电路运算放大器的内部组成单元

集成电路运算放大器是一种高增益的多级直接耦合的电压放大器，它是发展最早、应用最广泛的一种模拟集成电路。它采用集成工艺，将大量半导体三极管、电阻、电容等元器件及其连线制作在一块单晶硅的芯片上，并具有一定的功能。由于它最初用于信号的运算，所以称为集成运算放大器，简称集成运放或运放。集成运算放大器的种类很多，电路也不一样，其基本结构通常由 4 部分组成，即输入级、中间级、输出级和偏置电路，如图 4.2.1 所示。

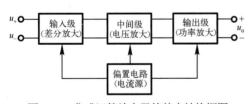

图 4.2.1　集成运算放大器的基本结构框图

输入级由差分放大电路构成，主要是为了提高电路抑制温度漂移的能力。温度漂移是指当温度、电源电压等参数变化时，电路的直流工作点随温度而缓慢变化的现象，它将会使整个电路工作不稳定。中间级的主要作用是提供大的电压增益，一般为多级放大电路。输出级的主要作用是为负载提供一定的功率，应具有较强的带负载能力。偏置电路的作用主要是为各级放大电路提供稳定的直流工作点，通常由恒流源电路实现。

4.2.2　差分放大电路的概念

集成运放的输入级是差分放大电路，如果只看外特性，则可将集成运放等效为高性能的差分放大电路。差分放大电路有两个输入端和两个输出端，只有当两个输入端的信号有差值时，才有输出信号，当

两输入端信号相同时，电路没有输出信号，如图 4.2.2 所示。

1. 共模信号和差模信号

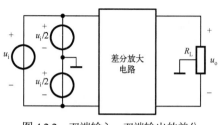

图 4.2.2　双端输入、双端输出的差分
放大电路框图

（1）共模信号 u_{ic}

共模信号为大小相同、相位相同的一对信号。

（2）差模信号 u_{id}

差模信号为大小相同、相位相反的一对信号。

设任意两个输入信号 u_{i1} 和 u_{i2}，则

$$u_{id} = u_{i1} - u_{i2} \tag{4.2.1}$$

$$u_{ic} = \frac{u_{i1} + u_{i2}}{2} \tag{4.2.2}$$

可以看出差模信号 u_{id} 是两个输入信号之差，而共模信号 u_{ic} 是两者的算术平均值。当用差模和共模信号表示两个输入电压时，对上述两式进行线性变换，有

$$u_{i1} = u_{ic} + \frac{1}{2}u_{id} \tag{4.2.3a}$$

$$u_{i2} = u_{ic} - \frac{1}{2}u_{id} \tag{4.2.3b}$$

可见，任意两个输入信号都可以分解为一对共模信号和一对差模信号的叠加，其相应的输出为共模输出电压 u_{oc} 和差模输出电压 u_{od}。

例如，u_{i1}=30mv，u_{i2}=20mv，则 u_{id}=10mv，u_{ic}=25mv，等效为输入了一对 10mv 的差模信号和一对 25mv 的共模信号，当差分放大电路工作在线性区时，根据叠加定理，可分别讨论其差模信号的输出和共模信号的输出，总输出为两种输出信号的叠加，即

$$u_o = u_{od} + u_{oc} \tag{4.2.4}$$

2. 差分放大电路的放大倍数和共模抑制比

（1）差模放大倍数 A_{od}

差模放大倍数 A_{od} 定义为差模输出电压与差模输入电压之比，即

$$A_{od} = \frac{u_{od}}{u_{id}} \tag{4.2.5}$$

（2）共模放大倍数 A_{oc}

共模放大倍数 A_{oc} 定义为共模输出电压与共模输入电压之比，即

$$A_{oc} = \frac{u_{oc}}{u_{ic}} \tag{4.2.6}$$

（3）共模抑制比 K_{CMR}

差分放大电路可放大差模信号，抑制共模信号，为了衡量电路抑制共模信号的能力，引入共模抑制比 K_{CMR}，定义为差模放大倍数与共模放大倍数之比，即

$$K_{CMR} = \left| \frac{A_{od}}{A_{oc}} \right| \tag{4.2.7}$$

实际上也常用分贝（dB）来表示，即

$$K_{CMR}(dB) = 20\lg\left| \frac{A_{od}}{A_{oc}} \right|(dB) \tag{4.2.8}$$

共模抑制比越大，抑制共模信号的能力越强，差分电路的性能越好，因此 K_{CMR} 越大越好。一般通用型运放 K_{CMR} 为 80～120（dB），理想集成运算放大器，K_{CMR} 应趋于无穷大。

3．差分放大电路的四种接入方式

当差分放大电路为双端输入、双端输出时，信号源和负载均不接地。实际中，往往需要某一端接地，因此差分放大电路具有 4 种不同的输入/输出方式，即双端输入、双端输出，双端输入、单端输出，单端输入、双端输出，单端输入、单端输出。

4.2.3　集成运算放大器的符号、模型及其电压传输特性

1．集成运算放大器的符号

集成运算放大器的符号如图 4.2.3 所示。它有两个输入端u_+和u_-，一个输出端u_o。u_+端称为同相输入端，表示输出电压u_o与输入电压u_+相位相同，u_-端称为反相输入端，表示输出电压u_o与输入电压u_-相位相反。

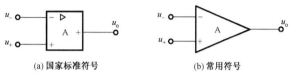

(a) 国家标准符号　　　　　　　(b) 常用符号

图 4.2.3　集成运算放大器的符号

对于使用者来说需要知道运放的各个引脚的功能和运放的主要参数，这些可以通过查手册得到。通用型集成运放 F007 被认为是早期发展阶段集成运放电路的一个范例，F007 是国内型号，对应国外同类产品的型号为μA741，它的外形结构和引脚排列如图 4.2.4 所示。有金属圆外壳和陶瓷双列直插式封装两种类型，辨认圆形外壳封装元件的引脚时，应将引脚朝上，外壳突出处的引脚为第 8 脚，其他引脚则按顺时针方向从 1～7 顺序排列。辨认双列直插式封装元件的引脚时，应将元件正面放置，即引脚朝下，将正面的半圆标记置于左边，从左下角开始逆时针方向从 1～8 顺序排列。

对照图 4.2.4，F007 的 7 个引出脚分别为：7 脚接正电源$+V_{CC}$，4 脚接负电源$-V_{EE}$，1 脚和 5 脚之间接调零电位器，6 脚为输出脚，2 脚为反相输入端，3 脚为同相输入端。F007 运放的外部接线图如图 4.2.5 所示。

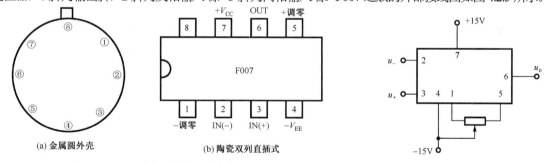

(a) 金属圆外壳　　　　　(b) 陶瓷双列直插式

图 4.2.4　F007 的外形结构和引脚排列图　　　图 4.2.5　F007 运放的外部接线图

2．集成运算放大器的电路模型

集成运算放大器是电压放大器，根据 4.1 节的有关知识，运放可用一个包含输入端口、输出端口和供电电源的双口网络来表示，如图 4.2.6 所示，图中采用双电源$\pm V_{CC}$供电。

输入端用输入电阻r_{id}来模拟，输出端用输出电阻r_o和受控电压源$A_{od}u_{id}$来模拟，$u_{id}=u_+-u_-$，A_{od}为开环电压放大倍数。定义为

$$A_{od}=\frac{u_o}{u_{id}}=\frac{u_o}{u_+-u_-} \qquad (4.2.9)$$

开环电压增益通常用$20\lg|A_{od}|$表示，其单位为分贝（dB），目前有的通用型运放的A_{od}可以达到 140dB 以上。

3．集成运算放大器的电压传输特性

集成运算放大器的输出电压u_o与输入电压$u_{id}=u_+-u_-$（即同相输入端与反相输入端之间的电压差）之间的关系曲线称为电压传输特性，即

$$u_o = f(u_+ - u_-) \tag{4.2.10}$$

集成运算放大器的电压传输特性如图 4.2.7 所示。

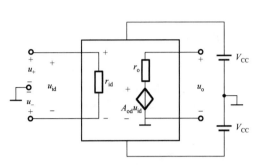

图 4.2.6　集成运算放大器的电路模型

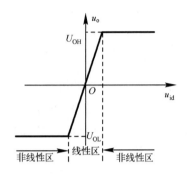

图 4.2.7　集成运算放大器的电压传输特性

从图 4.2.7 可知，集成运放的电压传输特性可分成线性区和非线性区两部分。在线性区，曲线的斜率为电压放大倍数 A_{od}；在非线性区，输出电压只有两种电压值，即 U_{OH} 和 U_{OL}。电路模型中的输出电压不可能超过正、负电源电压值，当电源电压为 $\pm V_{CC}$，运算放大器为理想时，$U_{OH} \approx +V_{CC}$，$U_{OL} \approx -V_{CC}$。

集成运放的差模开环电压放大倍数 A_{od} 很大，线性区非常窄。例如，$U_o = \pm 14V$，$A_{od} = 10^6$，那么 $u_{id} = u_+ - u_- \approx 28\mu V$，即 $u_{id} < 28\mu V$ 时，电路才能工作在线性区，否则进入非线性区，输出电压为 $\pm 14V$。

4.3　理想集成运算放大器

4.3.1　理想集成运算放大器的主要参数

利用集成运算放大器可以构成各种不同功能的实际电路，在分析电路时，通常将集成运算放大器视为理想集成运算放大器，简称理想运放。所谓理想运算放大器，就是将集成运算放大器的性能指标理想化，即

① 开环电压增益 $A_{od} = \infty$；

② 输入电阻 $r_{id} = \infty$；

③ 输出电阻 $r_o = 0$；

④ 转换速率 $S_R = \infty$。

实际上，集成运算放大器的技术指标均为有限值，理想化后分析电路必定带来一定的误差，但现在运算放大器的性能指标越来越接近理想情况，这些误差在工程计算中都是允许的，因此，后面的运算放大器电路分析都将运算放大器看成是理想的。只有在误差分析时，才考虑实际运放的有限增益、带宽、输入电阻、输出电阻等所带来的影响。理想运算放大器的符号如图 4.3.1 所示。

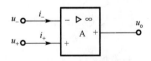

图 4.3.1　理想运算放大器的符号

4.3.2　理想集成运算放大器工作在线性区的特点

根据图 4.2.7 所示特性，可以将集成运算放大器的工作区域分为线性区和非线性区。若直接将输入信号作用于理想运算放大器的两个输入端，则由于 A_{od} 为无穷大，必然使之工作在非线性区。因此，为使理想运算放大器工作在线性区，则必须加外部电路，引入负反馈，使两个输入端的电压趋于零。如图 4.3.2 所示电路就引入了负反馈。输入信号 u_i 加在集成运算放大器的同相输入端"+"和地之间，电阻 R_f 跨接在输出端

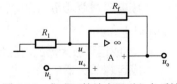

图 4.3.2　集成运算放大器引入负反馈

和反相输入端"–"之间，输出电压 u_o 通过 R_f 与 R_1 的分压被加到反相输入端从而使两个输入端之间的电压趋于 0。将放大电路的输出量通过一定的方式引回到输入端来影响输入量，称为反馈。若反馈的结果使得输出量的变化减小，则称为负反馈，否则称为正反馈。

当集成运放工作在线性区，即输出电压与输入电压呈线性关系时，具有两个主要特点。

1. 输入电压 u_{id} 等于零

如图 4.3.1 所示的理想运放，当工作于线性区时，输出电压与输入电压成线性关系，即

$$u_o = A_{od}u_{id} = A_{od}(u_+ - u_-) \tag{4.3.1}$$

由于 u_o 为有限值，对于理想运放 $A_{od} = \infty$，因而输入电压 $u_{id} = u_+ - u_- = 0$，即

$$u_+ = u_- \tag{4.3.2}$$

式（4.3.2）说明，运放的两个输入端没有短路，却具有与短路相同的特征，这种情况称为两个输入端"虚短路"，简称"虚短"。

2. 输入电流等于零

由于理想运放的输入电阻为无穷大，因此流入理想运放两个输入端的电流为

$$i_- = i_+ = \frac{u_{id}}{r_{id}} \approx 0 \tag{4.3.3}$$

式（4.3.3）说明集成运放的两个输入端没有断路，却具有断路的特征，这种情况称为两个输入端"虚断路"，简称"虚断"。

"虚短"和"虚断"是两个非常重要的概念，是分析工作在线性区的理想运放应用电路中输入与输出函数关系的基本关系式。

集成运放必须引入深度负反馈，才能保证其工作在线性区，工作在线性区的应用电路主要包括运算电路、有源滤波电路等。

4.3.3　理想集成运算放大器工作在非线性区的特点

如前所述，若理想运放工作在开环状态，则运放一定会工作在非线性区，若引入正反馈，则势必也工作在非线性区。当运放工作在非线性区时，同样具有如下两个主要特点。

1. 输出电压只有高、低两种电平

若理想运放工作在开环状态或包含正反馈，由于 $u_o = A_{od}(u_+ - u_-)$，因为运放的 A_{od} 为无穷大，所以当同相输入端和反相输入端之间加的电压 $(u_+ - u_-)$ 为无穷小量时，就能够使输出电压达到正向饱和压降 U_{OH} 或负向饱和压降 U_{OL}。因此，其电压传输特性如图 4.3.3 所示，输出电压和净输入电压之间不成线性关系。由图 4.3.3 可见，理想运放工作在非线性区时输出电压只有高、低两种电平，即

$$u_o = \begin{cases} U_{OH}, & u_+ > u_- \\ U_{OL}, & u_+ < u_- \end{cases} \tag{4.3.4}$$

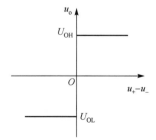

图 4.3.3　理想运放工作在非线性区时的电压传输特性

2. 输入电流等于零

由于理想运放的输入电阻为无穷大，故净输入电流为零，即

$$i_- = i_+ = 0$$

即工作在非线性区的理想运放仍具有"虚断"的特点，但一般不具有"虚短"的特点。

当理想运放处于开环或正反馈时，工作在非线性区，它的应用电路主要包括比较器、信号发生器等。对于工作在非线性区的运放应用电路，上述两个特点是分析其输入信号和输出信号关系的基本出发点。

4.4　基本运算电路

集成运算放大器的应用非常广泛，本节主要介绍它的基本运算电路，包括比例电路、加减电路、积分电路和微分电路，其他应用电路将在后面章节进行讨论。

集成运算放大器有反相和同相两个输入端，因此集成运算放大器的输入方式有 3 种，即反相输入（同相端直接或间接接地）、同相输入（反相端直接或间接接地）和双端输入。

4.4.1　比例电路

将信号按比例放大的电路称为比例电路。

1. 反相比例电路

图 4.4.1 所示为反相比例电路。输入信号 u_i 经电阻 R_1 加到运放的反相输入端，输出信号 u_o 经 R_f 加到反相输入端，同相输入端经平衡电阻 R_p 接地，R_p 的作用是为了使得电路具有对称性以提高运算精度，其阻值等于反相输入端所接的等效电阻，故 $R_p = R_1 // R_f$。

利用"虚短"和"虚断"的概念，由图 4.4.1 可知

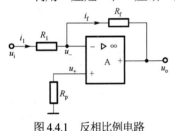

$$i_1 = i_f$$

$$u_- = u_+ = 0$$

图 4.4.1　反相比例电路

可见，反相输入端与地等电位，称为"虚地"。

"虚地"是反相输入运算放大器的一个重要特点。而

$$i_1 = \frac{u_i}{R_1}, \quad i_f = -\frac{u_o}{R_f}$$

所以

$$\frac{u_i}{R_1} = -\frac{u_o}{R_f}$$

即

$$u_o = -\frac{R_f}{R_1} u_i$$

接入负反馈后的电压放大倍数称为闭环电压放大倍数 A_{uf}

$$A_{uf} = \frac{u_o}{u_i} = -\frac{R_f}{R_1} \tag{4.4.1}$$

式（4.4.1）表明，输出电压与输入电压的相位相反，大小成一定的比例关系，电路实现反相比例运算，只要 R_1、R_f 的阻值精确而稳定，就可得到准确的比例运算关系，与运放本身的 A_{od}、r_{id} 和 r_o 无关。$|A_{uf}|$ 可以大于 1，也可以小于 1。

由式（4.4.1）可知，当 $R_1 = R_f$ 时，$A_{uf} = -1$，称为反相器。

根据输入电阻的定义，由于 $u_- = u_+ = 0$，所以

$$R_i = R_1$$

由于理想运放的输出电阻 $r_o = 0$，所以该电路的输出电阻 $R_o = 0$，因此带负载能力很强。

2. 同相比例电路

图 4.4.2 所示为同相比例电路，输入信号 u_i 经电阻 R_p 加到运放的同相输入端，输出信号 u_o 经 R_f 加到反相输入端，平衡电阻为 $R_p = R_1 // R_f$。

利用"虚短"和"虚断"的概念，由图 4.4.2 可知

$$u_- = u_+ = u_i \tag{4.4.2}$$

由于 $i_- = i_+ = 0$，所以有

$$u_- = \frac{R_1}{R_1 + R_f} u_o = u_+ = u_i$$

则

$$u_o = \left(1 + \frac{R_f}{R_1}\right)u_+ = \left(1 + \frac{R_f}{R_1}\right)u_i$$

闭环电压放大倍数 A_{uf} 为

$$A_{uf} = \frac{u_o}{u_i} = 1 + \frac{R_f}{R_1} \tag{4.4.3}$$

式（4.4.3）表明，输出电压与输入电压的相位相同，大小成一定的比例关系，电路实现了同相比例运算，只要 R_1、R_f 的阻值精确而稳定，就可以得到准确的比例运算关系，A_{uf} 大于或等于 1。

由于同相比例运算电路的输入电流为零，故输入电阻 R_i 为无穷大；输出电阻 R_o 很小，可视为零，带负载能力很强。

由式（4.4.3）可知，当 $R_1 = \infty$，$R_f = 0$ 时，$A_{uf} = 1$，即输出电压与输入电压大小相等，相位相同，这种电路称为电压跟随器，电路如图 4.4.3 所示。

电压跟随器的特点是输入电阻很高、输出电阻趋于零，主要用来实现阻抗变换，常用于连接在具有高阻抗的信号源与低阻抗的负载之间作为缓冲放大器，因此也称为缓冲器。

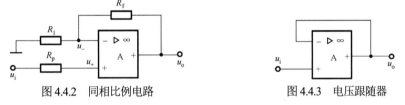

图 4.4.2　同相比例电路　　　　　　　图 4.4.3　电压跟随器

【例 4.4.1】　将一个开路电压为 1V、内阻为 100kΩ 的信号源与阻值为 1kΩ 的负载电阻相连接。求：（1）直接连接时负载上的电压；（2）通过电压跟随器连接时负载上的电压。

解：（1）直接连接时如图 4.4.4(a) 所示，此时负载上的电压为

$$u_o = \frac{R_L}{R_S + R_L} u_S = \frac{1}{1 + 100} u_S \approx 0.01 u_S = 10\text{mV}$$

（2）通过电压跟随器连接的电路如图 4.4.4(b) 所示。因电压跟随器的输入电阻 $R_i \to \infty$，该电路几乎不从信号源吸取电流，$u_+ = u_S$，而 $R_o \to 0$，所以负载电压 $u_o = u_+ = u_- = u_S = 1\text{V}$。当负载变化时，输出电压几乎不变，从而消除了负载变化对输出电压的影响。

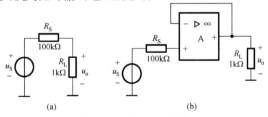

图 4.4.4　例 4.4.1 电路

【例 4.4.2】　电路如图 4.4.5 所示，已知 $u_o = -33u_i$，其余参数如图中所示，R_3 和 R_6 为平衡电阻，试求 R_5 的阻值。

解：由图 4.4.5 可知，A_1 构成同相比例电路，A_2 构成反相比例电路。所以

$$u_{o1} = \left(1 + \frac{R_2}{R_1}\right)u_i = 11u_i$$

$$u_o = -\frac{R_5}{R_4} u_{o1} = -\frac{R_5}{100} \times 11 u_i = -33 u_i$$

可得 $R_5 = 300\text{k}\Omega$ 。

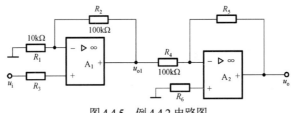

图 4.4.5 例 4.4.2 电路图

4.4.2 加减电路

实现多个输入信号按各自不同的比例求和或求差的电路统称为加减电路。

1. 加法电路

根据输入信号的输入端不同，加法电路有反相加法电路和同相加法电路。

如果多个输入信号同时作用于集成运放的反相输入端，就构成了反相加法电路，如图 4.4.6 所示，平衡电阻 $R_p = R_1 /\!/ R_2 /\!/ R_3 /\!/ R_f$ 。

根据"虚断"和"虚地"的特点有

$$i_f = i_1 + i_2 + i_3$$

即

$$-\frac{u_o}{R_f} = \frac{u_{i1}}{R_1} + \frac{u_{i2}}{R_2} + \frac{u_{i3}}{R_3}$$

则

$$u_o = -R_f \left(\frac{u_{i1}}{R_1} + \frac{u_{i2}}{R_2} + \frac{u_{i3}}{R_3} \right) \tag{4.4.4}$$

式（4.4.4）表明，输出电压等于各输入电压的加权和，因此，该电路也称为加权加法电路。

若 $R_1 = R_2 = R_3 = R$ ，则

$$u_o = -\frac{R_f}{R}(u_{i1} + u_{i2} + u_{i3})$$

比如 $R_1 = 5\text{k}\Omega$ ， $R_2 = 20\text{k}\Omega$ ， $R_3 = 50\text{k}\Omega$ ， $R_f = 100\text{k}\Omega$ ，则

$$u_o = -(20u_{i1} + 5u_{i2} + 2u_{i3})$$

若 $R_1 = R_2 = R_3 = R = R_f$ ，则 $u_o = -(u_{i1} + u_{i2} + u_{i3})$ ，实现真正的反相加法。

同样，当多个输入信号同时作用于集成运放的同相输入端时，就构成了同相加法电路。

【**例 4.4.3**】 图 4.4.7 所示电路为同相加法电路，其中 $R_f = 100\text{k}\Omega$ ， $R_1 = 25\text{k}\Omega$ ， $R_2 = 20\text{k}\Omega$ ， $R_3 = 5\text{k}\Omega$ ，试写出输出电压的表达式。

解：方法一：列出同相端和反相端的电流方程 $i_1 = i_f$ ， $i_2 + i_3 = 0$ ，即

$$\frac{0 - u_-}{R_1} = \frac{u_- - u_o}{R_f} , \quad \frac{u_{i1} - u_+}{R_2} + \frac{u_{i2} - u_+}{R_3} = 0$$

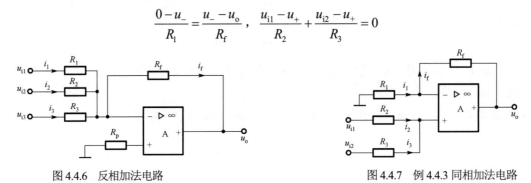

图 4.4.6 反相加法电路　　　　　　　　　　　图 4.4.7 例 4.4.3 同相加法电路

因为 $u_- = u_+$，整理得

$$u_o = \left(1 + \frac{R_f}{R_1}\right)\left[\left(\frac{R_3}{R_2 + R_3}\right)u_{i1} + \left(\frac{R_2}{R_2 + R_3}\right)u_{i2}\right]$$

将阻值代入可得

$$u_o = u_{i1} + 4u_{i2}$$

方法二：利用叠加定理，当 u_{i1} 单独作用时（令 $u_{i2}=0$，即接"地"），根据式（4.4.3）有

$$u_o' = \left(1 + \frac{R_f}{R_1}\right)u_+$$

而 u_+ 为 u_{i1} 在 R_3 上的分压：$u_+ = \frac{R_3}{R_2 + R_3}u_{i1}$，所以

$$u_o' = \left(1 + \frac{R_f}{R_1}\right)\frac{R_3}{R_2 + R_3}u_{i1}$$

同理可得当 u_{i2} 单独作用时

$$u_o'' = \left(1 + \frac{R_f}{R_1}\right)\frac{R_2}{R_2 + R_3}u_{i2}$$

根据叠加，两个电压同时作用时，输出电压为

$$u_o = \left(1 + \frac{R_f}{R_1}\right)\left[\left(\frac{R_3}{R_2 + R_3}\right)u_{i1} + \left(\frac{R_2}{R_2 + R_3}\right)u_{i2}\right]$$

与方法一所得结果相同。

2. 减法电路

若将输入信号同时接到集成运放的反相和同相输入端时，则可以构成单运放减法电路。减法电路分为单运放减法电路和双运放减法电路。

（1）单运放减法电路

电路如图 4.4.8 所示，外接电路参数具有对称性 $R_1 // R_f = R_2 // R_3$。

根据叠加定理，利用反相比例电路和同相比例电路的函数关系式，很容易得到输出电压的表达式。

u_{i1} 作用时，令 $u_{i2} = 0$，产生的输出电压为 u_o'，此时电路为反相比例电路

$$u_o' = -\frac{R_f}{R_1}u_{i1} \qquad (4.4.5)$$

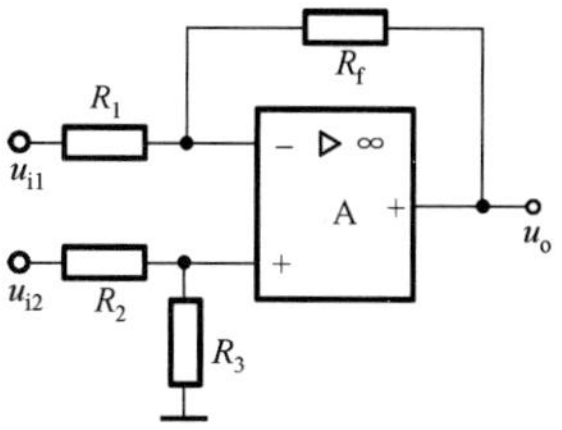

u_{i2} 作用时，令 $u_{i1} = 0$，产生的输出电压为 u_o''，此时电路为同相比例电路

$$u_o'' = \left(1 + \frac{R_f}{R_1}\right)u_+$$

图 4.4.8　单运放减法电路

而

$$u_+ = \frac{R_3}{R_2 + R_3}u_{i2}$$

$$u_o'' = \left(1 + \frac{R_f}{R_1}\right)\frac{R_3}{R_2 + R_3}u_{i2} \qquad (4.4.6)$$

u_{i1}、u_{i2} 同时作用时

$$u_o = u_o' + u_o'' = \left(1 + \frac{R_f}{R_1}\right)\frac{R_3}{R_2 + R_3}u_{i2} - \frac{R_f}{R_1}u_{i1} \qquad (4.4.7)$$

当电路电阻满足条件 $R_f / R_1 = R_3 / R_2$ 时，式（4.4.7）可写成

$$u_o = -\frac{R_f}{R_1}(u_{i1} - u_{i2}) \tag{4.4.8}$$

式（4.4.8）表明输出电压与两个输入电压的差值成比例运算，电路实现了差动放大，该电路也称为差分放大器或差动放大器。

在单集成运放构成的减法电路中，电阻的选取和调整不方便，因此也可采用双运放减法电路。

（2）双运放减法电路

双运放减法电路如图 4.4.9 所示。

由图 4.4.9 可见，运放 A_1、A_2 分别构成反相比例电路和反相加法电路，都存在"虚地"的特点，R_{p1} 和 R_{p2} 为两运放的平衡电阻。

当 A_1、A_2 为理想运放时，两级电路可分别进行分析。

由于 A_1 构成反相比例电路，则

$$u_{o1} = -\frac{R_2}{R_1}u_{i1} \tag{4.4.9}$$

而 A_2 构成反相加法电路，根据式（4.4.4）得

$$u_o = -R_5\left(\frac{u_{o1}}{R_4} + \frac{u_{i2}}{R_3}\right) \tag{4.4.10}$$

将式（4.4.9）代入式（4.4.10），并整理得

$$u_o = -R_5\left(-\frac{R_2}{R_1 R_4}u_{i1} + \frac{u_{i2}}{R_3}\right) \tag{4.4.11}$$

当 $R_1 = R_2$、$R_3 = R_4 = R$ 时，式（4.4.11）变为

$$u_o = \frac{R_5}{R}(u_{i1} - u_{i2})$$

同样实现了减法运算。

【例 4.4.4】　如图 4.4.10 所示为测量放大器，设各运放均为理想运放，求 u_o 的表达式。

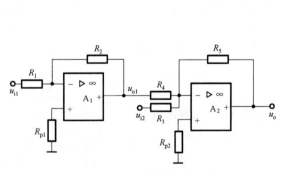

图 4.4.9　双运放减法运算电路

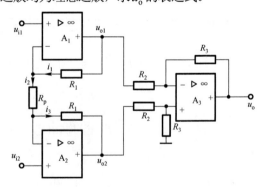

图 4.4.10　例 4.4.4 的电路图

解：利用"虚短"和"虚断"的概念有

$$u_{i1} = u_{1+} = u_{1-}, \quad u_{i2} = u_{2+} = u_{2-}, \quad i_1 = i_2 = i_3$$

$$\frac{u_{o1} - u_{i1}}{R_1} = \frac{u_{i1} - u_{i2}}{R_p} = \frac{u_{i2} - u_{o2}}{R_1}$$

则

$$u_{o1} = \left(1 + \frac{R_1}{R_p}\right)u_{i1} - \frac{R_1}{R_p}u_{i2}$$

$$u_{o2} = \left(1 + \frac{R_1}{R_p}\right)u_{i2} - \frac{R_1}{R_p}u_{i1}$$

$$u_{o1} - u_{o2} = \left(1 + 2\frac{R_1}{R_p}\right)(u_{i1} - u_{i2})$$

而 A_3 构成差动运算放大电路，所以

$$u_o = -\frac{R_3}{R_2}(u_{o1} - u_{o2}) = -\frac{R_3}{R_2}\left(1 + 2\frac{R_1}{R_p}\right)(u_{i1} - u_{i2})$$

$$A_{uf} = \frac{u_o}{u_{i1} - u_{i2}} = -\frac{R_3}{R_2}\left(1 + 2\frac{R_1}{R_p}\right) \tag{4.4.12}$$

实现了差分放大。式（4.4.12）表明，改变 R_p 可得不同的 A_{uf}。由于"虚断"，因而流入电路的电流等于 0，所以输入电阻 $R_i \to \infty$，实际测量放大器两输入端具有相同的输入电阻，且其值可达几百 MΩ 以上。

4.4.3　积分和微分电路

积分和微分互为逆运算，是自动控制和测量系统中的重要单元。以集成运放作为放大电路，可以实现这两种运算。

1. 积分电路

基本积分电路如图 4.4.11 所示，将反相比例电路中的电阻 R_f 换成电容 C_f，就组成了反相积分电路。

根据"虚地"和"虚断"的特点，由图 4.4.11 可知

$$i_f = i_1$$

而　　　　　$i_1 = \dfrac{u_i}{R_1}$，　$i_f = -C_f\dfrac{\mathrm{d}u_o}{\mathrm{d}t}$

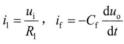

图 4.4.11　基本积分电路

假设电容 C_f 上的初始电压为零，则

$$u_o = -\frac{1}{C_f}\int i_f \mathrm{d}t = -\frac{1}{C_f}\int \frac{u_i}{R_1}\mathrm{d}t = -\frac{1}{R_1 C_f}\int u_i \mathrm{d}t \tag{4.4.13}$$

式（4.4.13）表明，输出电压正比于输入电压对时间的积分，其比例常数取决于时间常数 $\tau = R_1 C_f$。

当输入信号为图 4.4.12 所示的阶跃电压时，设电容 C_f 的电压初始值为零，由式（4.4.13）可得

$$u_o = -\frac{1}{R_1 C_f}\int U_1 \mathrm{d}t = -\frac{U_1}{R_1 C_f}t = -\frac{U_1}{\tau}t \tag{4.4.14}$$

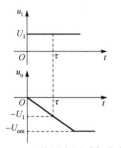

图 4.4.12　阶跃电压时积分电路输入、输出波形

式中，$\tau = R_1 C_f$ 为积分时间常数。可以看出输出电压 u_o 与时间 t 成线性关系，如图 4.4.12 所示，当 $t = \tau$ 时，$u_o = -U_1$。当 $t > \tau$，u_o 向负方向增大到运放输出电压的负向饱和值 $-U_{om}$ 时，运放进入非线性工作状态，$u_o = -U_{om}$ 保持不变，积分停止。

如果把积分电路的输出电压作为电子开关或其他类似装置的输入控制电压，则积分电路可以起到延时作用，即当积分电路的输出电压达到一定值时，才使受控制的装置动作。

设电容 C_f 的电压初始值为零，当输入信号分别为方波和正弦波信号时，积分电路的输出波形如图 4.4.13 所示，即它可以将输入的方波信号变换为三角波实现波形变换，也可以使得正弦信号移相。

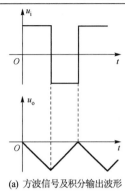
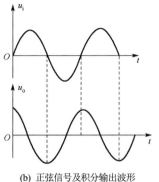

(a) 方波信号及积分输出波形　　　　　　(b) 正弦信号及积分输出波形

图 4.4.13　积分电路输入、输出波形

【例 4.4.5】 电路如图 4.4.14 所示。试写出该电路 u_o 与 u_i 的关系式。

解： 由"虚断"可得
$$i_1 = i_f + i_c$$

由图可知电路存在"虚地"，则可得
$$i_1 = \frac{u_i}{R_1}, \quad i_f = -\frac{u_o}{R_f}, \quad i_c = -C\frac{\mathrm{d}u_o}{\mathrm{d}t}$$

所以
$$u_i = -R_1 C\frac{\mathrm{d}u_o}{\mathrm{d}t} - \frac{R_1}{R_f}u_o$$

如果将差动运算放大电路（图 4.4.8）中的两个电阻 R_3、R_f 分别换成两个相等的电容 C，且令 $R_1 = R_2 = R$，则构成了差动积分电路，如图 4.4.15 所示，其输出电压为

$$u_o = -\frac{1}{RC}\int (u_{i1} - u_{i2})\mathrm{d}t \tag{4.4.15}$$

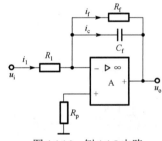
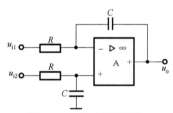

图 4.4.14　例 4.4.5 电路　　　　　　　图 4.4.15　差动积分电路

2. 微分电路

将积分电路中的电容和电阻的位置互换，就组成了微分电路，如图 4.4.16 所示。流过电容的电流为

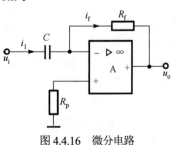

$$i_1 = C\frac{\mathrm{d}u_i}{\mathrm{d}t}$$

同样，根据"虚断"和"虚地"的特点有

$$u_o = -i_f R_f = -i_1 R_f = -R_f C\frac{\mathrm{d}u_i}{\mathrm{d}t} \tag{4.4.16}$$

式（4.4.16）表明，输出电压正比于输入电压对时间的微分，其比例常数取决于时间常数 $\tau = R_f C$。

若输入正弦信号 $u_i = \sin\omega t$，则输出信号 $u_o = -R_f C\omega\cos\omega t$，

图 4.4.16　微分电路

表明 u_o 的输出幅度将随频率的增加而线性地增加，频率越高，微分电路的输出会越大。若输入信号中含有高频噪声，则输出噪声也将很大，而且电路可能不稳定，所以微分电路很少直接应用。

4.5 电压比较器

电压比较器（也称电压比较电路）的作用是比较两个电压的大小，以决定输出是高电平或低电平。电压比较器是信号处理和波形产生电路中常用的基本单元电路。电压比较器中的运放通常为开环或正反馈状态，输出只有高、低两种电平，因此集成运放工作在非线性区。

电压比较器按传输特性分为简单电压比较器、迟滞电压比较器和窗口电压比较器等，本节主要介绍前两种。

4.5.1 简单电压比较器

1. 串联型电压比较器

图 4.5.1(a)所示电路为反相输入串联型电压比较器，输入信号 u_i 接集成运放的反相输入端，参考电压 U_{REF} 接同相输入端，将 u_i 与 U_{REF} 从不同输入端输入的比较器称为串联型电压比较器，具有输入电阻大的特点。由于理想集成运放工作在开环状态时，电压增益为无穷大，电路的传输特性如图 4.5.1(b)所示。

当输入电压 u_i 小于参考电压 U_{REF}（$u_- < u_+$）时，输出电压为高电平 U_{OH}；当输入电压 u_i 大于参考电压 U_{REF}（$u_- > u_+$）时，输出电压为低电平 U_{OL}，即

$$\begin{cases} u_o = U_{OH}, & u_i < U_{REF} & (4.5.1a) \\ u_o = U_{OL}, & u_i > U_{REF} & (4.5.1b) \end{cases}$$

把输出电压从一个电平跳变到另一个电平时所对应的输入电压值称为阈值电压或门限电压，记做 U_{TH}。门限电压通常由输出电压 u_o 转换的临界条件，即 $u_+ = u_-$ 求出。在串联型简单电压比较器中，$U_{TH} = U_{REF}$。门限电压 U_{TH} 可正可负，也可以为零。当 $U_{TH} = 0$ 时的比较器又称为过零比较器。

同相输入串联型电压比较器电路如图 4.5.2(a)所示，图 4.5.2(b)为其传输特性。

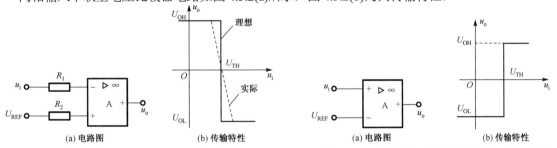

图 4.5.1 反相输入串联型电压比较器及传输特性　　图 4.5.2 同相输入串联型电压比较器及传输特性

【例 4.5.1】 简单电压比较器电路如图 4.5.1(a)所示，设集成运放是理想的，输入电压为 $u_i = 5\sin\omega t(V)$：

（1）当 $U_{REF} = 0V$，画出电压传输特性和输出电压波形；

（2）当 $U_{REF} = 3V$，画出电压传输特性和输出电压波形。

解：（1）由电路图可知，$U_{TH} = U_{REF} = 0$，电压传输特性和电压输入、输出波形分别如图 4.5.3(a)和(b)所示。

（2）由电路图可知，$U_{TH} = U_{REF} = 3V$，传输特性和电压波形分别如图 4.5.4(a)和(b)所示。可见，利用简单电压比较器可以将正弦波变为方波或矩形波。

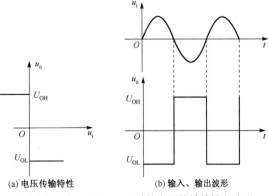

(a) 电压传输特性　　　　(b) 输入、输出波形

图 4.5.3 例 4.5.1 $U_{REF} = 0$ 时的电压传输特性和波形

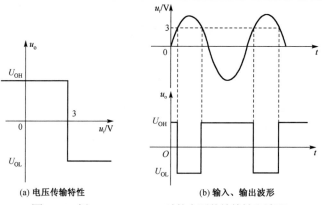

(a) 电压传输特性　　　　　　　　　(b) 输入、输出波形

图 4.5.4　例 4.5.1 $U_{REF} = 3V$ 时的电压传输特性和波形

2. 并联型电压比较器

图 4.5.5(a)所示电路的 u_i 与 U_{REF} 从同一输入端输入，都接在反相输入端，称为反相输入并联型电压比较器。利用叠加定理有

$$u_- = \frac{R_1}{R_1 + R_2} u_i + \frac{R_2}{R_1 + R_2} U_{REF}$$

当 $u_- = u_+ = 0$ 时，输出电压发生跳变，这时对应的输入电压即为门限电压 U_{TH}，有

$$R_1 u_i + R_2 U_{REF} = 0$$

由此可求出门限电压为

$$U_{TH} = -\frac{R_2}{R_1} U_{REF} \tag{4.5.2}$$

当 $u_i > U_{TH}$ 时，$u_- > u_+$，$u_o = U_{OL}$；当 $u_i < U_{TH}$ 时，$u_- < u_+$，$u_o = U_{OH}$。所以其电压传输特性如图 4.5.5(b)所示。

同理可得图 4.5.6(a)所示同相输入并联型电压比较器的传输特性如图 4.5.6(b)所示。

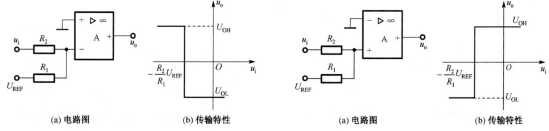

(a) 电路图　　　　(b) 传输特性　　　　　　　　　(a) 电路图　　　　(b) 传输特性

图 4.5.5　反相输入并联型电压比较器及传输特性　　　图 4.5.6　同相输入并联型电压比较器及传输特性

4.5.2　迟滞电压比较器

简单电压比较器结构简单、灵敏度高，但抗干扰能力较差。当输入电压在门限电压附近上下波动时，无论这种变化是由于输入信号自身的变化还是干扰噪声，都将使得输出电压在高、低电平之间反复跳变。因此，提出了另一种抗干扰能力较强，具有迟滞特性的迟滞电压比较器。

反相输入串联型迟滞电压比较器如图 4.5.7 所示，图中输入信号从集成运放反相输入端输入，输出电压通过 R_1 和 R_2 接到同相端，形成正反馈，且与参考电压 U_{REF} 共同决定门限电压 U_{TH}。若不加限幅电路，比较器输出的高、低电平将分别为运放的最高和最低的输出电压，有时为了与后面电路的电平匹配，可以在比较器的输出回路加限幅电路。图中限流电阻 R_3 与 VD_Z 组成限幅电路，VD_Z 为双向稳压管，当运放输出为 U_{OH} 时，稳压管输出 $+U_Z$，当运放输出为 U_{OL}，稳压管输出 $-U_Z$，使输出电压钳制在 $\pm U_Z$。

U_{TH} 的值随输出电压而变化，输出为高电平时，$u_o = +U_Z$，同相输入端的电压称为上门限电压 U_{TH+}，根据运放"虚断"的特点和叠加定理可得

$$U_{TH+} = \frac{R_1}{R_1 + R_2} U_{REF} + \frac{R_2}{R_1 + R_2} U_Z \qquad (4.5.3)$$

输出为低电平时，$u_o = -U_Z$，同相输入端的电压称为下门限电压 U_{TH-}，根据运放"虚断"的特点和叠加原理可得

$$U_{TH-} = \frac{R_1}{R_1 + R_2} U_{REF} - \frac{R_2}{R_1 + R_2} U_Z \qquad (4.5.4)$$

传输特性可以分成正向和负向两部分，设开始时 $u_o = +U_Z$：当 u_i 从足够低逐渐上升，使 u_- 略高于 U_{TH+} 时，u_o 产生跳变，$u_o = -U_Z$；u_i 从足够高逐渐下降，当 u_i 下降为 U_{TH+} 时，u_o 并不产生跳变，只有下降到 u_- 略低于 U_{TH-} 时，u_o 才产生跳变，$u_o = +U_Z$，然后再下降到足够低。

由上述分析可知，迟滞电压比较器的传输特性如图 4.5.8 所示，由于它像磁性材料的磁滞回线，所以称为迟滞比较器或滞回比较器。

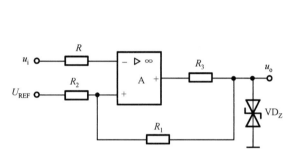
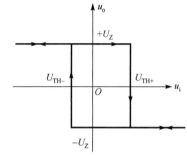

图 4.5.7　反相输入串联型迟滞电压比较器　　　图 4.5.8　反相输入迟滞电压比较器传输特性

上下门限电压可以通过调节参考电压 U_{REF} 来控制，两门限电压的差值称为迟滞宽度，用 ΔU_{TH} 表示。由式（4.5.3）和式（4.5.4）可知

$$\Delta U_{TH} = \frac{2R_2}{R_1 + R_2} U_Z \qquad (4.5.5)$$

迟滞宽度表示抗干扰能力的强弱，迟滞宽度越宽，抗干扰能力越强，同时灵敏度越低。并且输入电压的峰值必须大于迟滞宽度，否则输出电压不可能跳变。

比较器除了可以用集成运放构成外，目前已生产了集成电压比较器，集成电压比较器使用起来十分方便，有关内容可以查阅相关参考文献。

【例 4.5.2】 电压比较器电路如图 4.5.7 所示，集成运放是理想的，已知 $R_1=10\text{k}\Omega$，$R_2 = 5\text{k}\Omega$，$U_{REF} = 3\text{V}$，$U_Z = \pm 6\text{V}$，输入电压 $u_i(t) = 5\sin \omega t(\text{V})$，试求门限电压 U_{TH}，并画出电压传输特性和输出电压波形。

解： 当 u_i 由负向正变化时，上门限电压为

$$U_{TH+} = \frac{R_1}{R_1 + R_2} U_{REF} + \frac{R_2}{R_1 + R_2} U_Z = \frac{10}{5+10} \times 3 + \frac{5}{5+10} \times 6 = 4(\text{V})$$

当 u_i 由正向负变化时，下门限电压为

$$U_{TH-} = \frac{R_1}{R_1 + R_2} U_{REF} - \frac{R_2}{R_1 + R_2} U_Z = \frac{10}{5+10} \times 3 - \frac{5}{5+10} \times 6 = 0(\text{V})$$

当 u_i 由负向正变化到上门限电压 4V 时，输出 u_o 由+6V 跳变为–6V，并且维持–6V。但当 u_i 由正向负变化到 4V 时，输出并不跳变，直到变化到下门限电压 0V，输出 u_o 才由–6V 跳变为+6V，并且维持+6V。根据上述分析，画出传输特性和电压输出波形如图 4.5.9 所示。

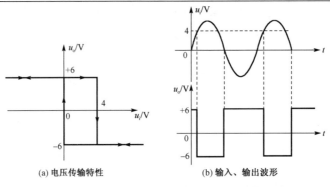

图 4.5.9　例 4.5.2 电压传输特性和输入、输出波形

同相输入串联型迟滞电压比较器如图 4.5.10(a)所示，电压传输特性如图 4.5.10(b)所示。

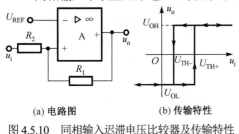

(a) 电路图　　　　(b) 传输特性

图 4.5.10　同相输入迟滞电压比较器及传输特性

通过上述几种电压比较器的分析，可以看出绘制电压传输特性的 3 个要素。

（1）门限电压 U_{TH}：令 $u_+ = u_-$ 求出输入电压 u_i，该 u_i 即为门限电压 U_{TH}。

（2）高低电平 U_{OH}、U_{OL}：运放工作在开环状态，若输出端无稳压二极管限幅，$U_o \approx \pm V_{CC}$；若输出端接有双向稳压二极管，则 $u_o \approx \pm U_Z$。

（3）确定输出状态发生变化时的方向：同相输入，$u_o = U_{OH}$ 时，曲线水平部分往横轴的正方向延伸；反相输入，$u_o = U_{OH}$ 时，曲线水平部分往横轴的负方向延伸。

4.6　基于 Multisim 仿真的设计与讨论

4.6.1　认识运算放大器

1．运放元件

在 Multisim 仿真软件的模拟集成电路库中找到运放元件 741，放置一个 741 元件在电路工作区，双击 741 元件，在弹出框中可以查看该运放的引脚、参数、封装等，其引脚及接法如图 4.6.1 所示。单击模型编辑可以看到 741 的模型参数，其电源电压要求为±15V。

2．运放输入方式

运放有 3 种输入方式：同相端输入、反相端输入和双端输入。在图 4.6.2 所示的同相输入运放电路中，改变输入电压 V_1 分别为 0.1V、1V、10V、−0.1V、−1V、−10V，观察输出端电压、同相端和反相端的电压与电流，得到什么结论？

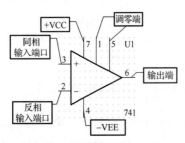

图 4.6.1　集成运放 741 的引脚　　　　图 4.6.2　同相输入运放电路

3．运放传输特性的仿真

对图 4.6.2 所示电路进行直流扫描仿真，设置 V_1 的扫描范围为−0.05～0.05V，扫描增量为 0.001V，得到其传输特性如图 4.6.3 所示。

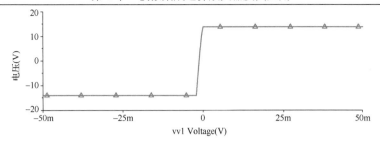

图 4.6.3　运放的传输特性

4. 运放输入偏置电流与输入失调电流的仿真

集成运放输入电压为零时，两个输入端静态电流的平均值称为偏置电流，从使用角度来看，偏置电流越小越好，一般为 10nA～1A。

输入失调电流是指当输入电压为零时，流入运放同相输入端和反相输入端的静态电流之差的绝对值，它反映了输入级的不对称程度，越小越好，一般约为 1nA～0.1A。

在图 4.6.2 所示电路中，将输入电压 V_1 去掉，在运放的输入端接电流表，仿真结果如图 4.6.4 所示。则运放的输入偏置电流为

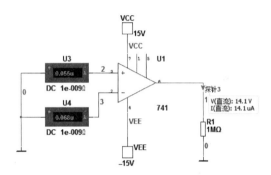

$$I_{IB} = \frac{I_+ + I_-}{2} = \frac{55 + 68}{2} = 61.5\text{nA}$$

运放的输入失调电流为

$$I_{IO} = |I_+ - I_-| = |55 - 68| = 13\text{nA}$$

双击运放 741，可以在模型参数中查到 741 的输入偏置电流和输入失调电流分别为 80nA 与 20nA，仿真结果在所给参数范围内。

图 4.6.4　运放的输入偏置电流与输出失调电流

4.6.2　运算放大器的线性应用

1. 反相比例电路仿真

在运放的输出端与反相输入端之间连接电阻 R_f，组建反相比例电路如图 4.6.5 所示。

① 改变 R_f 分别为 1kΩ、10kΩ、100kΩ、200kΩ，观察输出端电压的变化，可以得到什么结论？

② 保持 R_f 为 100kΩ 不变，改变 R_1 分别为 1kΩ、10kΩ、100kΩ、200kΩ，观察输出端电压的变化，可以得到什么结论？

③ 保持图中电阻不变，改变输入电压 V_1 分别为 0.1V、1V、2V 和 3V，观察输出端电压的变化，可以得到什么结论？

2. 运放输入补偿电压的仿真

一个理想的运放，当输入电压为零时，输出电压也应为零。在图 4.6.5 所示的反相比例电路中，将输入电压 V_1 改为 0，仿真后可以看出输出电压并不为零，而是等于 12.9mV。这是因为实际运放的输入端很难做到完全对称。为了克服这个现象，在集成运放的两个输入端外加补偿电压，使得集成运放输出电压为零，这个外加补偿就是输入失调电压 U_{IO}，它的大小反映了电路的不对称程度及电位配合情况。一般运放的 U_{IO} 值为 1～10mV，高质量的运放在 1mV 以下。将测得的 12.9mV，除以放大倍数 10，得到在输入端的输入补偿电压 1.29mV，将这个电压加在输入端，可以看出输出电压为 -40.5μV，接近于 0，如图 4.6.6 所示。

3. 平衡电阻的仿真

在图 4.6.7 所示的平衡电阻的仿真电路中，输入电压为 0，改变电阻 R_3 的阻值分别为 0Ω、1kΩ、10kΩ、100kΩ、680kΩ 和 1MΩ 时，测量由于输入偏置电流、输入失调电流与输入补偿电压而产生的输出电压，说明平衡电阻对输出电压的影响。

当运放为理想运放时，平衡电阻应该为 $R_3 = R_2 \parallel R_1$，也就是当 R_3 为 1kΩ 时，输出电压应该最小，但由于 I_{IB}、I_{IO} 与输入补偿电压的影响，有误差。由仿真结果可以看出，当 R_3 为 10kΩ 时的输出电压最小，为 54.4mV。

4．同相比例电路的仿真

同相比例电路如图 4.6.8 所示。

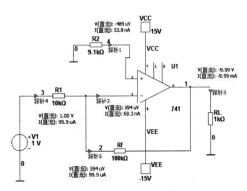

图 4.6.5　反相比例电路的仿真

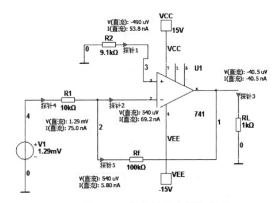

图 4.6.6　输入补偿电压的仿真

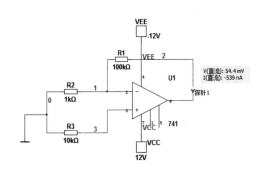

图 4.6.7　平衡电阻仿真电路

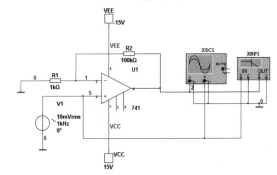

图 4.6.8　同相比例电路的仿真

① 设 $R_1 = 1$kΩ，$R_2 = 100$kΩ。施加有效值为 10mV 的正弦电压，改变输入信号的频率分别为 1kHz、10kHz 和 30kHz 时，观察输入输出波形是否有相移。测量放大器的带宽（当信号频率升高而使放大倍数下降为中频时放大倍数 A_{um} 的 0.707 倍时，这个频率称为上限截止频率，记作 f_H。同样，使放大倍数下降为 A_{um} 的 0.707 倍时的低频信号频率称为下限截止频率，记作 f_L。f_H 和 f_L 之间形成的频带差称为带宽，记作 f_{BW}），估计运算放大器的增益带宽积（增益与带宽的乘积）。

② 设 $R_2 = 50$kΩ，重复①。

③ 设 $R_1 = 1$kΩ 和 $R_2 = 50$kΩ，输入信号的频率为 1kHz，增加输入振幅，直到输出波形失真，确定运放可以提供的最大和最小输出电压（输出波形的正负幅值大小）。

④ 简要说明你的仿真结果是否合理。

5．积分电路的仿真

设计一个积分器，输入信号频率为 500Hz、幅值为 0.5V 的方波，输出信号为 0～5V 的三角波。

① 如何确定电容和反馈电阻的大小。

② 用示波器观测输出电压波形。

③ 当输入信号频率远高于或远小于 500Hz 时，观测仿真结果，说明为什么。

④ 计算传递函数 $u_o(\omega) / u_i(\omega)$。

4.6.3　运算放大器的非线性应用

1．简单电压比较器

在 Multisim 仿真软件中建立如图 4.6.9 所示的电压比较器。

① 对 V_1 进行直流扫描，得到电压传输特性曲线，测试其输出电压幅值。

② 改变 V_2 的值分别为 3V、4V 和 5V，用示波器观察输入、输出波形的变化。

③ 将 V_2 改为 0V，得到反相输入的过零比较器，观察输入、输出波形。

④ 在过零比较器中，观察 V_1 的频率分别为 100Hz、1kHz、10kHz、100kHz 时输入、输出波形的变化，说明运放的转化速度对输出波形的影响。

⑤ 将图 4.6.9 中的运放用集成电压比较器 TLC393CD 代替，由于 TLC393CD 输出端为集电极开路输出，须经上拉电阻 R_2 接电源 V_{CC}，参考电压为零，得到如图 4.6.10 所示电路，观察 V_1 的频率分别为 100Hz、1kHz、10kHz、100kHz、1MHz 和 5MHz 时输入、输出波形的变化，与④进行比较。

⑥ 若需要输出电压波形的高电平为 5V，低电平为 0.7V，如何修改图 4.6.9 所示电路？

⑦ 将图 4.6.9 所示电路改为同相输入的电压比较器，重复①和②。

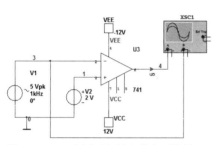
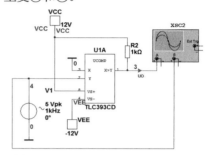

图 4.6.9　741 组成反相输入的电压比较器　　　　　图 4.6.10　TLC393CD 组成的过零比较器

2. 迟滞电压比较器

在 Multisim 仿真软件中建立如图 4.6.11 所示的迟滞电压比较器。

① 观察输入、输出波形，测量高、低电平，上门限电压、下门限电压。

② 将示波器显示方式选为 A/B 或 B/A（输入为横轴，输出为纵轴），观察电压传输特性，测量回差电压大小。

③ 改变 R_f 的阻值分别为 40kΩ、100kΩ，用示波器观察回差电压的变化。

4.6.4　设计仿真题目

1. 设计一个两级同相放大器，使其最小总增益为 800，最小带宽为 15kHz。

① 是不是一定要两级，一级能否实现？一级实现会出现什么问题？

② 每一级的增益选多少合适？

③ 运放电源电压应该加多少？

2. 设计一个 T 型网络运算放大器，信号源最大输出电压为 12mV，内阻为 1kΩ，要求最大输出电压为 1.2V，放大器的输入电阻为 50kΩ，但电路中每个电阻值应该小于 500kΩ。

① 这个电路的放大倍数是多少？这么大的放大倍数用一般的反相比例电路可以实现吗？会出现什么情况？为什么要限制电阻大小？

② 为什么要求放大器的输入电阻是 50kΩ，输入电阻的大小要求与什么有关系？

3. 采用仪用放大器设计一个传感器放大电路，由传感器电阻 R_t 与精密电阻 R 构成的电桥电路如图 4.6.12 所示，当 R_t 相对于 R 产生±1%的偏差时，放大器能产生±5V 的输出电压。电桥电路的供电电压 V_{CC} 采用 5V 电压。

① 仪器用的放大器是什么样的形式？

② 这个电路放大倍数与什么有关系？

4. 麦克风的等效电路为一个电压源和一个输出电阻串联，其中电压源产生峰值为 5mV 的信号，其输出电阻为 10kΩ。使用运放设计一个小信号音频放大器，当频率为 10Hz～15kHz 时，该系统能放大麦克风的输出信号，并产生峰值为 1V 的输出电压。

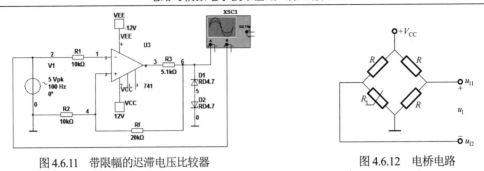

图 4.6.11　带限幅的迟滞电压比较器　　　　　　　图 4.6.12　电桥电路

5．设计一个电平检测电路，采用同相输入的迟滞电压比较器，要求输入电平低于 4V 时，红色发光二极管亮，绿色发光二极管灭，输入电平高于 6V 时，红色发光二极管灭，绿色发光二极管亮。

习　题　4

4.1　当负载开路（$R_L = \infty$）时测得放大电路的输出电压 u'_o =2V；当输出端接入 R_L =5.1kΩ 的负载时，输出电压下降为 u_o =1.2V，求放大电路的输出电阻 R_o。

4.2　当在放大电路的输入端接入信号源电压 u_s =15mV，信号源电阻 R_s =1kΩ时，测得电路输入端的电压为 u_i =10mV，求放大电路的输入电阻 R_i。

4.3　当在电压放大电路的输入端接入电压源 u_s =15mV，信号源内阻 R_s =1kΩ时，测得电路输入端的电压为 u_i =10mV；放大电路输出端接 R_L =3kΩ 的负载，测得输出电压为 u_o =1.5V，试计算该放大电路的电压增益 A_u 和电流增益 A_i，并分别用 dB（分贝）表示。

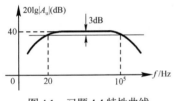

图 4.1　习题 4.4 特性曲线

4.4　某放大电路的幅频响应特性曲线如图 4.1 所示，试求电路的中频增益 A_{um}、下限截止频率 f_L、上限截止频率 f_H 和通频带 f_{BW}。

4.5　设两输入信号为 u_{i1} =40mV，u_{i2} =20mV，则差模电压 u_{id} 和共模电压 u_{ic} 为多少。若电压的差模放大倍数为 A_{ud} =100，共模放大倍数为 A_{uc} =−0.5，则总输出电压 u_o 为多少，共模抑制比 K_{CMR} 是多少。

4.6　集成运算放大器工作在线性区和非线性区各有什么特点。

4.7　电路如图 4.2 所示，求输出电压 u_o 与各输入电压的运算关系式。

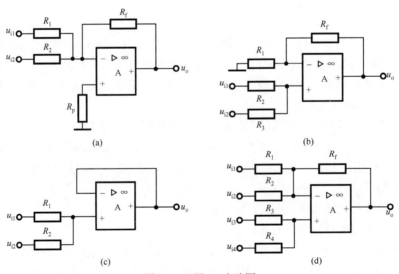

图 4.2　习题 4.7 电路图

4.8　电路如图 4.3 所示，假设运放是理想的：（1）写出输出电压 u_o 的表达式，并求出 u_o 的值；（2）说明运放 A_1、A_2 各组成何种基本运算电路。

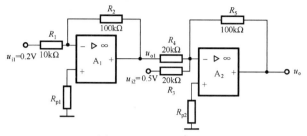

图 4.3　习题 4.8 电路图

4.9　采用一片集成运放设计一反相加法电路，要求关系式为 $u_o = -5(u_{i1} + 5u_{i2} + 3u_{i3})$，并且要求电路中最大的阻值不超过 100kΩ，试画出电路图，计算各阻值。

4.10　采用一片集成运放设计一个运算电路，要求关系式为 $u_o = -10(u_{i1} - u_{i2})$，并且要求电路中最大的阻值不超过 200kΩ，试画出电路图，计算各阻值。

4.11　电路如图 4.4 所示，设运放是理想的，求输出电压 u_o 的表达式。

4.12　图 4.5 所示为带 T 形网络高输入电阻的反相比例运算电路。（1）试推导输出电压 u_o 的表达式；（2）若选 $R_1 = 51\text{k}\Omega$，$R_2 = R_3 = 390\text{k}\Omega$，当 $u_o = -100u_i$ 时，计算电阻 R_4 的阻值；（3）直接用 R_2 代替 T 形网络，当 $R_1 = 51\text{k}\Omega$，$u_o = -100u_i$，求 R_2 的值；（4）比较（2）、（3）说明该电路的特点。

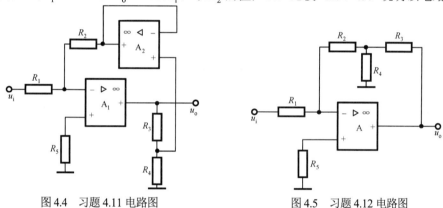

图 4.4　习题 4.11 电路图　　　　　　　图 4.5　习题 4.12 电路图

4.13　电路如图 4.6 所示，设所有运放都是理想的，试求：（1）u_{o1}、u_{o2}、u_{o3} 及 u_o 的表达式；（2）当 $R_1 = R_2 = R_3$ 时，u_o 的值。

4.14　电路如图 4.7 所示，运放均为理想的，试求电压增益 $A = \dfrac{u_o}{u_{i1} - u_{i2}}$ 的表达式。

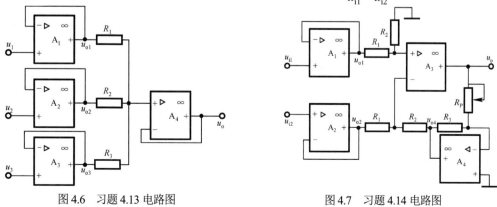

图 4.6　习题 4.13 电路图　　　　　　　图 4.7　习题 4.14 电路图

4.15　电路如图 4.8 所示，运放均为理想的，试求输出电压 u_o 的表达式。

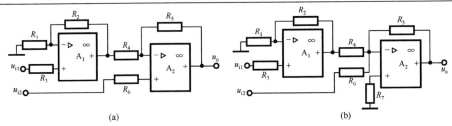

图 4.8　习题 4.15 电路图

4.16　电路如图 4.9(a)所示，已知运放的最大输出电压 $U_{om} = \pm 12V$，输入电压波形如图 4.9(b)所示，周期为 0.1s。试画出输出电压的波形，并求出输入电压的最大幅值 U_{im}。

4.17　电路如图 4.10 所示，运放均为理想的，电容的初始电压 $u_C(0) = 0$：（1）写出输出电压 u_o 与各输入电压之间的关系式；（2）当 $R_1 = R_2 = R_3 = R_4 = R_5 = R_6 = R$ 时，写出输出电压 u_o 的表达式。

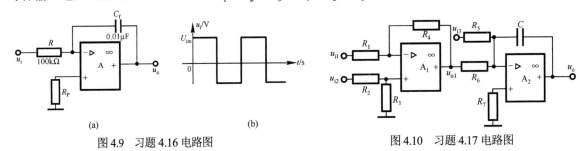

图 4.9　习题 4.16 电路图　　　　　　　　　图 4.10　习题 4.17 电路图

4.18　电路如图 4.11(a)所示，运放均为理想的。（1）A_1、A_2 和 A_3 各组成何种基本电路；（2）写出 u_o 的表达式；（3）$R_2 = 100k\Omega$，$C = 10\mu F$，电容的初始电压 $u_C(0) = 0$，已知 u_{o1} 的波形如图 4.11(b)所示，画出 u_o 的波形。

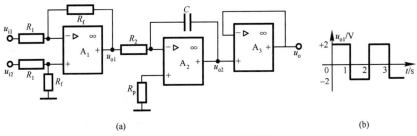

图 4.11　习题 4.18 电路图

4.19　电路如图 4.12(a)所示，运放均为理想的，电容的初始值 $u_C(0) = 0$，输入电压波形如图 4.12(b)所示：（1）写出输出电压 u_o 的表达式；（2）求 $t = 0$ 时 u_{o1}、u_o 的值；（3）画出与 u_i 相对应的 u_{o1} 和 u_o 的波形，并标出相应的幅度。

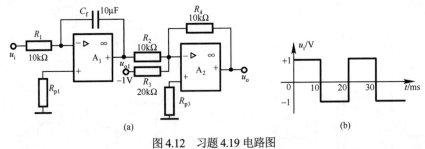

图 4.12　习题 4.19 电路图

4.20　电路如图 4.13(a)所示，设运放为理想器件，（1）求出门限电压 U_{TH}，画出电压传输特性（$u_o \sim u_i$）；（2）输入电压的波形如图 4.13(b)所示，画出电压输出波形（$u_o \sim t$）。

4.21　电路如图 4.14 所示，运放为理想的，试求出电路的门限电压 U_{TH}，并画出电压传输特性曲线。

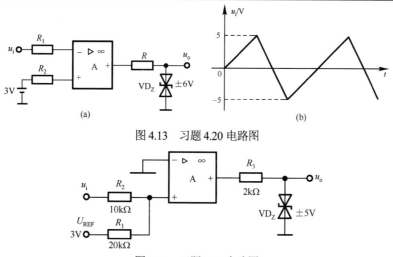

图 4.13　习题 4.20 电路图

图 4.14　习题 4.21 电路图

4.22　电路如图 4.15 所示，已知运放最大输出电压 $U_{om}=\pm 12V$，试求出两电路的门限电压 U_{TH}，并画出电压传输特性曲线。

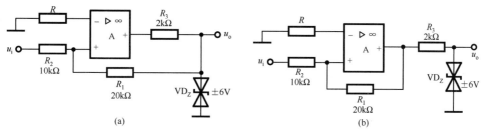

图 4.15　习题 4.22 电路图

4.23　电路如图 4.16(a)所示，运放是理想的：（1）试求电路的门限电压 U_{TH}，并画出电压传输特性曲线；（2）输入电压波形如图 4.16(b)所示，试画出输出电压 u_o 的波形。

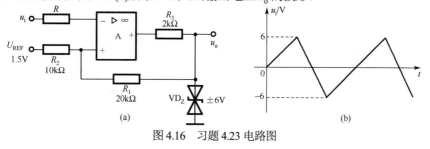

图 4.16　习题 4.23 电路图

4.24　电路如图 4.17 所示，已知运放为理想的，运放最大输出电压 $U_{om}=\pm 15V$：（1）A_1、A_2 和 A_3 各组成何种基本电路；（2）若 $u_i=5\sin\omega t$ (V)，试画出与之对应的 u_{o1}、u_{o2} 和 u_o 的波形。

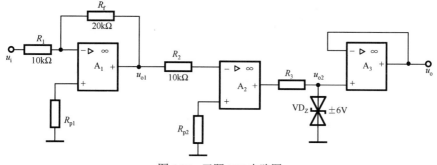

图 4.17　习题 4.24 电路图

第 5 章　二极管及直流稳压电源

本章首先介绍二极管的外部特性、工作原理与电学特性，并在此基础上重点讨论二极管的基本应用电路及其分析方法，最后介绍直流稳压电源的组成与工作原理及三端集成稳压器。

5.1　二极管的外部特性

5.1.1　二极管的基本结构

在电子元器件中，用得最多的材料是硅和锗，导电能力介于导体和绝缘体之间，称为半导体，都是四价元素，利用半导体的掺杂工艺，掺入五价元素形成主要靠自由电子导电的 N 型半导体，掺入三价元素形成主要靠空穴导电的 P 型半导体。

若将 P 型半导体与 N 型半导体制作在同一块硅片上，则它们的交界面就形成了所谓的"PN 结"，将 PN 结用外壳封装起来，并装上电极引线就构成了半导体二极管，也称晶体二极管，简称二极管。二极管的种类很多：按照材料分类，最常用的有硅管、锗管和砷化镓管；按结构类型分类，有点接触型、面接触型和硅平面型二极管；按用途分类，有普通二极管、整流二极管、开关二极管、稳压二极管和发光二极管等多种。图 5.1.1 所示为常用二极管实物照片。

PN 结示意图和二极管的电路符号如图 5.1.2 所示。P 区一侧引出的电极为阳极（正极），N 区一侧引出的电极为阴极（负极），三角形表示正向电流的方向。一般在二极管的外壳上标有符号、色点或色圈来标识其极性。

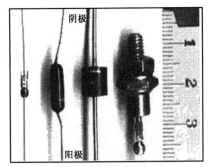

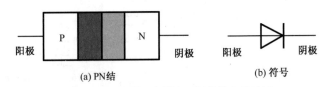

图 5.1.1　常用二极管实物照片　　　　　图 5.1.2　PN 结示意图和二极管的电路符号

二极管的几种常见结构如图 5.1.3 所示。

点接触型二极管如图 5.1.3(a)所示，一般为锗管，即以锗晶体为二极管的基片，它的结面积小，高频性能好，但允许通过的电流较小，一般应用于高频检波和小功率整流电路中，也用做数字电路的开关元件。

面接触型二极管如图 5.1.3(b)所示，一般为硅管，它的结面积较大，可以通过较大的电流，但工作频率较低，常用于低频整流电路中。

硅平面型二极管如图 5.1.3(c)所示，结面积大的可以用于大功率整流，结面积小的适用于脉冲数字电路，作为开关管使用。

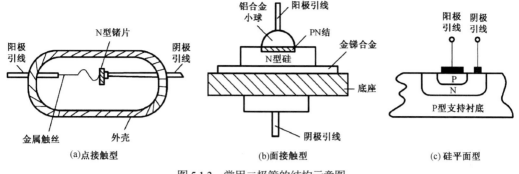

图 5.1.3　常用二极管的结构示意图

5.1.2　二极管的伏安特性

可以通过实验的方法得到二极管的外部特性，即伏安特性，其测试电路如图 5.1.4 所示。图 5.1.4(a) 为二极管正向特性测试电路，P 区接电源的正极，N 区接电源的负极，这种接法称为 PN 结正向偏置，简称正偏。图 5.1.4(b) 为二极管反向特性测试电路，P 区接电源的负极，N 区接电源的正极，这种接法称为 PN 结反向偏置，简称反偏。

二极管的伏安特性曲线是流过二极管的电流随外加偏置电压变化的关系曲线，如图 5.1.5 所示。下面对二极管的伏安特性分 3 部分加以说明。

1. 正向特性

对应于图 5.1.5 所示曲线的第①段为正向特性。这时，二极管外加正向电压，可以看出，只有在正向电压增大到足够大时，正向电流才从零开始随端电压按指数规律增大。使得二极管开始导通的临界电压称为开启电压 U_{th}，也称死区电压（门坎电压）。硅二极管的开启电压约为 0.5V，锗二极管的开启电压约为 0.1V。

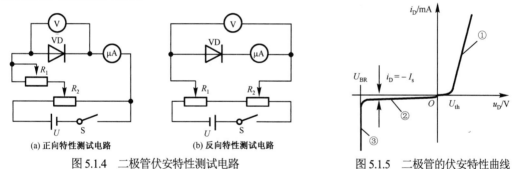

(a) 正向特性测试电路　　(b) 反向特性测试电路

图 5.1.4　二极管伏安特性测试电路　　　　图 5.1.5　二极管的伏安特性曲线

当外加电压大于开启电压后，正向电流近似以指数规律迅速增长，二极管呈现充分导通状态。在 i_D 较大时，特性曲线接近于直线，当电流迅速增加时，二极管的正向压降却变化很小。定义这时二极管的管压降为 $U_{D(on)}$，称为正向导通压降，在电路分析时近似认为是定值，通常硅管约为 0.7V，锗管约为 0.2V。

2. 反向特性

如图 5.1.5 所示，伏安特性曲线的第②段称为反向特性。这时二极管加反向电压，反向电流很小，且随反向电压的增大基本上不变，故称为反向饱和电流，并称特性曲线的这一区域为反向截止区。

可见，PN 结具有单向导电性。正向偏置时导通，反向偏置时截止。

3. 反向击穿特性

当反向电压增大到一定值时，反向电流会急剧增加，这种现象为反向击穿，对应于图 5.1.5 所示曲线的第③段。发生击穿所需的电压 U_{BR} 称为反向击穿电压。发生击穿时，二极管的反向电流随外电路改变，而反向电压却几乎维持在击穿电压附近，具有稳定电压的作用。稳压管正是利用了二极管的反向击穿特性。反向击穿属于电击穿，电击穿过程在 PN 结被破坏之前是可逆的，即当反向电压降低到低于击穿电压时，PN 结能恢复到击穿前的状态。

另外，当反向电流过大时，消耗在 PN 结上的功率较大，引起 PN 结温度上升，直到过热而造成破坏性的击穿，称为热击穿。显然，热击穿是不可逆的，因此要限制 PN 结的功率，所以工作在反向击穿区的二极管必须串联限流电阻加以保护，以便尽可能地避免热击穿。

4．PN 结（二极管）伏安特性的数学表达式

根据半导体理论分析，PN 结的伏安特性方程近似为

$$i = I_\text{S}\left(\text{e}^{\frac{u}{U_\text{T}}} - 1\right) \tag{5.1.1}$$

式中，u 为 PN 结的外加电压；i 为流过 PN 结的电流；I_S 是反向饱和电流；U_T 是温度的电压当量，$U_\text{T} = \dfrac{kT}{q}$，$q$ 为电子电荷量，k 是玻耳兹曼常数，T 是热力学温度；常温下，即 $T = 300\text{K}$ 时，$U_\text{T} = 26\text{mV}$。

当 PN 结外加正向电压，且 $u \gg U_\text{T}$ 时，$\text{e}^{\frac{u}{U_\text{T}}} \gg 1$，则 $i \approx I_\text{S}\text{e}^{\frac{u}{U_\text{T}}}$，即正向电流随正向电压的增大按照自然指数规律迅速增大，对应图 5.1.5 所示曲线的第①段。当 PN 结外加反向电压，且 $|u| \gg U_\text{T}$ 时，$\text{e}^{\frac{u}{U_\text{T}}} \ll 1$，则 $i \approx -I_\text{S}$，即 PN 结反偏时只流过很小的反向饱和电流，几乎与反向电压的大小无关，对应图 5.1.5 所示曲线的第②段。

5.1.3　二极管的主要参数

1．最大整流电流 I_F

I_F 是二极管长期运行时允许通过的最大正向平均电流，其值与 PN 结面积及外部散热条件等有关。在规定散热条件下，二极管正向平均电流若超过此值，则将因为 PN 结温度上升过高而烧毁。

2．最高反向工作电压 U_R

U_R 是二极管工作时允许外加的最大反向电压。反向电压超过此值时，二极管有可能因为反向击穿而被烧毁。一般手册上给出的最高反向工作电压约为击穿电压的一半，以确保二极管安全运行。

3．反向电流 I_R

I_R 是指二极管未被击穿时的反向电流值。它越小，说明二极管的单向导电性越好。通常手册中给出的 I_R 是 U_R 下的反向电流值。I_R 对温度敏感，使用时应注意温度的影响。

4．最高工作频率 f_M

f_M 是二极管工作的上限频率，即二极管的单向导电性能开始明显退化时的信号频率。当信号频率超过 f_M 时，由于结电容效应，二极管将失去单向导电性。

应该指出，由于制造工艺的原因，参数存在一定的分散性，即使同一型号的二极管的参数也会有很大差距，所以手册中常给出某个参数的范围。此外，使用时应该注意手册中每个参数的测试条件，当使用条件与测试条件不同时，参数也会不同。

表 5.1.1 和表 5.1.2 给出了部分国产二极管的参数。

表 5.1.1　点接触型锗管（作检波和小电流整流用）参数

参数 型号	最大整流电流/mA	最高反向工作电压/V	反向电流/μA	正向电流（正向电压为1V）/mA	最高工作频率/MHz	极间电容/pF
2AP1	16	20	≤250	≥2.5	150	≤1
2AP2	16	30	≤250	≥1.0	150	≤1
2AP3	25	30	≤250	≥7.5	150	≤1
2AP4	16	50	≤250	≥5.0	150	≤1
2AP5	16	75	≤250	≥2.5	150	≤1
2AP7	12	100	≤250	≥5.0	150	≤1

表 5.1.2　面接触型硅管（作整流用）参数

参数 型号	最大整流电流 /mA	最高反向工作电压/V	反向电流/μA	最大整流电流时的正 向压降/V	最高工作 频率/kHz
2CP21A	300	50	≤250	≤1V	3
2CP21	300	100	≤250	≤1V	3
2CP22	300	200	≤250	≤1V	3
2CP24	300	400	≤250	≤1V	3
2CZ11A	1000	100	≤600	≤1V	3
2CZ11B	1000	200	≤600	≤1V	3
2CZ11C	1000	300	≤600	≤1V	3

5.2　二极管电路的分析方法

在电子技术中，二极管电路得到了广泛应用。本节介绍二极管的模型，并讨论含二极管电路的分析方法。在下一节将介绍二极管的实际应用电路。

5.2.1　二极管的模型

1. 二极管的数学模型

通常将式（5.1.1）所示的指数特性称为二极管的理想数学模型，因为它是在理想条件下导出的数学表达式。

2. 伏安特性曲线

伏安特性曲线是二极管的曲线模型。伏安特性曲线可以根据数学表达式直接描绘得到，而实际上一般是通过实测得到的。

3. 简化电路模型

由于二极管的非线性主要表现在单向导电性上，而导通后伏安特性的非线性则是第二位的，所以为了简化分析计算，二极管的伏安特性可以合理地用直线段逼近，即用某些线性电路来等效实际的二极管，这种电路称为二极管的等效电路，即等效模型。

（1）理想二极管模型

如果忽略二极管的死区电压、正向导通电压和反向电流，则实际二极管的伏安特性曲线可以用如图 5.2.1(a)所示的折线代替，图中虚线表示实际二极管的伏安特性。由图可见，当外加正向电压时，二极管导通，正向压降为0V，而当外加反向电压时，二极管截止，认为它的电阻为无穷大，反向电流为0。即二极管等效为一个开关，如图 5.2.1(b)所示。在实际电路中，当电源电压远比二极管的管压降大时，利用此理想二极管模型来分析是可行的。

（2）恒压降模型

二极管恒压降模型是指二极管正向导通后，其管压降不随电流变化，认为是恒定值（硅管取0.7V，锗管取 0.3V），并且二极管的反向电流为零。其伏安特性如图 5.2.2(a)所示，图 5.2.2(b)所示为其等效电路模型，即理想二极管串联电压源$U_{D(on)}$。与前一种等效电路相比，此种模型误差要小得多，近似分析中多采用该模型。

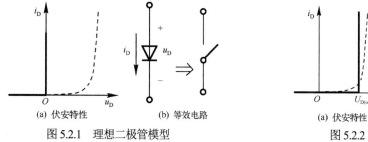

图 5.2.1　理想二极管模型　　　　　图 5.2.2　恒压降模型

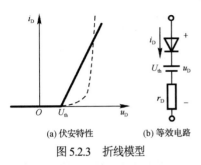

(a) 伏安特性　　(b) 等效电路

图 5.2.3　折线模型

（3）折线模型

折线模型的伏安特性如图 5.2.3(a)所示，当二极管正向电压大于开启电压 U_{th} 后，其电流与电压成线性关系，直线斜率为 $1/r_D$；当二极管两端电压小于开启电压时，二极管截止，电流为零。等效电路是理想二极管串联电压源 U_{th} 和电阻 r_D。且

$$r_D = \Delta U / \Delta I$$

二极管的 3 种简化模型被用来计算二极管上加特定范围内电压或电流时的响应。

4. 交流小信号等效模型

在图 5.2.4(a)所示电路中，直流电压和低频小信号共同作用，在直流作用下，二极管已经处于导通状态，要分析的是二极管两端电压在某一固定直流附近有微小变化时所引起的二极管中电流的相应变化量，如图 5.2.4(b)所示，该固定电压称为静态工作点，用 Q 表示。从图中可以看出，Q 点附近较小的电压变化与电流变化之间的关系，可以用 Q 点的切线斜率来描述，二极管可以等效为一个动态电阻 $r_d = \Delta u_D / \Delta i_D$。

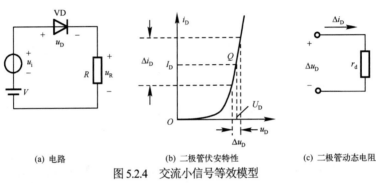

(a) 电路　　　　　　　(b) 二极管伏安特性　　　　　(c) 二极管动态电阻

图 5.2.4　交流小信号等效模型

由二极管的伏安特性表达式式（5.1.1）可得

$$\frac{1}{r_d} = \frac{\Delta i_D}{\Delta u_D} \approx \frac{\mathrm{d}i_D}{\mathrm{d}u_D} = \frac{\mathrm{d}\left[I_s\left(\mathrm{e}^{\frac{u_D}{U_T}}-1\right)\right]}{\mathrm{d}u_D} = \frac{I_s}{U_T}\mathrm{e}^{\frac{u_D}{U_T}} \approx \frac{I_D}{U_T}, \text{在}Q\text{点上}$$

即

$$r_d \approx \frac{U_T}{I_D} \tag{5.2.1}$$

由此可见，二极管在静态工作点 Q 附近的电路模型为一个电阻，如图5.2.4(c)所示。其中

$$r_d \approx \frac{U_T}{I_D} = \frac{26(\mathrm{mV})}{I_D(\mathrm{mA})} \quad (\text{室温下，} T = 300\mathrm{K} \text{ 时}) \tag{5.2.2}$$

交流小信号等效模型被用来计算叠加在静态工作点上微小增量电压或电流的响应。

5.2.2　二极管电路的分析方法

模型不同，采用的分析方法也不同。例如对图 5.2.5 所示简单二极管电路，已知电源 V_{DD} 和电阻 R，求二极管端电压 u_D 和流过二极管的电流 i_D。

1. 数值解法

电路左边电源 V_{DD} 和电阻 R 串联的部分可以列写出下列线性方程

$$u_D = V_{DD} - i_D R \tag{5.2.3}$$

二极管由下列非线性伏安特性方程表示

$$i_D = I_S\left(\mathrm{e}^{u_D/U_T}-1\right) \tag{5.2.4}$$

通过联立求解式（5.2.3）和式（5.2.4），便可求得所需要的 u_D 和 i_D。采用的求解方法是在计算机上用迭代法进行的数值求解。

2. 图解分析法

线性方程式（5.2.3）对应的是一条直线，称为负载线，如图 5.2.6 所示图解分析法，其与二极管伏安特性曲线的交点 Q 的坐标值（U_D, I_D）便是所需求的解。Q 点称为电路的工作点。

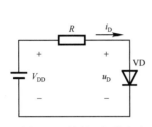

图 5.2.5 简单二极管电路

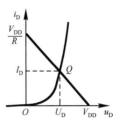

图 5.2.6 图解分析法

用图解法求解二极管电路比较简单直观，但前提条件是已知二极管的伏安特性，而在二极管的实际应用电路中，这个要求往往是不现实的。所以，图解法并不实用，但对理解电路的工作原理和相关重要概念却很有帮助。

3. 简化模型分析法

对图 5.2.5 所示电路，采用不同的简化模型，得到不同的电路如图 5.2.7 所示。

（1）使用理想模型时，用短路线代替导通的二极管，得到图 5.2.7(a)，有

$$U_D = 0V, \ I_D = V_{DD}/R$$

（2）使用恒压降模型时，用恒压降模型等效电路代替二极管，得到图 5.2.7(b)，有

$$U_D = 0.7V, \ I_D = \frac{V_{DD} - U_{D(on)}}{R}$$

（3）使用折线模型分析时，用折线模型等效电路代替二极管，得到图 5.2.7(c)，有

$$I_D = \frac{V_{DD} - U_{th}}{R + r_D}, U_D = U_{th} + I_D r_D$$

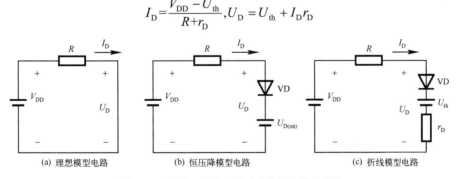

图 5.2.7 简单二极管电路对应的简化模型电路

【例 5.2.1】 电路如图 5.2.8(a)所示，$R = 1k\Omega$，$U_{REF} = 3V$ 为直流参考电压源。当 $u_i = 6\sin\omega t(V)$ 时，试分别用理想模型和恒压降模型分析该电路，画出相应的输出电压 u_o 的波形。

解：（1）理想模型

当 $u_i \leqslant U_{REF}$ 时，二极管截止，$u_o = u_i$；当 $u_i > U_{REF}$ 时，二极管导通 $u_o = U_{REF} = 3(V)$，波形如图 5.2.8(c)所示。

（2）恒压降模型

电路如图 5.2.8(b)所示。当 $u_i \leqslant (U_{REF} + U_{D(on)})$ 时，二极管截止，$u_o = u_i$；当 $u_i > U_{REF} + U_{D(on)}$ 时，二极管导通，$u_o = U_{REF} + U_{D(on)} = 3V + 0.7V = 3.7(V)$，波形如图 5.2.8(d)所示。

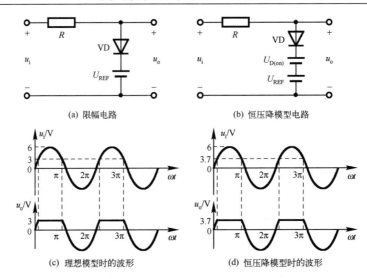

图 5.2.8　例 5.2.1 电路

该例题中的电路称为限幅电路，在电子电路中，常用限幅电路对各种信号进行处理。它是用来让信号在预置的电平范围内，有选择地传输信号波形的一部分。常用于：

① 整形，削去输出波形的顶部或底部；

② 波形变换，如将输出波形的正脉冲消去，只留下其中的负脉冲；

③ 过压保护，当强的输出信号或干扰有可能损坏某个部件时，可在这个部件前接入限幅电路。

在图 5.2.8(a)的单向限幅电路中反向并联一路就构成了双向限幅电路，如图 5.2.9(a)所示。用理想二极管模型分析可得该电路的传输特性如图 5.2.9(b)所示。由图可见，双向限幅电路限制了输出信号的正负幅度。

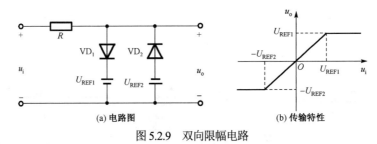

图 5.2.9　双向限幅电路

5.3　二极管的应用及直流稳压电源

利用二极管的单向导电性和反向击穿特性，可以构成整流、稳压等各种功能电路。整流与稳压也是电源设备的组成电路。

5.3.1　直流稳压电源的组成

在电子电路及设备中，一般都需要稳定的直流电源供电，而交流电便于输送和分配，所以许多场合和设备中需要的直流电，都通过直流稳压电源将交流电变成稳定的直流电。

直流稳压电源一般由 4 个部分组成，如图 5.3.1 所示。

电源变压器是将电网电压（220V 或 380V、50Hz）变换为整流电路所需要的交流电压。整流电路是将变压器的次级交流电转换为单向脉动的直流电。滤波电路是将整流后的纹波滤除，将脉动的直流电变换为平滑的直流电。经整流滤波后的直流电仍不稳定，随电网电压的波动或负载的变化而变化，所以必须加稳压电路来克服这种变化，以便得到一个纹波小、不随电网电压和负载变化的稳定的直流电源。

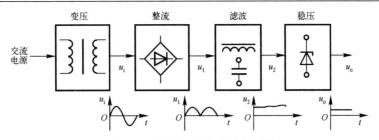

图 5.3.1　直流稳压电源的基本框图

对直流稳压电源的要求是：输出电压稳定，纹波小，抗干扰性能好，带载能力强。

5.3.2　小功率整流滤波电路

1. 半波整流电路

利用二极管的单向导电性将交流电转换为直流电的电路，称为整流电路。在整流电路中，由于电源电压远大于二极管的正向压降，因此用理想二极管模型来分析电路。

（1）电路及工作原理

图 5.3.2(a)所示为最简单的整流电路，称为半波整流电路。设输入电压 $u_i = \sqrt{2}U\sin\omega t$ (V)，当 $u_i > 0$ 时，二极管正向导通，$u_o = \sqrt{2}U\sin\omega t$ (V)；当 $u_i < 0$ 时，二极管反向截止，$u_o = 0$。因此，输入、输出电压波形如图 5.3.2(b)所示。

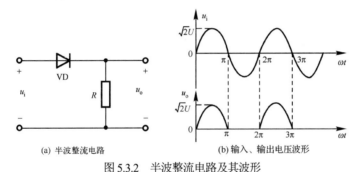

(a) 半波整流电路　　　　　　　(b) 输入、输出电压波形

图 5.3.2　半波整流电路及其波形

（2）输出电压及输出电流的平均值

由于只在交流电的半个周期内有输出波形，故称为半波整流电路。半波整流电路输出电压的平均值 $U_{O(AV)}$ 为

$$U_{O(AV)} = \frac{1}{2\pi}\int_0^\pi u_o \, d(\omega t) = \frac{1}{2\pi}\int_0^\pi u_i \, d(\omega t) = 0.45U \qquad (5.3.1)$$

式中，U 为输入电压 u_i 的有效值。

输出电流的平均值，即负载上的电流平均值为

$$I_{O(AV)} = \frac{U_{O(AV)}}{R_L} = 0.45\frac{U}{R_L} \qquad (5.3.2)$$

（3）二极管的选择

在整流电路中，应根据极限参数最大整流平均电流 I_F 和最高反向工作电压 U_R 来选择二极管。通过二极管的平均电流 $I_{D(AV)}$ 与负载电阻中的平均电流 $I_{O(AV)}$ 相同，故

$$I_{D(AV)} = I_{O(AV)} = \frac{U_{O(AV)}}{R_L} = 0.45\frac{U}{R_L} \qquad (5.3.3)$$

二极管截止时所承受的最高反向电压 $U_{D(RM)}$ 就是 u_i 的最大值，即

$$U_{D(RM)} = \sqrt{2}U \tag{5.3.4}$$

　　虽然半波整流电路结构简单，所用元件少，但输出电压平均值低，且波形脉动大，变压器有半个周期电流为零，利用率低。所以只适用于输出电流较小且允许交流分量较大的场合。

2．单相桥式整流电路

　　为了提高变压器的利用率，减小输出电压的脉动，在小功率电源中，应用最多的是单相桥式整流电路。

　　（1）电路及工作原理

　　单相桥式整流电路如图 5.3.3(a)所示。4 个二极管 $VD_1 \sim VD_4$ 接成电桥形式，组成整流电路，称为桥堆，因为组成桥堆的二极管一般为硅管，所以又称"硅堆"。设交流电压 $u = U_m \sin\omega t = \sqrt{2}U\sin\omega t$ (V)，当交流电源电压 $u > 0$ 时，二极管 VD_1、VD_3 导通，VD_2、VD_4 截止，$u_o = u$。而当 $u < 0$ 时，二极管 VD_2、VD_4 导通，VD_1、VD_3 截止，$u_o = -u$。这样无论在交流电源电压 u 的正半周还是负半周，负载 R_L 两端的输出电压 u_o 始终是上正下负，保持方向不变；所以 R_L 中的输出电流 i_o 始终是由 a 流向 b。对应于交流电源电压 u 的波形可以画出 u_o 和 i_o 的波形如图 5.3.3(b)所示。

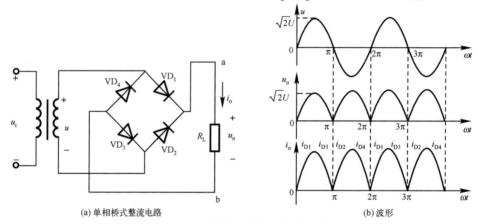

(a) 单相桥式整流电路　　　　　　　　(b) 波形

图 5.3.3　单相桥式整流电路及其波形

　　（2）电路的主要性能指标

　　桥式全波整流输出电压 u_o 的平均值 $U_{O(AV)}$ 为

$$U_{O(AV)} = \frac{1}{\pi}\int_0^\pi U_m \sin\omega t \, \mathrm{d}(\omega t) = \frac{2\sqrt{2}}{\pi}U \approx 0.9U \tag{5.3.5}$$

　　式中，U 为交流电源电压 u 的有效值。负载电阻 R_L 中流过的电流 i_o 的平均值 $I_{o(AV)}$ 为

$$I_{O(AV)} = \frac{U_{O(AV)}}{R_L} \approx 0.9\frac{U}{R_L} \tag{5.3.6}$$

　　（3）二极管的选择

　　在单相桥式整流电路中，因为每只二极管只在输入电压的半个周期内导通，流过每个二极管的平均电流 $I_{D(AV)}$ 均为 $I_{O(AV)}$ 的一半，即

$$I_{D(AV)} = \frac{I_{O(AV)}}{2} \approx \frac{0.45U}{R_L} \tag{5.3.7}$$

　　每个二极管在截止时所承受的最大反向电压就是交流电源电压 u 的峰值，记为

$$U_{D(RM)} = \sqrt{2}U \tag{5.3.8}$$

　　考虑到电网电压的波动范围为 $\pm 10\%$，在实际选用二极管时，应考虑一定的余量，一般至少为 10%，即

$$I_\text{F} > 1.1\frac{I_\text{o(AV)}}{2}, \quad U_\text{DR} > 1.1\sqrt{2}U$$

3．电容滤波电路

整流电路虽然将交流电压变为直流电压，但输出电压含有较大的交流分量，利用电容和电感对直流分量和交流分量呈现不同电抗的特点，可滤除整流电路输出电压中的交流成分，保留直流成分，使其波形变得平滑，接近理想的直流电压。

电容滤波电路是最常见、最简单的滤波电路，在整流电路的输出端并联一个电容即构成桥式整流电容滤波电路，如图 5.3.4(a)所示。滤波电容容量较大，一般为电解电容，在接线时注意电容的正、负极。

（1）工作原理及波形

当变压器次级电压 u 处于正半周且数值大于电容两端的电压时，二极管 VD$_1$、VD$_3$ 导通，电流一路流经 R_L，另一路对电容 C 充电，此时 $u_\text{o} = u_\text{C} = u$。当 u 上升到峰值后开始下降，电容通过 R_L 放电，其电压 u_C 按指数规律也开始下降，当 u 下降到一定数值后，u_C 的下降速度小于 u 的下降速度，使 u_C 大于 u，从而导致 VD$_1$、VD$_3$ 反向偏置而变为截止，此时，4 个二极管全部截止，电容 C 继续通过 R_L 放电，u_C 按指数规律缓慢下降。当 u 的负半周幅值变化到大于 u_C 时，VD$_2$、VD$_4$ 变为导通，u 再次对 C 充电，u_C 上升到 u 的峰值后又开始下降，下降到一定数值时，VD$_2$、VD$_4$ 变为截止，电容 C 对 R_L 放电，u_C 按指数规律缓慢下降，放电到一定数值时，VD$_1$、VD$_3$ 又变为导通。周而复始，充放电的波形如图 5.3.4(b)所示。

从图 5.3.4(b)所示波形可看出，经滤波后的输出电压不仅变得平滑，而且平均值也得到提高。

由以上分析可知，由于二极管的内阻和变压器副边的直流电阻都很小，滤波电路的充电时间常数很小，电路放电时，时间常数为 $\tau = R_\text{L}C$，滤波效果取决于放电时间常数，放电时间常数越大，滤波效果越好。电容越大，负载电阻越大，$\tau = R_\text{L}C$ 越大，滤波后输出电压越平滑，且平均值越大。可见电容滤波电路利用电容的充、放电作用，使输出电压趋于平滑。

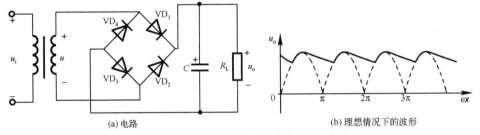

(a) 电路　　　　　　　　　　　　　　　　　　(b) 理想情况下的波形

图 5.3.4　单相桥式整流电容滤波电路及波形

（2）输出电压平均值

由于滤波电路输出电压的波形很难用解析式来描述，因此只能近似估算。将图 5.3.4(b)所示滤波波形近似为锯齿波，则当 $R_\text{L}C = (3\sim5)T/2$ 时（式中，T 为电网电压的周期）可求得输出电压的平均值为

$$U_\text{O(AV)} = (1.1\sim1.4)U$$

具体数值由 $R_\text{L}C$ 的大小决定，一般工程上，取

$$U_\text{O(AV)} \approx 1.2U \tag{5.3.9}$$

综上所述，电容滤波电路简单易行，输出电压平均值高，适用于负载电流较小且变化也较小的场合。其他形式的滤波电路可参阅相关文献。

5.3.3　稳压管稳压电路

虽然整流滤波电路能将正弦交流电压转换成较为平滑的直流电压，但电网电压的波动和负载的变化都将引起输出电压平均值的变化，为了获得稳定性好的直流电压，必须采取稳压措施。

由二极管的伏安特性可知，二极管反向击穿后的特性曲线非常陡直。也就是说，通过的反向电流有很大变化时，其两端电压却变化很小，几乎是恒定的，此时二极管有"稳压"作用。利用这一特性可以构成稳压二极管，简称稳压管，也称齐纳二极管。所以稳压管实质上就是一个工作在反向击穿区的二极管，其特性及电路符号如图 5.3.5(a)、(b)所示。

当稳压管反向偏置时，如外加反向电压大于 U_Z，则稳压管反向击穿，处于稳压状态，压降为 U_Z，可用如图 5.3.5(c)所示的大信号恒压源模型表示。当外加反向电压小于 U_Z 时，稳压管处于反向截止状态，反向电流 $I_R = 0$。

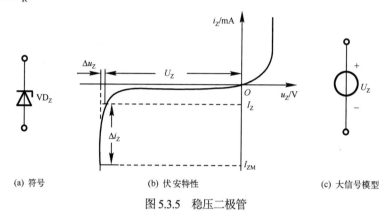

(a) 符号   (b) 伏安特性   (c) 大信号模型

图 5.3.5   稳压二极管

稳压管用 2CW、2DW 命名。表 5.3.1 列出了几种典型稳压管的主要参数。

表 5.3.1   几种典型稳压管的主要参数

型　号	稳定电压 U_Z/V	稳定电流 I_Z/mA	动态电阻 r_Z/Ω	温度系数 （%/℃）	耗散功率 P_M/W	最大稳定电流 I_{ZM}/mA
2CW11	3.2～4.5	10	<70	−0.05～+0.04	0.25	55
2CW15	7.0～8.5	5	≤10	+0.01～+0.08	0.25	29
2DW7A	5.8～6.6	10	≤25	+0.05	0.20	30

稳压管在直流稳压电源中获得广泛地应用。图 5.3.6 所示为常用的二极管稳压工作电路，U_I 为待稳定的直流电压，负载 R_L 与稳压管并联，因而称为并联式稳压电路。R 为限流电阻，它的作用是使电路有一个合适的工作状态，并限定电路的工作电流。同时 R 也是调整电阻，它与稳压管配合起稳压作用。当 U_I 或 R_L 变化时，电路能自动调整 I_Z 的大小，改变 R 上的压降 $I_R R$，以达到维持输出电压 U_O 基本恒定的目的。例如，当 U_I 恒定而 R_L 减小时，将产生如图 5.3.7 所示的自动调整过程。

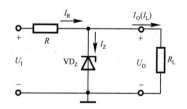

图 5.3.6   简单的二极管稳压电路

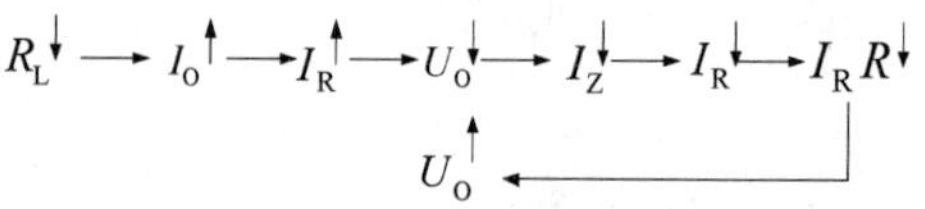

$$R_L\!\downarrow\ \longrightarrow\ I_O\!\uparrow\ \longrightarrow\ I_R\!\uparrow\ \longrightarrow\ U_O\!\downarrow\ \longrightarrow\ I_Z\!\downarrow\ \longrightarrow\ I_R\!\downarrow\ \longrightarrow\ I_R R\!\downarrow$$
$$U_O\!\uparrow$$

图 5.3.7   自动调整过程

【例 5.3.1】   硅稳压管电路如图 5.3.6 所示。其中待稳定的直流电压 $U_I = 18V$，$R = 1k\Omega$，$R_L = 2k\Omega$，硅稳压管 VD_Z 的稳定电压 $U_Z = 10V$，动态电阻及未被击穿时的反向电流均可忽略。试求：（1）U_O、I_O、I_R 和 I_Z 的值。

（2）R_L 值降低到多大时，电路的输出电压将不再稳定。

解：（1）
$$U_I \times \frac{R_L}{R + R_L} = 18 \times \frac{2}{1+2} = 12(V) > U_Z$$

VD_Z 被反向击穿，使输出电压稳定，故
$$U_O = U_Z = 10(V)$$

$$I_O = \frac{U_O}{R_L} = \frac{10}{2} = 5(\text{mA})$$

$$I_R = \frac{U_I - U_O}{R} = \frac{18-10}{1} = 8(\text{mA})$$

$$I_Z = I_R - I_O = 8 - 5 = 3(\text{mA})$$

（2）当 $U_I \times \dfrac{R_L}{R + R_L} < U_Z$ 时，VD_Z 不能被击穿，电路不能稳压。代入 U_I、R 及 U_Z 可求得电路不再稳压时的 R_L，即

$$18 \times \frac{R_L}{1 + R_L} < 10$$

$$R_L < 1.25(\text{k}\Omega)$$

5.3.4　三端集成稳压器

随着半导体集成技术的发展，出现了集成稳压器。单片集成稳压电路因其性能稳定、体积小、使用灵活、价格低廉而得到广泛的应用。

1. 固定输出的三端集成稳压器

单片集成稳压器的种类很多。按输出电压是否可调，有固定式和可调式；按引脚分，有多端式和三端式，目前使用的大多是三端集成稳压器。

三端集成稳压器有 3 个引脚，即输入端、输出端和公共端。其常用的有以下 4 个系列：固定输出正电压的 78×× 系列、固定输出负电压的 79×× 系列、正电压可调的 117 系列及负电压可调的 137 系列。

其中，78×× 和 79×× 系列中的"××"是两个数字，表示输出的固定电压值，一般有 5V、6V、9V、12V、15V、18V、24V 等几种，每一种系列的稳压器输出电流以后面的尾缀字母区分，其中 L 表示 100mA（78L××），M 表示 500mA（78M××），无尾缀字母表示 1.5A（78××）等。如 CW78M05 表示输出正电压 5V、输出电流 500mA。78×× 系列外形及电路符号如图 5.3.8 所示。

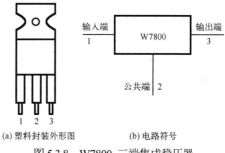

(a) 塑料封装外形图　　　(b) 电路符号

图 5.3.8　W7800 三端集成稳压器

2. 固定输出三端集成稳压器的应用

三端集成稳压器的使用十分方便。应用时，只要从产品手册中查到相关资料，再配上适当的散热片，就可以按需要接成稳压电路。

（1）基本应用电路

基本应用电路如图 5.3.9 所示。

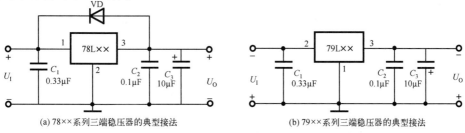

(a) 78×× 系列三端稳压器的典型接法　　　　　　(b) 79×× 系列三端稳压器的典型接法

图 5.3.9　三端集成稳压器的基本应用电路

78×× 系列的接线方式如图 5.3.9(a) 所示。电路中接入 C_1、C_2 用来实现频率补偿，防止稳压器产生高频自激振荡和抑制电路引入的高频干扰，C_3 是电解电容，以减小稳压电源输出端由输入电源引入

的低频干扰，VD 是保护二极管。

　　当所设计的稳压电源输出电压为负值时，可以选用负电压输出的集成稳压器 79×× 系列，接线方式如图 5.3.9(b)所示。使用时要特别注意，78×× 系列和 79×× 系列的引脚接法不同，如果连接不正确，极易损坏稳压器芯片。

　　（2）具有正、负两路输出的稳压电路

　　当需要同时输出正、负两路电压时，可用 78×× 系列和 79×× 系列两个集成稳压器接成如图 5.3.10 所示的电路。

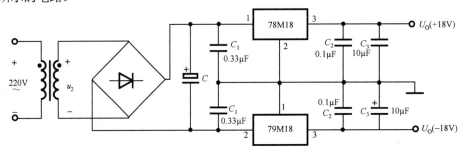

图 5.3.10　具有正、负输出电压的稳压电路

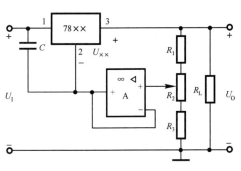

图 5.3.11　输出电压可调的稳压电路

　　（3）输出电压可调的稳压电路

　　78×× 系列和 79×× 系列是固定输出的，可以通过外接电路来使输出电压可调。图 5.3.11 所示为由 78×× 构成的输出电压可调的稳压电路。该稳压电路的电压调节范围为

$$U_{\text{Omax}} = \frac{R_1 + R_2 + R_3}{R_1} \cdot U_{\times\times} \qquad (5.3.10)$$

$$U_{\text{Omin}} = \frac{R_1 + R_2 + R_3}{R_1 + R_2} \cdot U_{\times\times} \qquad (5.3.11)$$

式中，$U_{\times\times}$ 为 2、3 两端固定的输出电压值。

　　其他的输出电压和输出电流扩展等应用电路请参阅相关文献。

3. 可调式三端集成稳压器

　　国产可调式正输出三端集成稳压器系列有 CW117（军用）、CW217（工业用）、CW317（民用）；负输出集成稳压器系列有 CW137（军用）、CW237（工业用）、CW337（民用）等。

　　W117 系列的输出端与调整端之间的电压为 1.2～1.3V 中的某一个值，在一般分析计算时可取典型值 1.25V，称为基准电压。输入端和输出端电压之差为 3～40V。与 W7800 系列产品相同，W117、W117M、W117L 的最大输出电流分别为 1.5A、500mA 和 100mA。W117、W217 和 W317 具有相同的引出端、相同的基准电压，它们的外形与符号如图 5.3.12 所示。

　　这类稳压器是依靠外接电阻来调节输出电压的，为保证输出电压的精度和稳定性，要选择精度高的电阻，同时电阻要紧靠稳压器，防止输出电流在连线电阻上产生误差电压。

　　图 5.3.13 所示为输出电压可调的正电源，由于调整端的电流非常小，可忽略不计，故输出电压为

$$U_{\text{O}} = \left(1 + \frac{R_2}{R_1}\right) \times 1.25\text{V} \qquad (5.3.12)$$

　　图 5.3.14 所示为由可调式三端集成稳压器 LM117 和 LM137 组成的输出正、负电压可调的典型应用电路。电路中的 $U_{\text{REF}} = U_{31}$（或 U_{21}）=1.2V，$R_1 = R_1' = (120\sim240)\Omega$，$R_2$ 和 R_2' 的大小根据输出电压调节范围确定。该电路输入电压为 ±25V，输出电压可调范围为 ±(1.2～20)V。

　　可调式三端集成稳压器的应用形式是多种多样的，只要能维持输出端与调整端之间的电压恒定及

调整端可控的特点，就可以设计出各种应用电路。

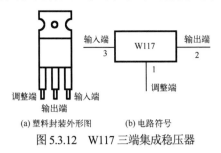

(a) 塑料封装外形图　(b) 电路符号

图 5.3.12　W117 三端集成稳压器

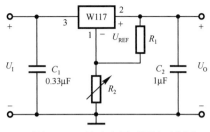

图 5.3.13　输出电压可调的正电源

由于集成稳压器的稳定性高且内部电路有完善的保持措施，又具有使用方便、可靠、价格低廉等优点，因此得到广泛的应用。目前，这种器件发展迅速，种类很多，使用时可查阅相关的资料。

【例 5.3.2】 电路如图 5.3.15 所示，集成稳压器 7824 的 2、3 端电压 $U_{23}=U_{REF}=24V$，求输出电压 U_O 和输出电流 I_O 的表达式，说明该电路具有何种作用。

解： 根据运放"虚短"和"虚断"的特点有

$$u_+ = \frac{R_2}{R_1+R_2}U_O = u_- = V_3$$

而

$$U_{23} = U_O - V_3$$

所以

$$U_O = \left(1+\frac{R_2}{R_1}\right)\cdot U_{23}$$

$$I_O = \frac{U_O}{R_1+R_2} = \frac{U_{23}}{R_1}$$

由此可见，当 R_1 固定，R_2 可调时，输出电压 U_O 可调，而输出电流 I_O 恒定。

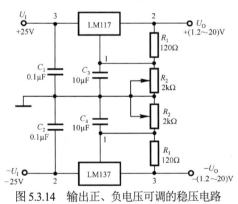

图 5.3.14　输出正、负电压可调的稳压电路

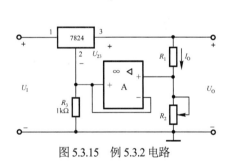

图 5.3.15　例 5.3.2 电路

5.4　半导体器件型号命名及方法（国家标准 GB249—2017）

1. 半导体器件的型号命名

半导体器件的型号命名由 5 部分组成，如图 5.4.1 所示。半导体分立器件的型号一般由第 1 部分到第 5 部分组成，也可以由第 3 部分到第 5 部分组成。

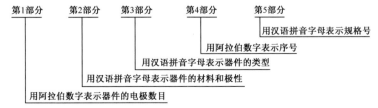

图 5.4.1　半导体器件的型号命名

2. 型号组成部分的符号及其意义

由第 1 部分到第 5 部分组成的器件型号的符号及其意义见表 5.4.1。由第 3 部分到第 5 部分组成器件型号的符号及其意义见表 5.4.2。

表 5.4.1　由第 1 部分到第 5 部分组成器件型号的符号及其意义

第 1 部分		第 2 部分		第 3 部分		第 4 部分	第 5 部分
用阿拉伯数字表示器件的电极数目		用汉语拼音字母表示器件的材料和极性		用汉语拼音字母表示器件的类型		用阿拉伯数字表示登记顺序号器件序号	用汉语拼音字母表示规格号
符号	意义	符号	意义	符号	意义		
2	二极管	A	N 型，锗材料	P	小信号管		
		B	P 型，锗材料	H	混频管		
		C	N 型，硅材料	V	检波管		
		D	P 型，硅材料	W	电压调整管和电压基准管		
		E	化合物或合金材料	C	变容管		
				Z	整流管		
3	三极管	A	PNP 型，锗材料	L	整流堆		
		B	NPN 型，锗材料	S	隧道管		
		C	PNP 型，硅材料	K	开关管		
		D	NPN 型，硅材料	N	噪声管		
		E	化合物或合金材料	F	限幅管		
				X	低频小功率三极管（$f_\alpha < 3\text{MHz}, P_C < 1\text{W}$）		
				G	高频小功率三极管（$f_\alpha \geq 3\text{MHz}, P_C < 1\text{W}$）		
				D	低频大功率三极管（$f_\alpha < 3\text{MHz}, P_C \geq 1\text{W}$）		
				A	高频大功率三极管（$f_\alpha \geq 3\text{MHz}, P_C \geq 1\text{W}$）		
				T	闸流管		
				Y	体效应管		
				B	雪崩管		
				J	阶跃恢复管		

表 5.4.2　由第 3 部分到第 5 部分组成器件型号的符号及其意义

第 3 部分		第 4 部分	第 5 部分
用汉语拼音字母表示器件的类型		用阿拉伯数字表示器件登记顺序号	用汉语拼音字母表示规格号
符号	意义		
CS	场效应三极管		
BT	特殊三极管		
FH	复合管		
JL	三极管阵列		
PIN	PIN 二极管		
ZL	二极管阵列		
QL	硅桥式整流器		
SX	双向三极管		
XT	肖特基二极管		
CF	触发二极管		
DH	电流调整二极管		
SY	瞬态抑制二极管		
GS	光电子显示器		
GF	发光二极管		
GR	红外发射二极管		
GJ	激光二极管		
GD	光电二极管		
GT	光电三极管		
GH	光电耦合器		
GK	光电开关管		
GL	成像线阵器件		
GM	成像面阵器件		

5.5　基于 Multisim 仿真的设计与讨论

5.5.1　认识二极管

（1）建立二极管电路

在 Multisim 仿真软件中建立如图 5.5.1 所示的二极管电路。

① 分别将电压 V_1 改为 0.1V、0.3V、0.4V、0.6V、1V、3V、5V、10V，观察电压表与电流表读数的变化。

② 将电压源 V_1 的极性改变，分别加电压 1V、3V、10V、50V、100V，观察电压表与电流表读数的变化。

③ 由①、②可以得到什么结论？

（2）二极管伏安特性的仿真

① 将图 5.5.1 所示电路中的电阻 R_1 去掉，对电路进行直流扫描仿真，设置 V_1 的扫描范围为–60V～5V，扫描增量为 0.01V，得到其伏安特性曲线如图 5.5.2 所示。从图上测量该二极管的死区电压、反向饱和电流和反向击穿电压。在仿真软件中双击二极管，单击模型编辑，找到死区电压、反向饱和电流和反向击穿电压值与相应的测量值进行比较。

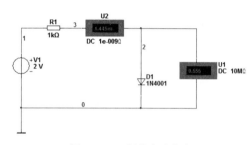

图 5.5.1　二极管电路仿真

② 对电路进行直流扫描仿真，设置 V_1 的扫描范围为 0～2V，扫描增量为 0.01V，当 i_D= 2mA、4mA、6mA、10mA 时，确定二极管电压 U_D。

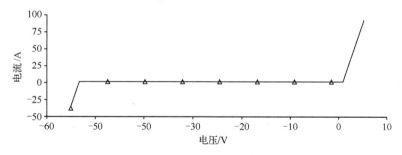

图 5.5.2　二极管伏安特性

（3）二极管直流负载线与静态工作点的仿真

二极管静态工作点仿真电路如图 5.5.3(a)所示，试在二极管伏安特性上作出直流负载线，以确定工作点电压 U_{DQ} 和电流 I_{DQ}。

将电阻 R_1 去掉，采用直流扫描，设置 V_{DD} 的扫描范围为 0～5V，扫描增量为 0.01V，输出量为探针 1 的电流与直线 $\dfrac{5-V(1)}{1000}$，由于电流大小在几个毫安左右，所以扫描后要适当调整坐标范围，将左坐标轴范围调整为 0～6mA，得到如图 5.5.3(b)所示的仿真曲线，可以读出静态工作点的电压 U_{DQ} 和电流 I_{DQ}，与 5.5.3(a)图中测量探针的值进行比较。

（4）有交流输入信号的二极管电路仿真

在图 5.5.3(a)所示电路中再增加一幅值为 1V、频率为 1kHz 的交流信号源，试求二极管电流 i_D。

对电路 5.5.4(a)进行瞬态分析，设置扫描时间为 0～2ms，输出量为探针 1 的电流，得到如图 5.5.4(b)所示波形。

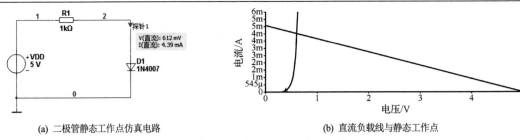

(a) 二极管静态工作点仿真电路　　　　(b) 直流负载线与静态工作点

图 5.5.3　二极管直流负载线与伏安特性

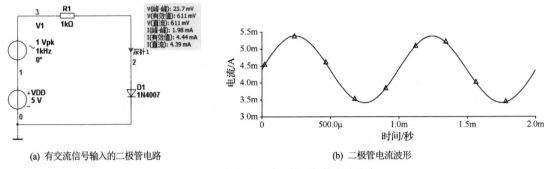

(a) 有交流信号输入的二极管电路　　　　(b) 二极管电流波形

图 5.5.4　有交流信号输入的二极管电路仿真

5.5.2　二极管及稳压管应用电路

（1）二极管限幅电路

建立如图 5.5.5 所示的限幅电路。

① 开关 S_1 与 S_2 都闭合时，观察双向限幅电路的电压输出波形。通过直流扫描，绘出 V_3 在 −25V～25V 范围内变化时的电压传输特性。

② 开关 S_1 断开、S_2 闭合时，观察上限幅电路的电压输出波形，并绘出 V_3 在−25V～25V 范围内变化时的电压传输特性。

③ 开关 S_1 闭合、S_2 断开时，观察下限幅电路的电压输出波形，并绘出 V_3 在−25V～25V 范围内变化时的电压传输特性。

（2）二极管构成的电平选择电路

构建如图 5.5.6 所示的电平选择电路。

① 仿真分析输出端电压及流过电阻 R_1 的电流，说明二极管的工作状态。

② 将图中二极管正负极性方向调换并将 −5V 的 V_{EE} 改为+5V 的 V_{CC}，重复①。

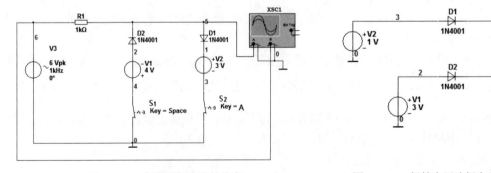

图 5.5.5　二极管限幅电路的仿真　　　　图 5.5.6　二极管电平选择电路的仿真

（3）稳压管稳压电路

构建如图 5.5.7 所示的稳压电路。

① R_L=1kΩ，V_1 在 5～15V 范围内变化时，U_o 的变化范围。

② V_1=10V，R_L 从 50Ω增加到 4kΩ时，U_o 的变化范围。

③ R_L=1kΩ，V_1=10V，R_1 从 100Ω增加到 4kΩ时，U_o 的变化范围。

④ 给出稳压管有稳压作用时，R_1 与 R_L 的取值范围。

（4）稳压管参数测量

使用型号为 1N751A 的齐纳二极管建立如图 5.5.8 所示电路。

① 给出 i_D-u_D 特性曲线。

② 从 i_D-u_D 特性曲线上测量电流增量与电压增量，估算二极管的 r_Z，与模型参数表中给出的值进行比较。

③ 绘出直流负载线，测量在工作点上的 U_Z 和 I_Z。

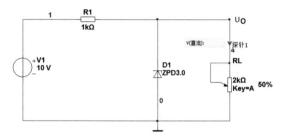

图 5.5.7　二极管并联式稳压电路的仿真

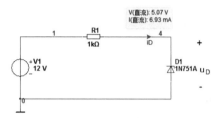

图 5.5.8　稳压二极管特性曲线的仿真

（5）稳压管限幅电路

构建如图 5.5.9 所示的电路。

① 通过直流扫描，绘出 V_1 在 –25V～25V 范围内变化时电路的传输特性。

② 若 V_1 如图中所示信号，观察并记录输出电压 U_o 的波形。

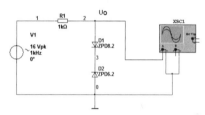

图 5.5.9　稳压管限幅电路的仿真

5.5.3　直流稳压电源

（1）半波整流滤波电路

建立如图 5.5.10 所示的电路。

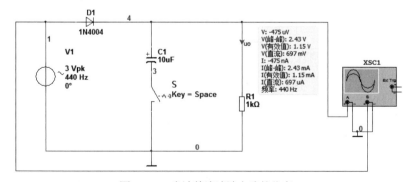

图 5.5.10　半波整流滤波电路的仿真

① 当开关 S 断开时，观察输出波形，指出输入、输出波形的不同之处，给出输出电压波形的幅值和周期。

② 当开关 S 闭合时，波形有什么样的变化？

③ 当 10μF 的电容器换成 33μF 的电容器时，对输出有什么影响？为什么？

④ 说明在①和②两种情况下输入信号电压的有效值与输出直流电压的关系。

（2）半波整流滤波稳压电路

建立如图 5.5.11 所示的电路。

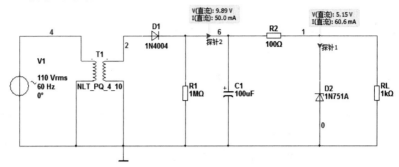

图 5.5.11　半波整流滤波稳压电路的仿真

① 观察输入电压、滤波电压和稳压管输出电压的波形图。

② 估计和给出稳压二极管的最大和最小电流。（通过测量稳压二极管两端电压的最大和最小值获得，齐纳二极管电流等于通过 100Ω 电阻电流减去 1kΩ 负载电阻的电流。）

③ 分别用 22Ω 和 1kΩ 电阻取代 100Ω 串联电阻，观察输出波形，重复①，解释 22Ω 和 1kΩ 电阻时输出不同的原因。

（3）全波整流滤波稳压电路

建立如图 5.5.12 所示电路。

① 开关 S 断开，观察节点 6 的波形，解释形成波形的原因，并结合产生的信号描述二极管工作原理。

② 开关 S 闭合，观察节点 6 的波形，解释连接电容的目的并测量纹波电压 V_{pp}。

③ 测量负载 R_L 的波形及其纹波电压，与②测量的纹波电压比较，说明稳压管的作用。

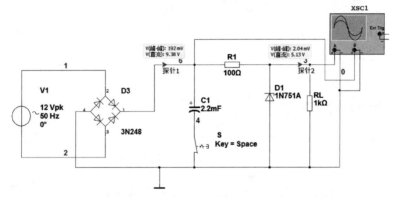

图 5.5.12　全波整流滤波稳压电路的仿真

5.5.4　设计仿真

1．设计一个基于二极管的指示灯变换电路，要求输入信号为占空比 50%、直流偏置为零的方波，使得两个指示灯按照 20Hz 的频率等时间交替变换。

2．设计一个基于二极管的双向限幅电路，输入为正弦电压，有效值 50V，频率 50Hz，要求：正向限幅为 5～15V 连续可调，反向限幅为 −12～−6V 连续可调。

3．采用集成稳压芯片 LM7808 设计一个输出电压扩展电路，使其输出直流电压在 8～12V 间可调。

4．采用集成稳压芯片 LM317 设计一个输出电压可调的稳压电路，使其输出直流电压在 1.25～7V 间可调。

5．设计一个稳压电源，U_I=25V、U_O=5～20V、I_{max}=1A、R_L=20Ω。

习　题　5

5.1　电路如图 5.1 所示，$R = 1\text{k}\Omega$，测得 $U_D = 5\text{V}$，试问二极管 VD 是否良好（设外电路无虚焊）？

5.2　电路如图 5.2 所示，二极管导通电压 $U_{D(on)}$ 约为 0.7V，试分别估算开关断开和闭合时输出电压 U_o 的数值。

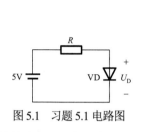　　　　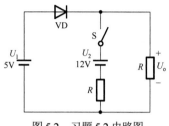

图 5.1　习题 5.1 电路图　　　　　图 5.2　习题 5.2 电路图

5.3　分析判断图 5.3 所示各电路中二极管是导通还是截止，并计算电压 U_{ab}，设图中的二极管都是理想的。

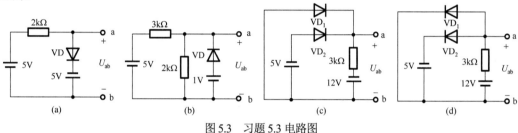

图 5.3　习题 5.3 电路图

5.4　一个无标记的二极管，分别用 a 和 b 表示其两只引脚，利用模拟万用表测量其电阻。当红表笔接 a，黑表笔接 b 时，测得电阻值为 500Ω。当红表笔接 b，黑表笔接 a 时，测得电阻值为 $100\text{k}\Omega$。问哪一端是二极管阳极？

5.5　二极管电路如图 5.4(a)所示，设输入电压 $u_i(t)$ 波形如图 5.4(b)所示，在 $0 < t < 5\text{ms}$ 的时间间隔内，试绘出输出电压 $u_o(t)$ 的波形，设二极管是理想的。

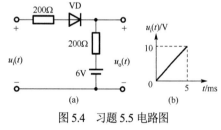

图 5.4　习题 5.5 电路图

5.6　在图 5.5 所示的电路中，设二极管为理想的，已知 $u_i = 30\sin\omega t(\text{V})$，试分别画出输出电压 u_o 的波形，并标出幅值。

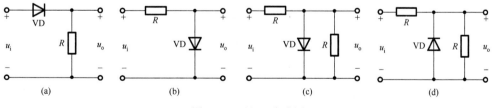

图 5.5　习题 5.6 电路图

5.7　在图 5.6 所示电路中，设二极管为理想的，输入电压 $u_i = 10\sin\omega t(\text{V})$，试画出输出电压 u_o 的波形，并标出幅值。

5.8　在图 5.7 所示电路中，设二极管为理想的，$u_i = 6\sin\omega t(\text{V})$，试画出输出电压 u_o 的波形以及电压传输特性。

5.9　在图 5.8 所示电路中，设二极管是理想的，求图中标记的电位和电流值。

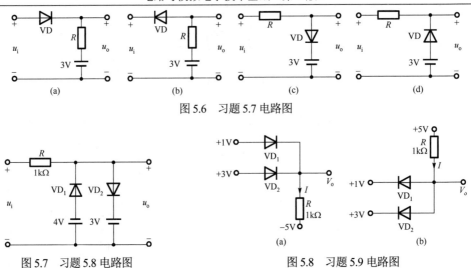

图 5.6　习题 5.7 电路图

图 5.7　习题 5.8 电路图　　　　　　　图 5.8　习题 5.9 电路图

5.10　在图 5.9 所示电路中，已知输出电压平均值 $U_{O(AV)} = 9V$，负载 $R_L = 100\Omega$。求：（1）输入电压的有效值为多少？（2）设电网电压波动范围为±10%。选择二极管时，其最大整流平均电流 I_F 和最高反向工作电压 U_R 的下限值约为多少？

5.11　在图 5.10 所示的电路中，电源 $u_i = 100\sin\omega t(V)$，$R_L = 1k\Omega$，二极管为理想的。求：（1）R_L 两端的电压平均值；（2）流过 R_L 的电流平均值；（3）选择二极管时，其最大整流平均电流 I_F 和最高反向工作电压 U_R 为多少？

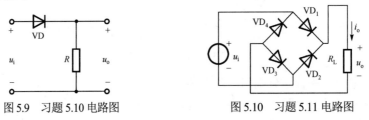

图 5.9　习题 5.10 电路图　　　　　　图 5.10　习题 5.11 电路图

5.12　在桥式整流电容滤波电路中，已知 $R_L = 120\Omega$，$U_{O(AV)} = 30V$，交流电源频率 $f = 50Hz$。选择整流二极管，并确定滤波电容的容量和耐压值。

5.13　已知稳压管的稳压值 $U_Z = 6V$，稳定电流的最小值 $I_{Zmin} = 4mA$。求图 5.11 所示电路中的 U_{O1} 和 U_{O2}。

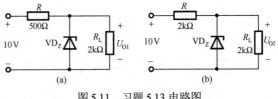

图 5.11　习题 5.13 电路图

5.14　图 5.12 中各电路的稳压管 VD_{Z1} 和 VD_{Z2} 的稳定电压值分别为 8V 和 12V，稳压管正向导通电压 $U_{DZ}=0.7V$，最小稳定电流是 5mA。试判断 VD_{Z1} 和 VD_{Z2} 的工作状态并求各电路的输出电压 U_{ab}。

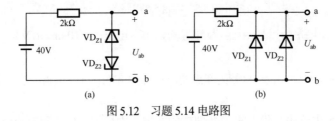

图 5.12　习题 5.14 电路图

5.15 已知稳压管稳压电路如图 5.13 所示，稳压二极管的特性为：稳压电压 $U_Z = 6.8V$，$I_{Zmax} = 10mA$，$I_{Zmin} = 0.2mA$，直流输入电压 $U_I = 10V$，其不稳定量 $\Delta U_I = \pm 1V$，$I_L = 0 \sim 4mA$。试求：

（1）直流输出电压 U_O；

（2）为保证稳压管安全工作，限流电阻 R 的最小值；

（3）为保证稳压管稳定工作，限流电阻 R 的最大值。

5.16 在下面几种情况中，可选用什么型号的三端集成稳压器？

（1）$U_O = +12V$，R_L 最小值为 15Ω；

（2）$U_O = +6V$，最大负载电流 $I_{Lmax} = 300mA$；

（3）$U_O = -15V$，输出电流范围 I_O 为 $10 \sim 80mA$。

5.17 电路如图 5.14 所示，三端集成稳压器静态电流 $I_W = 6mA$，R_W 为电位器，为了得到 10V 的输出电压，试问应将 R'_W 调到多大？

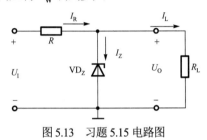

图 5.13 习题 5.15 电路图

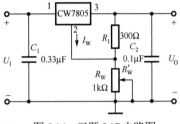

图 5.14 习题 5.17 电路图

5.18 电路如图 5.15 所示：（1）求电路负载电流 I_O 的表达式；（2）设输入电压为 $U_I = 24V$，W7805 输入端和输出端之间的电压最小值为 3V，$I_O \gg I_W$，$R = 50\Omega$。求出电路负载电阻 R_L 的最大值。

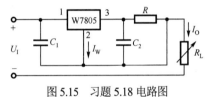

图 5.15 习题 5.18 电路图

5.19 已知三端可调式集成稳压器 LM117 的基准电压 $U_{REF} = 1.25V$，调整端电流 $I_W = 50\mu A$，用它组成的稳压电路如图 5.16 所示。（1）若 $I_1 = 100I_W$，忽略 I_W 对 U_O 的影响，要得到 5V 的输出电压，则 R_1 和 R_2 应选取多大；（2）若 R_2 改为 $0 \sim 2.5k\Omega$ 的可变电阻，求输出电压 U_O 的可调范围。

5.20 可调恒流源电路如图 5.17 所示：（1）当 $U_{21} = U_{REF} = 1.2V$，R 值在 $0.8 \sim 120\Omega$ 范围变化时，恒流电流 I_O 的变化范围如何？（2）当 R_L 用充电电池代替，若 50mA 恒流充电，充电电压 $U_O = 1.5V$，求电阻 R_L。

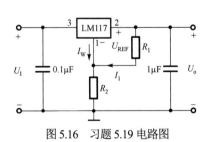

图 5.16 习题 5.19 电路图

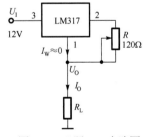

图 5.17 习题 5.20 电路图

第 6 章 三极管及其放大电路

放大电路是电子电路中最基本和最常见的电路，它的功能是将微弱的电信号放大到所需要的较大的信号，而基本放大电路是组成各种复杂放大电路的基本单元，也是组成集成放大电路的基本单元。本章首先介绍三极管的伏安特性曲线和主要参数。接着介绍放大电路的组成和工作原理，然后以共发射极基本放大电路为例，介绍放大电路的分析方法。重点讨论共发射极、共集电极和共基极 3 种基本放大电路，分析计算它们的电压增益、输入电阻、输出电阻等，并总结它们的性能特点。最后介绍了由三极管构成的电流源电路。

6.1 三极管的外部特性

晶体三极管又称为双极型晶体管（BJT）、半导体三极管、三极管。图 6.1.1 所示为几种常见三极管的外形示意图。

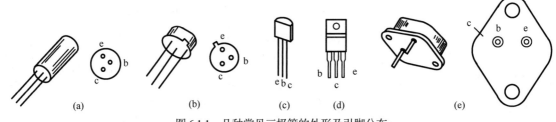

(a)　　　(b)　　　(c)　　　(d)　　　(e)

图 6.1.1　几种常见三极管的外形及引脚分布

6.1.1 三极管的类型及符号

使用不同杂质掺杂得到一个 P 区和两个 N 区，并形成两个 PN 结，分别用引线连接 3 个区域，就构成了晶体三极管，如图 6.1.2(a)所示，3 个区域分别称为发射区、基区和集电区，对应的电极分别称为发射极（e：emitter）、基极（b：base）和集电极（c：collector）。

图 6.1.2(a)所示的三极管称为 NPN 型三极管，另一种称为 PNP 型三极管。图 6.1.2 所示为 NPN 型三极管和 PNP 型三极管的结构和符号，其中发射极上的箭头表示发射结加正向偏压时，发射极电流的实际方向。

三极管的种类很多，按结构工艺分类，有 NPN 和 PNP 型；按制造材料分类，有锗管和硅管；按照工作频率分类，有低频管和高频管；按照容许耗散功率大小分类，有小功率管和大功率管。

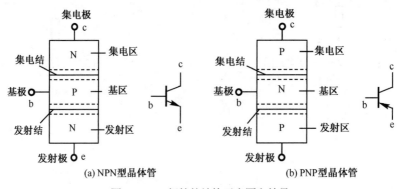

(a) NPN型晶体管　　　　　　(b) PNP型晶体管

图 6.1.2　三极管的结构示意图和符号

6.1.2　三极管的电流分配与放大作用

三极管最重要的性质是它具有放大信号的能力。放大能使一个微弱的信号变成在电子学应用中足够强的有效信号。例如，音频放大电路能给扬声器提供一个较强的信号。

使三极管工作在放大状态的外部条件是发射结正向偏置且集电结反向偏置。对 NPN 管来说，应该使得 $V_B > V_E$，$V_C > V_B$，如图 6.1.3 所示，V_{BB} 使得发射结正偏，V_{CC} 使得集电结反偏。

从外部看图 6.1.3 所示的 NPN 型三极管电流方程为

$$I_E = I_C + I_B \tag{6.1.1}$$

发射极电流是电路中最大的电流，集电极电流稍小，基极电流很小。事实上，一个很小的基极电流控制了大很多的发射极电流，这一点非常重要。这就说明了为什么三极管能获得很好的电流增益。通常，从基极到集电极的电流增益是基本确定的，这是三极管最重要的特征值之一。这个特征值为 $\overline{\beta}$

$$\overline{\beta} \approx \frac{I_C}{I_B} \tag{6.1.2}$$

【例 6.1.1】　一个三极管的发射极电流为 12.1mA，集电极电流为 12.0mA，三极管的 $\overline{\beta}$ 是多少？

解： 首先求基极电流

$$I_B = I_E - I_C = 12.1 - 12.0 = 0.1 (\text{mA})$$

然后求出 $\overline{\beta}$

$$\overline{\beta} \approx \frac{I_C}{I_B} = \frac{12(\text{mA})}{0.1(\text{mA})} = 120$$

实际中，三极管的 $\overline{\beta}$ 值变化很大，不同型号的三极管的 $\overline{\beta}$ 值相差甚远，从几十到几百，甚至更大。相同型号的三极管也有不同的 $\overline{\beta}$ 值，如 2N2222 是一种注册型的三极管，厂家列出的典型 $\overline{\beta}$ 值变化范围为 100～300。

PNP 型三极管有着与 NPN 型三极管类似的电流传输关系，不同之处是电流的实际方向与 NPN 的相反。

【例 6.1.2】　在某放大电路中，三极管的 3 个电极的电流如图6.1.4 所示，已知，$I_1 = -1.5$mA，$I_2 = -0.03$mA。

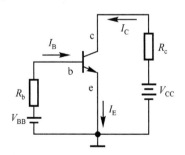

图 6.1.3　NPN 型三极管的电流关系

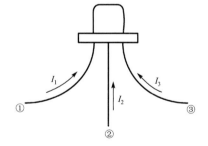

图 6.1.4　例 6.1.2 三极管的电流示意图

（1）求出另一个电极电流 I_3 的大小；

（2）试确定三极管是 PNP 型还是 NPN 型，并区分出各电极；

（3）近似确定出该管电流放大系数 $\overline{\beta}$。

解：（1）由 KCL，将三极管看成是一个节点，可得

$$I_3 = -(I_1 + I_2) = -(-1.5 - 0.03) = 1.53 \, (\text{mA})$$

（2）根据三极管 3 个电极的电流关系 $I_E > I_C > I_B$，故得电极①对应于集电极 c，电极②对应于基极 b，电极③对应于发射极 e。由于发射极电流的实际方向为向里，所以此三极管为 PNP 型管。

（3）由式 6.1.2 可以求得电流放大系数为

$$\overline{\beta} \approx \frac{I_C}{I_B} = \frac{|I_1|}{|I_2|} = \frac{1.5}{0.03} = 50$$

6.1.3　三极管的共射特性曲线

图 6.1.5 所示为基本共发射极放大电路特性测试电路。图中，电源 V_{BB} 和电阻 R_b 接入基极-发射极回路，称为输入回路；电源 V_{CC} 和电阻 R_c 在集电极-发射极回路，称为输出回路。由于发射极是两个回路的公共端，故称此电路为共发射极放大电路，也称共射电路。

三极管的输入特性和输出特性曲线描述的是各电极之间电压、电流的关系，用于对三极管的性能、参数和三极管电路的分析估算。

1. 输入特性曲线

共发射极连接时的输入特性曲线描述了当管压降 u_{CE} 为某个数值时，输入电流 i_B 和输入电压 u_{BE} 之间的关系为

$$i_B = f(u_{BE})\big|_{u_{CE}=常数} \tag{6.1.3}$$

图 6.1.6 所示为测得的 NPN 型硅三极管的输入特性曲线。简单地看，输入特性曲线类似于二极管的伏安特性曲线，也有一段死区电压，只有发射结外加电压大于死区电压时，三极管才会出现 i_B。硅管的死区电压约为 0.5V，锗管的死区电压约为 0.1V。在正常工作情况下，NPN 型硅管的发射结电压 u_{BE} 为 0.6～0.7V，锗管的发射结电压 u_{BE} 为 0.2～0.3V。而对于 PNP 型，硅管的发射结电压 u_{BE} 为 −0.6～−0.7V，锗管的发射结电压 u_{BE} 为−0.2～−0.3V。

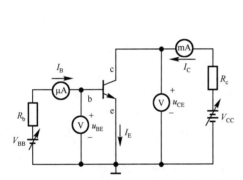

图 6.1.5　基本共发射极放大电路特性测试电路

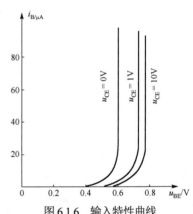

图 6.1.6　输入特性曲线

当 $u_{CE} = 0V$ 时，相当于集电极与发射极短路，即发射结与集电结并联，其输入特性曲线相当于并联的两个二极管的正向特性。

当 u_{CE} 增大时，曲线右移，也就是在相同输入电压 u_{BE} 下，电流 i_B 减小，u_{CE} 的变化对曲线移动影响很小。实际上，当 u_{CE} 增大到一定值后，曲线不再明显右移。$u_{CE} > 1V$ 后，所有输入特性曲线基本上是重合的。一般用 $u_{CE} = 1V$ 的曲线近似表示 $u_{CE} > 1V$ 的所有曲线。

2. 输出特性曲线

共发射极连接时的输出特性曲线描述了当输入电流 i_B 为某一数值时，集电极电流 i_C 与管压降 u_{CE} 之间的关系，即

$$i_C = f(u_{CE})\big|_{i_B=常数} \tag{6.1.4}$$

对于每一个确定的 i_B，都有一条曲线，所以输出曲线是一簇曲线，如图 6.1.7 所示。由图可以看出三极管有

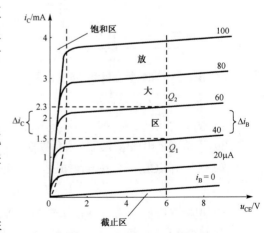

图 6.1.7　三极管的输出特性曲线

3 个工作区：截止区、放大区和饱和区。

（1）截止区

$i_B = 0$ 的曲线以下的区域称为截止区。$i_B = 0$ 时，集电极电流用 I_{CEO} 表示，其值很小，即在截止区，电流关系为

$$i_B = 0, \quad i_E = i_C = I_{CEO}$$

显然，三极管工作在截止区时没有电流放大能力，且各极电流近似为零，相当于开关断开状态。截止状态的直流等效模型如图 6.1.8 所示。

对于 NPN 型硅管而言，当 $u_{BE} < 0.5V$ 时，已开始截止，但是为了可靠截止，常使得 $u_{BE} \leqslant 0$，即截止时发射结和集电结均反偏。

（2）放大区

输出特性曲线的近似水平部分是放大区，也称为线性区。在放大区各极电流满足

$$i_C = \beta i_B \tag{6.1.5a}$$

$$i_E = i_B + i_C = (1 + \beta)i_B \approx \beta i_B \tag{6.1.5b}$$

即 i_C 几乎仅仅决定于 i_B，而与 u_{CE} 无关，表现出 i_B 对 i_C 的控制作用。

如前所述，三极管工作在放大状态时，发射结正偏，集电结反偏。即对 NPN 型三极管而言，应使 $U_{BE} = U_{BE(on)}$，$U_{BC} < 0$，从电位来看，应该是 $V_C > V_B > V_E$；而对 PNP 型三极管而言，则是 $V_E > V_B > V_C$。其直流等效模型如图 6.1.9 所示，相当于 b、e 极间接一个恒压源，c、e 极间接一个 I_B 控制的受控电流源 βI_B。

（3）饱和区

饱和区是指输出特性曲线中 i_C 上升部分与纵轴之间的区域。在饱和区，对应于不同 i_B 的输出特性曲线几乎重合，i_C 不再受 i_B 控制，只随 u_{CE} 变化，即没有电流放大能力。

饱和时，发射结与集电结均处于正向偏置。在饱和状态时的 u_{CE} 称为饱和压降，记做 U_{CES}，其值很小，对于 NPN 型硅管约为 0.3V，PNP 型锗管约为 $-0.1V$，若忽略不计，则三极管集电极与发射极之间相当于短路，相当于开关的闭合状态。其直流等效模型如图 6.1.10 所示，相当于在 b、e 极间接一个恒压源 $U_{BE(on)}$，c、e 极间接了一个恒压源 U_{CES}。

　　　　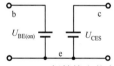

图 6.1.8　三极管截止状态模型　　　图 6.1.9　三极管放大状态模型　　　图 6.1.10　三极管饱和状态模型

在模拟电路中，大多数情况下，应保证三极管工作在放大状态。而在开关电路或脉冲数字电路中，三极管主要工作于饱和状态或截止状态。

【**例 6.1.3**】　有两个三极管分别接在放大电路中，已知其工作在放大区，今测得它们的引脚对地电位如图 6.1.11 所示，试判别三极管的 3 个引脚，说明是硅管还是锗管？是 NPN 还是 PNP 型三极管？

解：由前面的分析可知，判断方法如下：

（1）3 个电极的电位从低到高依次排序。

（2）中间电位对应的引脚是基极，即图 6.1.11(a)的②脚和图 6.1.11(b)的①脚为基极 b。

（3）与中间电位相差约一个导通电压 $U_{BE(on)}$ 的引脚是发射极 e。所以图 6.1.11(a)的①脚和图 6.1.11(b)的③脚为发射极。

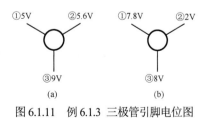

图 6.1.11　例 6.1.3 三极管引脚电位图

（4）计算基极 b 与发射极 e 的电位差，确定管材料，即

$$|V_B - V_E| \approx \begin{cases} 0.7V\text{（硅）} \\ 0.3V\text{（锗）} \end{cases}$$，可以判断出图 6.1.11(a)为硅管，图 6.1.11(b)为锗管。

（5）由三个电极电位的高低确定管型，即

$$\begin{cases} V_C > V_B > V_E \text{(NPN)} \\ V_C < V_B < V_E \text{(PNP)} \end{cases}$$，因此，图 6.1.11(a)为 NPN 型三极管；图 6.1.11(b)为 PNP 型三极管。

综上所述，图 6.1.11(a)为 NPN 型硅管，①为 e，②为 b，③为 c；图 6.1.11(b)为 PNP 型锗管，①为 b，②为 c，③为 e。

6.1.4　三极管的主要参数

三极管的参数是用来表示三极管的各种性能的指标，是设计电路、选用管子的依据。主要参数有以下几个。

1. 电流放大系数

（1）共射直流电流放大系数 $\bar{\beta}$

三极管接成共发射极电路时，静态（无输入信号）时，I_C 与 I_B 的比值称为共射直流放大系数，即 $\bar{\beta} = \dfrac{I_C}{I_B}$，见式（6.1.2）。

（2）共射交流电流放大系数 β

当三极管工作在动态（有输入信号）时，基极电流变化量为 Δi_B，它引起集电极电流的变化量为 Δi_C，Δi_C 与 Δi_B 的比值称为共射交流电流放大系数

$$\beta = \frac{\Delta i_C}{\Delta i_B} \tag{6.1.6}$$

【例 6.1.4】 从图 6.1.7 所示的三极管的输出特性曲线上：① 计算 Q_1 点处的 $\bar{\beta}$；② 由 Q_1 和 Q_2 两点计算 β。

解： ① 在 Q_1 点处，$U_{CE} = 6\text{V}$，$I_B = 40(\mu\text{A}) = 0.04(\text{mA})$，$I_C = 1.5(\text{mA})$，故

$$\bar{\beta} = \frac{I_C}{I_B} = \frac{1.5}{0.04} = 37.5$$

② 由 Q_1 和 Q_2 两点($U_{CE} = 6\text{V}$)，有

$$\beta = \frac{\Delta i_C}{\Delta i_B} = \frac{2.3 - 1.5}{0.06 - 0.04} = 40$$

可见，$\bar{\beta}$ 和 β 的含义不同，但工作在特性曲线放大区平坦部分的三极管，两者数值较为接近。今后在估算时，可认为 $\beta \approx \bar{\beta}$，故可以混用。

2. 极间反向电流

（1）集电极-基极反向饱和电流 I_{CBO}

I_{CBO} 是指发射极开路时，流过集电极的反向电流，其值很小。I_{CBO} 受温度影响很大，在室温下，小功率锗管的 I_{CBO} 为几微安到几十微安，小功率硅管的在 $1\mu\text{A}$ 以下。I_{CBO} 越小越好。硅管在温度稳定性方面优于锗管。

（2）集电极-发射极反向饱和电流 I_{CEO}

I_{CEO} 是基极开路($I_B = 0$)时的集电极电流，也称为穿透电流。反向电流越小，三极管的温度稳定性越好。而 I_{CEO} 受温度影响比 I_{CBO} 更大，因此，在选择三极管时，应尽量选择 I_{CEO} 小的三极管。

3. 极限参数

使三极管得到充分利用而又安全可靠的参数称为极限参数。权限参数主要包括如下 3 个。

（1）集电极最大容许电流 I_{CM}

I_C 在相当大的范围内变化，β 基本不变，但当超过一定值时，β 要下降，当 β 值下降到正常数值的 $\dfrac{2}{3}$ 时的 I_C 即为 I_{CM}。当 I_C 大于 I_{CM} 时，三极管不一定会烧坏，但 β 值将过小，放大能力太差。

（2）集电极最大容许耗散功率 P_{CM}

由于集电极电流在流经集电结时将产生热量，使结温升高，三极管特性明显变坏，甚至烧坏。当三极管因受热而引起的参数变化不超过容许值时，集电极所消耗的最大功率，称为 P_{CM}。$P_{CE}=i_C u_{CE}$，可知 P_{CM} 在输出特性坐标平面上为双曲线中的一条，如图 6.1.12 所示。

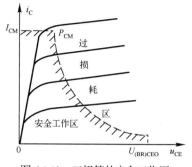

图 6.1.12　三极管的安全工作区

（3）集电极-发射极间反向击穿电压 $U_{(BR)CEO}$

基极开路时，加在集电极和发射极之间的最大容许电压，称为 $U_{(BR)CEO}$。当电压 $u_{CE}>U_{(BR)CEO}$ 时，I_{CEO} 突然大幅上升，说明三极管已被击穿。

组成三极管电路时，应根据工作条件选择三极管的型号。为了防止三极管在使用中损坏，必须使它工作在由 I_{CM}、P_{CM} 和 $U_{(BR)CEO}$ 三者共同确定的安全工作区内，如图 6.1.12 所示。

6.2　放大电路的组成和工作原理

6.2.1　基本共发射极放大电路的组成

放大电路的组成必须符合两个原则：其一是放大电路器件应工作在放大状态，对于三极管来说，则要求发射结正偏，集电结反偏；其二是放大的信号通路应畅通，即输入信号能送到放大电路的输入端，经放大后，输出信号能够作用于负载电阻之上。作为进一步要求，放大电路应工作稳定，失真不超过容许值。

图 6.2.1 所示为 NPN 型三极管构成的基本共发射极放大电路。在这种接法中，输入信号 u_i 接在基极和公共端地之间，基极和发射极就构成了输入回路。输出信号 u_o 从集电极与地之间取出，集电极和发射极构成了输出回路。由于发射极是输入回路和输出回路的公共端，故称为共发射极放大电路，也称为共射放大电路。

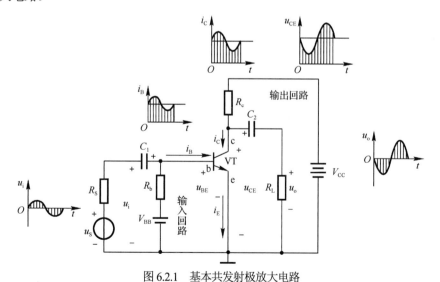

图 6.2.1　基本共发射极放大电路

图 6.2.1 所示电路中，三极管是核心元件，起放大作用。基极直流电源使发射结正偏，并与基极偏置电阻 R_b 相配合为三极管提供一个合适的基极直流电流；集电极直流电源 V_{CC} 使集电结反偏，是输出电路的工作电源，形成集电极回路电流，同时又是负载的能源；集电极偏置电阻 R_c 将集电极电流的变化转换为 R_c 上的电压的变化，使电路有电压放大作用；电容 C_1 和 C_2 称为耦合电容，用来隔断直流，传送交流。

由于放大电路是交直流共存的电路，各电量的总瞬时值是直流分量和交流分量的叠加。为了便于分析，对不同性质的电量用不同的符号表示。

当没有交流输入信号（$u_i = 0$）时，各电极电量都是直流的，用 I_B、I_C、U_{CE}（符号大写，下标大写）表示。此时，各极电流 I_B、I_C 和管压降 U_{CE} 称为放大电路的静态工作点 Q，常将 Q 点记作 I_{BQ}、I_{CQ} 和 U_{CEQ}。

当有交流输入信号（$u_i \neq 0$）时，由 u_i 引起的交流成分用 i_b、i_c、u_{ce}（符号小写，下标小写）表示。

电路中总的电量的瞬时值用 i_B、i_C 和 u_{CE}（符号小写，下标大写）表示。它是在静态值的基础上叠加一个交流值。即

$$\begin{cases} i_B = I_B + i_b \\ i_C = I_C + i_c \\ u_{CE} = U_{CE} + u_{ce} \end{cases} \tag{6.2.1}$$

6.2.2　基本共发射极放大电路的工作原理

下面以图 6.2.1 为例说明放大电路的工作原理。假设信号源 u_S 为正弦信号，即

$$u_S = U_m \sin \omega t \tag{6.2.2}$$

u_S 将在发射结上产生一个交流的正弦电压降 $u_{be} = U_{bem} \sin \omega t$，当叠加上静态值 U_{BEQ} 后，发射结总的电压值 u_{BE} 为

$$u_{BE} = U_{BEQ} + U_{bem} \sin \omega t \tag{6.2.3}$$

即 u_{BE} 在 U_{BEQ} 的基础上，随 u_S 按正弦规律变化，从而引起 i_B 的变化

$$i_B = I_{BQ} + i_b = I_{BQ} + I_{bm} \sin \omega t \tag{6.2.4}$$

i_B 的变化被三极管放大 β 倍后，输出成为集电极电流 i_C

$$i_C = \beta i_B = I_{CQ} + I_{cm} \sin \omega t \tag{6.2.5}$$

i_C 要比 i_B 大很多（即 β 倍）。最后通过集电极电阻 R_c 和负载电阻 R_L，i_C 变化被转化为集电极电压 u_{CE} 的变化。当负载电阻 $R_L = \infty$ 时

$$u_{CE} = V_{CC} - i_C R_c = V_{CC} - (I_{CQ} + I_{cm} \sin \omega t) R_c = U_{CEQ} - I_{cm} R_c \sin \omega t \tag{6.2.6}$$

u_{CE} 经耦合电容 C_2 输出，其直流分量被隔离掉，输出电压 u_o 就只有 u_{CE} 中的交流分量，即

$$u_o = -I_{cm} R_c \sin \omega t \tag{6.2.7}$$

如果参数选择合适，u_o 的幅值将比 u_i 大很多，从而达到放大的目的。上述对应的电压、电流波形示于图 6.2.1 中，可以看出输出电压 u_o 与输入电压 u_i 反相，所以也称共发射极放大电路为反相电压放大电路。

图 6.2.1 中，V_{BB}、V_{CC} 两路电源供电，为了简化电路，一般选取 $V_{BB} = V_{CC}$，如图 6.2.2(a)所示，图 6.2.2(b)所示为图 6.2.2(a)所示电路的习惯画法。

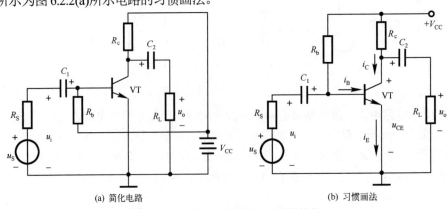

(a) 简化电路　　　　　　　　　　(b) 习惯画法

图 6.2.2　基本共发射极放大电路的简化

6.3 放大电路的分析

放大电路可分为静态和动态两种情况来分析。静态是当放大电路没有输入信号时的工作状态，动态则是有输入信号时的工作状态。静态分析要确定放大电路的静态工作点 Q（I_{BQ}、I_{CQ}、U_{CEQ}）。动态分析是要确定放大电路的电压放大倍数 $\dot{A}_u$、输入电阻 R_i 和输出电阻 R_o 等。

对放大电路的分析通常本着先静态后动态的分析过程。静态分析讨论的对象是直流成分，动态分析讨论的对象则是交流成分，因此也可将此过程看成是叠加定理在放大电路中的应用。由于放大电路中存在着电抗元件，所以直流成分的通路和交流成分的通路是不一样的。为了分别进行静态分析和动态分析，首先来分析放大电路的直流通路和交流通路的画法。

6.3.1 直流通路与交流通路

所谓直流通路，就是放大电路中直流电流流过的路径。因为是直流分析，所以此时交流输入信号源应该置零，同时，电容对直流有隔断作用，应将电容视为开路。

所谓交流通路，就是放大电路中交流电流流过的路径。显然此时应该将直流电源置零。对交流信号而言，电容容抗的大小为 $\dfrac{1}{\omega c}$，当电容值足够大，交流信号在电容上的压降可以忽略时，可将电容视为短路。

现以图 6.2.2(b)中的单管共射放大电路为例，分析其直流通路和交流通路的画法。

画直流通路时，将隔直电容 C_1 和 C_2 开路，所得直流通路如图 6.3.1(a)所示。画交流通路时，将隔直电容 C_1 和 C_2 短路，同时，将直流电源 V_{CC} 置零，即短路，所得交流通路如图 6.3.1(b)所示。

为了视觉整齐和将来便于分析，将图 6.3.1(b)所示的交流通路变换一下，将上端由 V_{CC} 置零得到的接地和下端射极接地合并为一个，同时将 R_b 和 R_c 翻折下去，最后得到的交流通路如图 6.3.2 所示。

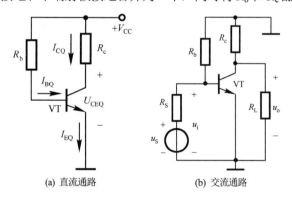

(a) 直流通路　　　(b) 交流通路

图 6.3.1　单管共射放大电路的交、直流通路

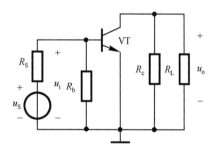

图 6.3.2　变换后的交流通路

【**例 6.3.1**】 画出图 6.3.3(a)所示放大电路的直流通路和交流通路。

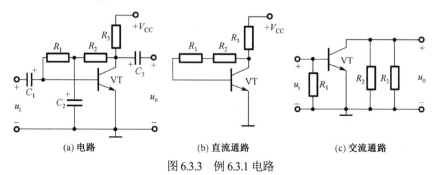

(a) 电路　　　　　(b) 直流通路　　　　　(c) 交流通路

图 6.3.3　例 6.3.1 电路

解： 将图 6.3.3(a)所示电路中的 u_i 短路，电容开路，电路其他部分保留得直流通路如图 6.3.3(b)所示。

将图 6.3.3(a)所示电路中的电容短路，直流电源+V_{CC} 对地短路，电路其他部分保留得交流通路如图 6.3.3(c)所示。

【例 6.3.2】 电路如图 6.3.4 所示，试判断各电路可否正常放大交流输入信号，若不能正常放大，则说明原因。设图中所有电容对交流信号可视为短路。

解： 根据放大电路的组成原则，判断电路是否能放大交流信号应该从两方面来考虑：一是看静态工作点设置是否合适，即看三极管是否工作在放大区；二是看交流信号能否从输入端顺利传输到输出端，并作用在负载上。

图6.3.4(a)所示的直流通路与交流通路如图6.3.5(a)所示，从直流通路看，由于直流电源直接接在三极管 b-e 之间，没有限流电阻 R_b，发射结将因流过电流过大而烧坏。从交流通路看，输入信号被短路，三极管输入回路没有交流信号作用，输出端也没有信号输出。所有该电路不能正常放大。

图 6.3.4(b)所示的直流通路与交流通路如图 6.3.5(b)所示，从直流通路看，由于是 PNP 型三极管，+V_{CC}作用会使得三极管处于截止状态。所以，该电路也不能正常放大。

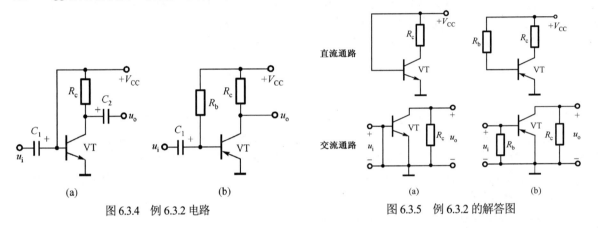

图 6.3.4 例 6.3.2 电路　　　　图 6.3.5 例 6.3.2 的解答图

6.3.2 静态分析

1．用放大电路的直流通路计算静态值
因为静态值是直流，故可用放大电路的直流通路来分析计算。
由图 6.3.1(a)所示的直流通路，可以求出静态时的基极电流为

$$I_{BQ} = \frac{V_{CC} - U_{BEQ}}{R_b} \tag{6.3.1}$$

式中，U_{BEQ} 常被认为是已知量，硅管约为（0.6～0.7）V，锗管约为（0.2～0.3）V。
由 I_{BQ} 可求出静态时的集电极电流

$$I_{CQ} \approx \beta I_{BQ} \tag{6.3.2}$$

由集电极-发射极回路求U_{CEQ}

$$U_{CEQ} = V_{CC} - I_{CQ}R_c \tag{6.3.3}$$

【例 6.3.3】 在图 6.3.1(a)中，已知$V_{CC}=12V$，$R_c=4k\Omega$，$R_b=300k\Omega$，$U_{BEQ}=0.7V$，$\beta=40$。试求该放大电路的静态值I_{BQ}、I_{CQ}和U_{CEQ}，并说明三极管的工作状态。

解： 根据图 6.3.1 可以得出发射结处于正偏导通状态，所以得到

$$I_{BQ} = \frac{V_{CC} - U_{BEQ}}{R_b} = \frac{12-0.7}{300} = 0.038 \times 10^{-3} = 38(\mu A)$$

假设三极管处于放大状态，则有

$$I_{CQ} \approx \beta I_{BQ} = 40 \times 38(\mu A) = 1520(\mu A) = 1.52(mA)$$

$$U_{CEQ} = V_{CC} - I_{CQ}R_c = 12 - 1.52 \times 10^{-3} \times 4 \times 10^3 = 5.92(V)$$

由 U_{BEQ} =0.7V 和 U_{CEQ} = 5.92V 可知，该电路中的三极管工作于发射结正偏、集电结反偏的放大区。

2．图解法确定静态工作点

用作图的方法，在特性曲线上确定静态工作点 Q，求出 Q 点的坐标 I_{BQ}、I_{CQ} 和 U_{CEQ} 的值，称为图解法。图解法求解静态工作点的步骤如下。

（1）画出直流通路

为了便于观察，将图 6.3.1 所示的基本共射放大电路的直流通路变换成图 6.3.6 所示的形式。其中 V_{BB} = V_{CC}。

（2）利用输入特性曲线来确定 I_{BQ} 和 U_{BEQ}

根据图 6.3.6 所示电路的输入回路，可以列出回路方程

$$u_{BE} = V_{BB} - i_B R_b \qquad (6.3.4)$$

式（6.3.4）所描述的直线称为输入回路的直流负载线。在三极管的输入特性坐标系中画出负载线，它与横轴的交点为 V_{BB}，与纵轴的交点为 V_{BB}/R_b。输入回路的负载线与输入特性曲线的交点，就是静态工作点 Q，如图 6.3.7(a)所示。Q 点的坐标值就是静态工作点中的 I_{BQ} 和 U_{BEQ}。

（3）利用输出特性曲线确定 I_{CQ} 和 U_{CEQ}

同理，从图 6.3.6 所示电路的输出回路可得回路方程

$$u_{CE} = V_{CC} - i_C R_c \qquad (6.3.5)$$

在三极管的输出特性坐标系中做出式（6.3.5）所描述的直线，它与横轴的交点为 V_{CC}，与纵轴的交点为 V_{CC}/R_c，这条直线称为输出回路的直流负载线，其斜率为 $-1/R_c$。由于已经从输入特性曲线上的静态工作点确定了 I_{BQ} 的值，因此直流负载线与 $i_B = I_{BQ}$ 那条输出特性曲线的交点，就是静态工作点 Q，Q 点的坐标就是静态工作点中的 I_{CQ} 和 U_{CEQ}，如图 6.3.7(b)所示。

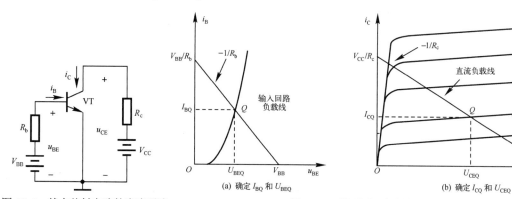

图 6.3.6　基本共射电路的直流通路　　　　　图 6.3.7　利用图解法求静态工作点

6.3.3　动态分析

动态分析是在静态工作点确定后分析信号的传输情况，考虑的只是电流和电压的交流分量（信号分量）。微变等效电路法和图解法是动态分析的两种基本分析方法，下面分别讲述。

1．微变等效电路法

所谓放大电路的微变等效电路，就是把非线性元件三极管所组成的放大电路等效为一个线性电路，也就是把三极管线性化，等效为一个线性元件。

（1）三极管的微变等效电路模型

三极管实质上是输出受输入发射结电压控制的非线性元件。在共发射极连接时［如图 6.3.8(a)所示］，它的一般电路模型可由图 6.3.8(b)描述。其输入端是一个二极管，输出端则是由 βi_B 表示的受控电流源。

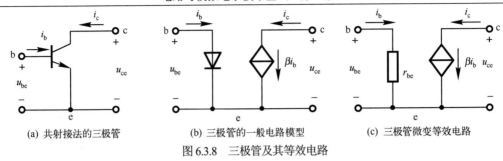

(a) 共射接法的三极管　　　　　(b) 三极管的一般电路模型　　　　(c) 三极管微变等效电路

图 6.3.8　三极管及其等效电路

当输入信号比较小时，二极管可以进一步用它的小信号电路模型代替，其微变电阻可由式（5.3.1）计算，类似地，发射结电阻

$$r_{\mathrm{e}} = \frac{U_{\mathrm{T}}}{I_{\mathrm{EQ}}} \tag{6.3.6}$$

将 r_{e} 折算到基极为 $(1+\beta)r_{\mathrm{e}}$，再考虑到基区体电阻，则二极管可用三极管交流输入电阻 r_{be} 来代替，如图 6.3.8(c) 所示，其计算公式为

$$r_{\mathrm{be}} = r_{\mathrm{bb'}} + (1+\beta)r_{\mathrm{e}} = r_{\mathrm{bb'}} + (1+\beta)\frac{U_{\mathrm{T}}}{I_{\mathrm{EQ}}} \tag{6.3.7}$$

式中，I_{EQ} 为静态时的发射极电流，单位为 mA，$r_{\mathrm{bb'}}$ 称为三极管的基区体电阻，可查手册得到，如无特殊指明则近似取值为 300Ω。U_{T} 称为热电压，常温下取值 $26(\mathrm{mV})$。当 $0.1\mathrm{mA} \leqslant I_{\mathrm{EQ}} \leqslant 5\mathrm{mA}$ 时，r_{be} 可用下面的公式计算

$$r_{\mathrm{be}} = 300 + (1+\beta)\frac{26(\mathrm{mV})}{I_{\mathrm{EQ}}(\mathrm{mA})} \tag{6.3.8}$$

其值一般为几百欧姆到几千欧姆，是对交流而言的动态电阻。

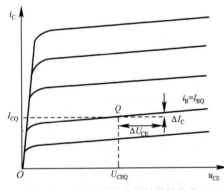

图 6.3.9　从三极管输出特性曲线上求 r_{ce}

图 6.3.8(c) 所示为三极管的简化微变等效电路。考虑到三极管的输出特性曲线不完全与横轴平行而有所上翘，如图 6.3.9 所示，即随着 u_{CE} 的增大 i_{C} 有所增大，则

$$r_{\mathrm{ce}} = \frac{\Delta U_{\mathrm{CE}}}{\Delta I_{\mathrm{C}}} = \left.\frac{u_{\mathrm{ce}}}{i_{\mathrm{c}}}\right|_{I_{\mathrm{B}}-\text{定}} \tag{6.3.9}$$

r_{ce} 称为三极管的输出电阻。在小信号条件下，r_{ce} 是一个常数，如果把三极管的输出电路看做电流源，r_{ce} 就是电源内阻，故在等效电路中与受控电流源并联。由于 r_{ce} 阻值很高，约为几十千欧到几百千欧，所以往往忽略其影响，视其为无穷大，工程计算时，还是采用图 6.3.8(c) 所示的等效电路进行分析计算。

（2）放大电路的微变等效电路

由三极管的微变等效电路和放大电路的交流通路可得出放大电路的微变等效电路。如上所述，静态值由直流通路确定，而交流分量则由相应的交流通路来分析计算。

画出图 6.2.2(b) 所示的交流通路如图 6.3.10(a) 所示。再把交流通路中的三极管用它的微变等效电路代替，即为放大电路的微变等效电路，如图 6.3.10(b) 所示。电路中的电压和电流都是交流分量，设输入的是正弦信号，电路中的电压和电流用相量表示。

（3）放大电路交流性能指标的计算

① 电压放大倍数 $\dot{A}_{\mathrm{u}}$

$\dot{A}_{\mathrm{u}}$ 是用来衡量放大电路对电压放大能力的一个性能指标，它定义为输出电压与输入电压的相量之比，即

$$\dot{A}_{\mathrm{u}} = \frac{\dot{U}_{\mathrm{o}}}{\dot{U}_{\mathrm{i}}} \tag{6.3.10}$$

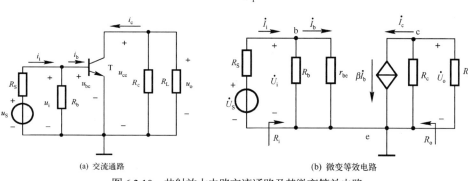

(a) 交流通路　　　　　　　　　　　　　　(b) 微变等效电路

图 6.3.10　共射放大电路交流通路及其微变等效电路

对于图 6.3.10(b)所示电路，可列出

$$\dot{U}_{\mathrm{i}} = \dot{I}_{\mathrm{b}} r_{\mathrm{be}}$$

$$\dot{U}_{\mathrm{o}} = -\dot{I}_{\mathrm{c}}(R_{\mathrm{c}}//R_{\mathrm{L}}) = -\beta \dot{I}_{\mathrm{b}}(R_{\mathrm{c}}//R_{\mathrm{L}}) = -\beta \dot{I}_{\mathrm{b}} R_{\mathrm{L}}^{'}$$

式中，　　$R_{\mathrm{L}}^{'} = R_{\mathrm{c}}//R_{\mathrm{L}}$，故放大电路的电压放大倍数为

$$\dot{A}_{\mathrm{u}} = \frac{\dot{U}_{\mathrm{o}}}{\dot{U}_{\mathrm{i}}} = -\beta \frac{R_{\mathrm{L}}^{'}}{r_{\mathrm{be}}} \tag{6.3.11}$$

式中的负号表示共射放大电路的输出电压与输入电压相位相反。

② 输入电阻 R_{i}

放大电路对信号源（或前级放大电路）来说是一个负载，可用一个电阻来等效代替。这个电阻是信号源的负载电阻，也就是放大电路的输入电阻 R_{i}，R_{i} 就是从放大电路输入端看进去的交流等效电阻，即

$$R_{\mathrm{i}} = \frac{\dot{U}_{\mathrm{i}}}{\dot{I}_{\mathrm{i}}} \tag{6.3.12}$$

如果电压放大电路的输入电阻小：第一，将从信号源取用较大的电流，从而增加信号源的负担；第二，经过信号源内阻 R_{S} 和 R_{i} 的分压，实际加到放大电路的输入电压 u_{i} 减小，从而减小输出电压；第三，后级放大电路的输入电阻，就是前级放大电路的负载电阻，从而降低前级放大电路的电压放大倍数。因此，通常希望电压放大电路的输入电阻能高一些。

在图 6.3.10(b)所示的微变等效电路中，根据输入电阻的定义，可以计算出

$$R_{\mathrm{i}} = \frac{\dot{U}_{\mathrm{i}}}{\dot{I}_{\mathrm{i}}} = R_{\mathrm{b}}//r_{\mathrm{be}} \tag{6.3.13}$$

③ 输出电阻 R_{o}

放大电路对负载（或者后级放大电路）来说，是一个信号源，其内阻即为放大电路的输出电阻 R_{o}。如果放大电路的输出电阻较大（相当于信号源的内阻较大），当负载变化时，输出电压的变化较大，也就是放大电路带负载的能力较差。因此，通常希望放大电路输出级的输出电阻低一些。

求输出电阻时，常采用外加电源法：首先将输入信号短路（$\dot{U}_{\mathrm{S}} = 0$），保留信号源内阻，并在输出端将负载电阻 R_{L} 断开，然后外加交流电压源 $\dot{U}$，求出电压源产生的电流 $\dot{I}$，如图 6.3.11 所示，则输出电阻为

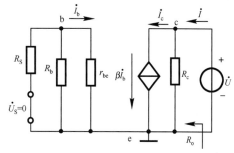

图 6.3.11　求放大电路的输出电阻

$$R_{\mathrm{o}} = \frac{\dot{U}}{\dot{I}}\bigg|_{\dot{U}_{\mathrm{S}}=0, R_{\mathrm{L}}=\infty} \tag{6.3.14}$$

根据图 6.3.11，由于 $\dot{U}_\mathrm{S} = 0$，$\dot{I}_\mathrm{b} = 0$，$\dot{I}_\mathrm{c} = \beta \dot{I}_\mathrm{b} = 0$，即受控电流源开路，故输出电阻

$$R_\mathrm{o} \approx R_\mathrm{c} \tag{6.3.15}$$

R_c 一般为几千欧，因此共发射极放大电路的输出电阻较高。

④ 源电压放大倍数 $\dot{A}_\mathrm{us}$

考虑信号源内阻时的电压放大倍数称为源电压放大倍数 $\dot{A}_\mathrm{us}$，它定义为输出电压与信号源电压的相量之比，即

$$\dot{A}_\mathrm{us} = \frac{\dot{U}_\mathrm{o}}{\dot{U}_\mathrm{S}} \tag{6.3.16}$$

式（6.3.16）又可以写为

$$\dot{A}_\mathrm{us} = \frac{\dot{U}_\mathrm{o}}{\dot{U}_\mathrm{i}} \cdot \frac{\dot{U}_\mathrm{i}}{\dot{U}_\mathrm{S}} \tag{6.3.17}$$

根据输入电阻的定义，图 6.3.10(b)除信号源以外的电路可以用 R_i 等效代替，则可画出如图 6.3.12 所示电路，从该图可以看出

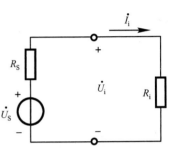

$$\dot{U}_\mathrm{i} = \dot{U}_\mathrm{S} \frac{R_\mathrm{i}}{R_\mathrm{i} + R_\mathrm{S}} \tag{6.3.18}$$

将式（6.3.18）代入式（6.3.17），则源电压放大倍数为

$$\dot{A}_\mathrm{us} = \frac{\dot{U}_\mathrm{o}}{\dot{U}_\mathrm{i}} \cdot \frac{\dot{U}_\mathrm{i}}{\dot{U}_\mathrm{S}} = \dot{A}_\mathrm{u} \frac{\dot{U}_\mathrm{i}}{\dot{U}_\mathrm{S}} = \dot{A}_\mathrm{u} \frac{R_\mathrm{i}}{R_\mathrm{i} + R_\mathrm{S}} \tag{6.3.19}$$

图 6.3.12　放大电路的输入电阻

综上所述，微变等效电路法的分析步骤总结如下：

① 画出放大电路的直流通路，分析静态工作点，确定其是否合适，如果不合适应进行调整，如果合适，根据式（6.3.8）求 r_be；

② 画出放大电路的交流通路，并用微变等效模型代替三极管，从而得到放大电路的微变等效电路；

③ 根据要求求解动态参数 $\dot{A}_\mathrm{u}$、R_i 和 R_o。

【**例 6.3.4**】　在图 6.2.2(b)中，已知 $V_\mathrm{CC} = 12\mathrm{V}$，$R_\mathrm{c} = R_\mathrm{L} = 4\mathrm{k\Omega}$，$R_\mathrm{b} = 300\mathrm{k\Omega}$，信号源内阻 $R_\mathrm{S} = 1\mathrm{k\Omega}$，三极管的 $\beta = 40$，$r_\mathrm{bb'} = 300\Omega$，$U_\mathrm{BEQ} = 0.7\mathrm{V}$，$C_1$ 和 C_2 对交流信号可视为短路，试求电压放大倍数 $\dot{A}_\mathrm{u}$、输入电阻 R_i、输出电阻 R_o 和源电压放大倍数 $\dot{A}_\mathrm{us}$。

解： 在例 6.3.3 中已经求出

$$I_\mathrm{CQ} = 1.52(\mathrm{mA}) \approx I_\mathrm{EQ}$$

由式（6.3.8）得

$$r_\mathrm{be} = 300 + (1 + 40)\frac{26(\mathrm{mV})}{1.52(\mathrm{mA})} = 1.0(\mathrm{k\Omega})$$

根据图 6.3.10(b)，可求出

$$\dot{A}_\mathrm{u} = -\frac{\beta(R_\mathrm{c} /\!/ R_\mathrm{L})}{r_\mathrm{be}} = -\frac{40 \times \frac{4}{2}}{1.0} = -80$$

根据输入电阻和输出电阻的定义，可求得

$$R_\mathrm{i} = R_\mathrm{b} /\!/ r_\mathrm{be} \approx r_\mathrm{be} = 1.0(\mathrm{k\Omega})$$
$$R_\mathrm{o} \approx R_\mathrm{c} = 4(\mathrm{k\Omega})$$

而源电压放大倍数

$$\dot{A}_\mathrm{us} = \dot{A}_\mathrm{u} \times \frac{R_\mathrm{i}}{R_\mathrm{i} + R_\mathrm{S}} = -80 \times \frac{1.0}{1.0 + 1} = -40$$

2. 图解法

动态图解分析能够直观地显示在输入信号作用下，电路各电压及电流波形的幅值大小和相位关系，可以对动态工作情况进行全面的了解。动态图解分析是在静态分析的基础上进行的，分析步骤如下。

（1）根据 u_i 利用输入特性曲线画出 i_B 和 u_{BE} 波形

设图 6.3.10(a)中的输入信号为 $u_i = U_{im} \sin \omega t$，当它加到放大电路的输入端后，三极管的基极和发射极之间的电压 u_{BE} 就在原有的静态值 U_{BEQ} 的基础上叠加一个交流量 u_i（u_{be}），如图 6.3.13(a)中的曲线①。根据 u_{BE} 的变化，便可以从输入特性画出对应的 i_B 的波形图，如图 6.3.13(a)中的曲线②，可以看出 i_B 随 u_i 在 i_{B1} 和 i_{B2} 之间变化。

（2）根据 i_B 利用输出特性曲线画出 i_C 和 u_{CE} 的波形

由前述用图解法分析静态工作点可知，静态时直流负载线方程的斜率为 $-\dfrac{1}{R_c}$，而在动态情况下，虽然由于 C_2 的隔直作用，放大电路的静态工作点 Q 不受影响，但是从交流通路图 6.3.10(a) 可以看出，此时输出回路的电阻为 R_c 与 R_L 的并联，称 $R_L' = R_c // R_L$ 为交流负载电阻，因此交流分量电压 u_{ce} 为

$$u_{ce} = -i_c R_L' = -(i_C - I_{CQ})R_L' \tag{6.3.20}$$

而三极管的管压降 u_{CE} 是在直流分量 U_{CEQ} 的基础上叠加 u_{ce}

$$u_{CE} = U_{CEQ} + u_{ce} = U_{CEQ} - (i_C - I_{CQ})R_L' \tag{6.3.21}$$

式（6.3.21）即为输出回路的交流负载线方程，对应的直线称为交流负载线，其斜率为 $-\dfrac{1}{R_L'}$，它和直流负载线在 Q 点相交，因为 Q 点的坐标（$u_{CE} = U_{CEQ}$，$i_C = I_{CQ}$）满足式（6.3.21）。显然，对于图 6.2.2(b)来说，交流负载线表示动态时工作点移动的轨迹。由 i_B 的变化范围及交流负载线，可以确定 i_C 和 u_{CE} 的变化范围，即在 Q' 和 Q'' 之间，由此即可画出 i_C 和 u_{CE} 的波形，如图 6.3.13(b)中曲线③和④所示。u_{CE} 中交流分量 u_{ce} 就是输出电压 u_o，它是与 u_i 同频率的正弦波，但二者相位相反，这是共发射极放大电路的一个重要特点。

可以看出交流信号的传输情况为

$$u_i(u_{be}) \rightarrow i_b \rightarrow i_c \rightarrow u_o(u_{ce})$$

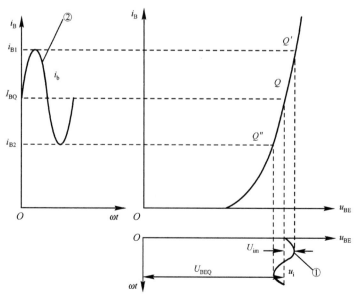

(a)输入特性曲线画出 i_B 和 u_{BE} 波形

图 6.3.13　动态工作情况的图解分析

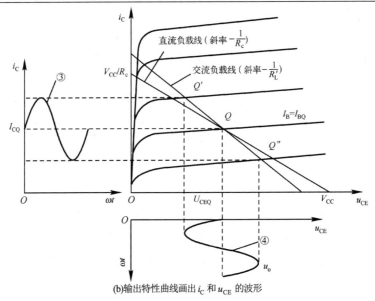

(b)输出特性曲线画出 i_C 和 u_{CE} 的波形

图 6.3.13   动态工作情况的图解分析（续）

6.3.4   图解法分析放大电路的非线性失真和动态范围

1. 非线性失真

对放大电路有一个基本要求，就是输出信号尽可能不失真。所谓失真就是输出波形与输入波形不完全一致。引起失真的原因很多，其中最常见的是静态工作点不合适或者输入信号太大，使放大电路的工作范围超出了三极管曲线上的线性范围。这种失真称为非线性失真。

（1）截止失真

如果静态工作点设置偏低，即 I_{BQ} 和 I_{CQ} 值偏小，则在 u_i 负半周时，u_i 的瞬时值就会使 $u_{BE}(=U_{BEQ}+u_i)$ 小于死区电压，三极管进入截止区，使得 $i_B=0$。因为 i_B 的波形"削顶"失真，对应的 i_C 和 u_{CE} 的波形也出现"削顶"失真，见图 6.3.14，这种失真称为截止失真。

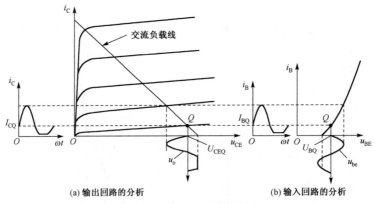

(a) 输出回路的分析   (b) 输入回路的分析

图 6.3.14   截止失真的图解分析

消除截止失真的方法是提高静态工作点的位置，适当减小输入信号的幅值。对于图 6.2.2(b) 所示的共发射极放大电路来说，可以减小 R_b 的阻值来增大 I_{BQ}，使静态工作点上移来消除截止失真。

（2）饱和失真

如果静态工作点设置偏高，即 I_{BQ} 和 I_{CQ} 值偏大，则在 u_i 正半周时，u_i 的瞬时值就会使 $i_B(=I_{BQ}+i_b)$ 达到临界饱和电流，三极管进入饱和区，虽然在饱和区 i_B 不产生失真，但由于 β 很小而且不是常数，所以 i_C 不再随 i_B 瞬时值增大而增大，其值恒为 I_{CS}（临界饱和电流），即 i_C 波形的正半周被"削顶"，从而造成

与 i_C 相位相反的 u_o 负半周被"削顶",如图 6.3.15 所示。

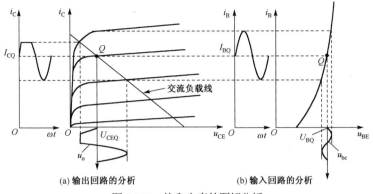

(a) 输出回路的分析   (b) 输入回路的分析

图 6.3.15 饱和失真的图解分析

消除饱和失真的方法是降低静态工作点的位置,适当减小输入信号的幅值。对于图 6.2.2(b) 所示的共发射极放大电路来说,可以增大 R_b 的阻值来减小 I_{BQ},使静态工作点下移以消除饱和失真。也可以减小 R_c 来使静态工作点右移。

静态工作点 Q 的位置应该适中,既不能太高,又不能太低。Q 的位置应该选取在输出特性曲线上交流负载线接近中间的位置。当然选取的时候还要考虑输入信号的大小。如果输入信号幅度小,则可以把 Q 点选得低一点以减少管子在静态时的功率损耗;如果输入信号幅度大,则可把 Q 点选得高一些。有时,即使 Q 点位置适当,但当输入信号幅度过大时,输出信号将会同时出现饱和失真和截止失真,称为双向失真。

2. 用图解法估算动态范围

动态范围是指放大电路的输出端不产生非线性失真的最大输出电压的峰-峰值,即

$$U_{p\text{-}p} = 2U_{omax} \tag{6.3.22}$$

式中,U_{omax} 为不失真输出电压的最大值。

在图 6.3.16 所示的交流负载线上可以定出 R 和 F 两点。工作点下移到 F 点时便进入截止区,将发生截止失真;工作点上移到 R 点时便进入饱和区,将发生饱和失真。因此图中 U_F 是受截止失真限制的交流信号分量的最大幅值,U_R 是受饱和失真限制的交流信号分量的最大幅值。从图 6.3.16 可以看出

$$U_R = U_{CEQ} - U_{CES} \tag{6.3.23}$$

式中,U_{CES} 为三极管的饱和压降,对于小功率硅管,U_{CES} 一般取 $0.3 \sim 1\text{V}$。

而 U_F 的大小相当于线段 MF 的长度,从图 6.3.16 中的三角形 QMF 可得

$$\tan\alpha = \frac{QM}{MF}$$

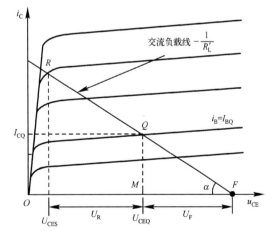

图 6.3.16 用图解法估算最大输出幅值

式中,$QM = I_{CQ}$,而 $\tan\alpha = 1/R_L'$ 为交流负载线斜率,所以

$$U_F = \frac{I_{CQ}}{1/R_L'} = I_{CQ}R_L' \tag{6.3.24}$$

在要求既不发生饱和失真,又不发生截止失真的条件下,输出电压交流分量的最大幅值应该为 U_R 和 U_F 之中的最小者。即

$$U_{omax} = \min\{U_F, U_R\} = \min\{I_{CQ}R_L', U_{CEQ} - U_{CES}\} \tag{6.3.25}$$

求出 U_{omax} 后，根据式（6.3.22）即可以确定输出动态范围 U_{p-p} 了。

【例 6.3.5】 电路如图 6.3.17(a)所示，已知 $-V_{CC} = -12V$，$R_c = R_L = 2k\Omega$，$R_b = 360k\Omega$，三极管 VT 为锗管，$\beta = 60$，$r_{bb'} = 300\Omega$，$U_{BEQ} = -0.3V$，$U_{CES} = -0.5V$，C_1 和 C_2 对交流信号可视为短路；试求：（1）静态工作点 Q；（2）电压放大倍数 $\dot{A}_u$，输入电阻 R_i、输出电阻 R_o 和动态范围 U_{p-p}。

解：（1）画出直流通路如图 6.3.17(b)所示，计算其静态工作点。可得

$$I_{BQ} = \frac{V_{CC} + U_{BEQ}}{R_b} = \frac{12 - 0.3}{360} = 0.0325(mA)$$

$$I_{CQ} = \beta I_{BQ} = 60 \times 0.0325 = 1.95(mA)$$

$$U_{CEQ} = -V_{CC} + I_{CQ}R_c = -12 + 1.95 \times 2 = -8.1(V)$$

（2）画出放大电路的交流通路如图 6.3.17(c)所示，再将图中三极管用微变等效模型代替。得到如图 6.3.17(d)所示的放大电路的微变等效电路。其中

$$r_{be} = 300 + (1 + 60)\frac{26(mV)}{1.95(mA)} = 1.1(k\Omega)$$

由微变等效电路可求得

$$\dot{A}_u = \frac{\dot{U}_o}{\dot{U}_i} = -\frac{\beta \dot{I}_b(R_c /\!/ R_L)}{\dot{I}_b r_{be}} = -\frac{60 \times \frac{2}{2}}{1.1} = -54.5$$

$$R_i = R_b /\!/ r_{be} \approx r_{be} = 1.1(k\Omega)$$

$$R_o \approx R_c = 2(k\Omega)$$

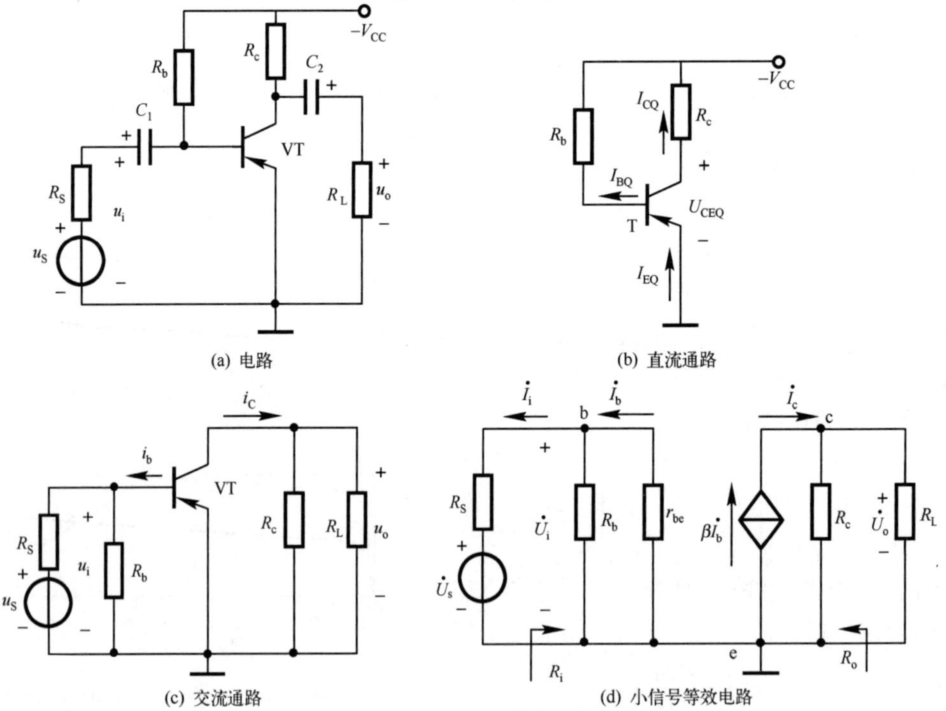

图 6.3.17　例 6.3.5 电路

由式（6.3.25）可计算出输出电压的最大值。PNP 型三极管电路的电压 U_{CEQ} 为负值，要在公式中代入绝对值，故

$$U_{omax} = \min\{I_{CQ}R_L', \ |U_{CEQ}| - |U_{CES}|\} = \min\{1.95 \times 1, \ 8.1 - 0.5\} = 1.95(V)$$

所以电路的动态范围为

$$U_{p-p} = 2U_{omax} = 2 \times 1.95 = 3.9(V)$$

根据电压放大倍数 $\dot{A}_u$ 和不失真的最大输出电压 U_{omax} ，还可以计算出输入信号的最大值 U_{imax} 为

$$U_{imax} = \frac{U_{omax}}{A_u} = \frac{1.95}{54.5} \approx 35.8(mV)$$

也就是说，在不产生失真的条件下，输入信号的幅值不应超过 35.8mV。

6.4　三极管放大电路的 3 种接法

在 6.2~6.3 节中介绍了基本共射放大电路，其特点是放大电路的输入回路和输出回路以发射极为公共端。实用电路中还有以集电极为公共端的共集电极放大电路和以基极为公共端的共基极放大电路，即基本放大电路有 3 种接法。

6.4.1　静态工作点稳定的共发射极放大电路

由 6.3 节的分析可知，静态工作点 Q 的设置很重要，它不但决定了放大电路是否会产生非线性失真，而且还影响到电路的动态性能，如电压增益、输入电阻等，所以在设计和调试电路时，必须首先设置合适稳定的静态工作点。

实际应用中，电源电压的波动、元器件参数的分散性以及元器件的老化、环境温度的变化等，都会引起静态工作点的不稳定，影响放大电路的正常工作。在引起 Q 点不稳定的诸多因素中，尤以环境温度变化的影响最大。环境温度对静态工作点的影响是通过 β 、$U_{BE(on)}$ 和 I_{CBO} 3 个对温度敏感的三极管参数而产生的，温度 T 对三者的影响为：

$$T \uparrow \longrightarrow \left\{ \begin{array}{l} \beta \uparrow \\ I_{CBO} \uparrow \\ U_{BE(on)} \downarrow \end{array} \right\} \longrightarrow I_{CQ} \uparrow \longrightarrow Q\ 点上移（进入饱和）$$

其中，β 受温度影响最大，当温度升高时，三者随温度变化的结果都集中表现在 Q 点的电流 I_{CQ} 的增大上，使得 Q 点上移。

在图 6.4.1 中，除了 β 为 100 外，其他值都与例 6.3.1 中的值完全相同。分析电路的基极电流得

$$I_{BQ} = \frac{V_{CC} - U_{BEQ}}{R_b} = \frac{12 - 0.7}{300} = 0.038 \times 10^{-3} = 38\mu A$$

这与以前计算过的基极电流相等。但是，集电极电流变大

$$I_{CQ} \approx \beta I_{BQ} = 100 \times 38\mu A = 3.82mA$$

则三极管的压降为

$$U_{CEQ} = V_{CC} - I_{CQ}R_C = 12 - 3.8 \times 10^{-3} \times 4 \times 10^3$$
$$= 12 - 15.2 = -3.2V$$

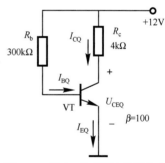

图 6.4.1　用大 β 管的固定偏置电路

$U_{CEQ} < 0$ ，说明三极管进入饱和区，电路输出信号会产生严重失真，说明图 6.4.1 所示的这种仅由电源和 R_b 确定偏流的固定偏置电路是不实用的，对 β 值太敏感，而 β 值会随温度的改变而变化。实际中需要一个对 β 值不太敏感的电路。

对图 6.4.1 所示电路加两只电阻，一只加在发射极电路上，另一只加在基极与地之间，电路如图 6.4.2(a)所示，称为基极分压式发射极偏置电路。加上信号源、负载电阻及耦合电容后的放大电路为图 6.4.2(b)所示。

由图 6.4.2(a)所示的直流通路来分析该电路稳定静态工作点的原理和过程，可列出

$$I_1 = I_2 + I_{BQ}$$

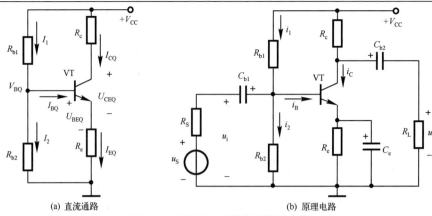

(a) 直流通路　　　　　　　　　　　　　　　(b) 原理电路

图 6.4.2　基极分压式发射极偏置电路

若使
$$I_2 \gg I_{BQ} \tag{6.4.1}$$

则
$$I_1 \approx I_2 \approx \frac{V_{CC}}{R_{b1} + R_{b2}}$$

基极电位
$$V_{BQ} = R_{b2}I_2 \approx \frac{R_{b2}}{R_{b1} + R_{b2}} V_{CC} \tag{6.4.2}$$

可以认为 V_{BQ} 与三极管的参数无关，不受温度影响，而仅由 R_{b1} 与 R_{b2} 的分压电路所确定。由图 6.4.2(a) 还可列出

$$U_{BEQ} = V_{BQ} - V_{EQ} = V_{BQ} - R_E I_{EQ} \tag{6.4.3}$$

若使
$$V_{BQ} \gg U_{BEQ} \tag{6.4.4}$$

则
$$I_{CQ} \approx I_{EQ} = \frac{V_{BQ} - U_{BEQ}}{R_e} \approx \frac{V_{BQ}}{R_e} \tag{6.4.5}$$

　　式（6.4.5）表明，I_{CQ} 仅由 R_e 和 V_{BQ} 决定，它们都与温度无关，因此静态工作点基本是稳定的。要满足式（6.4.1）式和式（6.4.4），对硅管而言，在估算时一般选取 $I_2 = (5\sim10)I_{BQ}$，$V_{BQ} = (5\sim10)U_{BEQ}$。

　　这种电路稳定静态工作点的过程可表示为

$$T\!\uparrow \to I_{CQ}\!\uparrow \to I_{EQ}\!\uparrow \to (I_{EQ}R_e)\!\uparrow \to U_{BEQ}\!\downarrow \to I_{BQ}\!\downarrow$$
$$I_{CQ}\!\downarrow \longleftarrow$$

　　这种将输出回路的电流变化以一定的方式回送到输入回路，从而产生抑制输出电流变化的作用，称为电流反馈。

　　此外，当发射极电流的交流分量通过 R_e 时，也会产生压降，使得 u_{be} 减小，从而降低电压放大倍数。为此，可在 R_e 两端并联一个大电容 C_e，使交流旁路。C_e 称为交流旁路电容。

　　【例 6.4.1】　在图 6.4.2(b) 所示电路中，已知 $V_{CC}=12V$，$R_c=2k\Omega$，$R_e=2k\Omega$，$R_{b1}=20k\Omega$，$R_{b2}=10k\Omega$，$R_L=6k\Omega$，已知三极管的 $\beta=40$，$U_{BEQ}=0.7V$，试计算：（1）静态工作点；（2）计算该电路的电压放大倍数 $\dot{A}_u$，输入电阻 R_i 和输出电阻 R_o。

　　解：（1）由图 6.4.2(a) 所示直流通路可计算出

$$V_{BQ} \approx \frac{R_{b2}}{R_{b1} + R_{b2}} V_{CC} = 12 \times \frac{10}{10+20} = 4(V)$$

$$I_{CQ} \approx I_{EQ} = \frac{V_{BQ} - U_{BEQ}}{R_e} = \frac{4-0.7}{2\times10^3} = 1.65(mA)$$

$$I_{BQ} = \frac{I_{CQ}}{\beta} = \frac{1.65}{40}(mA) = 41(\mu A)$$

$$U_{CEQ} \approx V_{CC} - I_{CQ}(R_c + R_e) = 12 - 1.65\times10^{-3}\times(2+2)\times10^3 = 5.4(V)$$

（2）微变等效电路如图 6.4.3(a)所示。其中

$$r_{be} = 300 + (1+\beta)\frac{26(\text{mV})}{I_{EQ}(\text{mA})} = 300 + (1+40)\times\frac{26}{1.65} = 0.95(\text{k}\Omega)$$

则可求得

$$\dot{A}_u = \frac{\dot{U}_o}{\dot{U}_i} = -\frac{\beta\dot{I}_b(R_c//R_L)}{\dot{I}_b r_{be}} = -40\times\frac{(2//6)}{0.95} = -63.2$$

$$R_i = R_{b1}//R_{b2}//r_{be} = 20//10//0.95 = 0.83(\text{k}\Omega)$$

$$R_o \approx R_c = 2(\text{k}\Omega)$$

【例 6.4.2】 在例 6.4.1 中，如果没有并联旁路电容 C_e，试计算该电路的电压放大倍数 $\dot{A}_u$、输入电阻 R_i 和输出电阻 R_o。

解： 没有并联旁路电容 C_e 的微变等效电路如图 6.4.3(b)所示。由于旁路电容 C_e 并不影响电路的静态值，所以图 6.4.3(a)、图 6.4.3(b)中的 r_{be} 值相同，由图可得

$$\dot{U}_o = -\beta\dot{I}_b(R_c//R_L) = -\beta\dot{I}_b R'_L$$

$$\dot{U}_i = \dot{I}_b r_{be} + (1+\beta)\dot{I}_b R_e$$

所以

$$\dot{A}_u = \frac{\dot{U}_o}{\dot{U}_i} = -\frac{\beta R'_L}{r_{be}+(1+\beta)R_e} = -\frac{40\times(2//6)}{0.95+(1+40)\times 2} = -0.72$$

从分析可以看出，没有并联电容 C_e 的电压放大倍数比有并联电容时小很多，这是因为输入信号的很大部分降在了电阻 R_e 上，只有一部分加在基极-射极之间转化为输出信号。R_e 越大，稳定静态工作点的作用越强，但是放大倍数下降越多，而在 R_e 两端并联电容后，很好地解决了稳定静态工作点与提高电压增益的矛盾。

在求输入电阻时，可看做是 R_{b1}、R_{b2} 和由基极向里看的等效电阻 R'_i 的并联，即

$$R_i = R_{b1}//R_{b2}//R'_i$$

用外加电源法求 R'_i 的电路如图 6.4.4 所示。

$$R'_i = \frac{\dot{U}}{\dot{I}} = \frac{\dot{I}r_{be}+(1+\beta)\dot{I}_b R_e}{\dot{I}} = \frac{\dot{I}_b r_{be}+(1+\beta)\dot{I}_b R_e}{\dot{I}_b} = r_{be}+(1+\beta)R_e$$

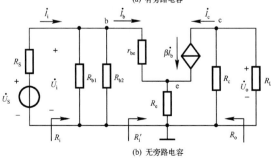

(a) 有旁路电容

(b) 无旁路电容

图 6.4.3 图 6.4.2(b)电路的微变等效电路

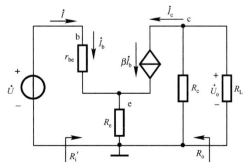

图 6.4.4 外加电源法求输入电阻

所以

$$R_i = R_{b1}//R_{b2}//[r_{be} + (1+\beta)R_e] = 20//10//[0.95 + (1+40)\times 2] = 6.17(\text{k}\Omega)$$

与有旁路电容时的电路相比，无电容时的输入电阻较高，式中 $(1+\beta)R_e$ 可以理解为将发射极电阻折算到基极电阻时需要乘以折算系数 $(1+\beta)$。

输出电阻为

$$R_o \approx R_c = 2(\text{k}\Omega)$$

6.4.2 共集电极放大电路

图 6.4.5(a)所示为共集电极放大电路的原理图，图 6.4.5(b)是它的交流通路。从交流通路可以看出，集电极是输入回路和输出回路的公共端，所以是共集电极电路。又由于输出电压从发射极取出，所以又称为发射极输出器。

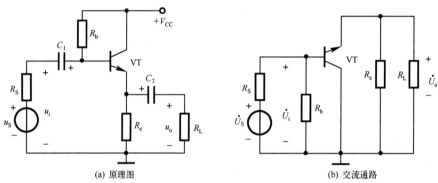

(a) 原理图　　　　　　　　　　　　　(b) 交流通路

图 6.4.5　共集电极放大电路

1. 静态分析

根据图 6.4.5(a)，在基极回路中有

$$V_{CC} = I_{BQ}R_b + U_{BEQ} + I_{EQ}R_e$$

而

$$I_{EQ} = (1+\beta)I_{BQ}$$

则

$$I_{BQ} = \frac{V_{CC} - U_{BEQ}}{R_b + (1+\beta)R_e}$$

$$I_{CQ} \approx I_{EQ} = \beta I_{BQ}$$

$$U_{CEQ} = V_{CC} - I_{EQ}R_e \approx V_{CC} - I_{CQ}R_e$$

2. 动态分析

（1）电压放大倍数 $\dot{A}_u$

将图 6.4.5(b)所示电路中的三极管用其微变等效模型代替，得到共集电极放大电路的微变等效电路，如图 6.4.6 所示。

由图 6.4.6 所示的共集电极放大电路的微变等效电路可得出

$$\dot{U}_o = \dot{I}_e(R_e//R_L) = (1+\beta)\dot{I}_b R'_L$$

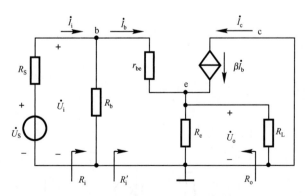

图 6.4.6　共集电极放大电路的微变等效电路

式中，$R'_L = R_L//R_e$。

$$\dot{U}_i = \dot{I}_b r_{be} + \dot{I}_e(R_e//R_L) = \dot{I}_b r_{be} + (1+\beta)\dot{I}_b R'_L$$

$$\dot{A}_u = \frac{\dot{U}_o}{\dot{U}_i} = \frac{(1+\beta)\dot{I}_b R'_L}{\dot{I}_b r_{be} + (1+\beta)\dot{I}_b R'_L} = \frac{(1+\beta)R'_L}{r_{be} + (1+\beta)R'_L} \tag{6.4.6}$$

式（6.4.6）表明，共集电极放大电路的电压增益小于 1，没有电压放大作用。输出电压 u_o 与输入电压 u_i 同相。当 $r_{be} \ll (1+\beta)R'_L$ 时，$\dot{A}_u \approx 1$，故 $\dot{U}_o \approx \dot{U}_i$，所以共集电极放大电路又称为发射极电压跟随器。

（2）输入电阻 R_i

由图 6.4.6 可以看出，输入电阻可以写为

$$R_i = R_b // R'_i$$

$$R'_i = \frac{\dot{U}_i}{\dot{I}_b} = r_{be} + (1+\beta)(R_e // R_L) = r_{be} + (1+\beta)R'_L$$

所以

$$R_i = R_b // [r_{be} + (1+\beta)R'_L] \tag{6.4.7}$$

与共发射极放大电路比较，发射极跟随器的输入电阻较高，可达几十千欧到几百千欧。

（3）输出电阻 R_o

应用外加电源法求输出电阻，将图 6.4.6 电路中的信号源短路，保留其内阻，负载断开，在断开处外加电压源 $\dot{U}$，求其产生的电流 $\dot{I}$，如图 6.4.7 所示。输出电阻可表示为

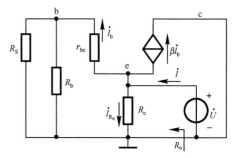

图6.4.7 求共集电极放大电路输出电阻的等效电路

$$R_o = \frac{\dot{U}}{\dot{I}}$$

根据电路可列方程

$$\dot{I} = \dot{I}_{R_e} + \dot{I}_b(1+\beta) = \frac{\dot{U}}{R_e} + (1+\beta)\frac{\dot{U}}{r_{be} + (R_b // R_S)} = \frac{\dot{U}}{R_e} + \frac{\dot{U}}{\dfrac{r_{be} + (R_b // R_S)}{(1+\beta)}}$$

即

$$R_o = R_e // R'_o$$

$$R'_o = \frac{r_{be} + (R_b // R_S)}{(1+\beta)}$$

R'_o 可以理解为基极电阻折算到射极时需要除以折算系数 $(1+\beta)$。所以

$$R_o = R_e // \frac{r_{be} + (R_b // R_S)}{(1+\beta)} \tag{6.4.8}$$

通常有

$$R_e \gg \frac{r_{be} + (R_b // R_S)}{(1+\beta)}$$

故

$$R_o \approx \frac{r_{be} + (R_b // R_S)}{(1+\beta)} \tag{6.4.9}$$

与共发射极放大电路相比，共集电极放大电路的输出电阻很小，带负载能力强，而且输出电阻的大小与信号源的内阻 R_S 有关。

综上所述，发射极输出器的主要特点是，电压放大倍数接近于 1，输出电压与输入电压同相，输入电阻高，输出电阻低。因此，它常被用做多极放大电路的输入级、输出级或缓冲级。

【例 6.4.3】 在图 6.4.5(a) 所示的共集电极放大电路中，设 $V_{CC} = 10\text{V}$，$R_b = 240\text{k}\Omega$，$R_e = 5.6\text{k}\Omega$，锗三极管的 $\beta = 40$，$U_{BEQ} = 0.2\text{V}$，信号源的内阻 $R_S = 10\text{k}\Omega$，负载电阻 R_L 开路。试估算静态工作点 Q，求电压放大倍数 $\dot{A}_u$ 和 $\dot{A}_{us}$、输入电阻 R_i 及输出电阻 R_o。

解：（1）估算静态工作点 Q

$$I_{BQ} = \frac{V_{CC} - U_{BEQ}}{R_b + (1+\beta)R_e} = \frac{10 - 0.2}{240 + (1+40) \times 5.6} \approx 0.02(\text{mA})$$

$$I_{CQ} \approx I_{EQ} = \beta I_{BQ} = 40 \times 0.02 = 0.8(\text{mA})$$

$$U_{CEQ} = V_{CC} - I_{EQ}R_e = V_{CC} - I_{CQ}R_e = 10 - 0.8 \times 5.6 = 5.52(\text{V})$$

（2）求 $\dot{A}_{\mathrm{u}}$、$\dot{A}_{\mathrm{us}}$、R_{i} 和 R_{o}

$$r_{\mathrm{be}} = 300 + (1+\beta)\frac{26(\mathrm{mV})}{I_{\mathrm{EQ}}(\mathrm{mA})} = 300 + (1+40)\frac{26(\mathrm{mV})}{0.8(\mathrm{mA})} = 1.63(\mathrm{k\Omega})$$

$$\dot{A}_{\mathrm{u}} = \frac{\dot{U}_{\mathrm{o}}}{\dot{U}_{\mathrm{i}}} = \frac{(1+\beta)R_{\mathrm{e}}}{r_{\mathrm{be}} + (1+\beta)R_{\mathrm{e}}} = \frac{(1+40)\times 5.6(\mathrm{k\Omega})}{1.63 + (1+40)\times 5.6(\mathrm{k\Omega})} \approx 0.99$$

$$R_{\mathrm{i}} = R_{\mathrm{b}}//[r_{\mathrm{be}} + (1+\beta)R_{\mathrm{e}}] = 240//[1.63 + (1+40)\times 5.6] \approx 117.8(\mathrm{k\Omega})$$

$$R_{\mathrm{o}} = R_{\mathrm{e}}//\frac{r_{\mathrm{be}} + (R_{\mathrm{b}}//R_{\mathrm{S}})}{(1+\beta)} = 5.6//\frac{1.63 + (10//240)}{1+40} = 0.26(\mathrm{k\Omega})$$

$$\dot{A}_{\mathrm{us}} = \dot{A}_{\mathrm{u}}\frac{R_{\mathrm{i}}}{R_{\mathrm{i}}+R_{\mathrm{S}}} = 0.99\times\frac{117.8}{117.8+10} = 0.91$$

6.4.3　共基极放大电路

图 6.4.8(a)所示为共基极放大电路的原理图，图 6.4.8(b)是它的交流通路。从交流通路可以看出，基极是输入回路和输出回路的公共端，所以是共基极电路。

1. 静态分析

图 6.4.9 是图 6.4.8(a)所示共基极放大电路的直流通路，显然，它与基极分压式射极偏置电路的直流通路是一样的，因而 Q 点的求法相同。

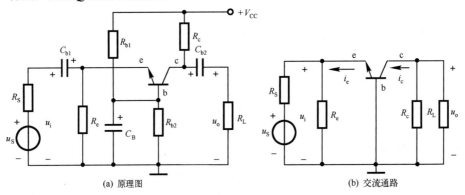

(a) 原理图　　　　　　　　　　　　　(b) 交流通路

图 6.4.8　共基极放大电路

2. 动态分析

将图 6.4.8(b)所示电路中的三极管用其微变等效模型代替，得到共基极放大电路的微变等效电路，如图 6.4.10 所示。

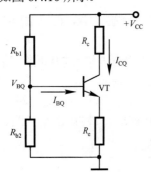

图 6.4.9　共基极放大电路的直流通路

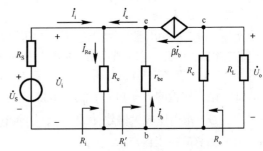

图 6.4.10　共基极放大电路的微变等效电路

（1）电压放大倍数 $\dot{A}_{\mathrm{u}}$

由图 6.4.10 可知

$$\dot{U}_{\mathrm{o}} = -\beta\dot{I}_{\mathrm{b}}R_{\mathrm{L}}', \quad \dot{U}_{\mathrm{i}} = -\dot{I}_{\mathrm{b}}r_{\mathrm{be}}$$

于是有
$$\dot{A}_\mathrm{u} = \frac{\dot{U}_\mathrm{o}}{\dot{U}_\mathrm{i}} = \beta \frac{R'_\mathrm{L}}{r_\mathrm{be}} \tag{6.4.10}$$

式中，$R'_\mathrm{L} = R_\mathrm{c} /\!/ R_\mathrm{L}$。

由式（6.4.10）可以看出，共基极放大电路的放大倍数在数值上与共发射极放大电路相同，但共基极放大电路的输出电压与输入电压同相。

（2）输入电阻 R_i

$$R_\mathrm{i} = R_\mathrm{e} /\!/ R'_\mathrm{i}$$

$$R'_\mathrm{i} = -\frac{\dot{U}_\mathrm{i}}{\dot{I}_\mathrm{e}} = -\frac{\dot{U}_\mathrm{i}}{(1+\beta)\dot{I}_\mathrm{b}} = \frac{r_\mathrm{be}}{1+\beta}$$

所以
$$R_\mathrm{i} = R_\mathrm{e} /\!/ \frac{r_\mathrm{be}}{1+\beta} \tag{6.4.11}$$

共基极放大电路的输入电阻远小于共发射极放大电路的输入电阻。

（3）输出电阻 R_o

由图 6.4.10 确定
$$R_\mathrm{o} \approx R_\mathrm{c} \tag{6.4.12}$$

式（6.4.12）说明共基极放大电路的输出电阻与共发射极放大电路的输出电阻相同，近似等于集电极电阻 R_c。

通过上述分析可知，共基极放大电路的特点是输入电阻低，电压放大作用强，输出电压与输入电压同相。

6.4.4　3 种基本放大电路的性能比较

根据前面的分析，现将基本放大电路的 3 种组态的性能特点进行比较，并列于表 6.4.1 中。

表 6.4.1　基本放大电路 3 种组态性能比较

	共 发 射 极	共 集 电 极	共 基 极
电路	图 6.4.2(b)	图 6.4.5(a)	图 6.4.8(a)
微变等效电路	图 6.4.3(a)	图 6.4.6	图 6.4.10
电压增益	$\dot{A}_\mathrm{u} = -\beta \dfrac{R'_\mathrm{L}}{r_\mathrm{be}}$	$\dot{A}_\mathrm{u} = \dfrac{(1+\beta)R'_\mathrm{L}}{r_\mathrm{be}+(1+\beta)R'_\mathrm{L}}$	$\dot{A}_\mathrm{u} = \beta \dfrac{R'_\mathrm{L}}{r_\mathrm{be}}$
R'_L	$R'_\mathrm{L} = R_\mathrm{c} /\!/ R_\mathrm{L}$	$R'_\mathrm{L} = R_\mathrm{e} /\!/ R_\mathrm{L}$	$R'_\mathrm{L} = R_\mathrm{c} /\!/ R_\mathrm{L}$
输入电阻	$R_\mathrm{i} = R_\mathrm{b1} /\!/ R_\mathrm{b2} /\!/ r_\mathrm{be}$	$R_\mathrm{i} = R_\mathrm{b} /\!/ [r_\mathrm{be}+(1+\beta)R'_\mathrm{L}]$	$R_\mathrm{i} = R_\mathrm{e} /\!/ \dfrac{r_\mathrm{be}}{1+\beta}$
输出电阻	$R_\mathrm{o} \approx R_\mathrm{c}$	$R_\mathrm{o} = R_\mathrm{e} /\!/ \dfrac{r_\mathrm{be}+(R_\mathrm{b} /\!/ R_\mathrm{s})}{(1+\beta)}$	$R_\mathrm{o} \approx R_\mathrm{c}$
用途	多级放大电路中间级	输入级、中间级、输出级	高频或宽频带电路

从表 6.4.1 可以看出：

① 共发射极电路既放大电压也放大电流，输入、输出电阻适中，被主要应用于低频多级放大电路的中间级；

② 共集电极电路只放大电流，不放大电压，在 3 种组态中，输入电阻最高，输出电阻最小，常被用于输入级、输出级或作为隔离用的缓冲级；

③ 共基极电路只放大电压不放大电流，输入电阻小，高频特性很好，常被用于高频或宽频带低输入阻抗的场合。

6.5　电流源电路

在前面分析的放大电路中，均是采用电阻和直流电压源组成偏置电路。这些偏置电路也可以用电流源电路组成，而且电流源还可以作为有源负载取代大电阻以增强放大能力。下面讨论几种常见的电流源。

6.5.1　镜像电流源电路

在图 6.5.1(b)所示电路中，若三极管工作在放大状态，从其输出特性中可以看出，只要基极电流 I_B 一定，则集电极电流 I_C 具有恒流特性，如图 6.5.1(a)所示。在直流工作点，所对应的直流电阻较小，而交流电阻却很大，因此从三极管集电极看进去，相当于一个电流源，称为单管电流源，等效电路如图 6.5.1(c)所示。r_o 为等效电流源的动态电阻。

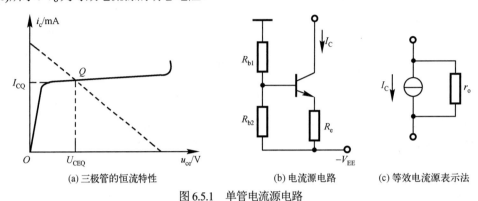

(a) 三极管的恒流特性　　　　　(b) 电流源电路　　　(c) 等效电流源表示法

图 6.5.1　单管电流源电路

在集成电路中电阻元件由硅半导体的体电阻构成，上述电路中电阻比较多，势必占用体积比较大，为此采用图 6.5.2(a)所示电路代替图 6.5.1(b)所示电路，但在集成电路中的二极管都是用三极管代替的，所以图 6.5.2(a)用图 6.5.2(b)代替，该电路即为集成电路中广泛使用的镜像电流源电路。

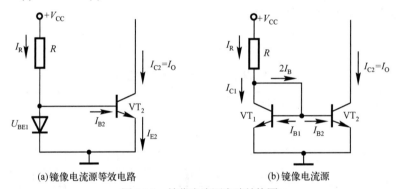

(a)镜像电流源等效电路　　　　　　　(b)镜像电流源

图 6.5.2　镜像电流源电路结构图

电路由两个完全匹配的三极管 VT_1 和 VT_2 组成，由于其参数完全相同，而且它们的基极和发射极分别接在一起，使得 $U_{BE1} = U_{BE2}$，于是有 $I_{C1} = I_{C2} = I_O$，$I_{B1} = I_{B2} = I_B$，而 $I_R = I_{C1} + 2I_B = I_{C1} + 2\dfrac{I_{C1}}{\beta} = I_{C1}\left(1 + \dfrac{2}{\beta}\right)$，即

$$I_O = I_{C2} = I_{C1} = \frac{I_R}{1 + \dfrac{2}{\beta}} \tag{6.5.1}$$

式中，I_R 为基准电流，表达式为

$$I_R = \frac{V_{CC} - U_{BE}}{R} \tag{6.5.2}$$

当 $\beta \gg 2$ 时，有
$$I_O = I_R \tag{6.5.3}$$

式（6.5.3）表明，只要 I_R 一定，I_O 就恒定，改变 I_R，I_O 也跟着改变，I_O 如同 I_R 的镜像，所以此电路称为镜像电流源电路。

6.5.2　比例式电流源电路

实际应用中，经常需要 I_O 和 I_R 成特定比例关系，比例式电流源电路可以改变镜像电流源中 $I_O = I_R$ 的关系，而使 I_O 大于或小于 I_R，其电路如图 6.5.3 所示。由电路可知

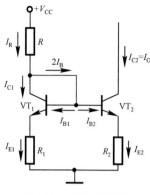

$$U_{BE1} + I_{E1}R_1 = U_{BE2} + I_{E2}R_2 \quad (6.5.4)$$

只要 β 足够大，就可以认为 $I_R \approx I_{E1}$，$I_{C2} \approx I_{E2} \approx I_O$。由于 $U_{BE1} \approx U_{BE2}$，因此式（6.5.4）可以化为

$$I_O \approx \frac{R_1}{R_2} I_R \quad (6.5.5)$$

图 6.5.3　比例式电流源

式中，$I_R = \dfrac{V_{CC} - U_{BE1}}{R + R_1}$，由式（6.5.5）可见，改变电阻的比例，就可得到 I_O 对 I_R 的不同比例关系，因此称为比例式电流源。

6.5.3　微电流源电路

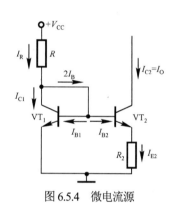

图 6.5.4　微电流源

在集成电路中，有时需要微安级的电流，如果采用镜像电流源，则电阻 R 必须增至很大，可达 $M\Omega$ 数量级，以至于无法集成化。因此在实际电路中，一般采用比例式电路中令 $R_1 = 0$ 的电路，如图 6.5.4 所示。由图可知

$$U_{BE1} - U_{BE2} = \Delta U_{BE} \approx I_O R_2$$

故

$$I_O = \frac{\Delta U_{BE}}{R_2} \quad (6.5.6)$$

式中，ΔU_{BE} 的最大值只有几十毫伏，因而 R_2 只要几千欧就可以得到几十微安级的 I_O。根据 PN 结正向伏安特性方程 $I_E \approx I_s e^{\frac{U_{BE}}{U_T}}$

对其变换可得

$$U_{BE} \approx U_T \ln \frac{I_E}{I_S}$$

由于两只三极管特性相同，所以

$$U_{BE1} - U_{BE2} = \Delta U_{BE} \approx U_T \ln \frac{I_{E1}}{I_{E2}} \approx U_T \ln \frac{I_{C1}}{I_O}$$

当 $\beta \gg 2$ 时，$I_{C1} \approx I_R = \dfrac{V_{CC} - U_{BE1}}{R}$，所以式（6.5.6）可变换为

$$I_O \approx \frac{U_T}{R_2} \ln \frac{I_R}{I_O} \quad (6.5.7)$$

式（6.5.7）在 R_2 已知的情况下对 I_O 而言是超越方程，可以用图解法或累试法求解。在设计中一般先确定 I_R 和 I_O 的数值，再确定 R 和 R_2 的值。

例如 $V_{CC} = 9V$，当要求 $I_O = 20\mu A$ 时，若取 $I_R / I_O = 10$，即 $I_R = 0.2mA$，即

$$R = \frac{V_{CC} - U_{BE1}}{I_R} = \frac{9 - 0.7}{0.2mA} = 41.5(k\Omega)$$

$$R_2 = \frac{U_T}{I_O} \ln \frac{I_R}{I_O} = \frac{26(mV)}{0.02(mA)} \ln 10 = 2.99(k\Omega)$$

可见，R 和 R_2 都不是很大。

6.5.4 电流源做有源负载

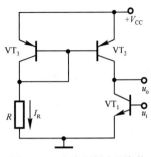

图 6.5.5 电流源做有源负载

在共射放大电路中集电极电阻 R_c 越大，电压放大倍数越大，但是 R_c 不能太大，随着 R_c 的增大，三极管的静态工作点更靠近饱和区，导致输出幅度减小。

出现上述问题的原因是 R_c 既是直流通路中的直流电阻，又是交流通路中的交流电阻。如果用一个直流电阻小、交流电阻大的有源电阻取代 R_c，这个问题就解决了，而电流源电路就具有此特点，它可以作为负载使用，称为有源负载，如图 6.5.5 所示。图中 VT_1 是放大管，VT_2 和 VT_3 构成镜像电流源电路，此电流源电路一方面提供 VT_1 管的静态工作点所需的 I_{CQ1}，另一方面作为 VT_1 的集电极有源负载。电流源的交流电阻很大，可以获得比电阻负载高得多的电压放大倍数。静态时，若 $\beta \gg 2$，则

$$I_{CQ1} \approx I_R \approx \frac{V_{CC} - U_{BE3}}{R}$$

6.6 基于 Multisim 仿真的设计与讨论

6.6.1 认识三极管

（1）建立三极管电路

在 Multisim 仿真软件中建立如图 6.6.1 所示的三极管电路。观察 R_B 分别为 22kΩ、220kΩ 和 2200kΩ 时电流的变化，说明 R_B 对三极管工作状态的影响，计算三极管处于放大状态时的 β 与 α。

（2）三极管特性曲线的仿真

① 建立如图 6.6.2 所示的 BJT 放大电路，以 U_{CE} 为参变量，绘出 NPN 三极管 2N3904 的输入特性曲线，并求 U_{BE}=1V，U_{CE} 分别等于 0、0.3V、1V、10V 的 I_B 值。（注意：对电路进行直流扫描仿真，先设置 V_{BE} 的扫描范围为 0～2V，扫描增量为 0.01V，再设置 V_{CE} 的扫描范围为 0～10V，增量为 0.3V，修改左坐标轴为 0～0.025A，得到输入特性曲线并读出 I_B 的值。）

② 将图 6.6.2 所示电路中的电压源 V_{BE} 用电流源 I_B 代替，以基极电流 I_B 为参变量，绘出 NPN 三极管 2N3904 的输出特性曲线，并确定 U_{CE}=4V 时，I_B=0.11mA 时的集电极电流 I_C，并计算 β 值。（注意：对电路进行直流扫描仿真，先对 V_{CE} 进行扫描，扫描范围为 0～8V，扫描增量为 0.1V，再对 I_B 进行扫描，扫描范围为 0～0.55mA，增量为 55μA，得到输出特性曲线并读出 I_C 的值。）

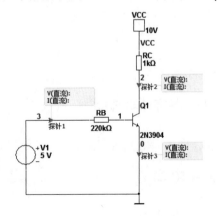

图 6.6.1 三极管电流分配与放大作用

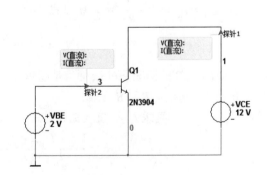

图 6.6.2 放大电路

（3）用图解法求静态工作点

① 建立如图 6.6.3(a)所示电路，双击图中的 2N3904，单击模型编辑将该管的 β 值改为 150，运行

仿真可得到静态工作点如图中探针所示。根据图中探针 1 所示的电压 4.75V，说明该电路的 U_{CE}=4.75V，建立如图 6.6.3(b)所示电路。

② 在输入特性曲线上求解 I_B 与 U_{BE}。

对图 6.6.3(b)进行直流扫描分析，设置 V_1 的扫描范围为 0～6V，扫描增量为 0.1V，输出为 $\dfrac{5-V(探针1)}{22000}$ 和 I（探针 1），修改左坐标轴为 0～0.000025A，得到输入特性曲线与输入直流负载线，读取它们的交点坐标 I_B 和 U_{BE} 的值，与图 6.6.3(a)中探针 1 的值相比较。

③ 在输出特性曲线上求解 I_C 与 U_{CE}。

将图 6.6.3（b）中的电压源 V_1 换成 1A 的电流源，V_2 改为 12V，进行直流扫描分析，先对 V_2 进行扫描，扫描范围为 0～12V，扫描增量为 0.1V，再对电流源进行扫描，扫描范围为 0～0.08mA，增量 0.02mA，输出为 $\dfrac{12-V(探针2)}{4000}$ 和 I（探针 2），得到输出特性曲线与输出直流负载线，读出 I_B 等于 20μA 时，负载线与输出特性曲线的交点坐标 I_C 和 U_{CE} 的值，与图 6.6.3(a)中探针 2 的值相比较。

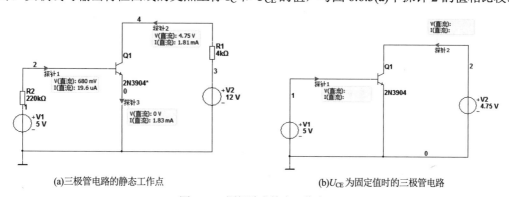

(a)三极管电路的静态工作点　　　　(b)U_{CE} 为固定值时的三极管电路

图 6.6.3　图解法求静态工作点

④ β 值对静态工作点的影响。

对图 6.6.3(a)进行参数扫描，扫描设置如图 6.6.4 所示，输出为 I（探针 2），得到的静态 I_C 值与 β 的关系如图 6.6.5 所示。从表中可以看出，随着 β 的变化，I_C 值变化明显，说明静态工作点受 β 影响较大。

1	I(IⁿᵃÕë1), 2n3904_bjt_npn__1__1 bf=100	1.40904 m
2	I(IⁿᵃÕë1), 2n3904_bjt_npn__1__1 bf=120	1.58434 m
3	I(IⁿᵃÕë1), 2n3904_bjt_npn__1__1 bf=140	1.74026 m
4	I(IⁿᵃÕë1), 2n3904_bjt_npn__1__1 bf=160	1.88004 m
5	I(IⁿᵃÕë1), 2n3904_bjt_npn__1__1 bf=180	2.00618 m

图 6.6.4　参数扫描分析设置　　　　图 6.6.5　固定偏置电路 β 对 I_C 的影响

6.6.2　三极管的应用

（1）电子开关

① 设计一个三极管-发光二极管电子开关，发光二极管的正向电压为 1V，工作电流为 10mA，三

极管开关电路的 V_{CC}=5V。在输入端加频率为 1Hz，幅值为 5V 的方波，如何确定 R_B、R_C 的大小？取 β=50。

② 设计一个三极管–灯泡电子开关，灯泡额定电压为 5V、额定功率为 1W，三极管开关电路的 V_{CC}=9V。在输入端加频率为 1Hz，幅值为 9V 的方波，如何确定 R_B、R_C 的大小？取 β=50。

（2）共发射极放大电路

建立如图 6.6.6 所示共发射极放大电路。采用 $\beta \approx 150$ 的 2N2222 NPN BJT 管，信号源输出频率 1kHz、30mVpk 的正弦信号。

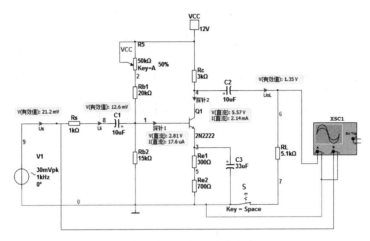

图 6.6.6　共发射极放大电路

① 测量静态工作点，V_B、V_C、V_E 和 I_C。

② 对图 6.6.5 进行参数扫描分析，β 从 60 变化到 180，说明 I_C 随 β 变化很小。

③ 对图 6.6.5 进行温度扫描，起始温度 27℃，停止温度 40℃，说明静态工作点随温度变化很小。

④ 进行交流分析，将测试结果填入表 6.6.1 并进行计算。（表中 U_o 为负载开路时的输出电压。）

表 6.6.1　共发射极放大电路动态参数测量与计算记录表

测量值	U_s(mV)	U_i(mV)	U_{oL}(V)	U_o(V)
测量计算值	$\dot{A}_u = -\dfrac{U_{oL}}{U_i}$	$R_i = \dfrac{U_i R_s}{U_s - U_i}$	$R_o = \left(\dfrac{U_o}{U_{oL}} - 1\right) R_L$	
理论计算值	$\dot{A}_u = -\dfrac{\beta(R_L // R_c)}{r_{be}}$	$R_i = R_{b1} // R_{b2} // r_{be}$	$R_o \approx R_c$	
相对误差				

⑤ 幅频特性与相频特性分析（通频带的测量）。

进行交流分析，设置扫描类型为十进位，纵坐标输出为分贝，可得幅频特性与相频特性，读出中频增益并与④中的电压增益进行比较；读出中频增益下降 3dB 所对应的上限截止频率与下限截止频率，计算出通频带；或用波特图仪测量通频带，比较两者的测量值。

⑥ 测试频率为 10kHz 时的输入电阻。

进行交流分析，设置扫描类型为十进位，纵坐标输出为线性，输出变量为 $V(U_i)/I(U_i)$，可得输入电阻与频率的关系曲线，读出 10kHz 时的输入电阻，与④中的输入电阻进行比较。

⑦ 将发射极旁路电路 C_3 只与 R_{e2} 并联，重复测量④，电压增益如何变化，并解释发射极电容影响电压增益的原因。

⑧ 改变可调电阻，观察截止失真、饱和失真和既截止又饱和 3 种失真波形（可以适当加大输入信号幅值）。

（3）共集电极放大电路

建立如图 6.6.7 所示电路。采用$\beta \approx 150$ 的 2N2222 NPN BJT 管，信号源输出频率 1kHz、1Vpk 的正弦信号。

① 测量静态工作点，V_B、V_C、V_E 和 I_C。

② 进行交流分析，将测试结果填入表 6.6.2 并进行计算。（表中 U_o 为负载开路时的输出电压。）

③ 幅频特性与相频特性分析，在幅频特性曲线上读出上限截止频率与下限截止频率，计算出通频带。

④ 测试频率为 10kHz 时的输入电阻和输出电阻。

⑤ 电容 C_2 开路时电压增益如何变化？R_c 为零即短路时电压增益如何变化？

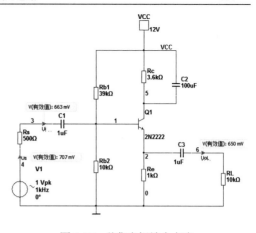

图 6.6.7　共集电极放大电路

表 6.6.2　共集电极放大器动态参数测量与计算记录表

测量值	U_s(mV)		U_i(mV)	U_{oL}(V)	U_o(V)
测量计算值	$\dot{A}_u = \dfrac{U_{oL}}{U_i}$		$R_i = \dfrac{U_i R_s}{U_s - U_i}$	$R_o = \left(\dfrac{U_o}{U_{oL}} - 1\right) R_L$	
理论计算值	$\dot{A}_u = \dfrac{(1+\beta)(R_e // R_L)}{r_{be} + (1+\beta)(R_e // R_L)}$		$R_i = R_{b1} // R_{b2} // [r_{be} + (1+\beta)R_e // R_L]$	$R_o = R_e // \dfrac{r_{be} + (R_{b1} // R_{b2} // R_s)}{(1+\beta)}$	
相对误差					

6.6.3　电流源电路

（1）镜像电流源

在 Multisim 仿真软件中建立如图 6.6.8 所示的镜像电流源电路。为了保证管子工作在放大状态，R_C 的阻值要合适。改变 R_C 阻值分别为 1kΩ、4.3kΩ、10kΩ，观察基准电流、输出电流的变化，分析说明原因。

（2）微电流源电路

在 Multisim 仿真软件中建立如图 6.6.9 所示的微电流源电路。改变 R_C 阻值分别为 10Ω、1kΩ、10kΩ，观察输出电流的变化，分析说明原因；改变 R_2 的阻值分别为 1kΩ、5kΩ、10kΩ，观察输出电流的变化，说明输出电流与 R_2 的关系。

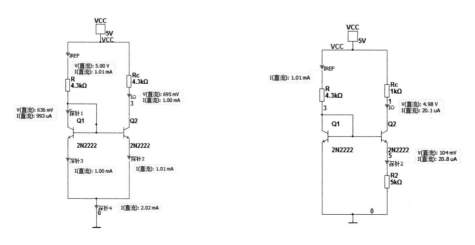

图 6.6.8　镜像电流源电路　　　　　　　　　　图 6.6.9　微电流源电路

（3）比例式电流源电路

在 Multisim 仿真软件中建立如图 6.6.10 所示的比例式电流源电路，保持 R_1 为 2kΩ 不变，改变 R_2 分别为 2kΩ、3kΩ、4kΩ，观察基准电流与输出电流的变化，说明与电阻 R_2 的关系；保持 R_2 为 1kΩ 不变，分别改变 R_1 为 1kΩ、3kΩ、4kΩ，观察基准电流与输出电流的变化，说明与电阻 R_1 的关系。

（4）电流源作为有源负载

在 Multisim 仿真软件中建立如图 6.6.11 所示的电流源作为有源负载的共发射极放大电路。如图中所示，可以用输入、输出电压峰-峰值计算该电路的电压增益、交流 β 值。（注意与直流 β 相差较大，也与模型参数相差较大。）

① 用图中探针 U_i 的电压、电流峰-峰值计算输入电阻，与理论计算值进行比较。

② 将图中的交流信号源短路，在输出端外加信号源，进行交流分析，设置扫描类型为十进位，纵坐标输出为线性，输出变量为 $V(U_o)/I(U_o)$，可得输出电阻与频率的关系曲线，读出在中频段的输出电阻。

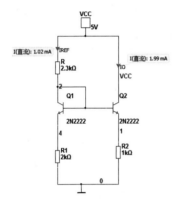

图 6.6.10 比例式电流源电路

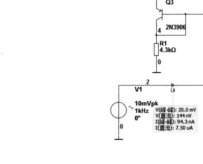

图 6.6.11　电流源作为有源负载的共发射极放大电路

6.6.4　设计仿真题目

1．设计一个 BJT 放大电路，使其 A_u=500，R_L=50kΩ。

（1）一级能否实现？一级实现会出现什么问题？

（2）用二级实现可以选择什么组态的放大电路？每一级的增益选多少合适？

2．设计一个三极管放大电路，带宽为 6MHz，输入信号为 1V，输出为 10V，负载电阻为 600Ω。

习　题　6

6.1　确定图 6.1 中三极管其他两个电流的值。

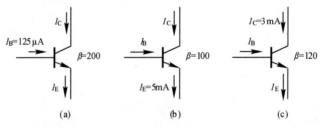

图 6.1　习题 6.1 图

6.2　有两只工作于放大状态的三极管，它们两个引脚的电流大小和实际流向如图 6.2 所示。求另一引脚的电流大小，判断管子是 NPN 型还是 PNP 型，三个引脚各是什么电极；并求它们的 β 值。

6.3　试判断图 6.3 所示电路中开关 S 放在①、②、③哪个位置时的 I_B 最大；放在哪个位置时的 I_B 最小，为什么？

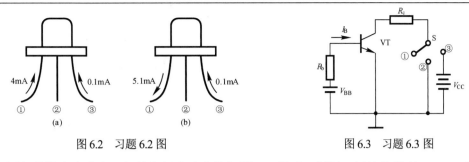

图 6.2　习题 6.2 图　　　　　　　　图 6.3　习题 6.3 图

6.4　测得某放大电路中三极管各极直流电位如图 6.4 所示，判断三极管的类型（NPN 或 PNP）及三个电极，并分别说明它们是硅管还是锗管。

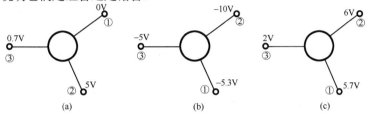

图 6.4　习题 6.4 图

6.5　用万用表直流电压挡测得三极管的各极对地电位如图 6.5 所示，判断这些三极管分别处于哪种工作状态（饱和、放大、截止或已损坏）。

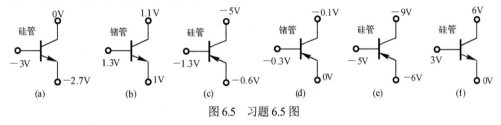

图 6.5　习题 6.5 图

6.6　某三极管的极限参数为 $I_{CM} = 20mA$、$P_{CM} = 200mW$、$U_{(BR)CEO} = 15V$，若它的工作电流 $I_C = 10mA$，那么它的工作电压 U_{CE} 不能超过多少？若它的工作电压 $U_{CE} = 12V$，那么它的工作电流 I_C 不能超过多少？

6.7　图 6.6 所示电路对正弦信号是否有放大作用？如果没有放大作用，则说明理由并将错误加以改正（设电容的容抗可以忽略）。

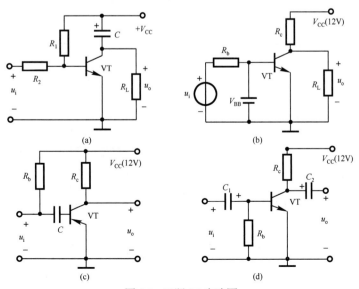

图 6.6　习题 6.7 电路图

6.8　确定图 6.7 所示电路中 I_{CQ} 和 U_{CEQ} 的值。

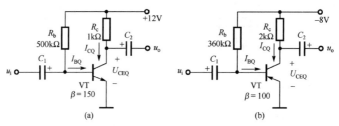

图 6.7　习题 6.8 电路图

6.9　图 6.7(a)所示放大电路中，假设电路其他参数不变，分别改变以下某一项参数时：（1）增大 R_b；（2）增大 V_{CC}；（3）增大 β。试定性地说明放大电路的 I_{BQ}、I_{CQ} 和 U_{CEQ} 将增大、减小还是基本不变。

6.10　图 6.8 所示为放大电路的直流通路，三极管均为硅管，判断它的静态工作点位于哪个区（放大区、饱和区、截止区）。

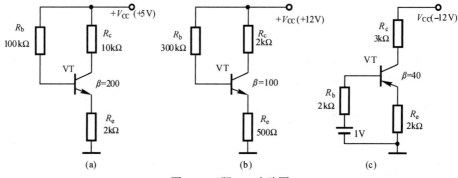

图 6.8　习题 6.10 电路图

6.11　画出图 6.9 所示电路的直流通路和微变等效电路，并注意标出电压、电流的参考方向。设所有电容对交流信号均可视为短路。

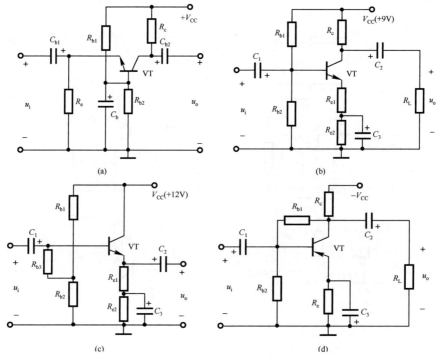

图 6.9　习题 6.11 电路图

6.12 放大电路如图 6.10(a)所示。设所有电容对交流均视为短路，$U_{\mathrm{BEQ}} = 0.7\mathrm{V}$，$\beta = 50$。（1）估算该电路的静态工作点 Q；（2）画出微变等效电路；（3）求电路的输入电阻 R_i 和输出电阻 R_o；（4）求电路的电压放大倍数 $\dot{A}_u$；（5）若 u_o 出现如图 6.10(b)所示的失真现象，问是截止失真还是饱和失真？为消除此失真，应该调整电路中哪个元件，如何调整？

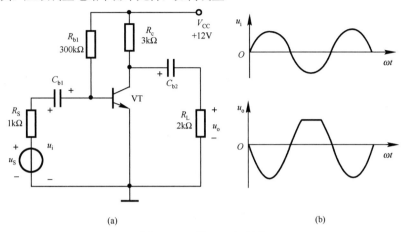

图 6.10 习题 6.12 电路图

6.13 将图 6.10 中的三极管换成一个 PNP 型三极管，$V_{\mathrm{CC}} = -12\mathrm{V}$，重复题 6.12。

6.14 求解图 6.11 所示电路的静态工作点 Q。

6.15 图 6.12 所示 NPN 三极管组成的分压式工作点稳定电路中，假设电路其他参数不变，分别改变以下某一项参数时，试定性说明放大电路的 I_{BQ}、I_{CQ}、U_{CEQ}、r_{be} 和 $|\dot{A}_u|$ 将增大、减小还是基本不变。（1）增大 R_{b1}；（2）增大 R_{b2}；（3）增大 R_e；（4）增大 β。

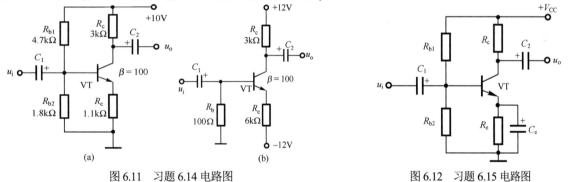

图 6.11 习题 6.14 电路图   图 6.12 习题 6.15 电路图

6.16 基本放大电路如图 6.13 所示。设所有电容对交流均视为短路，$U_{\mathrm{BEQ}} = 0.7\mathrm{V}$，$\beta = 100$，$U_{\mathrm{CES}} = 0.5\mathrm{V}$。

（1）估算电路的静态工作点（I_{CQ}，U_{CEQ}）；

（2）求电路的输入电阻 R_i 和输出电阻 R_o；

（3）求电路的电压放大倍数 $\dot{A}_u$ 和源电压放大倍数 $\dot{A}_{us}$；

（4）求不失真的最大输出电压 U_{omax}。

6.17 放大电路如图 6.14 所示，设所有电容对交流均视为短路。已知 $U_{\mathrm{BEQ}} = 0.7\mathrm{V}$，$\beta = 100$。

（1）估算静态工作点（I_{CQ}，U_{CEQ}）；

（2）画出微变等效电路图；

（3）求放大电路输入电阻 R_i 和输出电阻 R_o；

（4）计算交流电压放大倍数 $\dot{A}_u$ 和源电压放大倍数 $\dot{A}_{us}$。

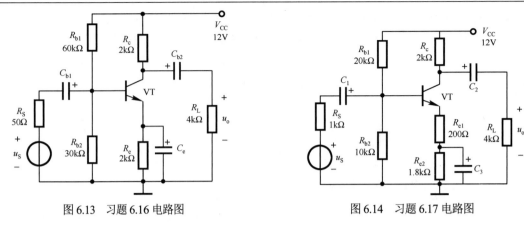

图 6.13　习题 6.16 电路图　　　　　　　图 6.14　习题 6.17 电路图

6.18　放大电路如图 6.15 所示。已知 $V_{CC} = 20V$ ，$R_c = 3.9k\Omega$ ，$U_{BEQ} = 0.7V$ ，要使 $I_{CQ} = 2mA$ ，$U_{CEQ} = 7.5V$ ，试选择 R_e 、R_{b1} 、R_{b2} 的阻值。

6.19　电路如图 6.16 所示，设所有电容对交流均视为短路。已知 $U_{BEQ} = 0.7V$ ，$\beta = 100$ ，r_{ce} 可忽略。（1）估算静态工作点 Q（I_{CQ}、I_{BQ} 和 U_{CEQ}）；（2）求解 $\dot{A}_u$ 、R_i 和 R_o 。

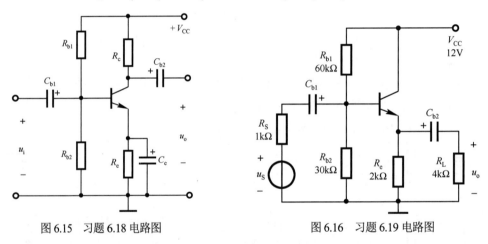

图 6.15　习题 6.18 电路图　　　　　　　图 6.16　习题 6.19 电路图

6.20　在图 6.17 所示的偏置电路中，利用非线性电阻 R_t 的温度补偿作用来稳定静态工作点，问要求非线性元件具有正的还是负的温度系数？

6.21　电路如图 6.18 所示，设所有电容对交流均视为短路，$U_{BEQ} = -0.7V$ ，$\beta = 50$ 。试求该电路的静态工作点 Q 、$\dot{A}_u$ 、R_i 和 R_o 。

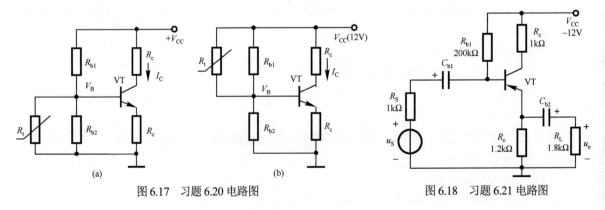

图 6.17　习题 6.20 电路图　　　　　　　图 6.18　习题 6.21 电路图

6.22　电路如图 6.19 所示，设所有电容对交流均视为短路，已知 $U_{BEQ} = 0.7V$ ，$\beta = 20$ ，r_{ce} 可忽略。（1）估算静态工作点 Q；（2）求解 $\dot{A}_u$ 、R_i 和 R_o 。

6.23 在图 6.20 所示电路中，在 VT 的发射极接有一个恒流源，设 $U_{BEQ} = 0.7V$、$\beta = 50$，各电容值足够大。试求：（1）静态工作点(I_{BQ}、I_{CQ}、V_{CQ})；（2）动态参数 $\dot{A}_u$、R_i、R_o。

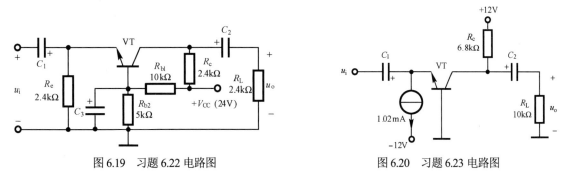

图 6.19 习题 6.22 电路图   图 6.20 习题 6.23 电路图

6.24 三极管电路如图 6.21 所示，已知 VT_1、VT_2 的特性相同，$\beta = 100$，$U_{BE} = 0.7V$，试求 I_{C1} 的值。

6.25 某集成运放的一单元电路如图 6.22 所示，VT_2、VT_3 的特性相同，且 β 足够大，$U_{BE} = 0.7V$，$R = 1k\Omega$。问：（1）VT_2、VT_3 和 R 组成什么电路？在电路中起什么作用？（2）电路中 VT_1、R_{e1} 起电平移动作用，保证 $u_i = 0$ 时，$u_o = 0$，求 I_{REF}、I_{C3} 和 R_{e1} 的值。

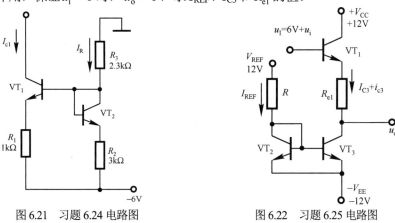

图 6.21 习题 6.24 电路图   图 6.22 习题 6.25 电路图

6.26 电流源电路如图 6.23 所示，已知 $I_o = 10\mu A$，$+V_{CC} = 5V$，$-V_{EE} = -5V$，$I_R = 1mA$ 且 $U_{BE1} = 0.7V$，求 R 和 R_e 的值。

6.27 在图 6.24 所示电路中，已知所有三极管特性均相同，U_{BE} 均为 0.7V，求 R_{e2} 和 R_{e3} 的阻值。

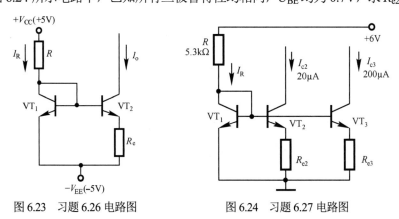

图 6.23 习题 6.26 电路图   图 6.24 习题 6.27 电路图

6.28 设三极管的参数为 $U_{BE} = 0.7V$，$\beta = 100$，$V_{CC} = 9V$，设计一个输出电流 $I_o = 1.5mA$ 的镜像电流源。

6.29 设三极管的参数为 $U_{BE} = 0.7V$，$U_T = 26mV$，$V_{CC} = 9V$，设计一个微电流源电路，使 $I_R = 50\mu A$，$I_o = 15\mu A$。

第 7 章　场效应管放大电路与
放大电路的频率响应

第 6 章讨论了双极型晶体管及其放大电路，本章将介绍另一种重要的三端放大器件：场效应三极管（FET，Field Effect Transistor），简称场效应管。与双极型晶体管相对应，场效应管又称为单极型晶体管。场效应管是利用电场效应来控制其电流大小的半导体器件。本章通过与双极型晶体管的比较，首先介绍各种 FET 外部特性和模型，重点讨论 FET 基本放大电路：共源放大电路和共漏放大电路，最后讨论放大电路的频率响应。

7.1　场效应管的外部特性

场效应管的外形与双极型晶体管的一样，也有各种封装形式，几种常见的外形如图 6.1.1 所示。

FET 按结构分为两大类：金属-氧化物-半导体场效应管（MOSFET，Metal-Oxide-Semiconductor field-effect transistor，简称 MOS 管）和结型场效应管（JFET，Junction field-effect transistor）。

MOSFET 是 20 世纪 60 年代中期推出的，尽管它的运行速度比双极型晶体管要慢得多，但它具有体积小和功耗低的特点，易于大规模集成。微处理器和大容量存储器都是由它集成的。

JFET 是在双极型晶体管推出几年后推出的。JFET 的开发先于 MOS 管，但它的应用远不及 MOS 管，且只用于某些特殊场合，有被淘汰的趋势，原因之一是 JFET 的栅极电压和漏极电压的极性相反。

综上所述，本章主要讨论 MOS 管。在 MOS 管中，增强型 MOS 管又远比耗尽型 MOS 管应用广泛，且在集成电路设计中占有主导地位，所以首先介绍增强型 MOS 管。

7.1.1　增强型 MOS 管的外部特性

1. 结构与电路符号

图 7.1.1(a)所示为 N 沟道增强型 MOS 管结构示意图。它以一块低掺杂的 P 型硅片为衬底，利用扩散的方法制作两个高掺杂浓度的 N 型区，记为 N^+ 区，并引出两个电极，分别为源极 S 和漏极 D，在 P 型硅表面上制作一层 SiO_2 绝缘层，再在 SiO_2 之上制作一层金属铝，引出电极，作为栅极 G。在通常情况下，源极一般都与衬底极 B 相连，即 $u_{BS} = 0$。场效应管的 3 个电极为 G、S 和 D，分别类似于双极型性晶体管的基极 b、发射极 e 和集电极 c。

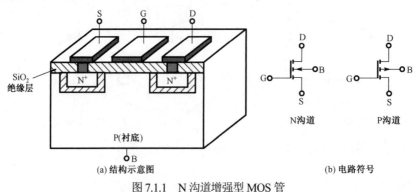

(a) 结构示意图　　　　　　　　　　(b) 电路符号

图 7.1.1　N 沟道增强型 MOS 管

由于栅极与源极、漏极之间均采用 SiO_2 绝缘层隔离，故称绝缘栅极。图 7.1.1(b)所示为 N 沟道和 P 沟道两种增强型场效应管的电路符号。图中衬底箭头方向是 PN 结正偏时的正向电流方向。

2. 伏安特性曲线与电流方程

场效应管共源极特性测试电路如图7.1.2(a)所示，与图7.1.2(b)所示的三极管的共发射极特性测试电路相比较，可以看出三个电极的对应关系，N 沟道的场效应管类比于 NPN 型管，所加电源的极性和电流方向也可类比。图中衬底与源极相连，这是很常用的接法。

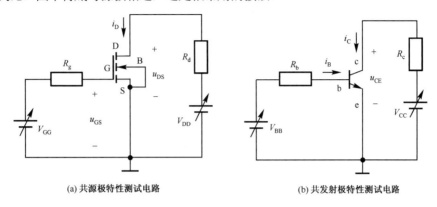

(a) 共源极特性测试电路   (b) 共发射极特性测试电路

图 7.1.2 特性测试电路比较

（1）转移特性

由于是绝缘栅极，栅极输入端基本没有电流，故讨论它的输入特性是没有意义的，所以讨论其转移特性，描述当漏-源电压 u_{DS} 为常数时，漏极电流 i_D 与栅-源电压 u_{GS} 之间的函数关系，即

$$i_D = f(u_{GS})\big|_{u_{DS}=\text{常数}}$$

从增强型 MOS 管的符号可以看出，D 和 S 之间是虚线，说明 D 和 S 之间是不通的，称之为没有导电沟道，只有在栅-源之间加的电压 $u_{GS} > U_{th}$ 时才有电流 $i_D > 0$，且 u_{GS} 越大，i_D 也随之增大，说明管子此时被"开启"，故 U_{th} 称为开启电压，当 $u_{GS} < U_{th}$ 时，$i_D = 0$，N 沟道增强型 MOS 管的转移特性曲线如图 7.1.3(a)所示，由此可见，N 沟道增强型 MOS 管在使用时，需使栅-源电压为正，且 $u_{GS} > U_{th}$。这种在 $u_{GS} = 0$ 时没有导电沟道，而必须依靠栅-源电压的作用才形成导电沟道的 FET 称为增强型 FET。图 7.1.1(b)中的短画线反映了增强型 FET 在 $u_{GS} = 0$ 时沟道是断开的特点。

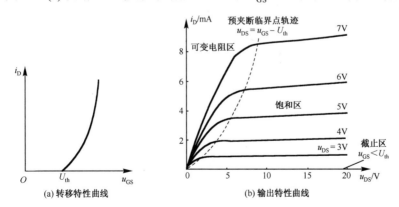

(a) 转移特性曲线   (b) 输出特性曲线

图 7.1.3 N 沟道增强型 MOS 管的转移特性曲线和输出特性曲线

根据半导体物理中对场效应管内部载流子的分析，可知转移特性曲线是条抛物线，i_D 的近似表达式为

$$i_D = K(u_{GS} - U_{th})^2 \tag{7.1.1}$$

式中，K 为常数，由场效应管结构决定。如果已知转移特性，可通过 U_{th} 和特性曲线上任一点的 u_{GS} 和 i_D 值估算出 K 值的大小。

（2）输出特性

输出特性是指在栅–源电压 u_{GS} 为一个常量时，漏极电流 i_D 与漏–源电压 u_{DS} 之间的关系，

即
$$i_D = f(u_{DS})\big|_{u_{GS}=常数}$$

对应于一个 u_{GS}，就有一条曲线，因此输出特性曲线是一簇曲线，相比于电流控制型的双极型晶体管，FET 是电压控制器件。图 7.1.3(b)所示为一个 N 沟道增强型 MOS 管的输出特性曲线，可划分为 3 个工作区：截止区、可变电阻区和饱和区。下面分别对 3 个工作区进行讨论。

① 截止区

当 $u_{GS} < U_{th}$ 时，导电沟道尚未形成，$i_D = 0$，为截止工作状态，又称为夹断区。

② 可变电阻区（非饱和区）

图 7.1.3(b)中虚线的左边部分称为可变电阻区，该区域类似于双极性晶体管的饱和区，可以看出在这个区域 i_D 不仅与 u_{GS} 有关，也与 u_{DS} 有关，说明 u_{DS} 与导电沟道的大小也有关，当 $u_{DS} < u_{GS} - U_{th}$ 时，称导电沟道未夹断，$u_{GS} - u_{DS} = U_{th}$ 是预夹断的临界条件，据此可以在输出特性上画出预夹断轨迹，如图 7.1.3(b)中的虚线所示。u_{GS} 越大，预夹断时的 u_{DS} 值也越大。该区域中的曲线近似为不同斜率的直线。当 u_{GS} 确定时，直线的斜率也被唯一确定，直线斜率的倒数为 D–S 间的等效电阻。因而在此区域中，可以通过改变 u_{GS} 的大小（即压控的方式）来改变漏–源电阻的阻值，故称为可变电阻区。

③ 饱和区（恒流、放大区）

当 $u_{GS} > U_{th}$，且 $u_{DS} > u_{GS} - U_{th}$，MOS 管进入饱和区，如图 7.1.3(b)中预夹断轨迹右边的区域。当 u_{GS} 不变，u_{DS} 增大时，i_D 仅略有增加，因而可以将 i_D 近似为电压 u_{GS} 控制的电流源，故称该区域为恒流区。利用场效应管作为放大管时，应使其工作在该区域。

7.1.2　耗尽型 MOS 管的外部特性

1. 符号

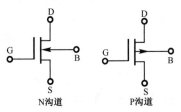

图 7.1.4　N 沟道耗尽型 MOS 管的符号

图 7.1.4 所示为耗尽型 MOS 管的电路符号。与增强型 MOS 管不同的是其中的虚线用实线取代，表明 $u_{GS} = 0$ 时导电沟道仍存在。

2. 伏安特性与电流方程

N 沟道耗尽型 MOS 管的输出特性和转移特性曲线如图 7.1.5 所示。

从特性曲线可以看出，N 沟道耗尽型 MOS 管可以在正或负的栅–源电压下工作。当 $u_{GS} > 0$ 时，i_D 随着 u_{GS} 的增大而增大。如果所加 u_{GS} 为负，i_D 会减小，当 i_D 减小为 0 时，说明漏–源极之间导电沟道被夹断，此时的栅–源电压称为夹断电压 U_p。

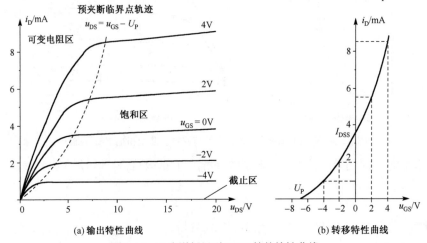

图 7.1.5　N 沟道耗尽型 MOS 管的特性曲线

耗尽型 MOS 管的工作区域同样可以分为截止区、可变电阻区和饱和区，所不同的是 N 沟道耗尽型 MOS 管的夹断电压 U_P 为负值，而 N 沟道增强性 MOS 管的开启电压 U_{th} 为正值。

耗尽型 MOS 管的电流方程可以用增强型 MOS 管的电流方程（7.1.1）表示，但这时必须用 U_P 取代 U_{th}。

在饱和区，当 $u_{GS} = 0$，$u_{DS} \geq u_{GS} - U_P$ 时（即进入预夹断后），则由式（7.1.1）可得

$$i_D = K_n U_P^2 = I_{DSS} \qquad (7.1.2)$$

式中，I_{DSS} 为零偏压时的漏极电流，称为饱和漏极电流。因此式（7.1.1）可改写为

$$i_D \approx I_{DSS} \left(1 - \frac{u_{GS}}{U_P} \right)^2 \qquad (7.1.3)$$

P 沟道耗尽型 MOS 管有类似的特性，与 N 沟道的差别仅是电压极性和电流方向相反。

7.1.3　JFET 的外部特性

1. 符号

JFET 的符号如图 7.1.6 所示。

2. 伏安特性与电流方程

图 7.1.7 所示为 N 沟道结型场效应管的输出特性曲线和转移特性曲线，除了结型场效应管必须保证 $u_{GS} \leq 0$ 之外，它的特性曲线与 N 沟道耗尽型 MOS 管是相似的。由特性曲线可知，JFET 属于耗尽型一类。

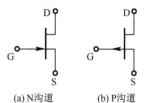

图 7.1.6　JFET 的符号　(a) N沟道　(b) P沟道

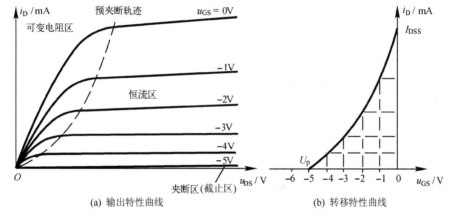

(a) 输出特性曲线　　　　　　　(b) 转移特性曲线

图 7.1.7　N 沟道结型场效应管的特性曲线

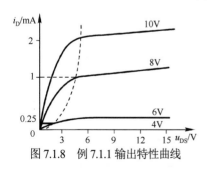

图 7.1.8　例 7.1.1 输出特性曲线

与耗尽型 MOS 管相似，结型场效应管的 i_D 与 u_{GS} 的关系同式（7.1.3）。

【例 7.1.1】 已知某场效应管的输出特性曲线如图 7.1.8 所示。试分析该场效应管是什么类型的场效应管（结型、绝缘栅型、N 沟道、P 沟道、增强型、耗尽型）。

解： 从 i_D 的方向或 u_{DS}、u_{GS} 可知，该管为 N 沟道管。从输出特性曲线可知，开启电压 $U_{th} = 4V > 0$，说明该管为增强型 MOS 管。所以，该管为 N 沟道增强型 MOS 管。

7.1.4　各种场效应管的特性比较

前面讨论了金属-氧化物-半导体场效应管（MOSFET）和结型场效应管（JFET），为了帮助读者学习，现将各类 FET 的特性列于表 7.1.1 中。

表 7.1.1 各种场效应管的特性比较

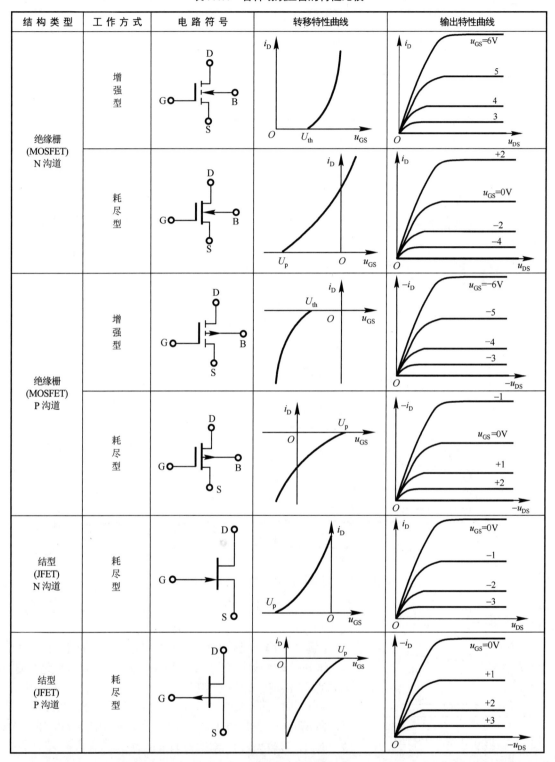

在使用的时候要注意几点：一是 MOS 管中有的产品将衬底引出，则衬-源极之间的电压 u_{BS} 必须保证衬-源极间的 PN 结反向偏置，因此 P 衬底接低电位，N 衬底接高电位。二是场效应管通常制成漏极与源极可以互换，但有的产品出厂时已将源极与衬底连在一起，这时源极与漏极不能对调，使用时要注意。三是 MOSFET 由于栅极与衬底之间的电容量很小，只要少量的感应电荷就可以产生很高的电压使极薄的绝缘层击穿，造成场效应管损坏。因此，无论在存放时还是在工作电路中，都应在栅-源极之间提供直流通路或加双向稳压对管保护，避免栅极悬空。

7.2　场效应管放大电路

场效应管与双极型晶体管一样都能实现信号的控制，所以也能组成放大电路。与双极型晶体管类似，由场效应管组成的单管放大电路有 3 种组态，即共源极、共漏极和共栅极放大电路。其中，共栅极放大电路因为不经常使用，故本节只对共源极放大电路和共漏极放大电路进行分析。

7.2.1　场效应管放大电路的直流偏置及静态分析

为了保证在有输入信号时，场效应管始终工作在放大区（恒流区）。同双极型晶体管一样，场效应管放大电路也要建立合适的静态工作点。所不同的是，场效应管是电压控制器件，因此它需要有合适的栅-源电压。

根据不同类型的场效应管对栅-源电压 U_{GS} 的要求，通常偏置形式有两种：一种是只适合耗尽型场效应管的自给偏压电路，另一种是用于各种类型场效应管的分压式偏置电路。

1. 自给偏压电路

由耗尽型 N 沟道 MOS 管构成的自给偏压共源极放大电路如图 7.2.1(a)所示，电容 C_1 和 C_2 为耦合电容，C_S 为旁路电容，在交流通路中可以视为短路。将电容开路就可以得直流通路，如图 7.2.1(b)所示。

由耗尽型 MOS 管的特性可知，即使 $U_{GS} = 0$，在相应的电压 U_{DS} 作用下也有漏极电流 I_D。在图 7.2.1(b)所示电路中，当 I_D 流过源极电阻 R_S 时会产生压降 $V_{SQ} = I_{DQ} R_S$，由于栅极电流为零，从而使 R_g 中电流为零，所以栅极电位 $V_{GQ} = 0$，因此栅-源静态电压为

$$U_{GSQ} = V_{GQ} - V_{SQ} = -I_{DQ} R_S \qquad (7.2.1)$$

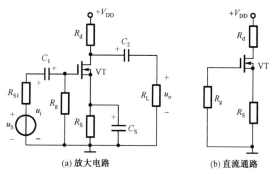

图 7.2.1　N 沟道 MOS 管自给偏压共源极放大电路

式（7.2.1）表明，在直流电源 $+V_{DD}$ 作用下，电路靠电阻 R_S 上的电压使栅-源极之间获得负偏压，这种依靠自身获得负偏压的方式称为自给偏压。

将式（7.2.1）代入场效应管电流方程（7.1.7），得

$$I_{DQ} \approx I_{DSS}\left(1 - \frac{U_{GSQ}}{U_p}\right)^2 = I_{DSS}\left(1 - \frac{-I_{DQ}R_S}{U_p}\right)^2 \qquad (7.2.2)$$

由式（7.2.2）求解出漏极静态电流 I_{DQ}，将其代入式（7.2.1），可得栅-源极之间的静态电压 U_{GSQ}。根据电路的输出回路方程，可得管压降

$$U_{DSQ} = V_{DD} - I_{DQ}(R_d + R_S) \qquad (7.2.3)$$

在求解以上方程时，因为有二次方程，所以会有两组解，为保证 MOS 管具有放大能力，静态值必须位于恒流区，因此，要对所求得的 Q 点进行验证。当 Q 点值满足 $U_{DSQ} > U_{GSQ} - U_p$ 时，表明场效应管工作在放大区，Q 点即为静态工作点。否则，所计算的 Q 点没有意义，应舍去。

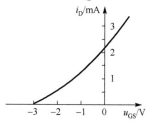

图 7.2.2　例 7.2.1 的转移特性曲线

【例 7.2.1】　电路如图 7.2.1(b)所示，其中 $R_d = 6k\Omega$，$R_S = 1k\Omega$，$R_g = 1.2M\Omega$，$V_{DD} = 15V$，其转移特性曲线如图 7.2.2 所示。试求 I_{DQ}、U_{GSQ} 及 U_{DSQ} 的值。

解：由图 7.2.2 可读得：$I_{DSS} = 2.3mA$、$U_P = -3V$。列方程组

$$\begin{cases} I_{DQ} = I_{DSS}\left(1 - \dfrac{U_{GSQ}}{U_P}\right)^2 = 2.3 \times \left(1 + \dfrac{U_{GSQ}}{3}\right)^2 \\ U_{GSQ} = -I_{DQ}R_S = -I_{DQ} \times 1 \end{cases}$$

解方程组得到两个解：$I_{DQ1} = 1.01\text{mA}$、$I_{DQ2} = 8.9\text{mA}$，其中 $I_{DQ2} > I_{DSS}$，不符合实际，舍去。故

$$\begin{cases} I_{DQ} = 1.01\text{mA} \\ U_{GSQ} = -1.01\text{V} \end{cases}$$

$$U_{DSQ} = V_{DD} - I_{DQ}(R_d + R_S) = 15 - 1.01 \times (6 + 1) = 7.93 \text{ V}$$

增强型场效应管只有栅-源电压先达到开启电压 U_{th} 时才有漏极电流 I_D，因此对增强型场效应管不能使用自偏压电路。

自给偏压电路中源极电阻越大，电路静态工作点越稳定。但是源极电阻太大会使偏置太大，电路的工作点将接近截止区，分压式偏置电路可以克服上述缺点。

2. 分压式偏置电路

分压式偏置电路的栅极和直流电源之间增加了一个电阻。图 7.2.3(a)所示为分压式偏置共源极放大电路，图中场效应管为 N 沟道增强型 MOS 管。这种偏置方法适合任何类型的场效应管构成的放大电路。将耦合电容和旁路电容断开，就得到图 7.2.3(a)所示电路的直流通路，如图 7.2.3(b)所示。

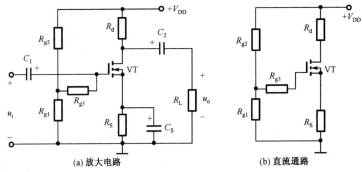

(a) 放大电路　　　　　　　　　　　(b) 直流通路

图 7.2.3　分压式偏置共源极放大电路

在图 7.2.3(b)所示电路中，由于栅极电流为零，即电阻 R_{g3} 中无电流流过，所以栅极电位 V_{GQ} 等于电阻 R_{g1} 和 R_{g2} 对电源电压 $+V_{DD}$ 的分压，即

$$V_{GQ} = \frac{R_{g1}}{R_{g1} + R_{g2}} V_{DD}$$

源极电位等于电流 I_{DQ} 在 R_S 上的压降，即

$$V_{SQ} = I_{DQ} R_S$$

栅-源偏置电压为

$$U_{GSQ} = V_{GQ} - V_{SQ} = \frac{R_{g1}}{R_{g1} + R_{g2}} V_{DD} - I_{DQ} R_S \qquad (7.2.4)$$

分压式偏置共源极放大电路是通过给栅极加固定电压和源极偏置结合产生偏置，是一种混合偏置。为了保证放大电路的高输入电阻，除了可以增大 R_{g1} 和 R_{g2} 的值以外，在电路中增加了电阻 R_{g3} 以提高输入电阻，因为在静态时 R_{g3} 中无电流，不会影响静态工作点。

增强型 MOS 管在放大区的 I_{DQ} 和 U_{GSQ} 满足电流方程

$$I_{DQ} = K_n (U_{GSQ} - U_{th})^2 \qquad (7.2.5)$$

将式（7.2.4）和式（7.2.5）联立，求解二元方程，可得 I_{DQ} 和 U_{GSQ}。再求解管压降

$$U_{DSQ} = V_{DD} - I_{DQ}(R_d + R_S) \qquad (7.2.6)$$

求得静态工作点后同样要进行检验判断，舍去一组不合理的解。

【例 7.2.2】 电路如图 7.2.4 所示，设 $U_{th} = 1\text{V}$，$K_n = 0.1\text{mA/V}^2$，求 U_{DSQ}、I_{DQ}。

解： $U_{GSQ} = \dfrac{R_{g2}}{R_{g1} + R_{g2}} V_{DD} = \dfrac{20}{30 + 20} \times 5 = 2(V) > U_{th}$

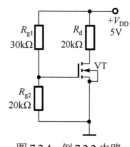

假设场效应管工作在放大状态，则

$$I_{DQ} = K_n(U_{GSQ} - U_{th})^2 = 0.1 \times (2-1)^2 = 0.1(mA)$$

$$U_{DSQ} = V_{DD} - I_{DQ}R_d = 5 - 0.1 \times 20 = 3(V)$$

因为 $U_{GSQ} > U_{th}$ 且 $U_{DSQ} > (U_{GSQ} - U_{th})$，所以假设成立，即场效应管工作在放大状态。

图 7.2.4　例 7.2.2 电路

【例 7.2.3】 图 7.2.5 所示电路中 N 沟道增强型 MOS 管的参数为：$U_{th} = 1V$，$K_n = 0.5mA/V^2$。求 U_{GSQ}、U_{DSQ}、I_{DQ}。

解： 假设场效应管工作在放大状态，有

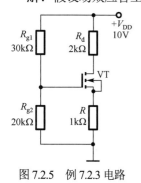

图 7.2.5　例 7.2.3 电路

$$\begin{cases} U_{GSQ} = \dfrac{R_{g2}}{R_{g1} + R_{g2}} V_{DD} - I_{DQ}R = \dfrac{20}{30+20} \times 10 - I_{DQ} \\ I_{DQ} = K_n(U_{GSQ} - U_{th})^2 = 0.5(U_{GSQ} - 1)^2 \end{cases}$$

解得：$U_{GSQ} = \pm 2.65(V)$。

因为是 N 沟道增强型 MOS 管，舍去负值得

$$U_{GSQ} = 2.65(V)，\quad I_{DQ} = 1.36(mA)$$

$$U_{DSQ} = V_{DD} - I_{DQ}(R_d + R) = 10 - 1.36 \times (2+1) = 5.92(V)$$

因为 $U_{DSQ} > (U_{GSQ} - U_{th})$，所示假设成立。

7.2.2　场效应管的微变等效电路

1. 场效应管的微变等效电路

在小信号工作条件下，场效应管工作在放大区时，与三极管一样可以用微变等效电路来分析。

输入回路中，由于栅–源极之间呈现很高的电阻，基本不从信号源索取电流，所以可以认为栅–源间近似开路。在输出回路中，漏极电流仅仅决定于栅–源电压，满足 $i_d = g_m u_{gs}$，因而可认为输出回路是一个电压控制的电流源。这样就可以得到场效应管在低频时的微变等效电路，如图 7.2.6(a)所示。

图中，r_{ds} 称为场效应管的漏–源极动态电阻，也称为场效应管输出电阻，它是输出特性曲线在静态工作点上斜率的倒数，相当于三极管的 r_{ce}。r_{ds} 数值通常比较大，可以认为是开路，这样得到简化的微变等效电路如图 7.2.6(b)所示。

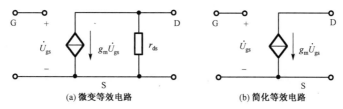

(a) 微变等效电路　　　　　　　　　(b) 简化等效电路

图 7.2.6　场效应管的微变等效电路

2. 场效应管线性化模型的交流参数

（1）低频互导 g_m

在 u_{DS} 等于常数时，漏极电流的微变量和引起这个变化的栅–源电压的微变量之比称为互导，即

$$g_m = \left. \frac{\partial i_D}{\partial u_{GS}} \right|_{u_{DS}=常数} \tag{7.2.7}$$

互导反映了栅–源电压对漏极电流的控制能力，它相当于转移特性曲线上工作点处的斜率。根据

场效应管的电流方程可以求出低频跨导 g_m，对于耗尽型场效应管，可以通过对式（7.1.3）求偏导，得

$$g_m = \frac{\partial i_D}{\partial u_{GS}}\bigg|_{u_{DS}} = -\frac{2I_{DSS}}{U_P}\left(1 - \frac{u_{GS}}{U_P}\right)\bigg|_{u_{DS}} = -\frac{2}{U_P}\sqrt{I_{DSS}i_D} \tag{7.2.8}$$

在静态工作点处，用 I_{DQ} 代入式（7.2.8），得

$$g_m \approx -\frac{2\sqrt{I_{DSS}I_{DQ}}}{U_P} \tag{7.2.9}$$

对于增强型场效应管，对式（7.1.1）求偏导，可得

$$g_m = 2K_n(U_{GSQ} - U_{th}) \tag{7.2.10}$$

由于 $I_{DQ} = K_n(U_{GSQ} - U_{th})^2$，则 $(U_{GSQ} - U_{th}) = \sqrt{\dfrac{I_{DQ}}{K_n}}$，代入式（7.2.10）可得

$$g_m = 2K_n(U_{GSQ} - U_{th}) = 2K_n\sqrt{\frac{I_{DQ}}{K_n}} = 2\sqrt{K_n I_{DQ}} \tag{7.2.11}$$

由式（7.2.9）和式（7.2.11）可以看出，g_m 与 Q 点密切相关，与三极管放大电路一样，Q 点不仅影响电路是否会产生失真，而且影响着电路的动态参数。

互导 g_m 是表征 FET 放大能力的一个重要参数，单位为 S（西门子）或 mS。g_m 一般在十分之几至几毫西的范围内，特殊的可达 100mS，甚至更高。g_m 与切线点的位置密切相关，由于转移特性曲线的非线性，因而 I_D 越大，g_m 越高。

（2）交流输出电阻 r_{ds}

$$r_{ds} = \frac{\partial u_{DS}}{\partial i_D}\bigg|_{u_{GS}=\text{常数}} \tag{7.2.12}$$

输出电阻 r_{ds} 说明了 u_{DS} 对 i_D 的影响，是输出特性曲线上某一点切线斜率的倒数。

3．极限参数

（1）最大漏极电流 I_{DM}

I_{DM} 是场效应管正常工作时漏极电流的上限值。

（2）击穿电压

场效应管进入恒流区后，使 i_D 急剧上升时的 u_{DS} 称为最大漏–源电压 $U_{(BR)DS}$。$U_{(BR)GS}$ 是指栅–源极间反向电流开始急剧增加时的 u_{GS} 值，称为最大栅–源极电压。

7.2.3 共源极放大电路的动态分析

图 7.2.1(a)所示的共源极放大电路的微变等效电路如图 7.2.7(a)所示。

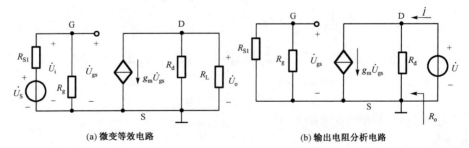

(a) 微变等效电路　　　　　　　　(b) 输出电阻分析电路

图 7.2.7 图 7.2.1(a)所示共源极放大电路的动态分析

由图 7.2.7(a)可知

$$\dot{U}_i = \dot{U}_{gs}$$

$$\dot{U}_o = -g_m\dot{U}_{gs}(R_d /\!/ R_L) = -g_m\dot{U}_{gs}R_L'$$

式中，$R'_L = R_L // R_d$，因此电压放大倍数为

$$\dot{A}_u = \frac{\dot{U}_o}{\dot{U}_i} = -g_m(R_d // R_L) = -g_m R'_L \qquad (7.2.13)$$

式中，负号表示输出电压与输入电压反相。

在第 6 章中，双极型晶体管构成的共发射极放大电路的放大倍数为 $\dot{A}_u = -\dfrac{\beta R'_L}{r_{be}}$，若定义 $g_m = \beta / r_{be}$，

则 $\dot{A}_u = -g_m R'_L$，可以看出与式（7.2.13）相同，但是相比于双极型晶体管，场效应管的 g_m 较小，因此场效应管共源极放大电路的电压放大倍数较小。

放大电路的输入电阻为

$$R_i = R_g \qquad (7.2.14)$$

图 7.2.1(a)所示的共源极放大电路的输出电阻分析电路如图 7.2.7(b)所示，由电路可知

$$\dot{U}_{gs} = 0，\quad g_m \dot{U}_{gs} = 0$$

故

$$R_o = \frac{\dot{U}}{\dot{I}} = R_d \qquad (7.2.15)$$

【例 7.2.4】　在图 7.2.3(a) 所示电路中，已知 $V_{DD} = 15V$，$R_{g1} = 150k\Omega$，$R_{g2} = 300k\Omega$，$R_{g3} = 2M\Omega$，$R_d = 5k\Omega$，$R_S = 500\Omega$，$R_L = 5k\Omega$，MOS 管的 $U_{th} = 2V$，$K_n = 0.5mA/V^2$。试求：
（1）静态工作点 Q；（2）$\dot{A}_u$、R_i 和 R_o。

解：（1）根据式（7.2.4）和式（7.2.5），有

$$U_{GSQ} = \frac{R_{g1}}{R_{g1} + R_{g2}} V_{DD} - I_{DQ} R_S = \frac{150}{150 + 300} \times 15 - I_{DQ} \times 0.5 = 5 - 0.5 I_{DQ} \qquad (7.2.16)$$

$$I_{DQ} = K_n(U_{GSQ} - U_{th})^2 = 0.5(U_{GSQ} - 2)^2 \qquad (7.2.17)$$

联立求解式（7.2.16）和式（7.2.17），得出 U_{GSQ} 两个解分别为 +4V 和 −4V，舍去负值，得出合理解为

$$U_{GSQ} = 4(V)，\quad I_{DQ} = 2(mA)$$

根据式（7.2.6）求解 U_{DSQ}，

$$U_{DSQ} = V_{DD} - I_{DQ}(R_d + R_S) = 15 - 2 \times (5 + 0.5) = 4(V)$$

（2）画出图 7.2.3(a)所示电路的微变等效电路，如图 7.2.8 所示。

根据式（7.2.10）可解得低频等效跨导为

$$g_m = 2K_n(U_{GSQ} - U_{th}) = 2 \times 0.5(4 - 2) = 2(mS)$$

从图 7.2.8 可得

$$\dot{A}_u = \frac{\dot{U}_o}{\dot{U}_i} = -g_m(R_d // R_L) = -2(5//5) = -5$$

$$R_i = R_{g3} + R_{g1} // R_{g2} = 2 + (0.15//0.3) = 2.1(M\Omega)$$

$$R_o = R_d = 5(k\Omega)$$

【例 7.2.5】　在例 7.2.4 中，如果没有旁路电容 C_S，试计算该电路的放大倍数 $\dot{A}_u$、输入电阻 R_i 和输出电阻 R_o。

解：没有旁路电容 C_S 的微变等效电路如图 7.2.9 所示。

$$\dot{A}_u = \frac{\dot{U}_o}{\dot{U}_i} = \frac{-g_m(R_d // R_L)}{1 + g_m R_s} = \frac{-2 \times (5//5)}{1 + 2 \times 0.5} = -2.5$$

$$R_i = R_{g3} + R_{g1} // R_{g2} = 2 + (0.15//0.3) = 2.1(M\Omega)$$

$$R_o = R_d = 5(\text{k}\Omega)$$

可以看出，源极电阻使得电压增益减小了。

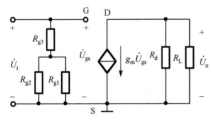

图 7.2.8　图 7.2.3(a)所示电路的微变等效电路

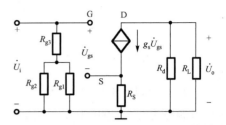

图 7.2.9　图 7.2.3(a)所示电路没有旁路电容的微变等效电路

7.2.4　共漏极放大电路的动态分析

图 7.2.10(a)所示为共漏极放大电路，图 7.2.10(b)为其微变等效电路。共漏极放大电路也称为源极输出器或源极跟随器。

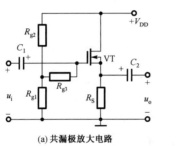

(a) 共漏极放大电路

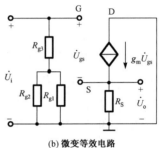

(b) 微变等效电路

图 7.2.10　共漏极放大电路

共漏极放大电路静态工作点的计算方法与共源极电路类似，可列出回路方程与特性方程联立求解，即

$$U_{\text{GSQ}} = \frac{R_{g1}}{R_{g1} + R_{g2}} V_{\text{DD}} - I_{\text{DQ}} R_{\text{S}}$$

$$I_{\text{DQ}} = I_{\text{DSS}} \left(1 - \frac{U_{\text{GSQ}}}{U_{\text{p}}}\right)^2 \tag{7.2.18}$$

$$U_{\text{DSQ}} = V_{\text{DD}} - I_{\text{DQ}} R_{\text{S}}$$

画出微变等效电路如图 7.2.10(b)所示，由图可得

$$\dot{U}_o = g_m \dot{U}_{gs} R_{\text{S}}$$

$$\dot{U}_i = \dot{U}_{gs} + g_m \dot{U}_{gs} R_{\text{S}}$$

所以电压放大倍数为

$$\dot{A}_u = \frac{\dot{U}_o}{\dot{U}_i} = \frac{g_m R_{\text{S}}}{1 + g_m R_{\text{S}}} \tag{7.2.19}$$

根据输入电阻的定义

$$R_i = R_{g3} + R_{g1} /\!/ R_{g2} \tag{7.2.20}$$

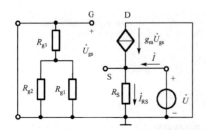

图 7.2.11　分析共漏极放大电路的输出电阻

采用外加电源法求输出电阻，将输入端短路，在输出端加交流电压源 $\dot{U}$，必然产生电流 $\dot{I}$，如图 7.2.11 所示，这时 $\dot{U}$ 与 $\dot{I}$ 之比即为输出电阻 R_o。由图可得

$$\dot{I} = \dot{I}_{RS} - g_m \dot{U}_{gs} = \frac{\dot{U}}{R_{\text{S}}} - g_m \dot{U}_{gs}$$

由于 $\dot{U}_{\mathrm{gs}} = -\dot{U}$，所以

$$\dot{I} = \frac{\dot{U}}{R_{\mathrm{S}}} + g_{\mathrm{m}}\dot{U}$$

$$R_{\mathrm{o}} = \frac{\dot{U}}{\dot{I}} = \frac{1}{\dfrac{1}{R_{\mathrm{S}}} + g_{\mathrm{m}}} = R_{\mathrm{S}} /\!/ \frac{1}{g_{\mathrm{m}}} \qquad (7.2.21)$$

共漏极放大电路的特点与共集电极放大电路的相似，但共漏极放大电路的输入电阻远大于共集电极放大电路的输入电阻，其输出电阻比共集电极放大电路的大，电压跟随作用比共集电极放大电路的差。

【**例 7.2.6**】　电路如图 7.2.12 所示，已知场效应管参数 $U_{\mathrm{th}} = 1.6\mathrm{V}$，$K_{\mathrm{n}} = 4\mathrm{mA/V}^2$，求 $\dot{A}_{\mathrm{us}}$ 和输出电阻 R_{o}。

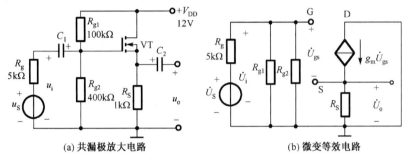

图 7.2.12　例 7.2.6 电路

解：（1）直流分析

$$U_{\mathrm{GSQ}} = \frac{R_{\mathrm{g2}}}{R_{\mathrm{g1}} + R_{\mathrm{g2}}} V_{\mathrm{DD}} - I_{\mathrm{DQ}} R_{\mathrm{S}} = \frac{400}{100+400} \times 12 - I_{\mathrm{DQ}} \times 1 = 9.6 - I_{\mathrm{DQ}}$$

$$I_{\mathrm{DQ}} = K_{\mathrm{n}}(U_{\mathrm{GSQ}} - U_{\mathrm{th}})^2 = 4(U_{\mathrm{GSQ}} - 1.6)^2$$

联立求解得出 U_{GSQ} 两个解分别为 0.06V 和 2.9V，舍去 0.06V，得出合理解为

$$U_{\mathrm{GSQ}} = 2.9(\mathrm{V})，\quad I_{\mathrm{DQ}} = 6.7(\mathrm{mA})$$

跨导为　　　　　$g_{\mathrm{m}} = 2K_{\mathrm{n}}(U_{\mathrm{GSQ}} - U_{\mathrm{th}}) = 2 \times 4 \times (2.9 - 1.6) = 10.4(\mathrm{mS})$

（2）交流分析，画微变等效电路如图 7.2.12(b)所示。

$$\dot{U}_{\mathrm{o}} = g_{\mathrm{m}}\dot{U}_{\mathrm{gs}}R_{\mathrm{S}}$$

$$\dot{U}_{\mathrm{i}} = \dot{U}_{\mathrm{gs}} + g_{\mathrm{m}}\dot{U}_{\mathrm{gs}}R_{\mathrm{S}}$$

$$\dot{A}_{\mathrm{u}} = \frac{\dot{U}_{\mathrm{o}}}{\dot{U}_{\mathrm{i}}} = \frac{g_{\mathrm{m}}R_{\mathrm{S}}}{1 + g_{\mathrm{m}}R_{\mathrm{S}}} = \frac{10.4 \times 1}{1 + 10.4 \times 1} = 0.912$$

放大电路输入电阻为

$$R_{\mathrm{i}} = R_{\mathrm{g1}} /\!/ R_{\mathrm{g2}} = 100 /\!/ 400 = 80(\mathrm{k\Omega})$$

$$\dot{A}_{\mathrm{us}} = \frac{\dot{U}_{\mathrm{o}}}{\dot{U}_{\mathrm{S}}} = \dot{A}_{\mathrm{u}} \times \frac{R_{\mathrm{i}}}{R_{\mathrm{i}} + R_{\mathrm{g}}} = 0.912 \times \frac{80}{80+5} = 0.858$$

$$R_{\mathrm{o}} = R_{\mathrm{S}} /\!/ \frac{1}{g_{\mathrm{m}}} = 1 /\!/ \frac{1}{10.4} = 87.5(\Omega)$$

在源极跟随器输出电阻中，跨导占主要地位。由于输出电阻较小，所以源极跟随器近似为一个理想电压源，因此它的输出驱动能力较强。

【**例 7.2.7**】　JFET 共源极放大电路如图 7.2.13(a)所示，已知 FET 的 $U_{\mathrm{P}} = -1\mathrm{V}$，$I_{\mathrm{DSS}} = 1\mathrm{mA}$。试求：
（1）该电路的静态工作点 U_{GSQ}、I_{DQ}、U_{DSQ} 的值；（2）该电路的 $\dot{A}_{\mathrm{u}}$、R_{i}、R_{o} 的值。

解：（1）
$$U_{GSQ} = \frac{R_{g2}}{R_{g1} + R_{g2}} V_{DD} - I_{DQ} R_s = 0.9 - I_{DQ}$$

$$I_{DQ} = I_{DSS}\left(1 - \frac{U_{GSQ}}{U_P}\right)^2 = 1 \times (1 + U_{GSQ})^2$$

联立求解得 $U_{GSQ1} = -2.97\text{V}$（小于 U_P，不合理，故舍去）$U_{GSQ2} = -0.03\text{V}$，合理解为

$$\begin{cases} U_{GSQ} = -0.03(\text{V}) \\ I_{DQ} = 0.93(\text{mA}) \end{cases}$$

$$U_{DSQ} = V_{DD} - I_{DQ}(R_d + R_s) = 18 - 0.93 \times (10 + 1) = 7.77\text{V}$$

（2） $g_m = -\dfrac{2\sqrt{I_{DSS}I_{DQ}}}{U_P} = \dfrac{2\sqrt{1 \times 0.93}}{1} = 1.93(\text{mS})$

画出该电路的微变等效电路如图 7.2.13(b)所示。

$$R_i = R_{g3} + R_{g2}//R_{g1} = 10 + 0.1//1.9 = 10.1(\text{M}\Omega)$$

$$R_o = R_d = 10(\text{k}\Omega)$$

$$\dot{A}_u = -g_m R_d = -1.93 \times 10 = -19.3$$

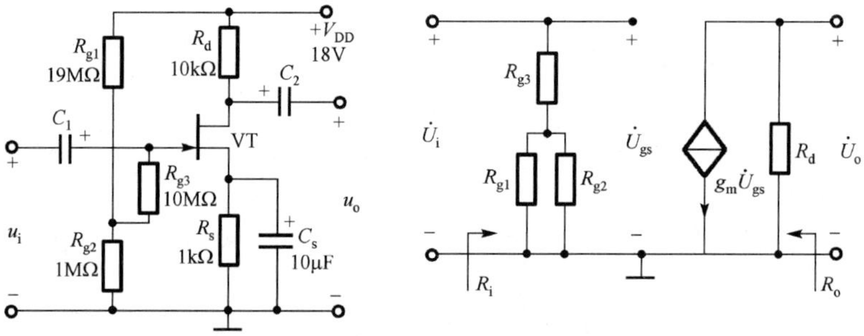

(a) JFET共源极放大电路　　　　　　(b) 微变等效电路

图 7.2.13　例 7.2.7 电路

7.3　放大电路的频率响应

　　在前面几章讨论放大电路的放大倍数时，都假设输入信号为合适的单一频率的正弦信号，并认为在这个频率的信号输入时，电路中所有的耦合电容和旁路电容对交流信号为短路，三极管的极间电容为开路。而实际上的输入信号大多含有多种频率成分（如语音信号），或者输入信号的频率改变时，电路中的电抗元件的电抗值会随着信号频率的改变而变化，因此放大电路对不同频率的信号具有不同的放大能力。放大倍数会随着频率的变化而变化，是频率的函数。这种函数关系称为频率响应或者频率特性，可表示为

$$\dot{A}_u(f) = \frac{\dot{U}_o}{\dot{U}_i} = |A_u(f)| \angle \varphi(f) \tag{7.3.1}$$

式中，$|A_u(f)|$ 称为幅频特性，表示放大倍数的幅值与频率之间的关系；$\varphi(f)$ 称为相频特性，表示放大倍数的相角与频率的关系。

7.3.1　三极管的高频等效模型

1. 三极管的混合 π 型等效模型

　　图 7.3.1(a)所示为三极管结构示意图，图 7.3.1(b)是与之相对应的简化高频等效电路，因其电路形状似 π，又因其参数量纲有多个，所以称为混合 π 型等效模型。图中 b′ 为基区内的等效基极，是为了

分析方便而虚拟的，与基极引出端 b 是不同的。

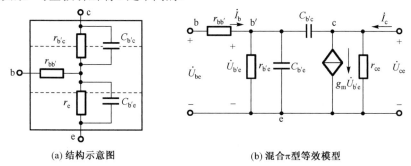

(a) 结构示意图　　　　　　　　　　(b) 混合π型等效模型

图 7.3.1　三极管的高频等效电路

高频时三极管的混合 π 型等效模型与图 6.3.8 所示的低频微变（小信号）等效电路相比，区别如下：

（1）将结电阻 r_{be} 分为 $r_{bb'}$ 和 $r_{b'e}$ 两部分，$r_{bb'}$ 表示基区体电阻，即是式（6.3.7）中的 $r_{bb'}$，$r_{b'e}$ 表示发射结的结电阻，即相当于式（6.3.7）中的 r_e。

（2）集电结结电容 $C_{b'c}$ 和发射结结电容 $C_{b'e}$ 虽然很小，但在高频时是不能忽略的，故在 $b'-c$ 和 $b'-e$ 之间加上了电容 $C_{b'c}$ 和 $C_{b'e}$。

（3）由于结电容的存在，三极管中的受控源不再完全受控于 $\dot{I}_b$，不能再用 $\beta \dot{I}_b$ 表示，电阻 $r_{b'e}$ 上的压降 $\dot{U}_{b'e}$ 是对 $\dot{I}_c$ 起控制作用的电压。受控电流源改为 $g_m \dot{U}_{b'e}$，g_m 称为跨导。

2. 三极管的混合 π 型等效模型的单向化简化

图 7.3.1(b)中的 r_{ce} 通常远大于 $c-e$ 间所接的负载电阻，因而将 r_{ce} 忽略得到图 7.3.2(a)所示电路。图中的 $C_{b'c}$ 跨接在输入与输出之间，不易分析，为了分析计算简单起见，将 $C_{b'c}$ 分别等效折算到输入回路和输出回路，称为单向化。单向化处理应依据等效的原则进行。设 $C_{b'c}$ 折合到 $b'-e$ 间的电容为 C_{M1}，折合到 $c-e$ 间的电容为 C_{M2}，则单向化后的电路如图 7.3.2(b)所示。

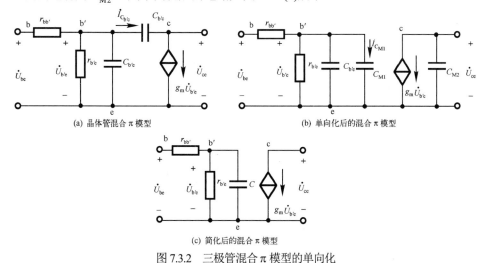

(a) 晶体管混合 π 模型　　　　　　　(b) 单向化后的混合 π 模型

(c) 简化后的混合 π 模型

图 7.3.2　三极管混合 π 模型的单向化

图 7.3.2(a)所示电路与图 7.3.2(b)所示电路是等效的，则流过 $C_{b'c}$ 的电流和流过 C_{M1} 的电流应该相等，它们分别为

$$\dot{I}_{C_{b'c}} = \frac{\dot{U}_{b'c}}{X_{C_{b'c}}} = \frac{\dot{U}_{b'e} - \dot{U}_{ce}}{X_{C_{b'c}}} = \frac{(1-\dot{K})\dot{U}_{b'e}}{X_{C_{b'c}}} \qquad (7.3.2)$$

及

$$\dot{I}_{C_{M1}} = \frac{\dot{U}_{b'e}}{X_{C_{M1}}} \qquad (7.3.3)$$

式中，$X_{C_{b'c}} = \dfrac{1}{\omega C_{b'c}}$ 为 $C_{b'c}$ 的容抗；$\dot{K} = \dfrac{\dot{U}_{ce}}{\dot{U}_{b'e}}$；$X_{C_{M1}} = \dfrac{1}{\omega C_{M1}}$ 为 C_{M1} 的容抗。由此可知

$$C_{M1} = (1 - \dot{K})C_{b'c} \tag{7.3.4}$$

b′-e 间的总电容为

$$C = C_{b'e} + (1 - \dot{K})C_{b'c} \tag{7.3.5}$$

用同样的方法，可以得出

$$C_{M2} = \frac{(\dot{K} - 1)C_{b'c}}{\dot{K}} \tag{7.3.6}$$

由于 $C \gg C_{M2}$，而且 C_{M2} 的数值一般很小，它的容抗远大于集电极总的负载电阻，其上的电流可以忽略不计，于是，可得简化后的混合 π 模型如图 7.3.2(c)所示。通过将简化的混合 π 模型与微变等效模型相比，可得

$$r_{b'e} = (1 + \beta)\frac{U_T}{I_{EQ}} = \beta\frac{U_T}{I_{CQ}} \tag{7.3.7}$$

$$r_{bb'} = r_{be} - r_{b'e} \tag{7.3.8}$$

另外还有

$$\beta\dot{I}_b = \dot{I}_c = g_m\dot{U}_{b'e} = g_m\dot{I}_b r_{b'e}$$

故

$$g_m = \frac{\beta}{r_{b'e}} = \frac{I_{CQ}}{U_T} \tag{7.3.9}$$

3. 电流放大系数 β 的频率响应

由图 7.3.2(a)所示的三极管混合 π 型等效模型可以看出，电容 $C_{b'c}$ 和 $C_{b'e}$ 会对三极管的电流放大系数 $\dot{\beta}$ 产生频率响应。在高频情况下，若注入基极的交流电流 $\dot{I}_b$ 的幅值不变，则随着信号频率的升高，b′-e 间的阻抗将减小，电压 $\dot{U}_{b'e}$ 的幅值将减小，相移将增大，从而引起集电极电流 $\dot{I}_c$ 的大小随 $|\dot{U}_{b'e}|$ 的减小而线性下降，并产生相应的相移。由此可知，在高频段 $\dot{I}_c$ 与 $\dot{I}_b$ 之比不是常量，$\dot{\beta}$ 是频率的函数。根据电流放大倍数的定义有

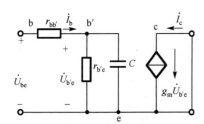

图 7.3.3　$\dot{\beta}$ 的频率响应分析

$$\dot{\beta} = \left.\frac{\dot{I}_c}{\dot{I}_b}\right|_{\dot{U}_{ce}=0} \tag{7.3.10}$$

根据式（7.3.10），将简化后的混合 π 型等效模型中的 c、e 输出端短路，其图如图 7.3.3 所示。由于 $\dot{K} = 0$，则根据式（7.3.5）有

$$C = C_{b'e} + (1 - \dot{K})C_{b'c} = C_{b'e} + C_{b'c}$$

由图 7.3.3 可见，$\dot{I}_c = g_m\dot{U}_{b'e}$，$g_m = \beta_0 / r_{b'e}$，$\dot{I}_b = \dot{U}_{b'e}\left(\dfrac{1}{r_{b'e}} + j\omega C\right)$，所以

$$\dot{\beta} = \frac{\dot{I}_c}{\dot{I}_b} = \frac{g_m\dot{U}_{b'e}}{\dot{U}_{b'e}\left(\dfrac{1}{r_{b'e}} + j\omega C\right)} = \frac{\beta_0}{1 + j\omega r_{b'e}C} \tag{7.3.11}$$

令

$$f_\beta = \frac{1}{2\pi\tau} = \frac{1}{2\pi r_{b'e}C} \qquad (C = C_{b'e} + C_{b'c}) \tag{7.3.12}$$

将其代入式（7.3.11），可得

$$\dot{\beta} = \frac{\beta_0}{1 + j\dfrac{f}{f_\beta}} \tag{7.3.13}$$

其幅频特性和相频特性分别为

$$|\dot{\beta}| = \frac{\beta_0}{\sqrt{1 + (f / f_\beta)^2}} \tag{7.3.14a}$$

$$\varphi = -\arctan(f / f_\beta) \tag{7.3.14b}$$

式中，f_β 称为三极管的共发射极截止频率，是使 $|\dot{\beta}|$ 下降为 $0.707\beta_0$ 时的信号频率，其值主要取决于管子的结构。

图 7.3.4 所示为 $\dot{\beta}$ 的波特图。图中 f_T 是使 $|\dot{\beta}|$ 下降到 1（即 0dB）时的频率，称为三极管的特征频率。

令式（7.3.14a）等于 1，则 $f = f_T$，由此可求得 f_T。

$$\sqrt{1+(f_T/f_\beta)^2} = \beta_0$$

因为 $f_T \gg f_\beta$，所以

$$f_T \approx \beta_0 f_\beta \qquad (7.3.15)$$

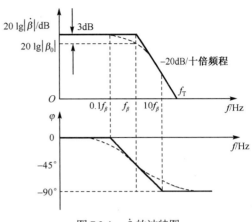

图 7.3.4　$\dot{\beta}$ 的波特图

式（7.3.15）表明，一个三极管的特征频率 f_T 与其共发射极截止频率 f_β 是相关的，而且 f_T 比 f_β 高很多，大约是 f_β 的 β_0 倍。

将 $g_m = \beta_0 / r_{b'e}$ 及式（7.3.12）代入式（7.3.15），则

$$f_T \approx \frac{g_m}{2\pi(C_{b'e} + C_{b'c})} \qquad (7.3.16)$$

一般有 $C_{b'e} \gg C_{b'c}$，所以有

$$f_T \approx \frac{g_m}{2\pi C_{b'e}} \qquad (7.3.17)$$

利用式（7.3.13）及 $\dot{\alpha}$ 与 $\dot{\beta}$ 的关系，可以求出三极管的共基极截止频率 f_α，即

$$\dot{\alpha} = \frac{\dot{\beta}}{1+\dot{\beta}} = \frac{\dfrac{\beta_0}{1+\beta_0}}{1+j\dfrac{f}{(1+\beta_0)f_\beta}} = \frac{\alpha_0}{1+j\dfrac{f}{f_\alpha}} \qquad (7.3.18)$$

式中，f_α 是 $\dot{\alpha}$ 下降为 $0.707\alpha_0$ 时的频率，即三极管的共基极截止频率。

由式（7.3.15）和式（7.3.18）可得

$$f_\alpha = (1+\beta_0)f_\beta \approx f_\beta + f_T \qquad (7.3.19)$$

式（7.3.19）说明，三极管的共基极截止频率 f_α 远大于共发射极截止频率 f_β，且比特征频率 f_T 还高。三极管的 3 个频率参数的数量关系为 $f_\beta \ll f_T < f_\alpha$。由此可以理解，与共发射极放大电路相比，共基极放大电路的频率响应比较好。

在了解了频率响应的分析方法及三极管的小信号模型之后，接下来分析放大电路的频率响应。

7.3.2　单管共发射极放大电路的频率特性分析

本节以图 7.3.5(a)所示的共发射极阻容耦合放大电路为例来讲述频率响应的一般分析方法。分析频率特性时，需要画出放大电路从低频到高频的全频段小信号模型，然后分高、中、低频段分别加以研究。通过中频段的微变等效电路，可以计算中频电压增益；通过低频段和高频段的等效电路，可以计算出下限频率和上限频率。一般采用时间常数法求解截止频率，即计算出每一个起作用的电容所在的 RC 回路的时间常数 τ，则截止频率为

$$f = \frac{1}{2\pi\tau}$$

（1）开路时间常数法求上限截止频率 f_H

在高频等效电路中，$\tau = RC$，R 为高频等效电路中从电容 C 端口视入的戴维南等效电阻（其他电容全部开路，电压源短路，电流源开路）。

（2）短路时间常数法求下限截止频率 f_L

在低频等效电路中，$\tau = RC$，R 为低频等效电路中从电容 C 端口视入的戴维南等效电阻（其他电容全部短路，电压源短路，电流源开路）。

当同时考虑耦合电容和三极管极间电容的影响，并引用三极管混合 π 型简化模型时，图 7.3.5(a) 所示共发射极阻容耦合放大电路的全频段微变等效电路如图 7.3.5(b) 所示，图中 $R_b = R_{b1} // R_{b2}$。

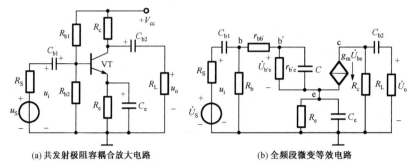

(a) 共发射极阻容耦合放大电路 (b) 全频段微变等效电路

图 7.3.5 共发射极阻容耦合放大电路及其等效电路

1. 中频段频率响应分析

在中频段，由于耦合电容容抗很小，因而可以将 C_{b1}，C_{b2} 和 C_e 视为交流短路。而极间电容容抗很大，$\dfrac{1}{\omega C} >> r_{b'e}$，因而可以将 C 视为交流开路。由此得到中频范围的简化等效电路如图 7.3.6 所示。

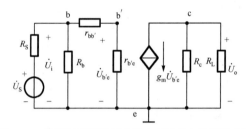

图 7.3.6 共发射极阻容耦合放大电路的中频等效电路

中频电压放大倍数为

$$\dot{A}_{um} = \frac{\dot{U}_o}{\dot{U}_i} = \frac{\dot{U}_{b'e}}{\dot{U}_i} \cdot \frac{\dot{U}_o}{\dot{U}_{b'e}} = \frac{r_{b'e}}{r_{bb'} + r_{b'e}}(-g_m R'_L) = \frac{r_{b'e}}{r_{be}}(-g_m R'_L) \tag{7.3.20}$$

$$\dot{A}_{usm} = \frac{\dot{U}_o}{\dot{U}_S} = \frac{\dot{U}_i}{\dot{U}_S} \cdot \frac{\dot{U}_o}{\dot{U}_i} = \frac{R_i}{R_S + R_i} \cdot \dot{A}_{um} = \frac{R_i}{R_S + R_i} \cdot \frac{r_{b'e}}{r_{be}}(-g_m R'_L) \tag{7.3.21}$$

式中，$R_i = R_b // (r_{bb'} + r_{b'e}) = R_b // r_{be}$，$R'_L = R_c // R_L$，由于 $g_m = \dfrac{\beta}{r_{b'e}}$，代入式（7.3.21）后得到

$$\dot{A}_{usm} = -\frac{R_i}{R_S + R_i} \cdot \frac{\beta R'_L}{r_{be}} \tag{7.3.22}$$

可见以上中频电压放大倍数的表达式与前面用微变等效电路求得的结果是一致的。

2. 高频段频率响应分析

在高频段，耦合电容的容抗很小，视为交流短路，而极间电容的容抗减小不容忽略，由此得到的高频等效电路如图 7.3.7(a) 所示。当信号频率减小时，C 的作用将有利于提高放大倍数，也就是相当于 RC 低通电路，有上限截止频率。

利用戴维南定理可将图 7.3.7(a) 的输入回路简化，电路可等效成图 7.3.7(b)。图中

$$\dot{U}'_S = \frac{r_{b'e}}{r_{be}} \cdot \dot{U}_i = \frac{R_i}{R_i + R_S} \cdot \frac{r_{b'e}}{r_{be}} \cdot \dot{U}_S$$

$$R'_\text{S} = r_\text{b'e} // [r_\text{bb'} + (R_\text{S} // R_\text{b})]$$

$$\frac{\dot{U}_\text{b'e}}{\dot{U}'_\text{S}} = \frac{\dfrac{1}{\text{j}\omega C}}{R'_\text{S} + \dfrac{1}{\text{j}\omega C}} = \frac{1}{1 + \text{j}\omega R'_\text{S} C} \qquad (7.3.23)$$

$$\dot{U}_\text{o} = -g_\text{m}\dot{U}_\text{b'e}R'_\text{L}$$

则高频电压放大倍数为

$$\begin{aligned}
\dot{A}_\text{usH} &= \frac{\dot{U}_\text{o}}{\dot{U}_\text{S}} = \frac{\dot{U}'_\text{S}}{\dot{U}_\text{S}} \cdot \frac{\dot{U}_\text{b'e}}{\dot{U}'_\text{S}} \cdot \frac{\dot{U}_\text{o}}{\dot{U}_\text{b'e}} = \frac{R_\text{i}}{R_\text{i} + R_\text{S}} \cdot \frac{r_\text{b'e}}{r_\text{be}} \cdot \frac{1}{1 + \text{j}\omega R'_\text{S} C}(-g_\text{m}R'_\text{L}) \\
&= \dot{A}_\text{usm} \cdot \frac{1}{1 + \text{j}\omega R'_\text{S} C} = \dot{A}_\text{usm} \cdot \frac{1}{1 + \text{j}\dfrac{f}{f_\text{H}}}
\end{aligned} \qquad (7.3.24)$$

式中，$f_\text{H} = \dfrac{1}{2\pi R'_\text{S} C}$，即为放大电路的上限截止频率，$R'_\text{S} C$ 为 C 所在回路的时间常数。

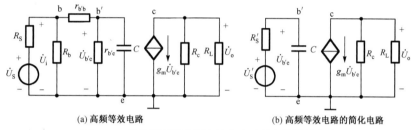

(a) 高频等效电路　　　　　　　　　　(b) 高频等效电路的简化电路

图 7.3.7　共发射极阻容耦合放大电路的高频等效电路

式（7.3.24）表明，高频段的频率特性曲线与 RC 低通电路相似，只不过其幅频特性曲线在 Y 轴方向向上移动 $20\lg A_\text{usm}(\text{dB})$，相频特性曲线在 Y 轴方向向下移动 $180°$。

3. 低频段频率响应分析

在低频段，耦合电容的容抗增大以至于不能忽略，而极间电容可看做开路，由此得到的低频等效电路如图 7.3.8 所示。当信号频率提高时，耦合电容的作用将有利于提高放大倍数，也就是相当于 RC 高通电路，有下限截止频率。由此等效电路直接求低频区的电压增益表达式比较麻烦，因此采用短路时间常数法求下限截止频率。

（1）首先求由耦合电容 C_b1 决定的短路时间常数 τ_{C_b1}。C_b1 单独作用时，其他电容（C_b2、C_e）短路，电压源 $\dot{U}_\text{S}$ 也短路，从电容 C_b1 端口视入的等效电路如图 7.3.9(a)所示。

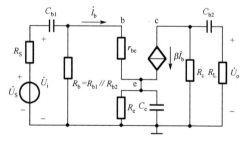

图 7.3.8　共发射极阻容耦合放大电路的低频等效电路

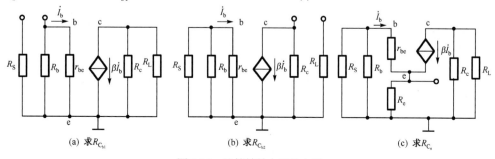

(a) 求 R_{C_b1}　　　　　　(b) 求 R_{C_b2}　　　　　　(c) 求 R_{C_e}

图 7.3.9　计算等效电阻的电路

其等效电阻为
$$R_{C_{b1}} = R_s + R_b // r_{be} \tag{7.3.25}$$

其短路时间常数为
$$\tau_{C_{b1}} = R_{C_{b1}} C_{b1} \tag{7.3.26}$$

对应的转折角频率为
$$\omega_{C_{b1}} = \frac{1}{\tau_{C_{b1}}} = \frac{1}{R_{C_{b1}} C_{b1}}$$

（2）其次求耦合电容 C_{b2} 决定的短路时间常数 $\tau_{C_{b2}}$。C_{b2} 单独作用时，其他电容（C_{b1}、C_e）短路，电压源 $\dot{U}_S$ 也短路，从电容 C_{b2} 端口视入的等效电路如图 7.3.9(b)所示。

其等效电阻为
$$R_{C_{b2}} = R_c + R_L \tag{7.3.27}$$

其短路时间常数为
$$\tau_{C_{b2}} = R_{C_{b2}} C_{b2} \tag{7.3.28}$$

对应的转折角频率
$$\omega_{C_{b2}} = \frac{1}{\tau_{C_{b2}}} = \frac{1}{R_{C_{b2}} C_{b2}}$$

（3）最后求旁路电容 C_e 决定的短路时间常数 τ_{C_e}。C_e 单独作用时，其他电容（C_{b1}、C_{b2}）短路，电压源 $\dot{U}_S$ 也短路，从电容 C_e 端口视入的等效电路如图 7.3.9(c)所示。

其等效电阻为
$$R_{C_e} = R_e // \frac{R_s // R_b + r_{be}}{1 + \beta_0} \tag{7.3.29}$$

其短路时间常数为
$$\tau_{C_e} = R_{C_e} C_e \tag{7.3.30}$$

对应的转折角频率
$$\omega_{C_e} = \frac{1}{\tau_{C_e}} = \frac{1}{R_{C_e} C_e}$$

可以证明（其证明可以参考有关资料）
$$\omega_L \approx \sqrt{\omega_{c_{b1}}^2 + \omega_{c_{b2}}^2 + \omega_{c_e}^2} \tag{7.3.31}$$

下限截止频率为
$$f_L = \frac{\omega_L}{2\pi}$$

则在低频段电压放大倍数为
$$\dot{A}_{usL} = \dot{A}_{usm} \cdot \frac{1}{1 + \dfrac{f_L}{jf}} \tag{7.3.32}$$

式（7.3.32）表明，低频段的频率特性曲线与 RC 高通电路相似，只不过其幅频特性曲线在 Y 轴方向向上移动 $20\lg A_{usm}$(dB)，以反映中频区的电压增益；相频特性曲线在 Y 轴方向向下移动 $180°$，以反映共发射极放大电路的反相关系。

将低频特性表达式和高频特性表达式综合起来，即为放大电路全频段的频率特性表达式
$$\dot{A}_{us} = \dot{A}_{usm} \cdot \frac{1}{\left(1 + j\dfrac{f}{f_H}\right)\left(1 + \dfrac{f_L}{jf}\right)} \tag{7.3.33}$$

当 $f_L \ll f \ll f_H$ 时，式（7.3.33）近似为 $\dot{A}_{us} \approx \dot{A}_{usm}$，中频段对数幅频特性和相频特性分别为
$$20\lg \left|\dot{A}_{us}\right| = 20\lg \left|\dot{A}_{usm}\right| \tag{7.3.34a}$$
$$\varphi = -180° \tag{7.3.34b}$$

当 f 接近 f_L 时，有 $f/f_H \approx 0$，式（7.3.33）近似为 $\dot{A}_{us} \approx \dot{A}_{usL}$，即低频电压放大倍数。低频段对数幅频特性和相频特性分别为
$$20\lg \left|\dot{A}_{us}\right| = 20\lg \left|\dot{A}_{usm}\right| - 20\lg \sqrt{1 + \left(\frac{f_L}{f}\right)^2} \tag{7.3.35a}$$
$$\varphi = -180° + \arctan\left(\frac{f_L}{f}\right) \tag{7.3.35b}$$

当 f 接近 f_L 时，有 $f_L / f \approx 0$，式（7.3.33）近似为 $\dot{A}_{us} \approx \dot{A}_{usH}$，即高频电压放大倍数。高频段对数幅频特性和相频特性分别为

$$20\lg\left|\dot{A}_{us}\right| = 20\lg\left|\dot{A}_{usm}\right| - 20\lg\sqrt{1+\left(\frac{f}{f_H}\right)^2} \quad (7.3.36a)$$

$$\varphi = -180° - \arctan\left(\frac{f}{f_H}\right) \quad (7.3.36b)$$

根据式（7.3.33）画出的共发射极阻容耦合放大电路的波特图如图 7.3.10 所示。

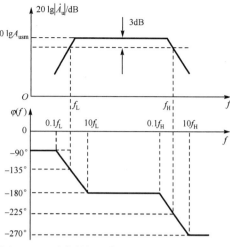

图 7.3.10　共发射极阻容耦合放大电路的波特图

7.3.3　场效应管的频率响应

1. 场效应管的高频小信号模型

7.2.2 节给出的场效应管的低频微变等效电路没有考虑各极之间存在的极间电容，当考虑它的高频特性时，极间电容的影响不可忽略，其相应的高频等效模型如图 7.3.11 所示。图中，C_{gs} 和 C_{gd} 分别为栅-源极间和栅-漏极间电容，C_{ds} 为漏-源极间电容。

类似于晶体三极管中电容 $C_{b'c}$ 的处理，对于跨接在栅-漏之间的电容 C_{gd}，也可将其进行等效变换，即将其折合到输入回路和输出回路，使电路单向化。

考虑接有负载的场效应管的高频小信号等效电路如图 7.3.12 所示。其中，$R_L' = r_{ds} // R_L$。在输入端有

$$\dot{I}_i = j\omega C_{gd}(\dot{U}_{gs} - \dot{U}_{ds}) \quad (7.3.37)$$

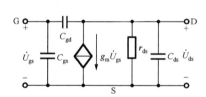

图 7.3.11　场效应管高频小信号电路模型

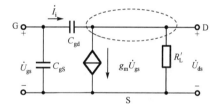

图 7.3.12　带负载的场效应管高频小信号电路模型

在输出端的漏极节点列写 KCL 方程，有

$$\dot{I}_i = g_m \dot{U}_{gs} + \frac{\dot{U}_{ds}}{R_L'}$$

即

$$j\omega C_{gd}(\dot{U}_{gs} - \dot{U}_{ds}) = g_m \dot{U}_{gs} + \frac{\dot{U}_{ds}}{R_L'} \quad (7.3.38)$$

联立式（7.3.37）和式（7.3.38），消去 $\dot{U}_{ds}$，则

$$\dot{I}_i = j\omega C_{gd} \frac{1 + g_m R_L'}{1 + j\omega R_L' C_{gd}} \dot{U}_{gs} \quad (7.3.39)$$

一般，$\left|j\omega C_{gd}\right| << \dfrac{1}{R_L'}$，所以式（7.3.39）变为

$$\dot{I}_i = j\omega C_{gd}(1 + g_m R_L')\dot{U}_{gs} = j\omega C_{M1}\dot{U}_{gs} \quad (7.3.40)$$

$$C_{M1} = C_{gd}(1 + g_m R_L') = C_{gd}(1 - \dot{K}), \quad \dot{K} = -g_m R_L' \quad (7.3.41)$$

根据式（7.3.40）可将图 7.3.12 画成图 7.3.13(a)。

栅-源之间的总电容为

$$C_{gs}' = C_{gs} + C_{M1} = C_{gs} + (1 - \dot{K})C_{gd} \quad (7.3.42)$$

用同样的方法可以求出漏-源之间的等效电容为

$$C'_{ds} = C_{ds} + C_{M2} = C_{ds} + \frac{\dot{K} - 1}{\dot{K}} C_{gd} \tag{7.3.43}$$

由于输出回路的时间常数通常比输入回路的小很多，故分析频率特性时可忽略 C'_{ds} 的影响。这样得到场效应管简化后的单向化高频等效模型如图 7.3.13(b)所示。

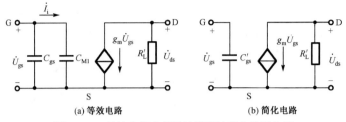

(a) 等效电路　　　　　　　　　　(b) 简化电路

图 7.3.13　场效应管高频等效模型的单向化及化简

2．场效应管基本放大电路的频率响应

与三极管放大电路类似，将放大电路的交流通路中的场效应管用高频等效电路代替，就得到放大电路的高频等效电路，求解 C'_{gs} 所在回路的时间常数，即可求出上限截止频率。

图 7.3.14(a)为一个共源极放大电路。画出共源极放大电路的高频等效电路（此时耦合电容 C_1、C_2 和旁路电容 C_e 均短路）如图 7.3.14(b)所示。由式（7.3.41）和式（7.3.42）可以求得 C'_{gs}，再求得 C'_{gs} 所在回路的时间常数，即可求出上限截止频率 f_H。

下限频率的求解类似于三极管的求法，可以采用短路时间常数法，这里不再赘述。

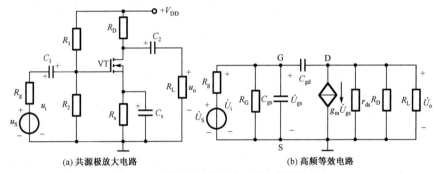

(a) 共源极放大电路　　　　　　　(b) 高频等效电路

图 7.3.14　共源极放大电路及其高频等效电路

7.3.4　多级放大电路的频率特性

设一个 n 级放大电路各级的电压放大倍数分别为 $\dot{A}_{u1}$，$\dot{A}_{u2}$，…，$\dot{A}_{un}$，则该电路的电压增益为

$$\dot{A}_u = \dot{A}_{u1} \cdot \dot{A}_{u2} \cdot \cdots \cdot \dot{A}_{un} = \prod_{k=1}^{n} \dot{A}_{uk} \tag{7.3.44}$$

对数幅频特性和相频特性表达式为

$$20\lg|\dot{A}_u| = 20\lg|\dot{A}_{u1}| + 20\lg|\dot{A}_{u2}| + \cdots + 20\lg|\dot{A}_{un}| = \sum_{k=1}^{n} 20\lg|\dot{A}_{uk}| \tag{7.3.45a}$$

$$\varphi = \varphi_1 + \varphi_2 + \cdots + \varphi_n = \sum_{k=1}^{n} \varphi_k \tag{7.3.45b}$$

从式（7.3.45）可见，多级放大电路的对数幅频特性等于各级对数幅频特性的代数和，多级放大电路的相频特性也是各级相频特性的代数和。

设组成两级放大电路的两个单管放大电路具有相同的频率特性，则其中频电压增益为 $20\lg|\dot{A}_u| = 40\lg|\dot{A}_{um1}|$。当 $f = f_{L1} = f_{L2}$ 时，两级电路的电压增益各下降 3dB，因而总增益下降 6dB。并且由于每一级产生 $+45°$ 的附加相移，故总的产生 $+90°$ 的附加相移。同理，当 $f = f_{H1} = f_{H2}$ 时，总增益下降 6dB，并产生 $-90°$ 的附加相移，如图 7.3.15 所示。

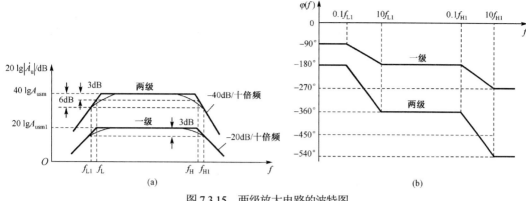

图 7.3.15　两级放大电路的波特图

　　根据截止频率的定义，在幅频特性中找到使增益下降 3dB 的频率就是两级放大电路的下限频率 $f_{\rm L}$ 和上限截止频率 $f_{\rm H}$，显然 $f_{\rm L}>f_{\rm L1}$，$f_{\rm H}<f_{\rm H1}$，即两级放大电路的通频带变窄了。依此推广到多级：多级放大电路与单级放大电路相比，放大倍数虽然提高了，但是多级放大电路的通频带总是比组成它的每一级通频带窄。

　　对 n 级放大电路，设各级放大电路的上、下限截止频率分别为 $f_{\rm H1},f_{\rm H2},\cdots,f_{\rm Hn}$ 和 $f_{\rm L1},f_{\rm L2},\cdots,f_{\rm Ln}$。在低频段，如果某一级的 $f_{\rm Lk}$ 比其他各级大很多（如 4 倍以上），则可认为多级放大电路的 $f_{\rm L}\approx f_{\rm Lk}$；类似地，如果某一级的 $f_{\rm Hk}$ 比其他各级小很多（如是其他的 1/4 以下），则可认为多级放大电路的 $f_{\rm H}\approx f_{\rm Hk}$；若各级的上、下限截止频率相差不大，则可估算如下：

　　下限频率为
$$f_{\rm L}\approx\sqrt{f_{\rm L1}^{2}+f_{\rm L2}^{2}+\cdots+f_{\rm Ln}^{2}}$$

　　上限频率为
$$\frac{1}{f_{\rm H}}\approx\sqrt{\frac{1}{f_{\rm H1}^{2}}+\frac{1}{f_{\rm H2}^{2}}+\cdots+\frac{1}{f_{\rm Hn}^{2}}}$$

7.4　基于 Multisim 仿真的设计与讨论

7.4.1　认识场效应管

（1）建立场效应管电路

　　在 Multisim 仿真软件中建立如图 7.4.1 所示的场效应管电路，讨论 MOS 管 $U_{\rm GS}$、$V_{\rm DD}$ 对 $I_{\rm D}$ 的影响，以及开启电压的概念。

　　① 保持 $V_{\rm DD}$ 为 0.5V，分别改变 $U_{\rm GS}$ 为 2V、3V、3.5V、3.6V、4V、5V、6V，观察 $I_{\rm D}$ 的变化。双击管子，在模型编辑中找到该管的开启 $V_{\rm to}$=3.515V。

　　② 保持 $U_{\rm GS}$ 为 4V，分别改变 $V_{\rm DD}$ 为 1V、2V、3V、4V，观察 $I_{\rm D}$ 的变化，说明管子工作在饱和区。

　　③ 保持 $V_{\rm DD}$=0.5V 不变，进行 DC Sweep，当 $U_{\rm GS}$ 在 3~10V 扫描时，漏极与源极之间呈现的直流电阻 $R_{\rm D}=V_{\rm D}/I_{\rm D}$ 如图 7.4.2 所示，可以看出，在开启电压之前，呈现高阻状态，预夹断临界点电压为 $U_{\rm GS}=U_{\rm DS}+U_{\rm th}$=0.5+3.515=4.015V。

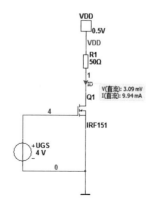

图 7.4.1　MOS 管特性测试电路

（2）MOS 管特性曲线的仿真

　　① 建立如图 7.4.3 所示的 MOS 放大电路，绘制 MOS 管 IRFPG42 的输出特性，确定 $U_{\rm GS}$=5V、$U_{\rm DS}$=20V 的 $I_{\rm D}$ 值，以及 IRFPG42 漏-源间的击穿电压。

　　对电路进行直流扫描仿真，先设置 $U_{\rm DS}$ 的扫描范围为 0~1000V，扫描增量为 5V，再设置 $U_{\rm GS}$ 的扫描范围为 0~10V，增量为 1V，得到输出特性曲线，读出漏-源间的击穿电压并与模型参数进行比较；读出 U_{GS}=5V、U_{DS}=20V 的 I_D 值，与图 7.4.3 中探针 1 的电流值相比较。

② 绘制 MOS 管 IRFPG42 的转移特性，确定开启电压、击穿电压，以及 U_{GS}=5V、U_{DS}=20V 的 I_D 值。

对电路进行直流扫描仿真，设置 U_{GS} 的扫描范围为 0～10V，增量为 1V，得到转移特性曲线，读出开启电压与模型参数进行比较；读出 U_{GS}=5V 时的 ID 值，与图 7.4.3 所示电路中探针 1 的电流值相比较。

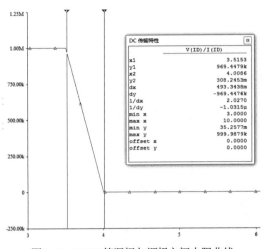

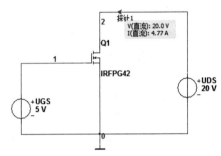

图 7.4.2　MOS 管漏极与源极之间电阻曲线　　　　　图 7.4.3　MOS 管放大电路

7.4.2　场效应管的应用

（1）电子开关

由一个场效应管与发光二极管组成的电子开关如图 7.4.4 所示，在输入端加频率为 1Hz、幅值为 5V 的方波，观察发光二极管的亮灭。

（2）延时开关

由场效应管与发光二极管组成的延时开关电路如图 7.4.5 所示，分析该电路的工作原理，改变 C_1 与 R_1 的大小，观察灯灭的时间，说明原理。

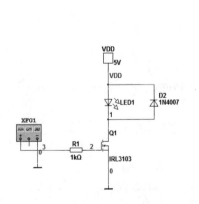

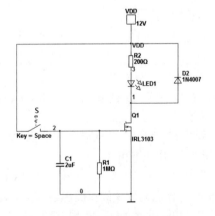

图 7.4.4　场效应管电子开关电路　　　　　　图 7.4.5　场效应管延时开关电路

（3）共源 MOSFET 放大电路

建立如图 7.4.6 所示电路。采用 BSD215 的 MOS 管，信号源输出频率 1kHz、10mVpk 的正弦信号。

① 测量静态工作点 I_{DQ}、U_{GSQ} 和 U_{DSQ}，根据静态工作点计算该管的 K_n 与电路的 g_m。

从图 7.4.6 可以读出 I_{DQ}=2.84mA，U_{GSQ}=4.80-2.84=1.96V，U_{DSQ}=6.31-2.84=3.47V，双击管子，在模型编辑中可以看到其模型参数如图 7.4.7 所示，可以查到其开启电压 V_{to}=0.95V，根据

$i_{\mathrm{D}} = K_{\mathrm{n}}(u_{\mathrm{GS}} - U_{\mathrm{th}})^2$，带入以上数据，可以算出对应的 K_{n}。

如图 7.4.7 中所标出的，可以查到该元件的 $K_{\mathrm{p}} = \mu_{\mathrm{n}} C_{\mathrm{ox}} = 20.85 \mu/\mathrm{V}^2$，宽 $W = 540 \times 10^{-6}\mathrm{m}$，长 $L = 2 \times 10^{-6}\mathrm{m}$，带入 $K_{\mathrm{n}} = \dfrac{\mu_{\mathrm{n}} C_{\mathrm{ox}} W}{2L}$ 可以算出 K_{n} 的值大小，与前面计算的值进行比较。根据 $g_{\mathrm{m}} = 2\sqrt{K_{\mathrm{n}} I_{\mathrm{DQ}}}$，带入求得 K_{n}，计算出 g_{m} 的值。

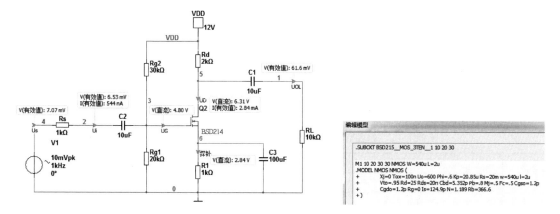

图 7.4.6　MOSFET 共源极放大电路　　　　图 7.4.7　BSD215MOSFET 的模型参数

② 进行交流分析，将测试结果填入表 7.4.1 并进行计算。（表中，U_{o} 为负载开路时的输出电压。）

表 7.4.1　共源放大器动态参数测量与计算记录表

测量值	$U_{\mathrm{S}}/\mathrm{mV}$	$U_{\mathrm{i}}/\mathrm{mV}$	$U_{\mathrm{oL}}/\mathrm{V}$	$U_{\mathrm{o}}/\mathrm{V}$
测量计算值	$\dot{A}_{\mathrm{u}} = -\dfrac{U_{\mathrm{oL}}}{U_{\mathrm{i}}}$	$R_{\mathrm{i}} = \dfrac{U_{\mathrm{i}} R_{\mathrm{s}}}{U_{\mathrm{s}} - U_{\mathrm{i}}}$	$R_{\mathrm{o}} = \left(\dfrac{U_{\mathrm{o}}}{U_{\mathrm{oL}}} - 1\right) R_{\mathrm{L}}$	
理论计算值	$\dot{A}_{\mathrm{u}} = -g_{\mathrm{m}} R_{\mathrm{L}} /\!/ R_{\mathrm{d}}$	$R_{\mathrm{i}} = R_{\mathrm{g1}} /\!/ R_{\mathrm{g2}}$	$R_{\mathrm{o}} \approx R_{\mathrm{d}}$	
相对误差				

③ 进行交流分析，得到电路的幅频特性与相频特性，测试电路的下限截止频率与上限截止频率，计算通频带。

④ 将源极旁路电路 C_3 移去，重复测量②，电压增益如何变化，并解释电容影响电压增益的原因。

（4）共漏 JFET 放大电路

建立如图 7.4.8 所示电路。采用 2N5486 的结型场效应管，信号源输出频率 1kHz、50mVrms 的正弦信号。

① 测量静态工作点 I_{DQ}、U_{GSQ} 和 U_{DSQ}，根据静态工作点建立传输特性扫描电路，测试 I_{DSS}，计算该管的 g_{m}。

从图 7.4.8 可以读出 $I_{\mathrm{DQ}} = 2.55\mathrm{mA}$，$U_{\mathrm{GSQ}} = 5.50 - 7.65 = -2.15\mathrm{V}$，$U_{\mathrm{DSQ}} = 12.0 - 7.65 = 4.35\mathrm{V}$，建立如图 7.4.9 所示传输特性扫描电路，设置 $V_{\mathrm{DD}} = U_{\mathrm{DS}} = 4.35\mathrm{V}$，对该电路进行直流扫描仿真，设置电源 V_1 的扫描范围为 $-6 \sim 0\mathrm{V}$，扫描增量为 0.5V，输出量为探针 1 的电流，可以得到转移特性曲线，读出当 $V_1 = 0$ 时的电流即为 I_{DSS}。双击管子，在模型编辑中可以查到管子的夹断电压为 $U_{\mathrm{p}} = -3.847\mathrm{V}$，根据 $g_{\mathrm{m}} = -\dfrac{2\sqrt{I_{\mathrm{DSS}} I_{\mathrm{DQ}}}}{U_{\mathrm{p}}}$，带入以上数据，可以算出对应的 g_{m}。

② 进行交流分析，将测试结果填入表 7.4.2 并进行计算。（表中，U_{o} 为负载开路时的输出电压。）

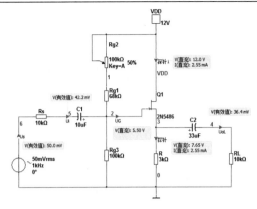
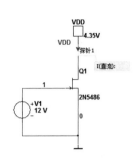

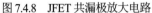

图 7.4.8　JFET 共漏极放大电路　　　　　　图 7.4.9　JFET 传输特性扫描电路

表 7.4.2　共漏极放大器动态参数测量与计算记录表

测量值	U_S/mV	U_i/mV	U_{oL}/V	U_o/V
测量计算值	$\dot{A}_u = \dfrac{U_{oL}}{U_i}$	$R_i = \dfrac{U_i R_s}{U_s - U_i}$	$R_o = \left(\dfrac{U_o}{U_{oL}} - 1 \right) R_L$	
理论计算值	$\dot{A}_u = \dfrac{g_m R /\!/ R_L}{1 + g_m R /\!/ R_L}$	$R_i = (R_{g1} + R_{g2}/2) /\!/ R_{g3}$	$R_o = R /\!/ \dfrac{1}{g_m}$	
相对误差				

③ 进行交流分析，得到电路的幅频特性与相频特性，测试电路的下限截止频率与上限截止频率，计算通频带。

7.4.3　放大电路频率响应

放大电路的频率响应分析计算起来是很麻烦的，但是用计算机仿真分析起来却很方便，只需输入电路、给定元器件参数，即可分析出精确的频率响应，还可分析元器件参数对频率响应的影响。

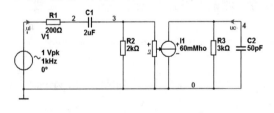

图 7.4.10　频率特性分析电路

（1）放大电路对应的全频段微变等效电路

考虑 BJT 放大电路的耦合电容和 BJT 极间电容的影响，并引用三极管混合 π 型简化模型，放大电路对应的全频段微变等效电路与图 7.4.10 相似。

① 进行交流分析，得到频率特性，测量增益、上限截止频率、下限截止频率和通频带，与理论值进行比较。

② 将电容 C_2 开路，只考虑 C_1 的影响，测量下限截止频率，与①中的测量值进行比较。

③ 将电容 C_1 短路，只考虑 C_2 的作用，测量上限截止频率，与②中的测量值进行比较。

（2）电容对电路上限截止频率的影响

BJT 级间电容在混合 π 型高频等效电路中是跨接在输入与输出端的，如图 7.4.11 所示的 C_2，虽然这个电容容量很小，但是由于米勒效应，它对上限截止频率的影响很大，分析电容 C_1、C_2 对电路的上限截止频率的影响。

① 将电容 C_2 开路，只考虑 C_1 的影响，测量增益、上限截止频率，与理论值进行比较。

② 将电容 C_1 开路，只考虑 C_2 的作用，测量上限截止频率，与理论值进行比较。

③ 同时考虑 C_1 和 C_2 的影响，测量增益、上限截止频率、与①和②结果进行比较，说明 C_2 对上限频率的影响。

（3）放大电路的频率响应

共发射极阻容耦合放大电路如图 7.4.12 所示。

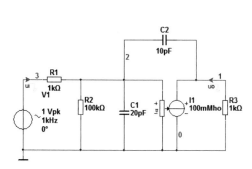

图 7.4.11　研究米勒电容对上限截止频率的影响的电路

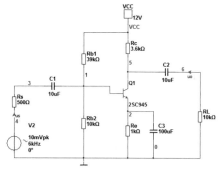

图 7.4.12　共发射极放大电路

① 测量放大电路的增益、下限截止频率、上限截止频率。

② 将电容 C_1、C_2 改为 1μF，测量下限截止频率，与①结果比较。

③ 保持 C_1、C_2 为 1μF，对电路进行参数扫描分析，扫描对象为电容 C_3，扫描范围 1~100μF，扫描变量类型选十进位，扫描分析为交流小信号分析，观察下限频率特性的变化，说明 C_3 对下限截止频率的影响。

④ 对图 7.4.12 进行参数扫描分析，扫描对象为电阻 R_s，扫描范围 50Ω~5kΩ，扫描变量类型选十进位，扫描分析选交流小信号分析，观察上限频率特性的变化，说明 R_s 对上限截止频率的影响。

⑤ 将图 7.4.12 所示电路改为共集电极放大电路，如图 7.4.13 所示。测量增益、下限截止频率、上限截止频率，与共发射极放大电路相比较。进行参数扫描分析，扫描对象为电阻 R_s，扫描范围 50Ω~5kΩ，扫描变量类型选十进位，扫描分析选交流小信号分析，观察上限频率特性的变化，说明 R_s 对上限截止频率的影响。

⑥ 将图 7.4.12 所示电路改为共基极放大电路，如图 7.4.14 所示。测量放大电路的增益、下限截止频率、上限截止频率，与共发射极放大电路相比较。

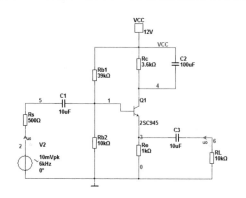

图 7.4.13　共集电极放大电路

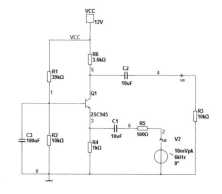

图 7.4.14　共基极放大电路

7.4.4　设计仿真题目

设计一个源极跟随器，如图 7.4.15 所示。要求：源极电流为 1mA，电压增益为 0.8。已知：$\mu_n C_{ox}=100\mu/V^2$，$U_{Th}=0.5V$，$\lambda=0$，$V_{DD}=1.8V$，$R_g=50k\Omega$。

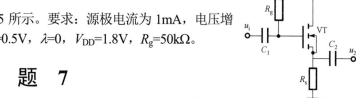

图 7.4.15　源极跟随器

习　题　7

7.1　图 7.1 所示为场效应管的转移特性，请分别说明场效应管各属于何种类型。说明它的开启电压U_{th}（或夹断电压U_p）约为多少。

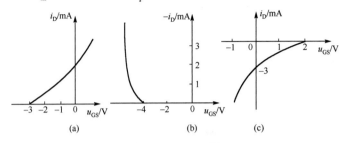

图 7.1 习题 7.1 图

7.2 图 7.2 所示为场效应管的输出特性曲线，分别判断各场效应管属于何种类型（增强型、耗尽型、N 沟道或 P 沟道），说明它的夹断电压U_P（或开启电压U_{th}）是多少。

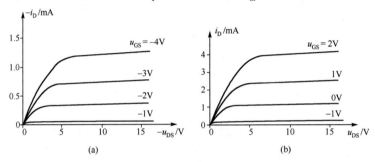

图 7.2 习题 7.2 图

7.3 某 MOSFET 的I_{DSS} = 10mA 且U_P = −8V。（1）此元件是 P 沟道还是 N 沟道？（2）计算U_{GS} = −3V 时的I_D；（3）计算U_{GS} = 3V 时的I_D。

7.4 画出下列 FET 的转移特性曲线。

（1）U_P = −6V，I_{DSS} = 1mA 的 MOSFET；

（2）U_{th} = 8V，K_n = 0.2mA/V^2 的 MOSFET。

7.5 试在具有四象限的直角坐标上分别画出 4 种类型 MOSFET 的转移特性示意图，并标明各自的开启电压或夹断电压。

7.6 判断图 7.3 所示各电路是否有可能正常放大正弦信号。电容对交流信号可视为短路。

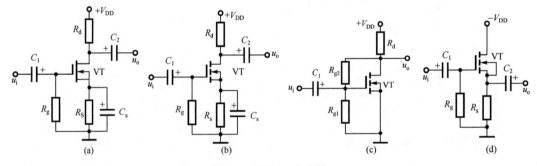

图 7.3 习题 7.6 电路图

7.7 电路如图 7.4 所示，MOSFET 的U_{th} = 2V，K_n = 50mA/V^2，确定电路 Q 点的I_{DQ}和U_{DSQ}值。

7.8 试求图 7.5 所示每个电路的U_{DS}，已知$|I_{DSS}|$ = 8mA。

7.9 电路如图 7.6 所示，已知 VT 在U_{GS} = 5V 时的I_D = 2.25mA，在U_{GS} = 3V 时的I_D = 0.25mA。现要求该电路中 FET 的V_{DQ} = 2.4V、I_{DQ} = 0.64mA，试求：

（1）管子的K_n和U_{th}的值；

（2）R_d和R_s的值应各取多大？

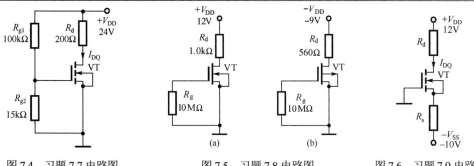

图 7.4　习题 7.7 电路图　　　　图 7.5　习题 7.8 电路图　　　　图 7.6　习题 7.9 电路图

7.10　电路如图 7.7 所示，已知 FET 的 $U_{\text{th}} = 3\text{V}$、$K_{\text{n}} = 0.1\text{mA/V}^2$。现要求该电路中 FET 的 $I_{\text{DQ}} = 1.6\text{mA}$，试求 R_{d} 的值。

7.11　电路如图 7.8 所示，已知场效应管 VT 的 $U_{\text{th}} = 2\text{V}$，$U_{\text{(BR)DS}} = 16\text{V}$、$U_{\text{(BR)GS}} = 30\text{V}$，当 $U_{\text{GS}} = 4\text{V}$、$U_{\text{DS}} = 5\text{V}$ 时 $I_{\text{D}} = 9\text{mA}$。请分析这 4 个电路中的场效应管各工作在什么状态（截止、恒流、可变电阻、击穿）？

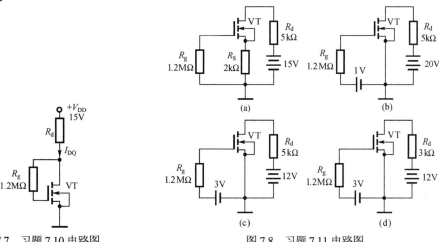

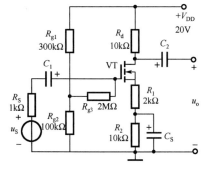

图 7.7　习题 7.10 电路图　　　　　　图 7.8　习题 7.11 电路图

7.12　图 7.9 所示场效应管工作于放大状态，r_{ds} 忽略不计，电容对交流视为短路，跨导为 $g_{\text{m}} = 1\text{mS}$。（1）画出电路的交流小信号等效电路；（2）求电压放大倍数 $\dot{A}_{\text{u}}$ 和源电压放大倍数 $\dot{A}_{\text{us}}$；（3）求输入电阻 R_{i} 和输出电阻 R_{o}。

7.13　电路如图 7.10 所示，已知 FET 在 Q 点处的跨导 $g_{\text{m}} = 2\text{mS}$，试求该电路的 $\dot{A}_{\text{u}}$、R_{i}、R_{o} 值。

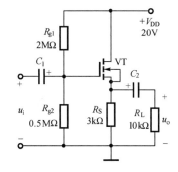

图 7.9　习题 7.12 电路图　　　　　　图 7.10　习题 7.13 电路图

7.14　电路如图 7.11 所示，场效应管的 $g_{\text{m}} = 11.3\text{mS}$，$r_{\text{ds}}$ 忽略不计。试求共漏极放大电路的源电压增益 $\dot{A}_{\text{us}}$、输入电阻 R_{i} 和输出电阻 R_{o}。

7.15　放大电路如图 7.12 所示，已知场效应管的 $I_{\text{DSS}} = 1.6\text{mA}$，$U_{\text{P}} = -4\text{V}$，$r_{\text{ds}}$ 忽略不计，若要求场效应管静态时的 $U_{\text{GSQ}} = -1\text{V}$，各电容均足够大。试求：（1）$R_{\text{g1}}$ 的阻值；（2）$\dot{A}_{\text{u}}$、R_{i} 及 R_{o} 的值。

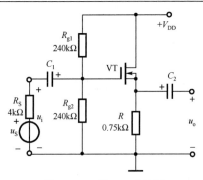

图 7.11　习题 7.14 电路图

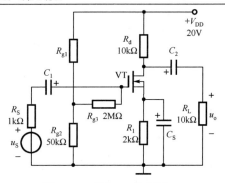

图 7.12　习题 7.15 电路图

7.16　电路如图 7.13 所示，已知 FET 的 $I_{DSS} = 3mA$，$U_P = -3V$，$U_{(BR)DS} = 10V$。试问：在下列 3 种条件下，FET 各处于哪种状态？（1）$R_d = 3.9k\Omega$；（2）$R_d = 10k\Omega$；（3）$R_d = 1k\Omega$。

7.17　源极输出器电路如图 7.14 所示，已知场效应管在工作点上的互导 $g_m = 0.9mS$，r_{ds} 忽略不计，其他参数如图 7.14 所示。求电压增益 $\dot{A}_u$、输入电阻 R_i 和输出电阻 R_o。

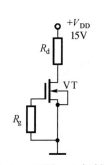

图 7.13　习题 7.16 电路图

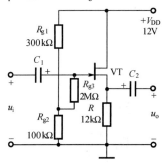

图 7.14　习题 7.17 电路图

7.18　在低频段的小信号等效电路中，要考虑哪些电容，不需要考虑哪些电容？在高频段呢？

7.19　什么是三极管的共发射极截止频率？什么是三极管的共基极截止频率？什么是三极管的特征频率？三者之间的关系是什么样的？

7.20　放大电路频率响应的分析为什么可以分频段来进行？

7.21　已知某放大电路的电压增益为 $\dot{A}_u = \dfrac{2jf}{\left(1 + j\dfrac{f}{50}\right)\left(1 + j\dfrac{f}{10^6}\right)}$。

（1）求解 $\dot{A}_{um}$、f_L、f_H；

（2）画出波特图。

7.22　已知某放大电路的波特图如图 7.15 所示，试写出电压放大倍数 $\dot{A}_u$ 的表达式。

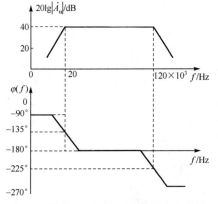

图 7.15　习题 7.22 电路图

7.23　阻容耦合放大器幅频特性如图 7.16 所示，试问：

（1）给放大器输入 $U_i = 5mV$，$f = 5kHz$ 的正弦信号时，输出电压 U_o 是多少？

（2）给放大器输入 $U_i = 3mV$，$f = 30kHz$ 的正弦信号时，输出电压 U_o 是多少？

（3）求该放大器的通频带 f_{BW}。

7.24　设某三级放大器，各级放大电路的上限截止频率分别为 $f_{H1} = 6kHz$，$f_{H2} = 25kHz$，$f_{H3} = 50kHz$，中频增益为 100，试求该放大器的上限频率。

图 7.16　习题 7.23 电路图

第 8 章　低频功率放大电路

前面几章分析的放大电路主要是小信号放大电路，一般用于多级放大电路的输入级和中间级，主要任务是放大信号的电压，因此可以称为电压放大电路。

一个实用的多级放大电路一般包括输入级、中间级和输出级。输出级的目的是输出一定信号的功率去驱动负载，如收音机中的扬声器、继电器中的电感线圈等。这类能够为负载提供足够大的功率的放大电路称为功率放大电路，简称功放。本章将就功率放大电路的一般问题加以介绍。

8.1　功率放大电路概述

8.1.1　功率放大电路的特点

小信号放大电路主要用于增强电压或电流的幅度，因而相应地称为电压放大电路或电流放大电路，讨论的主要指标是电压或电流增益、输入和输出阻抗等，输出的功率并不一定大。而功率放大电路则不同，对它的主要要求是获得一定的不失真的输出功率。由于功率放大电路通常工作在大信号状态，所以它与小信号放大电路相比，有其本身的特点。

（1）要求输出足够大的功率

为了获得大的功率输出，要求功放管的电压和电流都有足够大的输出幅度，功放管往往在接近极限状态下工作，所以要根据极限参数的要求选择功放管。

（2）效率要高

功率放大电路实际是一种能量转换电路，将电源能量转换为输出信号能量。因此，对功率放大电路要考虑其转换效率，即功率放大电路的最大输出功率和电源所提供的功率之比。提高效率可以在相同输出功率的条件下，减小能量损耗，减小电源容量，降低成本。

（3）非线性失真小

功率放大电路工作在大信号状态，其电压和电流大幅度摆动，接近截止区和饱和区，所以不可避免地产生非线性失真。信号幅度越大，造成的非线性失真也越严重，因此提高输出功率和减小非线性失真是一对矛盾，在使用中要根据使用场合兼顾这两方面的指标。

（4）功放管的散热和保护问题

功放管工作在大信号极限运用状态，其 u_{CE} 最大值接近于 $U_{(BR)CEO}$，电流 i_C 最大值接近于 I_{CM}，管耗接近于最大值 P_{CM}。因此，选择功放管时要注意不要超过其极限参数，并要考虑过电压和过电流保护措施。此外，为了充分利用 P_{CM} 而使功放管输出足够大的功率，应考虑其散热问题。

总之，功率放大电路要研究的主要问题是，在不超过功放管极限参数的前提下，如何获得尽可能大的输出功率、尽可能小的失真和尽可能高的效率。因此，电路形式的选择、放大电路工作状态的选择及分析方法的选择都要从这个基本点出发。

在分析方法上，由于功放管处于大信号下工作，小信号模型已不再适用，故通常采用图解法。

8.1.2　功率放大电路类型

从上面的分析可知，在功率放大电路中，效率是我们关心的主要问题之一。转换效率 η 定义为输出功率 P_o 与电源供给的功率 P_V 之比，即 $\eta = P_o / P_V$，而 $P_V = P_o + P_T$，其中，P_T 主要为三极管的管耗。因此，若要提高转换效率，就必须减小管耗。而静态电流是造成管耗的主要因素，根据静态工作点位置的不同，也就是按三极管在输入信号一个周期内导通时间的不同，功率放大电路分为甲类功放、乙类功放、甲乙类功放和丙类功放 4 种类型。下面对前 3 种类型进行简单介绍。

（1）甲类功放

在图 8.1.1(a)中，静态工作点 Q 设置在放大区，三极管在输入信号的整个周期内都导通，有电流流过，三极管的导通角为 360°，三极管的这种工作方式称为甲类工作状态，对应的功率放大电路称为甲类功放。

甲类功放可以得到不失真的波形。前面讨论的电压放大器中，三极管都工作在甲类。甲类功放在静态时也要消耗电源功率，这时电源功率全部消耗在三极管和电阻上。当有信号输入时，其中一部分转换为有用的输出功率，一部分为管耗。可以证明，即使在理想情况下，甲类功率放大电路的效率最高也只能达到 50%。

（2）乙类功放

乙类功放的静态工作点 Q 设置在截止点上（$I_{CQ} = 0$），如图 8.1.1(b)所示，三极管只在输入信号的半周内导通，导通角为 180°，即在半个周期内 $i_C > 0$。

由于静态功耗近似为零，无输入信号时电路的输出功率为零，乙类功放的转换效率高（理论值可达 78.5%），但只能输出半个周期的信号。可以采用两个三极管组成的互补对称功放电路减小失真，但波形会出现交越失真。

（3）甲乙类功放

静态工作点 Q 设置在使三极管静态时处于微导通状态，如图 8.1.1(c)所示，三极管在输入信号的大半个周期内导通，导通角略大于 180°、小于 360°，在一个周期之内有半个周期以上 $i_C > 0$。三极管的这种工作方式称为甲乙类工作状态，对应的功率放大电路称为甲乙类功放。

甲乙类功放因静态偏置电流很小，在输出功率、功耗和效率等性能上与乙类十分近似，采用互补对称功放电路，较好地解决了效率与非线性失真之间的矛盾，同时又消除了交越失真，成为一种实用的功放电路。

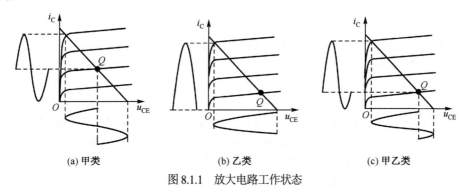

(a) 甲类　　　　　　　　　(b) 乙类　　　　　　　　　(c) 甲乙类

图 8.1.1　放大电路工作状态

8.2　互补对称功率放大电路

互补对称功率放大电路包括双电源互补对称功率放大电路和单电源互补对称功率放大电路。双电源互补对称电路又称为无输出电容电路，简称 OCL（Output Capacitor Less）电路。

8.2.1　双电源互补对称功率放大电路的电路组成及工作原理

三极管工作在乙类功放工作方式时，虽然管耗小，可以提高效率，但失真严重，输入信号有半个波形被削掉了。采用如图 8.2.1(a)所示电路，VT_1、VT_2 分别为 NPN 和 PNP 三极管，性能完全对称，都工作在乙类功放工作状态，但一个在正半周工作，而另一个在负半周工作，同时使这两个输出波形都加到负载上，从而在负载上得到一个完整的波形。

静态时，$u_i = 0$，由于电路上下对称，$u_o = 0$，$U_{BE1} = U_{BE2} = 0$，三极管处于截止状态，电路的静态功耗为零。

动态时，当输入信号处于正半周，且幅度远大于三极管导通电压时，VT_1 导通，VT_2 截止，$+V_{CC}$

供电，电流从+V_{CC}经 VT$_1$ 的 c-e 和 R_L 至地，VT$_1$ 构成的射极跟随器的输出电压u_o跟随u_i的正半周变化，其最大峰值可接近+V_{CC}；在u_i的负半周，VT$_1$ 截止，VT$_2$ 导通，−V_{CC}供电，电流从地经 R_L 和 VT$_2$的 e-c 至−V_{CC}，VT$_2$ 构成的射随电路使u_o跟随u_i的负半周变化，其最大峰值可接近−V_{CC}。这样在信号的正负半周两管轮流导通（称为互补），在负载电阻上就可输出一个完整的正弦波，如图 8.2.1(b)所示，此电路称为乙类互补对称电路。

8.2.2 甲乙类双电源互补对称功率放大电路

图 8.2.1(a)所示的甲乙类双电源互补对称功率放大电路中，VT$_1$ 和 VT$_2$ 没有直流偏置，由于三极管输入特性存在死区，若输入的信号值小于三极管的开启电压U_{th}，则 VT$_1$、VT$_2$ 均截止，此时$u_o = 0$，而不能跟随u_i变化，从而产生失真，称为交越失真，如图 8.2.1(b)所示。

消除交越失真的有效方法是为放大电路设置合适的静态工作点。在如图 8.2.2 所示电路中，利用两只二极管 VD$_1$、VD$_2$ 的正向压降为两只功放管 VT$_1$、VT$_2$ 提供正向偏置电压。

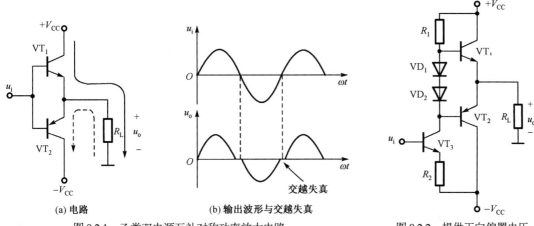

(a) 电路　　　　　　　(b) 输出波形与交越失真

图 8.2.1　乙类双电源互补对称功率放大电路　　　图 8.2.2　提供正向偏置电压

在静态时，$U_{BE1} + U_{BE2} = U_{D1} + U_{D2}$，因而 VT$_1$、VT$_2$ 处于临界导通状态，这样当信号输入时，至少有一只功放管导通，交越失真也就不存在了。图 8.2.2 所示电路为两级放大电路，第一级为共射电路，VT$_3$ 为放大管，第二级为互补对称电路。

由于功放管的导通时间超过半个周期，故处于甲乙类工作状态，所以该电路称为甲乙类互补对称功率放大电路。由于静态电流很小，是接近乙类的甲乙类工作状态，在分析计算时，可以把它近似地看成是乙类放大电路。

8.2.3 双电源互补对称功率放大电路的分析计算

（1）输出功率 P_o

在图 8.2.1(a)所示电路中，输出功率，即负载 R_L 上获得的功率 P_o 为

$$P_o = \frac{U_o^2}{R_L} = \frac{\left(\dfrac{U_{om}}{\sqrt{2}}\right)^2}{R_L} = \frac{1}{2} \times \frac{U_{om}^2}{R_L} \qquad (8.2.1)$$

式中，U_o 和 U_{om} 分别为输出正弦电压的有效值和最大值。

图 8.2.1(a)中的 VT$_1$、VT$_2$ 都为射极输出器状态，$A_u \approx 1$，当输入信号足够大，使

$$U_{im} = U_{om} = V_{CC} - U_{CES}$$

式中，U_{om} 为负载电阻上获得的最大不失真输出电压幅值，U_{CES} 为三极管的饱和压降，因此最大输出功率为

$$P_{om} = \frac{\left(\dfrac{V_{CC} - U_{CES}}{\sqrt{2}}\right)^2}{R_L} = \frac{(V_{CC} - U_{CES})^2}{2R_L} \qquad (8.2.2)$$

若忽略饱和压降，即 $U_{CES} = 0$，则

$$P_{om} = \frac{V_{CC}^2}{2R_L} \qquad (8.2.3)$$

（2）直流电源供给功率 P_V

直流电源供给的直流功率是电源电压与电源电流平均值的乘积。由于每个电源只提供半个周期的电流，因此流过电源的平均电流 I_C 为

$$I_C = \frac{1}{2\pi} \int_0^\pi \frac{U_{om}}{R_L} \sin\omega t \, d(\omega t) = \frac{1}{\pi} \times \frac{U_{om}}{R_L} \qquad (8.2.4)$$

因此，两个电源提供的功率为

$$P_V = 2V_{CC}I_C = \frac{2}{\pi} \times \frac{V_{CC}U_{om}}{R_L} \qquad (8.2.5)$$

当输出电压幅值达到最大，即 $U_{om} \approx V_{CC}$ 时，电源供给的最大功率为

$$P_{Vm} = \frac{2}{\pi} \times \frac{V_{CC}^2}{R_L} \qquad (8.2.6)$$

（3）转换效率 η

$$\eta = \frac{P_o}{P_V} = \left(\frac{U_{om}^2}{2R_L}\right) \Big/ \left(\frac{2V_{CC}U_{om}}{\pi R_L}\right) = \frac{\pi}{4} \times \frac{U_{om}}{V_{CC}} \qquad (8.2.7)$$

当 $U_{om} \approx V_{CC}$ 时，电路效率达到最大，

$$\eta_{max} = \frac{P_{om}}{P_V} = \frac{\pi}{4} = 78.5\% \qquad (8.2.8)$$

可见，乙类功率放大电路的效率总是低于 78.5%。

8.2.4　双电源互补对称功率放大电路中功放管的选择

选择功率放大管主要考虑每个三极管的最大容许管耗。我们知道，当输出电压幅度最大时，虽然功放管电流最大，但管压降最小，故管耗不是最大；当输出电压为零时，虽然功放管压降最大，但集电极电流最小，故管耗也不是最大。因此，必定在输出电压幅值为一个特定值时管耗最大。为此可以求出管耗与输出电压幅值的关系式，通过求极值的方法求出管耗最大时的输出电压的幅值。

由直流电源提供的直流功率，一部分通过三极管转换为输出功率，其余部分则消耗在三极管上形成管耗。总的管耗为

$$P_T = P_V - P_o = \frac{2}{\pi} \times \frac{V_{CC}U_{om}}{R_L} - \frac{1}{2} \times \frac{U_{om}^2}{R_L} \qquad (8.2.9)$$

令 $\dfrac{dP_T}{dU_{om}} = 0$，则 $U_{om} = \dfrac{2V_{CC}}{\pi} \approx 0.6V_{CC}$ 时管耗最大，此时每一只管子的最大管耗约为

$$P_{T1m} = \frac{V_{CC}^2}{\pi^2 R_L} \qquad (8.2.10)$$

根据式（8.2.3）和式（8.2.10），三极管的最大功耗与最大输出功率的关系为

$$P_{T1m} \approx 0.2P_{om} \qquad (8.2.11)$$

式（8.2.11）常用来作为选择功放管的依据。从以上分析可知，选择功放管时，其极限参数应满足：

（1）每只功放管的最大管耗为 $P_{CM} \geqslant 0.2P_{om}$；

（2）考虑到当 VT_1 导通，$U_{om} = V_{CC}$ 时，VT_2 承受的最大管压降为 $2V_{CC}$，因此应选用 c-e 间击穿电压 $|U_{(BR)CEO}| \geqslant 2V_{CC}$ 的三极管；

（3）最大集电极电流为 $I_{CM} \geqslant V_{CC}/R_L$。

【例 8.2.1】 如图 8.2.1(a)所示，设 $V_{CC} = 15V$，$R_L = 8\Omega$，输入信号 u_i 为正弦波信号。在忽略饱和压降情况下，试计算：（1）最大输出功率 P_{om}；（2）每个三极管容许的管耗 P_{CM} 至少为多少；（3）每个三极管的耐压 $|U_{(BR)CEO}|$ 应大于多少。

解：（1）根据式（8.2.3），最大输出功率为

$$P_{om} = \frac{1}{2} \times \frac{V_{CC}^2}{R_L} = \frac{1}{2} \times \frac{15^2}{8} = 14.06(W)$$

（2）根据式（8.2.10），每个三极管的最大管耗为

$$P_{T1m} = \frac{V_{CC}^2}{\pi^2 R_L} = \frac{15^2}{\pi^2 \times 8} \approx 2.85(W)$$

因此，选择的功率管应满足 $P_{CM} \geqslant 2.85W$。

（3）功率管 c-e 间的最大压降为

$$U_{CEmax} = 2V_{CC} = 2 \times 15 = 30(V)$$

所以，$|U_{(BR)CEO}| \geqslant 30V$。

8.2.5　单电源互补对称功率放大电路

双电源互补对称功率放大电路需要两个独立电源，这就给使用上带来了不便，所以实际应用中常采用单电源互补对称功率放大电路，如图 8.2.3 所示。它去掉了负电源，接入了一个电容 C，称为无输出变压器电路，简称 OTL（Output Transformer Less）电路。

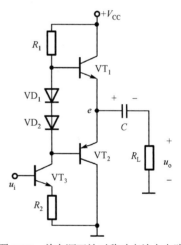

图 8.2.3　单电源互补对称功率放大电路

静态时，调整三极管发射极电位使 $V_e = V_{CC}/2$，两个三极管处于临界导通状态，故属于甲乙类工作状态。

动态时，输入正弦波信号 u_i，在负半周，VT_1 导通、VT_2 截止，电流从 $+V_{CC}$ 经 VT_1 的 c-e、电容 C、负载电阻 R_L 到地，输出电压 $u_o = u_{c3}$，C 充电；在 u_i 的正半周，VT_2 导通、VT_1 截止，电流从电容 C 的 "+" 端经 VT_2 的 e-c、地、R_L 到 C 的 "−" 端，$u_o = u_{c3}$，C 放电。只要选择时间常数 $R_L C$ 足够大，就可以认为充放电过程中 C 上的电压几乎不变，故可以看做是双电源功放中的负电源，用电容 C 和一个电源起到了原来两个电源的作用。

由于单电源互补对称功率放大电路中每个三极管的工作电压是 $V_{CC}/2$，因此在分析时，只需要用 $V_{CC}/2$ 代替 P_o，P_{Vm}，P_T，P_{Tm} 的计算式（8.2.2）、式（8.2.6）、式（8.2.9）和式（8.2.10）中的 V_{CC} 即可。

8.2.6　平衡桥式功率放大电路

OCL 和 OTL 两种功放电路的效率虽很高，但是它们的缺点就是电源的利用率都不高，其主要原因是在输入正弦信号时，在每半个信号周期中，电路只有一个三极管和一个电源在工作。为了提高电源的利用率，也就是在较低电源电压的作用下，使负载获得较大的输出功率，一般采用平衡无输出变压器电路，又称为 BTL（Balanced Transformer Less）电路，如图 8.2.4 所示。

u_i 正半周 VT_1、VT_4 导通，R_L 上获得正半周信号；u_i 负半周时 VT_2、VT_3 同时导通，R_L 上获得负半周信号。

① 该电路仍然为乙类推挽放大电路，利用对称互补的两个电路完成对输入信号的放大；其输出电

压的幅值为：$U_{om} = V_{CC} - 2U_{CES}$。若忽略饱和压降，即 $U_{CES}=0$，则有 $U_{om} \approx V_{CC}$。

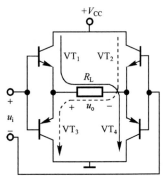

图 8.2.4　平衡桥式功率放大电路

最大输出功率为

$$P_{om} = \frac{\left(\dfrac{U_{om}}{\sqrt{2}}\right)^2}{R_L} = \frac{(V_{CC} - 2U_{CES})^2}{2R_L}$$

忽略饱和压降，即 $U_{CES}=0$，则有 $P_{om} = \dfrac{V_{CC}^2}{2R_L}$。

② 同 OTL 电路相比，同样是单电源供电，在 V_{CC} 和 R_L 相同的条件下，BTL 电路输出功率近似为 OTL 电路输出功率的 4 倍，即 BTL 电路电源利用率高。

③ BTL 电路的效率在理想情况下，仍近似为 78.5%。

平衡桥式功率放大电路最大的不足是负载 R_L 不能接地。

8.3　复合管在功率放大电路中的应用

要求输出大功率时，负载电流常达到几安，甚至几十安，而前级放大电路只能提供几毫安电流。一般，大功率管的电流放大系数较小，为了提高功放管的电流放大系数，常用多只三极管组合成复合管代替功率输出级的三极管。

8.3.1　复合管的接法及其 β

复合管是把两个三极管直接耦合起来，等效为一个三极管，具体接法如图 8.3.1 所示。

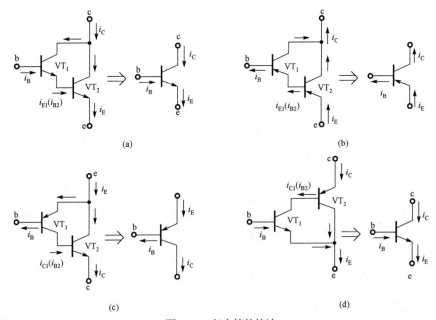

图 8.3.1　复合管的接法

从图 8.3.1(a)可以看出，VT$_1$ 的发射极电流为 VT$_2$ 的基极电流，复合后等效为 NPN 型管，该管的集电极电流为

$$\begin{aligned}
i_C &= i_{C1} + i_{C2} \\
&= \beta_1 i_{B1} + (1+\beta_1)\beta_2 i_{B1} \\
&= (\beta_1 + \beta_2 + \beta_1\beta_2)i_{B1} \\
&= (\beta_1 + \beta_2 + \beta_1\beta_2)i_B
\end{aligned}$$

通常，可以认为 $\beta_1\beta_2 >> \beta_1 + \beta_2$，所以复合管的电流放大系数为

$$\beta = \frac{i_C}{i_B} \approx \beta_1\beta_2 \tag{8.3.1}$$

按上述同样方法分析其他形式的复合管，可以得到以下的结论：

（1）复合后的管子的类型与前级 VT_1 相同；

（2）复合后的电流放大系数近似等于两管的 β 相乘；

（3）两只三极管正确连接成复合管，必须保证每只三极管各电极的电流都能顺着各自的正常工作方向流动，且保证每管工作在放大状态，否则将是错误的。

综上所述，采用复合管增大了电流放大系数，减小了前级的驱动电流，并且可以用不同类型的三极管构成所需类型的三极管。

8.3.2　复合管组成的互补对称功率放大电路

将互补对称电路中的三极管用复合管替代，不仅提高了 β 值，大大降低了输出级对基极驱动电流的要求，同时又解决了输出功放管的配对问题。用图 8.3.1(a)所示管型为 NPN 的复合管代替图 8.2.2 中的 VT_1，用图 8.3.1(b)所示管型为 PNP 的复合管代替图 8.2.2 中的 VT_2，就能实现互补。但实际上往往用 PNP 型与 NPN 型复合成 PNP 即图 8.3.1(c)所示的复合管来代替 VT_2，构成图 8.3.2 所示电路，称为准互补功放电路。这是由于在集成电路中，PNP 管型与 NPN 管型的制造工艺不同而难以完全对称，故 VT_2 和 VT_4 都选为 NPN 管，使得两个等效的功放管特性基本对称。

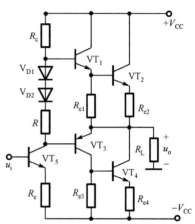

图 8.3.2　复合管组成的互补对称功放电路

8.4　集成功率放大电路

集成功率放大电路成熟，低频性能好，内部设计有复合保护电路，外围电路简单，保护功能齐全，还可外加散热片解决散热问题。这使得它广泛用于音响、电视和小电机的驱动方面。

集成功率放大的种类很多，从用途分，有通用型和专用型功放；从芯片内部的构成分，有单通道和双通道功放；从输出功率分，有小功率和大功率功放等。

8.4.1　通用功放芯片 LM386

LM386 是一种通用型单通道音频集成功放，其具有增益可调（20～200 倍）、通频带宽（300kHz）、功耗低（$V_{CC} = 6V$ 时静态功耗仅为 24mW）、适用电源电压范围宽（4～12V 或 5～18V）、低失真（0.2%）等特点，因而广泛应用于收音机、对讲机、电源转换及波形发生电路等。其输出功率为 325mW（$V_{CC} = 6V$、$R_L = 8\Omega$）（标准）、1W（$V_{CC} = 16V$、$R_L = 32\Omega$）（标准）。

LM386 有 8 个引脚，其引脚排列如图 8.4.1(a)所示。引脚 2 和 3 分别为反相输入端和同相输入端，5 为输出端。6 为直流电源端，4 为接地端。7 接旁路电容。1 和 8 为增益控制端。

LM386 内部电路如图 8.4.1(b)所示。由输入级、共发射极放大电路和甲乙类互补输出级构成，电阻 R_7 从输出端连接到 VT_2 的发射极，形成反馈通路，并与 R_5 和 R_6 构成反馈网络，从而引入了深度电压串联负反馈，使整个电路具有稳定的电压增益。

通过改变引脚 1 和 8 之间的外部连接电阻 R 和电容 C（其容量通常为 10～100μF，目的是只改变电路的交流反馈通路），就可以改变放大器的增益。整个放大电路的增益为

$$A_{uf} = 1 + \frac{2R_7}{R_5 + R_6 // R} \tag{8.4.1}$$

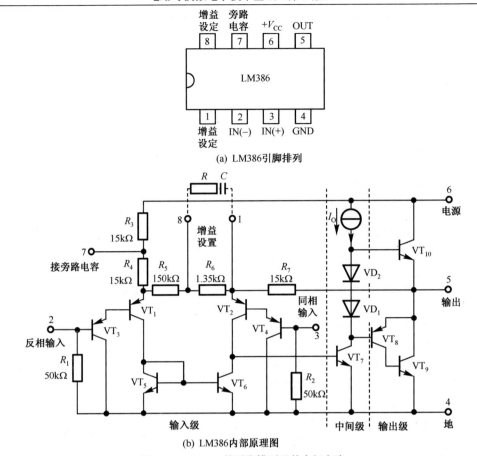

(a) LM386引脚排列

(b) LM386内部原理图

图 8.4.1　LM386 的引脚排列及其内部电路

　　由于 LM386 是单电源功率放大电路，故其输出端（引脚 5）与负载之间必须串接一个大电容，即接成 OTL 电路形式，其典型接法如图 8.4.2 所示。交流输入信号加同相输入端，反相输入端接地。其中 R_{w1} 能够调节输入信号的大小，即控制音量大小。由于扬声器为感性负载，使电路容易产生自激振荡或出现过压，所以在输出端接入 R_1 和 C_2 串联回路进行相位补偿，使负载接近纯电阻。引脚 6 接直流电源，C_5 为去耦电容，滤掉电源的高频交流成分。引脚 4 接地。引脚 7 通过旁路电容 C_4 接地。

　　【例 8.4.1】　在图 8.4.2 所示的 LM386 组成的功率放大电路中，试求：（1）当可变电阻 R_{W2} 从 $0 \sim \infty$ 调整时，A_{uf} 的变化范围为多少？ （2）为使扬声器上得到 600mW 的信号功率，输入电压的最小值为多少毫伏？

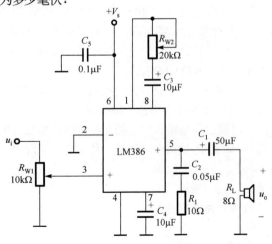

图 8.4.2　LM386 典型接法

　　解：（1）当 $R_{W2}=0$ 时，由式（8.4.1）可得

$$A_{uf} = 1 + \frac{2R_7}{R_5} = 1 + \frac{2 \times 15}{0.15} = 201$$

当 $R_{W2}=\infty$ 时

$$A_{uf} = 1 + \frac{2R_7}{R_5 + R_6} = 1 + \frac{2 \times 15}{0.15 + 1.35} = 21$$

所以当 R_{W2} 从 $0 \sim \infty$ 调整时，A_{uf} 在 $20 \sim 200$ 之间变化。

（2）因为 $P_o = \dfrac{U_{om}^2}{2R_L}$ ，所以

$$U_{om} = \sqrt{2P_o R_L} = \sqrt{2 \times 600 \times 10^{-3} \times 8} \approx 3.1(\text{V})$$

当电压放大倍数最大时，所需的输入电压最小，即

$$U_{imin} = \frac{U_{om}/\sqrt{2}}{A_{uf}} = \frac{3.1/\sqrt{2}}{200} = 11(mV)$$

8.4.2 专用音频集成功率放大芯片 TDA2030

TDA2030 是许多计算机有源音箱所采用的 Hi-Fi 功放集成块。它接法简单，额定功率为 14W。电源电压为±6～±18V。输出电流大，谐波失真和交越失真小。具有优良的短路和过热保护电路。

TDA2030 是 Telefunken（德律风根）公司生产的音频功放电路，采用 V 型 5 引脚单列直插式塑料封装结构。其封装结构和引脚分布如图 8.4.3 所示。其典型接法有单电源供电（OTL）和双电源供电（OCL）两种。

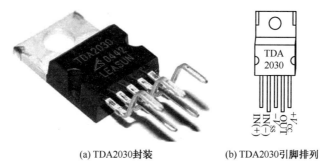

(a) TDA2030封装 (b) TDA2030引脚排列

图 8.4.3 TDA2030 封装和引脚排列

OTL 功放的形式：采用单电源，有输出耦合电容，如图 8.4.4(a)所示，放大器闭环增益为

$$A_{uf} = 1 + \frac{R_5}{R_4} = 1 + \frac{150}{4.7} = 32$$

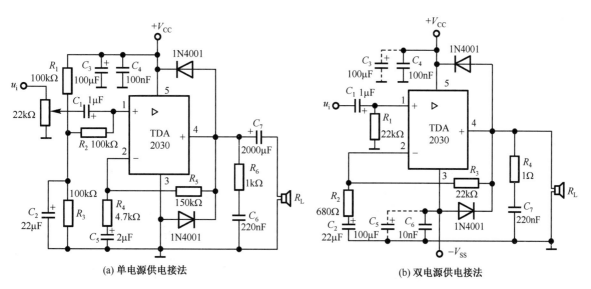

(a) 单电源供电接法 (b) 双电源供电接法

图 8.4.4 TDA2030 的典型接法

可见 R_4 电阻越小、增益越大，但增益太大也容易导致信号失真。两只二极管接在电源与输出端之间，是防止扬声器感性负载反冲而影响音质。电容 C_6(220nF)与电阻 R_6(1Ω)实现对感性负载（喇叭）的相位补偿，从而消除自激。

OCL 功放的形式是采用双电源，无输出耦合电容，如图 8.4.4(b)所示，整个放大器闭环增益由 R_3 和 R_2 决定。由于无输出耦合电容，低频响应得到改善，属于高保真电路。

也可以用两片 2030 接成 BTL 电路。

8.5　基于 Multisim 仿真的设计与讨论

8.5.1　功率放大电路

（1）甲类功率放大电路

① 建立如图 8.5.1 所示的甲类功率放大电路，观察输出端的波形。

② 将输入信号 V_2 改为 4Vpk，再观察输出波形。

③ 保持输入信号 V_2 为 4Vpk 不变，将 R_e 分别改为 1kΩ、500Ω、100Ω，观察输出信号波形，测量计算 R_e 分别为 500Ω 和 100Ω时的输出功率、电源功率与效率，说明输出阻抗大小对输出功率的影响。

④ 保持输入信号 V_2 为 4Vpk、R_e 为 1kΩ不变，改变 R_L 为 2kΩ，再观察输出波形。

⑤ 说明在低负载电阻情况下，要想改变失真波形，如何调整电阻 R_e，调整后会带来什么问题。

（2）乙类互补对称功率放大电路

① 建立如图 8.5.2 所示的乙类互补对称功率放大电路，观察输出端的交越失真波形。

② 对该电路进行直流扫描，得到电路的电压传输特性，观察输入电压在 0 附近时的输出电压，说明交越失真的产生。

③ 测量电路的输出功率与效率。

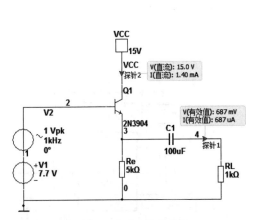

图 8.5.1　甲类功率放大电路

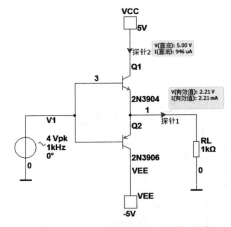

图 8.5.2　乙类互补对称功率放大电路

（3）甲乙类互补对称功率放大电路

建立如图 8.5.3 所示的甲乙类互补对称功率放大电路，将 S_1 闭合，S_2 断开（短接 R_2，断开 C_3）。

① 调节 R_5（0.1%增量），使得 $V_k=V_{CC}/2=6V$，调节 R_4，测量最大输出电压幅值。（示波器观察输出波形，肉眼观察无明显失真，用失真分析仪测量输出波形，失真率≤5%。）

② 测量电路的输出功率与效率。

③ 测量并计算电路的输入电阻、输出电阻。

④ 将 S_1 断开，S_2 闭合（接入 R_2，接入 C_3），得到带自举的甲乙类功放电路，重复①～②，比较两种电路的效率。

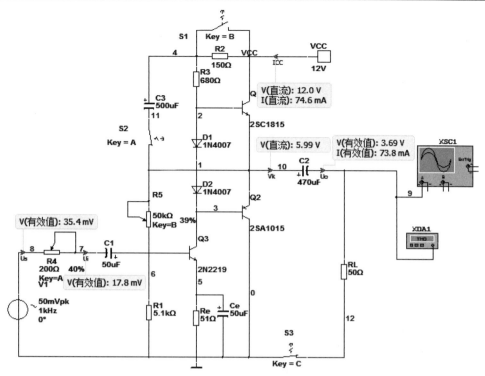

图 8.5.3　甲乙类互补对称功率放大电路

8.5.2　设计仿真题目

1. 设计一个音频功率放大器，用来为 8Ω的扬声器输送 8W 的平均功率，放大器带宽为 10Hz～15kHz。

2. 不得使用集成功放芯片，设计一个低频功率放大器，当输入正弦信号电压为 50mV_{pp} 时，在 8Ω负载上电阻的输出功率大于等于 1W，输出波形肉眼观测无明显失真。通频带为 100Hz～10kHz，输入电阻为 600Ω，供电电源限制为±12V 直流电源。

习　题　8

8.1　由于功率放大电路中的三极管常处于接近极限工作的状态，因此，在选择三极管时必须特别注意哪 3 个参数？

8.2　乙类互补对称功率放大电路的效率在理想情况下可以达到多少？

8.3　一个双电源互补对称功率放大电路如图 8.1 所示，设 $V_{CC}=12V$，$R_L=16Ω$，u_i 为正弦波。求：（1）在三极管的饱和压降 U_{CES} 可以忽略的情况下，负载上可以得到的最大输出功率 P_{om}；（2）每个三极管的耐压$|U_{(BR)CEO}|$应大于多少；（3）这种电路会产生何种失真，为改善上述失真，应在电路中采取什么措施。

8.4　一个单电源互补对称功率放大电路如图 8.2 所示，设 $V_{CC}=12V$，$R_L=8Ω$，C 的电容量很大，u_i 为正弦波，在忽略三极管饱和压降 U_{CES} 的情况下，试求该电路的最大输出功率 P_{om}。

8.5　在图 8.3 所示的电路中，已知 $V_{CC}=16V$，$R_L=4Ω$，u_i 为正弦波，输入电压足够大，在忽略三极管饱和压降 U_{CES} 的情况下，试求：（1）最大输出功率 P_{om}；（2）三极管的最大管耗 P_{CM}；（3）三极管饱和压降$U_{CES}=1V$ 时，最大输出功率 P_{om} 和效率 $η$。

8.6　在图 8.4 所示单电源互补对称功率放大电路中，已知$V_{CC}=24V$，$R_L=8Ω$，流过负载电阻的电流为$i_o=0.5\cos\omega t(A)$。求：（1）负载上所能得到的功率 P_o；（2）电源供给的功率 P_V。

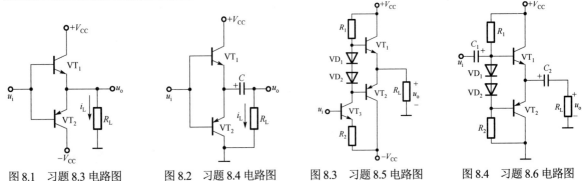

图 8.1　习题 8.3 电路图　　　图 8.2　习题 8.4 电路图　　　图 8.3　习题 8.5 电路图　　　图 8.4　习题 8.6 电路图

8.7　在图 8.5 所示的互补对称电路中，已知 $V_{CC}=6V$，$R_L=8\Omega$，假设三极管的饱和管压降 $U_{CES}=1V$。

（1）求电路的最大输出功率 P_{om}；

（2）求电路中直流电源消耗的功率 P_V 和效率 η；

（3）求三极管的最大功耗；

（4）求流过三极管的最大集电极电流；

（5）求三极管集电极和发射极之间承受的最大电压；

（6）求为了在负载上得到最大功率 P_{om}，输入端应加上的正弦波电压有效值大约等于多少？

（7）比较图 8.5(a) 和 (b) 所示电路的估算结果。

8.8　在图 8.6 中哪些接法可以构成复合管？哪些等效为 NPN 管？哪些等效为 PNP 管？

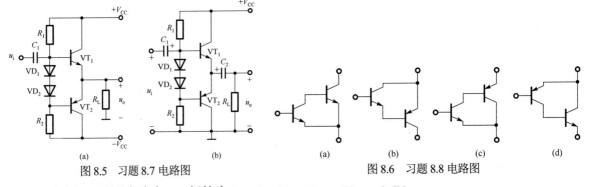

　　　　　　(a)　　　　　　　　　　　(b)　　　　　　　　　(a)　　　　　　(b)　　　　　　(c)　　　　　　(d)

图 8.5　习题 8.7 电路图　　　　　　　　　图 8.6　习题 8.8 电路图

8.9　图 8.7 所示电路中，三极管为 $\beta_1=\beta_2=50$，$U_{BE1}=U_{BE2}=0.6V$。

（1）求静态时，复合管的 I_C、I_B、U_{CE}；

（2）说明复合管属于何种类型的三极管；

（3）求复合管的 β。

8.10　一个用集成功率放大器 LM384 组成的功率放大电路如图 8.8 所示，已知电路在通带内的电压增益为 40dB，在 $R_L=8\Omega$ 时的最大输出电压（峰-峰值）可达 18V。求当 u_i 为正弦信号时，（1）最大不失真输出功率 P_{om}；（2）输出功率最大时输入电压有效值。

8.11　在图 8.4.4(b) 所示 TDA2030 双电源接法的电路中，电路的电压增益为多少分贝。

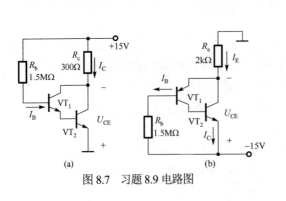

图 8.7　习题 8.9 电路图

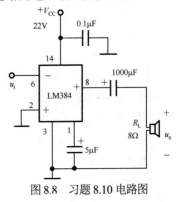

图 8.8　习题 8.10 电路图

第 9 章　负反馈放大电路

在实际放大电路中，为了改善放大电路的性能，总是引入不同形式的负反馈。本章从反馈的概念和分类入手，重点讨论 4 种常用组态的负反馈放大电路及其判别方法，给出负反馈放大电路增益的一般表达式，讨论负反馈对放大电路性能的影响，以及深度负反馈条件下放大电路增益的近似估算方法。本章内容是本课程的重点之一。

9.1　反馈的基本概念与分类

9.1.1　反馈的基本概念

1. 反馈的概念

在电子系统中，将输出回路的输出量（输出电压或电流）通过一定形式的电路网络，部分或全部馈送到输入回路中，并能够影响其输入量（输入电压或电流），从而影响放大电路的输出量，这种电压或电流的回送过程称为反馈。

根据反馈放大电路各部分电路的主要功能，可将其分为基本放大电路和反馈网络两部分，如图 9.1.1 所示。具有反馈的放大电路称为闭环放大器，反馈网络对输出量进行取样，将与之成一定比例的反馈量回送到输入端，从而影响电路的净输入量。若引入反馈后使加在基本放大电路输入端的净输入信号减弱，经过基本放大电路后使得输出信号也减弱，这种反馈称为负反馈，多用于改善放大电路的性能。反之，若反馈的引入使得净输入信号增强，经过基本放大电路后使得输出信号也增强，这种反馈称为正反馈，多用于振荡电路。

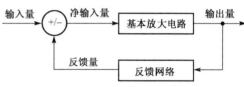

图 9.1.1　负反馈放大电路示意图

2. 反馈举例

反馈在电子技术上得到广泛的应用，在电子系统中，经常采用负反馈的方法来改善电路性能。其实在前面的章节中，已经接触到了负反馈放大电路。例如，在图 9.1.2 所示的接有射极电阻 R_e 的共发射极放大电路中，R_e 既是输入回路的一部分，又是输出回路的一部分，是将反馈信号回送到输入端的通道，所以该电路是一个典型的负反馈放大电路。在静态时，电阻 R_{b1} 和 R_{b2} 分压，将基极电位 V_B 固定，然后通过 R_e 上的电压来反映集电极电流 I_C 的变化，稳定 I_C，从而稳定静态工作点。该电路稳定静态工作点的过程在第 6 章中已经介绍过，现重写如下：

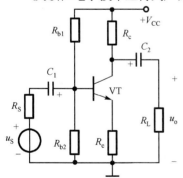

图 9.1.2　典型的负反馈放大电路

$$T \uparrow \rightarrow I_{CQ} \uparrow \rightarrow I_{EQ} \uparrow \rightarrow V_{EQ}(I_{EQ}R_e) \uparrow \rightarrow U_{BEQ} \downarrow \rightarrow I_{BQ} \downarrow$$
$$I_{CQ} \downarrow \longleftarrow \underline{\qquad\qquad\qquad\qquad\qquad}$$

通过这个具体例子，有助于理解反馈的概念。这里，放大电路的输出量为电流 I_C。利用 I_E（$\approx I_C$）在 R_e 上产生的压降把输出量回送到放大电路的基极回路，改变了 U_{BE}，才使得 I_C 基本稳定。

由此可见，如要稳定某个输出电量，则应该将该量反馈回输入端。当由于某些因素引起该电量发生变化时，这种变化将反映到放大电路的输入端，从而牵制原来的电量，使之基本稳定。

3. 有无反馈的判断

根据反馈的概念可以判断电路中有没有引入反馈。如果放大电路中存在将输出回路与输入回路相连接的通路，且由此影响放大电路的净输入量，则表明电路引入了反馈，否则电路中就没有反馈。如

图9.1.3 所示，在图 9.1.3(a)电路中集成运放的输出端与输入端之间无通路，故电路中没有引入反馈。在图 9.1.3(b)电路中，虽然集成运放的输出端与同相输入端之间跨接了电阻 R，但因集成运放的同相输入端接地，R 并不会使 u_o 作用于输入回路，即没有由此影响放大电路的净输入量，故电路中也没引入反馈。在图 9.1.3(c)电路中，电阻 R_2 将集成运放的输出端与反相输入端连接起来，使得集成运放的净输入量不仅取决于输入信号，还与输出信号有关，说明电路中引入了反馈。

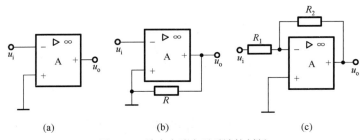

(a)　　　　　　　　　(b)　　　　　　　　　(c)

图 9.1.3　放大电路有无反馈的判断

9.1.2　反馈的类型

1. 直流反馈和交流反馈

根据反馈放大电路中反馈信号本身的交、直流特性，可以分为直流反馈和交流反馈。在直流通路中引入的反馈为直流反馈，反馈量是直流量。在交流通路中引入的反馈为交流反馈，反馈量是交流量。一般，反馈电路与电容并联时为直流反馈，与电容串联时则为交流反馈，与电容既不串联也不并联时则交、直流反馈都存在。

在图 9.1.4(a)中，从 VT_2 的发射极通过 R_f 引回到 VT_1 基极的反馈信号 $\dot{I}_f$ 将只包含直流成分，所以电路引入的是直流反馈。如图 9.1.4(b)所示，从输出端通过 R_f 和 C_f 将反馈引回到 VT_1 的发射极，由于电容 C_f 的隔直作用，反馈信号 $\dot{U}_f$ 中只含有交流成分，所以该电路为交流反馈。如果去掉图 9.1.4(a)中的 C_e，将图 9.1.4(b)中的电容 C_f 短路，则交、直流反馈同时存在。

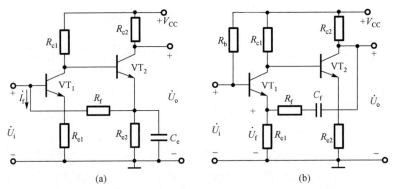

(a)　　　　　　　　　　　　(b)

图 9.1.4　直流反馈与交流反馈

图 9.1.2 所示电路中既存在交流反馈，也存在直流反馈。但若 R_e 两端并联有旁路电容 C_e，则交流分量被旁路，只有直流分量参与反馈，就只有直流反馈了。

2. 电压反馈和电流反馈

根据反馈网络对输出量进行取样的方式不同，分为电压反馈和电流反馈。若反馈信号取样于输出电压，即基本放大电路与反馈网络在输出端口采用并联的方式连接，此时引入的反馈信号正比于输出电压，则称为电压反馈，如图 9.1.5(a)所示。反之，若反馈信号是取样于输出电流，即基本放大电路和反馈网络在输出端口采用串联的方式连接，此时引入的反馈信号正比于输出电流，则称为电流反馈，如图 9.1.5(b)所示。

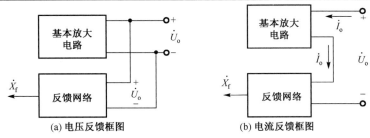

图 9.1.5　输出端取样方式

根据图 9.1.5 可以总结出电压反馈和电流反馈的判断方法如下：将输出端交流短路（$\dot{U}_o = 0$），若反馈信号 $\dot{X}_f = 0$ 则为电压反馈，若 $\dot{X}_f \neq 0$ 则为电流反馈。

图 9.1.6(a)所示电路中的反馈为电压反馈，图 9.1.6(b)所示为电流反馈。

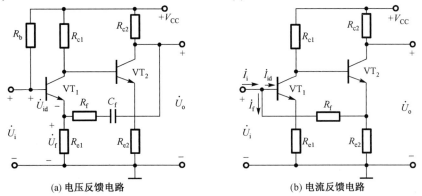

图 9.1.6　电压反馈与电流反馈

3．串联反馈和并联反馈

根据反馈信号与输入信号在输入端的不同连接方式，可将反馈分为串联反馈和并联反馈。如果基本放大电路和反馈网络在输入端口采用串联方式连接，反馈信号与输入信号串联于一个回路，在输入端以电压的形式求和，则称为串联反馈，如图 9.1.7(a)所示。如果基本放大电路和反馈网络在输入端采用并联方式连接，即反馈信号与输入信号在输入端接于同一个节点，以电流的形式求和，则称为并联反馈，如图 9.1.7(b)所示。

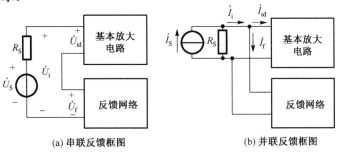

图 9.1.7　串联反馈与并联反馈

从图 9.1.7 可以总结出判断串联反馈与并联反馈的方法：若反馈网络与基本放大电路的输入信号端同点相连出现节点，则为并联反馈，否则为串联反馈。

从输入端看图 9.1.6(a)所示电路，反馈网络与基本放大电路的信号串联，在输入端出现回路，即为电压求和的串联反馈电路；而图 9.1.6(b)在输入端出现节点，为电流求和的并联反馈电路。

4．正反馈和负反馈

根据反馈效果，可以将反馈分为负反馈和正反馈。若引入反馈后使加在基本放大电路输入端的净输入信号减弱，经过基本放大电路后使得输出信号也减弱，这种反馈称为负反馈。反之，若反馈的引入使得净输入信号增强，经过基本放大电路后使得输出信号也增强，这种反馈称为正反馈。

反馈极性通常可以采用瞬时极性法来判断。所谓瞬时极性是指电路中某点对地的瞬时极性。具体判别方法是：设定某一时刻输入电压对地的瞬时极性为（+），按照放大电路的工作特性，沿反馈环一周，标出各点信号的瞬时极性，直至反馈支路在输入端的连接点。根据输入端反馈信号的连接方式，将反馈信号与输入信号叠加，得到基本放大电路的净输入信号。如果净输入信号减小了，则说明电路中引入了负反馈，反之则是正反馈。

如图 9.1.8 所示电路，都为串联反馈，信号都以电压形式出现。

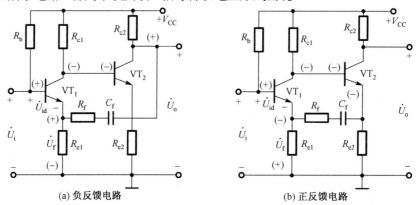

图 9.1.8　串联反馈正、负反馈的判断

在图 9.1.8(a)电路中，先假设输入电压 u_i 的瞬时极性对地为（+），则 $u_{c1}(-) \rightarrow u_{b2}(-) \rightarrow u_{c2}(+) \rightarrow u_{e1}(+) \rightarrow$ $u_f(+) \rightarrow$ 净输入电压 u_{id} （$= u_i - u_f$）减小，所以为负反馈。

在图 9.1.8(b)电路中，先假设输入电压 u_i 的瞬时极性对地为(+)，则 $u_{c1}(-) \rightarrow u_{b2}(-) \rightarrow u_{e2}(-) \rightarrow u_{e1}(-) \rightarrow$ $u_f(-) \rightarrow$ 净输入电压 u_{id} （$= u_i + u_f$）增大 ，所以为正反馈。

须特别指出的是，反馈量仅取决于输出量，而与输入量无关。例如，在图 9.1.8 所示电路中，反馈电压 u_f 并不表示 R_{e1} 上的实际电压，而只表示输出量作用的结果。所以，在分析反馈极性时，可以将输出量当做是作用于反馈网路的独立源。

图 9.1.9 所示电路都为并联反馈，信号都以电流形式出现。

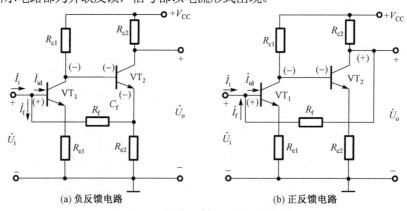

图 9.1.9　并联反馈正、负反馈的判断

在图 9.1.9(a)电路中，设输入电压 u_i 的瞬时极性对地为(+)，则 $u_{c1}(-) \rightarrow u_{b2}(-) \rightarrow u_{e2}(-) \rightarrow i_f$ 流出节点 $b_1 \rightarrow$ 净输入电流 i_{id} （$= i_i - i_f$）减小，所以为负反馈。

在图 9.1.9(b)电路中，设输入电压 u_i 的瞬时极性对地为(+)，则 $u_{c1}(-) \rightarrow u_{b2}(-) \rightarrow u_{c2}(+) \rightarrow i_f$ 流入节点 $b_1 \rightarrow$ 净输入电流 i_{id} （$= i_i + i_f$）增大，所以为正反馈。

9.1.3　交流负反馈的 4 种基本组态

负反馈放大电路的电路形式多种多样。从放大电路的输入端看，根据反馈信号与输入信号的连接方式不同，可以分为串联反馈和并联反馈；从放大电路的输出端看，根据反馈信号是对输出电压采样，还是对输出电流采样，可以分为电压反馈和电流反馈。归纳起来负反馈可分为 4 种类型的反馈组态（或称反馈类型）：电压串联负反馈、电压并联负反馈、电流串联负反馈和电流并联负反馈。下面通过具体的电路一一进行介绍，以期达到正确判断其反馈组态并掌握各自特点的目的。

1. 电压串联负反馈

电压串联负反馈的典型电路如图 9.1.10 所示。基本放大电路 A 是一个集成运放，反馈网络 F 是由电阻 R_f 和 R_1 组成的分压器。

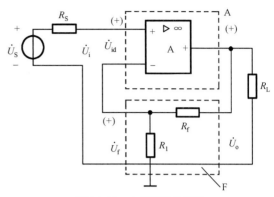

由图 9.1.10 可见，在基本放大电路 A 的输出端，反馈网络 F 与之相并联，反馈信号是由 R_f 和 R_1 对输出电压 $\dot{U}_o$ 的分压所形成的反馈电压 $\dot{U}_f$，所以有

$$\dot{U}_f = \frac{R_1}{R_1+R_f}\dot{U}_o \qquad (9.1.1)$$

故反馈网络的输出电压 $\dot{U}_f$ 与 $\dot{U}_o$ 成正比，$\dot{U}_f$ 的变化也必然反映 $\dot{U}_o$ 的变化。若将负载 R_L 两端短

图 9.1.10　电压串联负反馈

路，则 $\dot{U}_o=0$，分压值 $\dot{U}_f$ 也必定为零。反馈信号与输出电压成正比，故为电压反馈。

在放大电路的输入端，反馈网络输出端、信号源及基本放大电路的输入端三者构成串联关系，反馈信号、输入信号与净输入信号均以电压形式出现进行比较，彼此相串联构成回路，所以是串联反馈。

在图 9.1.10 所示电路中，由于 $\dot{U}_i$ 接在运放的同相输入端，设该点电位为（+），故输出电压 $\dot{U}_o$ 极性为（+），经 R_f、R_1 分压取得的反馈电压 $\dot{U}_f$ 极性也为（+），从而使得净输入电压 $\dot{U}_{id}=\dot{U}_i-\dot{U}_f$，比无反馈时减小了，所以电路引入的是负反馈。总之，图 9.1.10 所示电路引入的是电压串联负反馈。

因为在串联负反馈中信号源与反馈电压相串联，所以信号源内阻 R_S 与放大器输入阻抗相比较不能太大，否则反馈信号主要降在信号源内阻上，反馈效果就不明显。R_S 阻值越小，信号源越接近恒压源，输入电压 $\dot{U}_i$ 越稳定，$\dot{U}_f$ 的变化对 $\dot{U}_{id}$ 的影响越大，反馈效果越明显。特别是当 $R_S=0$ 时，$\dot{U}_f$ 的变化全部转化为 $\dot{U}_{id}$ 的变化，反馈效果最好。

电压反馈的重要特点是电路的输出电压趋向于维持恒定。因为电压反馈是对输出电压进行实时取样，并将取样状态回送到输入端，与输入信号进行比较得出差值信号，进而控制放大电路的输出，以保持输出电压恒定。

2. 电压并联负反馈

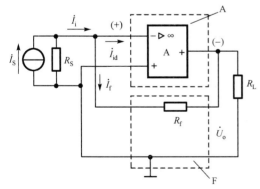

图 9.1.11　电压并联负反馈

电压并联负反馈的典型电路如图 9.1.11 所示。图中放大电路 A 为集成运放，反馈网络 F 由电阻 R_f 构成。

由图 9.1.11 可见，反馈网络输入端与放大电路输出端的接法与前面的电压串联负反馈的接法相同，所以从输出端的采样方式仍为电压反馈。

在放大电路的输入端，反馈支路 R_f 与放大器的输入端及信号源相并联，相交于节点，反馈信号以电流的形式回送到输入端，反馈信号、输入信号与净输入信号均以电流的形式出现进行比较，故为并联反馈。

用瞬时极性法判断电路的反馈极性：假设在输入端所加的信号电流 $\dot{I}_S$ 的瞬时流向如图 9.1.1 中箭头所示，则由于运放为反相输入，使得 $\dot{U}_o$ 的极性是上端为（–），此时 $\dot{I}_i$、$\dot{I}_f$、和 $\dot{I}_{id}$ 的流向如图中箭头所示。这样，在相同 $\dot{I}_S$ 值的作用下，因 $\dot{I}_f$ 的分流而使流入运放的电流 $\dot{I}_{id}=\dot{I}_i-\dot{I}_f$ 比无反馈时减小了，$\dot{U}_o$ 也随之减小，故为负反馈。综合起来，图 9.1.11 所示为电压并联负反馈电路。

因为并联负反馈中信号源与反馈电流相并联，所以信号源内阻 R_S 与放大器输入阻抗相比较不能太小，否则反馈信号主要被信号源内阻 R_S 分流掉了，反馈效果就不明显。R_S 的阻值越大，信号源越接近恒流源，输入电流 $\dot I_i$ 越稳定，$\dot I_f$ 的变化对 $\dot I_{id}$ 影响越大，反馈效果就越明显。特别是当 R_S 开路时，$\dot I_f$ 的变化全部转化为 $\dot I_{id}$ 的变化，反馈效果最好。

因为是电压反馈，所以可以稳定输出电压。

【例 9.1.1】　判断图 9.1.12 所示电路引入了哪种组态的交流反馈。

解：图 9.1.12 所示是一个共发射极放大电路，电阻 R_f 跨接在基级与集电极之间，是反馈网络。各节点的瞬时极性如图标出，由此判断反馈电流的方向如图中所标，净输入信号 $\dot I_{id} = \dot I_i - \dot I_f$，属于负反馈。

反馈支路 R_f 在输出端与 $\dot U_o$ 相接，反馈信号取自输出电压，是电压反馈。

在输入端，R_f 与输入信号线节点相交，反馈信号以电流形式出现，与输入信号并联比较，属于并联反馈。

所以该电路引入了电压并联负反馈。其实此电路与图 9.1.11 所示电路都是反相放大电路，不同之处在于图 9.1.11 所示电路由集成运放组成，而该电路由单个三极管组成。

3. 电流串联负反馈

图 9.1.13 所示电路为电压–电流转换电路，放大电路 A 为集成运放，反馈网络 F 由电阻 R_f 构成。

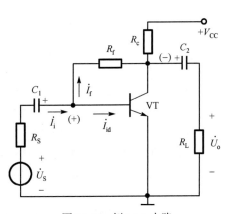

图 9.1.12　例 9.1.1 电路

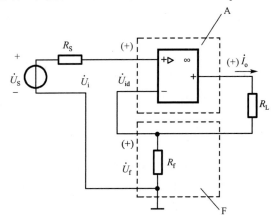

图 9.1.13　电流串联负反馈

在输出端，反馈网络 R_f 串接于输出回路中，根据"虚断路"原则，R_f 中流过的电流也为 $\dot I_o$，所以反馈电压 $\dot U_f = \dot I_o R_f$，与输出电流成正比。若将输出回路开路，则 $\dot I_o = 0$，反馈电压 $\dot U_f$ 也必定为零。反馈信号与输出电流成正比，为电流反馈。

R_f 串接于输入回路，反馈信号以电压的形式出现在输入端，与输入电压串联比较后形成净输入电压，即反馈网络输出端与基本放大电路输入端的连接与电压串联负反馈相同，所以为串联反馈。

应用瞬时极性法判断反馈极性。当输入端施加一个电压信号 $\dot U_S$，其瞬时极性为正（+），则由于是从运放的同相端输入，由此判断输出电流 $\dot I_o$ 的瞬时流向以及 $\dot I_o$ 在 R_f 两端产生的反馈电压 $\dot U_f$ 的极性如图 9.1.13 所示。显然 $\dot U_{id} = \dot U_i - \dot U_f$，所以电路引入的是负反馈。故图 9.1.13 所示电路引入的是电流串联负反馈。

电流反馈的重要特点是电路的输出电流趋向于维持恒定。电流反馈是对输出电流进行实时取样，并将取样状态回送到输入端，与输入信号进行比较得出差值信号，进而控制放大电路的输出，以保持输出电流恒定。

【例 9.1.2】　判断图 9.1.14 所示电路的反馈组态。

解：首先利用瞬时极性法判断该电路的反馈极性。设 $\dot U_i$ 的瞬时极性为（+），则由它引起的电路各点电位的瞬时极性如图 9.1.14 所示。在电阻 R_1 上的反馈电压 $\dot U_f$ 的瞬时极性为（+），它将使集成运放的净输入电压 $\dot U_{id}$ 减小。故电路引入的是负反馈。

若令输出端短路，此时流过电阻 R_f 与 R_1 的电流依然存在，电阻 R_1 上的反馈电压 $\dot U_f$ 也不为零，因此电路引入的是电流反馈。

在输入端以电压信号进行串联比较，电路引入的是串联反馈。

所以，该电路的反馈组态为电流串联负反馈。

4. 电流并联负反馈

图 9.1.15 所示为电流并联负反馈电路。放大电路 A 为集成运放，反馈网络 F 由电阻 R_f 与 R 构成。

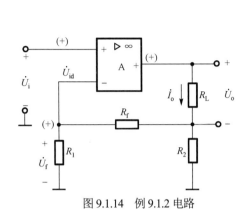

图 9.1.14　例 9.1.2 电路

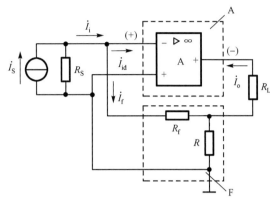

图 9.1.15　电流并联负反馈电路

在输出端，反馈网络对输出信号的取样，是由 R_f 与 R 组成的分流电路，从输出电流 $\dot{I}_o$ 中分流出一定的数值形成反馈信号 $\dot{I}_f$，根据"虚短路"有

$$\dot{I}_f = \frac{R}{R + R_f}\dot{I}_o \tag{9.1.2}$$

若将输出端开路，则 $\dot{I}_o = 0$，分流 $\dot{I}_f$ 也将为零，即反馈电流与输出电流成正比，反馈的取样对象是输出电流，为电流反馈。

反馈网络在输入端与放大器的输入端并联，相交于节点，反馈信号以电流的形式回送到输入端，$\dot{I}_i$ 和 $\dot{I}_f$ 以并联的方式进行比较，故为并联反馈。

用瞬时极性法判断电路的反馈极性：假设在输入端所加的信号电流 $\dot{I}_S$ 的瞬时流向如图中箭头所示，则由于运放为反相输入，使得 $\dot{U}_o$ 的极性是上端为 (−)，此时 $\dot{I}_o$ 的流向如图 9.1.15 中的箭头所示。则 $\dot{I}_o$ 的分流 $\dot{I}_f$ 的流向也如图中的箭头所示，显然流入运放反相输入端的净输入电流 $\dot{I}_{id} = \dot{I}_i - \dot{I}_f$，与未接反馈时相比，$\dot{I}_f$ 的分流使得电流 $\dot{I}_{id}$ 减小，$\dot{I}_o$ 也随之减小，故为负反馈。

故图 9.1.15 所示电路的反馈组态为电流并联负反馈。

与电流串联负反馈一样，由于是电流反馈，所以可以稳定输出电流。

9.2　负反馈放大电路的方框图及一般表达式

9.2.1　负反馈放大电路的一般表达式

如前所述，反馈放大电路可用如图 9.2.1 所示的方框图表示。$\dot{X}_i$ 表示输入信号，$\dot{X}_o$ 表示输出信号，$\dot{X}_f$ 表示反馈信号，$\dot{X}_{id}$ 表示净输入信号，这些信号可以是电压，也可以是电流。图中连线的箭头表示信号流通的方向，分析时近似认为信号是单向流通的，即输入信号 $\dot{X}_i$ 只通过基本放大电路传递到输出，而输出信号 $\dot{X}_o$ 只通过反馈网络传递到输入，换而言之，$\dot{X}_i$ 不通过反馈网络传递到输出，而 $\dot{X}_o$ 也不通过基本放大电路传递到输入。符号"⊕"表示比较环节，$\dot{X}_i$、$\dot{X}_f$ 在此叠加，"+""−"号表示它们与净输入信号 $\dot{X}_{id}$ 的叠加关系为

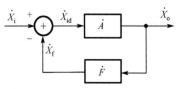

图 9.2.1　负反馈放大电路的方框图

$$\dot{X}_{id} = \dot{X}_i - \dot{X}_f \tag{9.2.1}$$

基本放大电路的放大倍数（也称为反馈放大电路的开环放大倍数）为输出量与净输入量之比，即

$$\dot{A} = \frac{\dot{X}_o}{\dot{X}_{id}} \tag{9.2.2}$$

反馈系数为反馈量与输出量之比，即

$$\dot{F} = \frac{\dot{X}_f}{\dot{X}_o} \tag{9.2.3}$$

负反馈放大电路的放大倍数（也称为闭环放大倍数）为输出量与输入量之比，即

$$\dot{A}_f = \frac{\dot{X}_o}{\dot{X}_i} \tag{9.2.4}$$

下面推导闭环放大倍数 $\dot{A}_f$ 与开环放大倍数 $\dot{A}$，以及反馈系数 $\dot{F}$ 之间的关系。由式（9.2.1）～式（9.2.4），得

$$\dot{A}_f = \frac{\dot{X}_o}{\dot{X}_i} = \frac{\dot{X}_o}{\dot{X}_{id} + \dot{X}_f} = \frac{\dot{A}\dot{X}_{id}}{\dot{X}_{id} + \dot{F}\dot{X}_o} = \frac{\dot{A}\dot{X}_{id}}{\dot{X}_{id} + \dot{A}\dot{F}\dot{X}_{id}}$$

由此得到负反馈放大电路放大倍数的一般表达式为

$$\dot{A}_f = \frac{\dot{A}}{1 + \dot{A}\dot{F}} \tag{9.2.5}$$

由式（9.2.5）可以看出，引入反馈后的增益 $\dot{A}_f$ 的大小与 $|1 + \dot{A}\dot{F}|$ 的值有关。下面分 3 种情况讨论：

（1）若 $|1 + \dot{A}\dot{F}| > 1$，则 $|\dot{A}_f| < |\dot{A}|$，即引入反馈后，放大电路的放大倍数减小了，这种反馈称为负反馈。

（2）若 $|1 + \dot{A}\dot{F}| < 1$，则 $|\dot{A}_f| > |\dot{A}|$，即引入反馈后，放大倍数增大了，这种反馈称为正反馈。

（3）若 $|1 + \dot{A}\dot{F}| = 0$，则 $|\dot{A}_f| \to \infty$，这时即使没有输入信号，也会有输出信号，这种现象称为放大电路的自激，电路将失去放大信号的功能，所以应该尽量避免。

可以看出，对于负反馈，$|1 + \dot{A}\dot{F}|$ 越大，反馈放大电路的增益减小越多。我们将 $|1 + \dot{A}\dot{F}|$ 称为反馈深度，它是衡量负反馈程度的一个重要性能指标。从后面的讨论可以看出，负反馈对放大电路性能的改善与反馈深度有关。

如果在基本关系式（9.2.5）中满足 $|1 + \dot{A}\dot{F}| \gg 1$，即 $\dot{A}\dot{F} \gg 1$，则有

$$\dot{A}_f = \frac{\dot{A}}{1 + \dot{A}\dot{F}} \approx \frac{1}{\dot{F}} \tag{9.2.6}$$

将这种情况称为深度负反馈。式（9.2.6）表明，在深度负反馈条件下，闭环放大倍数主要取决于反馈系数，与开环放大倍数无关，由于反馈网络常为无源网络，受环境温度的影响很少，因此闭环放大倍数基本不受温度的影响，可以获得很高的稳定性。

9.2.2　4 种组态负反馈放大电路的增益和反馈系数的表达式

反馈组态不同，$\dot{A}$、$\dot{A}_f$ 和 $\dot{F}$ 的表达式也不同，前面讨论过的电压串联、电压并联、电流串联和电流并联负反馈放大电路的方框图如图 9.2.2 所示。在输入端电流和电压的极性表明输入量、反馈量和净输入量的叠加关系。

我们知道电压放大器的功能是放大电压输入信号，要求该放大器具有高输入阻抗、低输出阻抗的特性。由于信号源基本上是电压源，所以运用戴维南等效电路将使电路分析更加简单。电压放大器中关注的信号是输出电压，所以反馈网络应该对输出电压进行采样，同时，由于输入源的戴维南等效，反馈信号应该是电压信号，这样才能与串联的电压源信号相混合。图 9.2.2(a)所示的电压串联负反馈的放大类型正是电压放大，其实质就是压控电压源。

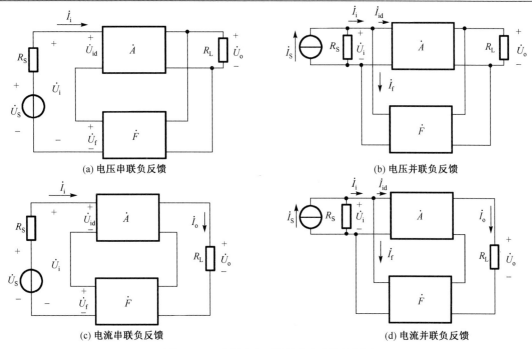

图 9.2.2 4 种组态负反馈放大电路的方框图

电流放大器的输入信号为电流信号，因此信号源用诺顿等效电路表示比较方便。电流放大器关注的输出信号是输出电流。所以反馈网络应该对输出电流进行采样，且反馈信号必须是电流形式，这样才能与并联的电流源信号混合，图 9.2.2(d)所示的电流并联负反馈的放大类型就是电流放大，其实质就是流控电流源。

在互阻放大器中，输入信号是电流信号，输出信号是电压信号，因此与互阻放大器对应的反馈类型是图 9.2.2(b)所示的电压并联负反馈。

在互导放大器中，输入信号是电压信号，输出信号是电流信号，与互导放大器对应的反馈类型是图 9.2.2(c)所示的电流串联负反馈。

根据图 9.2.2 可知，不同组态反馈电路的输入量、反馈量、净输入量和输出量的量纲各不相同，因此 $\dot{A}$、$\dot{A}_f$ 和 $\dot{F}$ 的表达式和量纲也就不相同，它可能是通常意义的电压、电流放大倍数，也可能表示电流–电压转换关系（电阻量纲）或电压–电流转换关系（电导量纲），如表 9.2.1 所示。

表 9.2.1 4 种组态反馈放大电路的信号与增益表达式

反馈组态	输入	反馈	输出	开环增益 $\dot{A}$	反馈系数 $\dot{F}$	闭环增益 $\dot{A}_f$	功能
电压串联	$\dot{U}_i$	$\dot{U}_f$	$\dot{U}_o$	$\dot{A}_u=\dfrac{\dot{U}_o}{\dot{U}_{id}}$	$\dot{F}_u=\dfrac{\dot{U}_f}{\dot{U}_o}$	$\dot{A}_{uf}=\dfrac{\dot{U}_o}{\dot{U}_i}$	$\dot{U}_i$ 控制 $\dot{U}_o$ 电压放大
电压并联	$\dot{I}_i$	$\dot{I}_f$	$\dot{U}_o$	$\dot{A}_R=\dfrac{\dot{U}_o}{\dot{I}_{id}}$	$\dot{F}_G=\dfrac{\dot{I}_f}{\dot{U}_o}$	$\dot{A}_{Rf}=\dfrac{\dot{U}_o}{\dot{I}_i}$	$\dot{I}_i$ 控制 $\dot{U}_o$ 电流转换成电压
电流串联	$\dot{U}_i$	$\dot{U}_f$	$\dot{I}_o$	$\dot{A}_G=\dfrac{\dot{I}_o}{\dot{U}_{id}}$	$\dot{F}_R=\dfrac{\dot{U}_f}{\dot{I}_o}$	$\dot{A}_{Gf}=\dfrac{\dot{I}_o}{\dot{U}_i}$	$\dot{U}_i$ 控制 $\dot{I}_o$ 电压转换成电流
电流并联	$\dot{I}_i$	$\dot{I}_f$	$\dot{I}_o$	$\dot{A}_i=\dfrac{\dot{I}_o}{\dot{I}_{id}}$	$\dot{F}_i=\dfrac{\dot{I}_f}{\dot{I}_o}$	$\dot{A}_{if}=\dfrac{\dot{I}_o}{\dot{I}_i}$	$\dot{I}_i$ 控制 $\dot{I}_o$ 电流放大

9.3 负反馈对放大电路性能的影响

前面讲过，负反馈放大电路放大倍数的一般表达式为

$$\dot{A}_{\mathrm{f}} = \frac{\dot{A}}{1 + \dot{A}\dot{F}}$$

可见，放大电路引入交流负反馈后，放大倍数由 $\dot{A}$ 变为 $\dot{A}_{\mathrm{f}}$，而 $|\dot{A}_{\mathrm{f}}| < |\dot{A}|$，所以引入负反馈对放大电路的直接影响是放大倍数减小了，也就是说，牺牲放大倍数得到其他工作性能的改善，比如，可以稳定放大倍数、改变输入电阻和输出电阻、展宽频带、减少非线性失真等。下面分别加以说明。

9.3.1　提高放大倍数的稳定性

当放大电路的工作状况发生变化（如环境温度变化、元器件参数变化、负载变化、电源电压波动等），将导致放大倍数的改变。引入负反馈后，则可以提高放大倍数的稳定性。

若放大电路引入深度负反馈，则电路的放大倍数如式（9.2.6）所示，其大小仅取决于反馈网络的反馈系数 $\dot{F}$，而与基本放大电路几乎无关。由于反馈网络一般是由性能比较稳定的无源线性元件组成，因此引入深度负反馈后，电路放大倍数是比较稳定的。

通常，用放大倍数的相对变化量来衡量其稳定性。设未引入反馈时，放大倍数的相对变化量为 $\dfrac{\mathrm{d}A}{A}$，引入反馈后，放大倍数的相对变化量为 $\dfrac{\mathrm{d}A_{\mathrm{f}}}{A_{\mathrm{f}}}$。在中频段，$A$ 和 F 都是实数，故可将式（9.2.5）改写为

$$A_{\mathrm{f}} = \frac{A}{1 + AF} \tag{9.3.1}$$

式（9.3.1）对 A 求导可得

$$\frac{\mathrm{d}A_{\mathrm{f}}}{\mathrm{d}A} = \frac{1}{(1 + AF)^2}$$

即

$$\mathrm{d}A_{\mathrm{f}} = \frac{\mathrm{d}A}{(1 + AF)^2} \tag{9.3.2}$$

用式（9.3.1）等号两边去除式（9.3.2）等号两边，得

$$\frac{\mathrm{d}A_{\mathrm{f}}}{A_{\mathrm{f}}} = \frac{1}{1 + AF} \cdot \frac{\mathrm{d}A}{A} \tag{9.3.3}$$

式（9.3.3）表明，引入反馈后，闭环放大倍数的相对变化量 $\dfrac{\mathrm{d}A_{\mathrm{f}}}{A_{\mathrm{f}}}$ 只是未加反馈时开环放大倍数相对变化量 $\dfrac{\mathrm{d}A}{A}$ 的 $\dfrac{1}{1 + AF}$。负反馈放大电路的稳定性提高了，但是，这是以牺牲放大倍数为代价的。

9.3.2　减小非线性失真

由于放大电路中的有源器件（三极管、场效应管）的特性是非线性的，因此当静态工作点设置不合适或输入信号较大时，很容易引起输出波形的非线性失真。

引入负反馈，可以有效地减小放大电路的非线性失真。设输入信号 $\dot{X}_{\mathrm{i}}$ 为正弦波，经基本放大器放大后产生正半周大、负半周小的非线性失真波形 $\dot{X}_{\mathrm{o}}$，如图 9.3.1(a)所示。在图 9.3.1(b)中引入了负反馈，在反馈系数 F 为常数的条件下，反馈信号 $\dot{X}_{\mathrm{f}}$ 也是正半周大、负半周小的失真波形，它与输入信号 $\dot{X}_{\mathrm{i}}$ 相减后得到的净输入信号 $\dot{X}_{\mathrm{id}} = \dot{X}_{\mathrm{i}} - \dot{X}_{\mathrm{f}}$ 的波形将是正半周小、负半周大的波形。这种净输入信号将使输出信号的正半周减小，负半周增大，即正负半周趋于对称，校正了基本放大器产生的非线性失真。

需要指出的是，负反馈只能减小由电路内部原因引起的非线性失真，如果输入信号本身是失真的，负反馈对其将不起作用。负反馈是利用失真波形来改善波形失真的，所以只能改善失真，而不能彻底消除失真。

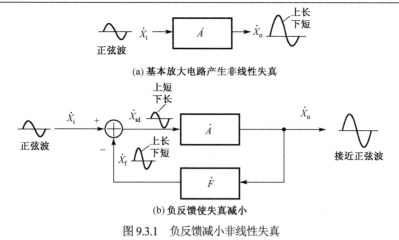

(a) 基本放大电路产生非线性失真

(b) 负反馈使失真减小

图 9.3.1　负反馈减小非线性失真

9.3.3　展宽通频带

从放大器的频率特性可知，在低频段和高频段，电压放大倍数都会下降，上限截止频率和下限截止频率之差即为通频带，$f_{BW} = f_H - f_L$。放大电路中引入负反馈，能有效地展宽通频带，改善电路的频率特性。关于这一点，可以定性地解释为：加入负反馈以后，对于同样大小的输入信号，在中频区由于输出信号大，因而反馈信号也较大，于是输入信号被削弱较大；而在高频区和低频区，由于输出信号较小，反馈信号也随之减小，输入信号被削弱较小，从而使放大器输出信号的下降程度较小，放大倍数相应提高，高、中、低 3 个频段上的放大倍数就比较均匀，放大器通频带也就加宽了。放大器开环和闭环幅频特性如图 9.3.2 所示。

设无反馈时的上、下限频率分别为 f_H 和 f_L，通频带为 f_{BW}，引入反馈后的上、下限频率分别为 f_{Hf} 和 f_{Lf}，通频带为 f_{BWf}，可以证明（具体的推导过程可参考相关资料）

$$\begin{cases} f_{Lf} = \dfrac{f_L}{1+AF} \\ f_{Hf} = (1+AF)f_H \\ f_{BWf} \approx (1+AF)f_{BW} \end{cases} \qquad (9.3.4)$$

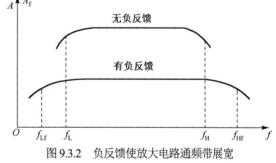

图 9.3.2　负反馈使放大电路通频带展宽

由式（9.3.4）可知，引入负反馈后，放大电路的上限截止频率增大到开环时上限截止频率的 $(1+AF)$ 倍，而下限截止频率减小到开环时下限截止频率的 $\dfrac{1}{1+AF}$，闭环的通频带被展宽了近 $(1+AF)$ 倍。由于增益也下降为原来的 $\dfrac{1}{1+AF}$ 倍，所以负反馈放大电路的增益与带宽的乘积不变，即

$$A_f f_{BWf} \approx \frac{A}{1+AF} f_{BW}(1+AF) = A f_{BW}$$

说明频带的展宽以减小放大倍数为代价。

9.3.4　负反馈对输入、输出电阻的影响

1. 对输入电阻的影响

负反馈对输入电阻的影响，取决于基本放大电路与反馈网络在输入端的连接方式，即取决于电路引入的是串联反馈还是并联反馈。

（1）引入串联负反馈使输入电阻增大

在图 9.2.2(a)和(c)所示的串联负反馈放大电路框图的输入回路中，根据定义，闭环放大电路的输

入电阻 R_{if} 为

$$R_{if} = \frac{\dot{U}_i}{\dot{I}_i} = \frac{\dot{U}_{id} + \dot{U}_f}{\dot{I}_i} = \frac{\dot{U}_{id} + \dot{A}\dot{F}\dot{U}_{id}}{\dot{I}_i} = (1 + \dot{A}\dot{F})\frac{\dot{U}_{id}}{\dot{I}_i}$$

而

$$\frac{\dot{U}_{id}}{\dot{I}_i} = R_i$$

所以

$$R_{if} = (1 + \dot{A}\dot{F})R_i \tag{9.3.5}$$

可见，引入负反馈后，输入电阻将增大到原来的 $(1 + \dot{A}\dot{F})$ 倍。

（2）引入并联负反馈使输入电阻减小

在图 9.2.2(b)和(d)所示的并联负反馈放大电路框图的输入回路中，根据定义，闭环放大电路的输入电阻 R_{if} 为

$$R_{if} = \frac{\dot{U}_i}{\dot{I}_i} = \frac{\dot{U}_i}{\dot{I}_{id} + \dot{I}_f} = \frac{\dot{U}_i}{\dot{I}_{id} + \dot{A}\dot{F}\dot{I}_{id}} = \frac{1}{(1 + \dot{A}\dot{F})}\frac{\dot{U}_i}{\dot{I}_{id}}$$

而

$$\frac{\dot{U}_i}{\dot{I}_{id}} = R_i$$

所以

$$R_{if} = \frac{1}{1 + \dot{A}\dot{F}}R_i \tag{9.3.6}$$

可见，引入并联负反馈后，输入电阻减小到原来的 $\dfrac{1}{1 + \dot{A}\dot{F}}$。

2. 对输出电阻的影响

负反馈对输出电阻的影响取决于反馈网络与基本放大电路在输出端的连接方式，即取决于电路引入的是电压反馈还是电流反馈。

（1）电压负反馈使输出电阻减小

电压负反馈的放大电路具有稳定输出电压的作用，即具有恒压输出的特性，而恒压源的内阻很小，所以电压负反馈放大电路的输出电阻也很小。可以证明，电压负反馈放大电路的输出电阻是基本放大电路输出电阻的 $\dfrac{1}{1 + \dot{A}\dot{F}}$。

（2）电流负反馈使输出电阻增大

电流负反馈的放大电路具有稳定输出电流的作用，即具有恒流输出的特性。由于恒流源的内阻很大，所以电流负反馈放大电路的输出电阻也很大。可以证明，电流负反馈放大电路的输出电阻是基本放大电路输出电阻的 $(1 + \dot{A}\dot{F})$ 倍。

9.4 深度负反馈放大电路的分析计算

9.4.1 深度负反馈条件

从 9.2 节中可知，在深度负反馈条件下，放大电路的增益表达式可近似为 [见式（9.2.6）]

$$\dot{A}_f = \frac{\dot{A}}{1 + \dot{A}\dot{F}} \approx \frac{1}{\dot{F}} \qquad (|1 + \dot{A}\dot{F}| \gg 1) \tag{9.4.1}$$

式（9.4.1）表明，负反馈放大电路的增益近似等于反馈系数的倒数，而与 $\dot{A}$ 的大小几乎无关。因此，在这种情况下，$\dot{A}$ 及其参数的变化对 $\dot{A}_f$ 的影响几乎趋于零。

在深度负反馈条件下，串联负反馈放大电路的输入电阻趋于无穷大，并联负反馈放大电路的输入电阻趋于零；电压负反馈放大电路的输出电阻趋于零，电流负反馈放大电路的输出电阻趋于无穷大。

【例 9.4.1】 在满足深度负反馈条件下，试近似计算图 9.1.10 所示电路的电压增益，运算放大器的

增益 $A = 100000$，电阻 $R_f = 1.8\text{k}\Omega$，$R_1 = 200\Omega$。

解： 图 9.1.10 所示电路为电压串联负反馈，由式（9.1.1）可知，其反馈系数为

$$\dot{F}_u = \frac{\dot{U}_f}{\dot{U}_o} = \frac{R_1}{R_1 + R_f} = \frac{200\Omega}{200\Omega + 1.8\text{k}\Omega} = 0.1$$

注意到 $AF = 0.1 \times 100000 \gg 1$，所以

$$\dot{A}_{uf} = \frac{\dot{U}_o}{\dot{U}_i} \approx \frac{1}{\dot{F}_u} = 1 + \frac{R_f}{R_1} = 10$$

9.4.2　虚短和虚断概念的运用

为了进一步理解深度负反馈的实质，将 $\dot{A}_f$ 和 $\dot{F}$ 的定义 $\dot{A}_f = \dfrac{\dot{X}_o}{\dot{X}_i}$、$\dot{F} = \dfrac{\dot{X}_f}{\dot{X}_o}$ 代入式（9.4.1）得

$$\dot{A}_f = \frac{\dot{X}_o}{\dot{X}_i} \approx \frac{1}{\dot{F}} = \frac{\dot{X}_o}{\dot{X}_f}$$

即

$$\dot{X}_f \approx \dot{X}_i \tag{9.4.2}$$

可见，在深度负反馈条件下，反馈信号 $\dot{X}_f$ 紧随输入信号 $\dot{X}_i$ 变化，结果使放大器的净输入信号 $\dot{X}_{id}$ 接近于零，即深度负反馈的实质是在近似分析中可以忽略净输入量。但对不同的组态，可忽略的净输入量不同。对于深度串联负反馈，反馈信号与输入信号以电压的形式比较，则

$$\dot{U}_f \approx \dot{U}_i \tag{9.4.3}$$

认为净输入电压 $\dot{U}_{id}$ 可以忽略不计，即 $\dot{U}_{id} \approx 0$，通常将其称为虚短路。当电路引入深度并联负反馈时，反馈信号和输入信号以电流的形式比较，则

$$\dot{I}_f \approx \dot{I}_i \tag{9.4.4}$$

认为净输入电流 $\dot{I}_{id}$ 可忽略不计，即 $\dot{I}_{id} \approx 0$，通常将其称为虚断路。

虚短和虚断是两个重要的概念，下面将利用上述特点来分析估算具有深度负反馈的电路。

对于例 9.4.1 的电压串联负反馈，利用式（9.4.3）求解，由于

$$\dot{U}_f = \frac{R_1}{R_1 + R_f} \dot{U}_o$$

所以

$$\dot{A}_{uf} = \frac{\dot{U}_o}{\dot{U}_i} \approx \frac{\dot{U}_o}{\dot{U}_f} = 1 + \frac{R_f}{R_1}$$

由于 $\dot{U}_f \approx \dot{U}_i$，所以 $\dot{U}_{id} \approx 0$。用 $\dot{U}_+$、$\dot{U}_-$ 分别表示运放的同相端、反相端的对地电位，则有

$$\dot{U}_+ \approx \dot{U}_- \tag{9.4.5}$$

这是一个十分重要的结论，在定量分析深度负反馈电路时非常有效。

【例 9.4.2】 电路如图 9.4.1 所示，集成运放为理想运放，估算深度负反馈条件下的电压放大倍数。

解： 为了估算放大电路的闭环放大倍数，应该首先判断电路的反馈组态。图 9.4.1 所示电路中，反馈信号取自输出电压为 $\dot{U}_o$，在输入端节点相交，与外加输入信号以电流形式比较，因此属于电压并联负反馈。在深度负反馈条件下，有 $\dot{I}_f \approx \dot{I}_i$，即 $\dot{I}_{id} \approx 0$。由式（9.4.5）可知 $\dot{U}_+ \approx \dot{U}_- = 0$，由此可以分别求出 $\dot{I}_i$ 和 $\dot{I}_f$ 为

$$\dot{I}_i = \frac{\dot{U}_i}{R_1}，\quad \dot{I}_f = -\frac{\dot{U}_o}{R_f}$$

由 $\dot{I}_f \approx \dot{I}_i$，可得 $-\dfrac{\dot{U}_o}{R_f} \approx \dfrac{\dot{U}_i}{R_1}$，则闭环电压放大倍数为

$$\dot{A}_{uf} = \frac{\dot{U}_o}{\dot{U}_i} \approx -\frac{R_f}{R_1}$$

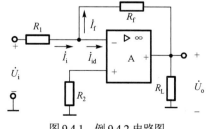

图 9.4.1　例 9.4.2 电路图

且放大电路的输出电阻趋于零，由放大电路输入端看进去的输入电阻为 R_1。

【例9.4.3】 在满足深度负反馈条件下，试求如图 9.4.2 所示反馈放大电路的闭环电压增益。

解：可以判断此电路为电压串联负反馈，根据深度负反馈条件，可得 $\dot{U}_f \approx \dot{U}_i$，而 $\dot{U}_f = \dfrac{R_{e1}}{R_f + R_{e1}}\dot{U}_o$，所以

$$\dot{A}_{uf} = \frac{\dot{U}_o}{\dot{U}_i} \approx \frac{\dot{U}_o}{\dot{U}_f} = \frac{R_f + R_{e1}}{R_{e1}} = 1 + \frac{R_f}{R_{e1}}$$

【例9.4.4】 在满足深度负反馈条件下，试求图 9.4.3 所示反馈放大电路的闭环电压增益。

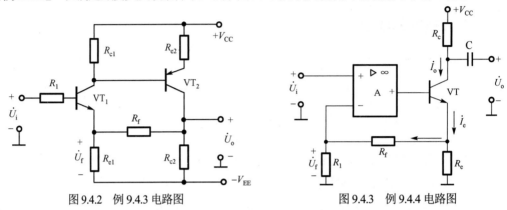

图 9.4.2　例 9.4.3 电路图　　　　　　　图 9.4.3　例 9.4.4 电路图

解：可以判断此电路为电流串联负反馈，根据深度负反馈条件，可得 $\dot{U}_f \approx \dot{U}_i$，而

$$\dot{U}_f = \frac{R_e}{R_e + R_f + R_1}\dot{I}_e R_1$$

$$\dot{U}_o = -\dot{I}_o R_c$$

因为 $\dot{I}_e \approx \dot{I}_c \approx \dot{I}_o$，故有

$$\dot{A}_{uf} = \frac{\dot{U}_o}{\dot{U}_i} \approx \frac{\dot{U}_o}{\dot{U}_f} = \frac{-\dot{I}_o R_c}{\dfrac{R_e}{R_e + R_f + R_1}\dot{I}_e R_1} = -\frac{(R_e + R_f + R_1)R_c}{R_e R_1}$$

应当指出，在分立元件电路中，输出电流常常不是负载电阻上的电流，而是输出级三极管的集电极电流或发射极电流。

【例9.4.5】 在满足深度负反馈条件下，试近似计算图 9.1.2 所示电路的电压增益。

解：图 9.1.2 所示电路的交流通路如图 9.4.4 所示，但略去了直流偏置电路。可以判断是电流串联负反馈放大电路，假设处于深度负反馈，则有

$$\dot{U}_f \approx \dot{U}_i$$

而

$$\dot{U}_f = \dot{I}_e R_e \approx \dot{I}_o R_e$$

$$\dot{U}_o = -\dot{I}_o R_L', \quad R_L' = R_c /\!/ R_L$$

所以

$$\dot{A}_{uf} = \frac{\dot{U}_o}{\dot{U}_i} \approx \frac{\dot{U}_o}{\dot{U}_f} = \frac{-\dot{I}_o R_L'}{\dot{I}_e R_e} \approx -\frac{\dot{I}_o R_L'}{\dot{I}_o R_e} = -\frac{R_L'}{R_e} \tag{9.4.6}$$

从第 6 章可知，此共发射极放大电路的电压放大倍数为

$$\dot{A}_{uf} = \frac{\dot{U}_o}{\dot{U}_i} = \frac{-\beta R_L'}{r_{be} + (1+\beta)R_e} \tag{9.4.7}$$

将式（9.4.7）与式（9.4.6）比较可知，在电路处于深度负反馈，例如在 β 很大时，式（9.4.7）即简化为式（9.4.6）。

【例9.4.6】 在满足深度负反馈条件下，试求如图 9.4.5 所示反馈放大电路的源电压增益。

解：可以判断此电路为电流并联负反馈，根据深度负反馈条件，可得 $\dot{I}_f \approx \dot{I}_i$，而反馈支路 R_f 与 R_{e2} 对

输出电流分流，所以 $\dot{I}_f = -\dfrac{R_{e2}}{R_f + R_{e2}}\dot{I}_o$ ，而 $\dot{U}_o = -\dot{I}_o R'_L$ ， $R'_L = R_{c2} /\!/ R_L$ ， $\dot{U}_S = \dot{I}_i R_S$ ， 所以

$$\dot{A}_{ufs} = \frac{\dot{U}_o}{\dot{U}_S} = \frac{-\dot{I}_o R'_L}{\dot{I}_i R_S} = \frac{\dot{I}_f R'_L}{\dot{I}_i R_S} \cdot \frac{R_f + R_{e2}}{R_{e2}}$$

$$\approx \frac{\dot{I}_i R'_L}{\dot{I}_i R_S} \cdot \frac{R_f + R_{e2}}{R_{e2}} = \frac{R'_L}{R_S} \cdot \frac{R_f + R_{e2}}{R_{e2}}$$

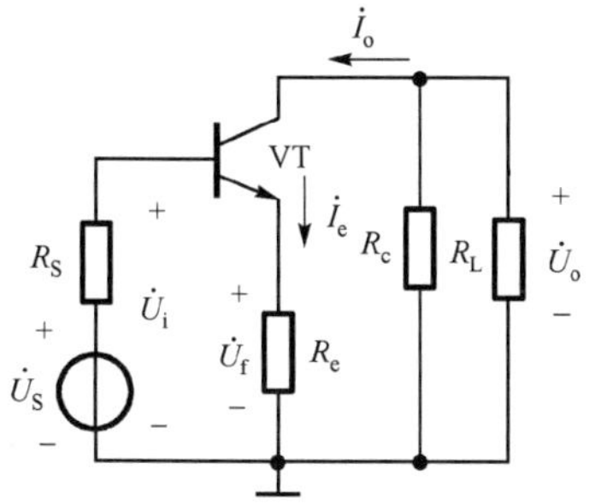

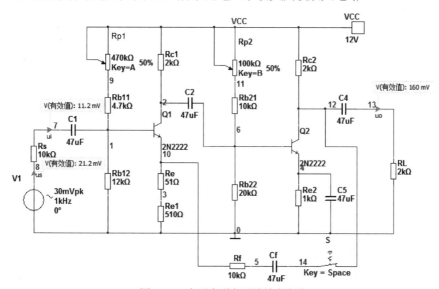

图 9.4.4 例 9.4.5 电路图 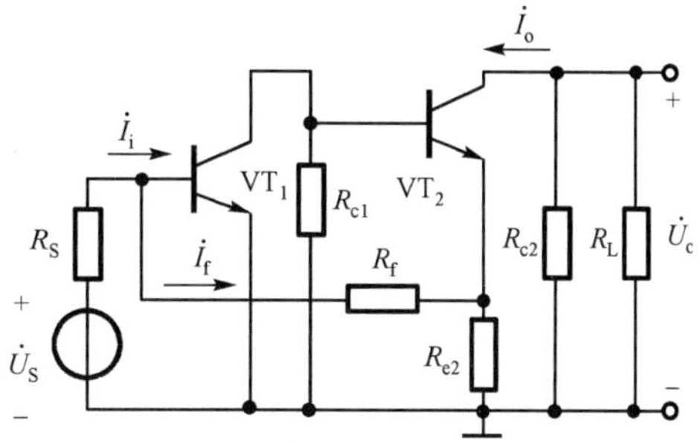   图 9.4.5 例 9.4.6 电路图

9.5 基于 Multisim 仿真的设计与讨论

9.5.1 负反馈放大电路的仿真分析

（1）建立电压串联负反馈放大电路

在 Multisim 仿真软件中建立如图 9.5.1 所示的电压串联负反馈放大电路。

图 9.5.1 电压串联负反馈放大电路

① 断开开关 S，调整 R_{p1} 和 R_{p2}，使放大电路输出放大且不失真的正弦波，测量 u_i、u_s、u_{oL}（接有负载时）、和 u_o（负载开路时）的值，计算电压增益、输入电阻、输出电阻。绘制源电压增益的幅频特性与相频特性，读取上限截止频率和下限截止频率。

② 闭合开关 S，重复①的测量，与②的结果进行比较，说明负反馈对增益大小、增益稳定性、输入电阻、输出电阻、通频带的影响。

③ 闭合开关 S，改变 R_s 分别为 100Ω、1kΩ，测量通频带，说明串联反馈 R_s 越小，反馈效果越明显。

④ 闭合开关 S，改变 R_f 为 5kΩ，通过测量说明反馈是加强了还是减弱了。

⑤ 将图 9.5.1 中的反馈改为电流并联负反馈（反馈从 Q_2 的发射极引出，从 Q_1 的基极引入），重复①的测量，与①的结果进行比较，说明负反馈对增益大小、增益稳定性、输入电阻、输出电阻、通频带的影响。

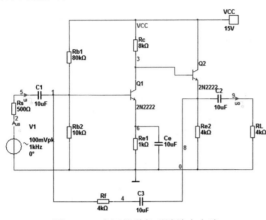

图 9.5.2　电压并联负反馈放大电路

结果。

（3）求上限频率值

（2）建立电压并联反馈放大电路

在 Multisim 仿真软件中建立如图 9.5.2 所示的电压并联负反馈放大电路。

① 进行温度扫描，扫描分析选择交流小信号分析，输出选择 $V(u_o)/V(u_s)$，计算工作温度由室温 27℃上升到 70℃时，中频电压源增益的相对变化量 $\Delta A_{ufs}/A_{ufs}$。

② 进行傅里叶仿真分析，计算室温下输出信号电压二次谐波系数、三次谐波系数。

③ 进行噪声系数分析，计算室温下，在 1kHz、10kHz 的噪声系数。

④ 断开反馈支路，重复①、②和③，比较仿真结果。

9.5.2　设计仿真题目

（1）用三极管设计一个单级阻容耦合放大电路，已知+V_{CC} = 12V，R_L= 2kΩ，U_i = 10mV，R_s = 50Ω，要求 A_u = 30，R_i > 2kΩ，R_o < 3kΩ，f_L < 30Hz，f_H > 500kHz。

（2）设计一个电流电压转换电路，将 4～20mA 的电流转换为标准电压±10V。4mA 为满量程的 0%对应−10V，12mA 为 50%对应 0V，20mA 为 100%对应+10V。

习　题　9

9.1　什么叫反馈？负反馈有哪几种类型？

9.2　某放大电路的信号源内阻很小，为了稳定输出电压，应当引入什么类型的负反馈？

9.3　负反馈放大电路一般由哪几部分组成？试用方框图说明它们之间的关系？

9.4　要求得到一个电流控制的电流源，应当引入什么负反馈？

9.5　在图 9.1 所示的各电路中，请指明反馈网络是由哪些元件组成的，判断引入的是正反馈还是负反馈？是直流反馈还是交流反馈？设所有电容对交流信号可视为短路。

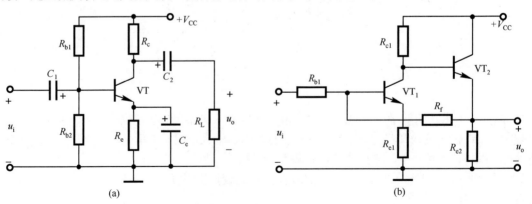

图 9.1　习题 9.5 电路图

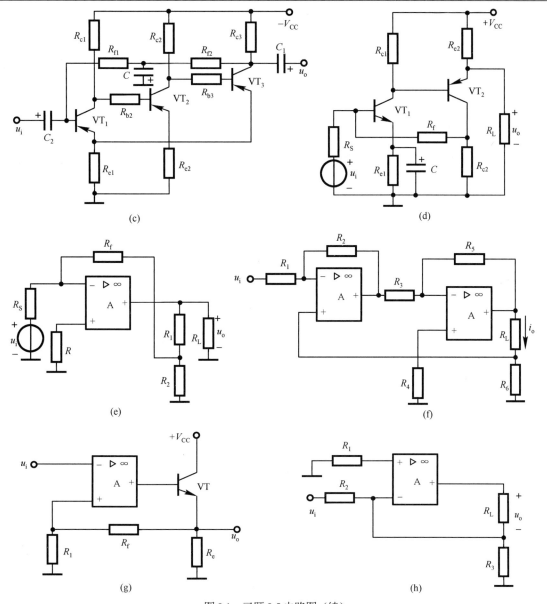

图 9.1　习题 9.5 电路图（续）

9.6　试判断图 9.1 所示电路的级间交流反馈的组态。

9.7　某反馈放大电路的方框图如图 9.2 所示，已知其开环电压增益 $A_u = 2000$，反馈系数 $F_u = 0.0495$。若输出电压 $U_o = 2V$，求输入电压 U_i、反馈电压 U_f 及净输入电压 U_{id} 的值。

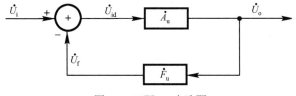

图 9.2　习题 9.7 电路图

9.8　一个放大电路的开环增益为 $A_{uo} = 10^4$，当它连接成负反馈放大电路时，其闭环电压增益为 $A_{uf} = 60$，若 A_{uo} 变化 10%，问 A_{uf} 变化多少？

9.9　图 9.2.2(a)所示的电压串联负反馈，放大电路采用基本的电压放大器，$U_i = 100mV$，$U_f = 95mV$，$U_o = 10V$，相对应的 A 和 F 分别为多少？

9.10　图 9.2.2(c)所示的电流串联负反馈，放大电路采用基本的电压放大器，U_i =100mV，U_f = 95mV，I_o =10mA，相对应的 A 和 F 分别为多少？

9.11　为了减小从电压信号源索取的电流并增加带负载的能力，应该引入什么类型的反馈？

9.12　某电压负反馈的放大器采用一个增益为 100V/V 且输出电阻为 1kΩ的基本放大器。反馈放大器的闭环输出电阻为100Ω，确定其闭环增益。

9.13　某电压串联负反馈，放大电路采用一个输入与输出电阻均为 1kΩ且增益 A=2000V/V 的基本放大器。反馈系数 F=0.1V/V。求闭环放大器的增益 A_{uf}、输入电阻 R_{if} 和输出电阻 R_{of}。

9.14　在图 9.3 所示多级放大电路的交流通路中，按下列要求分别接成所需的负反馈放大电路：（1）电路参数变化时，u_o 变化不大，并希望有较小的输入电阻 R_{if}；（2）当负载变化时，i_o 变化不大，并希望放大器有较大的输入电阻 R_{if}。

9.15　判断图 9.4 所示电路的反馈类型和性质，写出 I_o 表达式，并说明电路的特点。

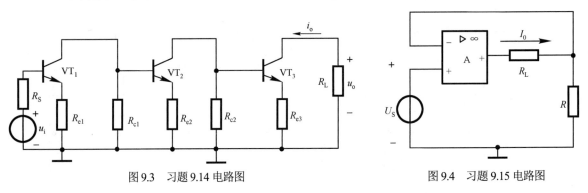

图 9.3　习题 9.14 电路图　　　　　　　　　　　　图 9.4　习题 9.15 电路图

9.16　电路如图 9.1.11 所示，试用虚短概念近似计算它的互阻增益 $\dot{A}_{Rf}$，并定性分析它的输入电阻和输出电阻。

9.17　在图 9.1(b)、(c)、(e)所示各电路中深度负反馈的条件下，试近似计算它的闭环增益和闭环电压增益。

9.18　试指出图 9.5 所示电路能否实现 $i_L = \dfrac{u_1}{R}$ 的压控电流源的功能？若不能，应如何改正？

9.19　反馈放大电路如图 9.6 所示。（1）指明级间反馈元件，并判别反馈类型和性质；（2）若电路满足深度负反馈的条件，求其电压放大倍数 $\dot{A}_{uf}$ 的表达式；（3）若要求放大电路有稳定的输出电流，问如何改接 R_f。请在电路图中画出改接的反馈路径，并说明反馈类型。

9.20　反馈放大电路如图 9.7 所示，各电容对交流呈短路，已知 R_{e1} = 750Ω，R_{e2} = 1kΩ，R_S = 1kΩ，R_{c2} = 4kΩ，R_L = 1kΩ，R_f = 10kΩ，R_{b1} 和 R_{b2} 忽略不计。（1）指明级间反馈元件，并判别反馈类型；（2）若电路满足深度负反馈的条件，求其源电压增益 $\dot{A}_{ufs}$。

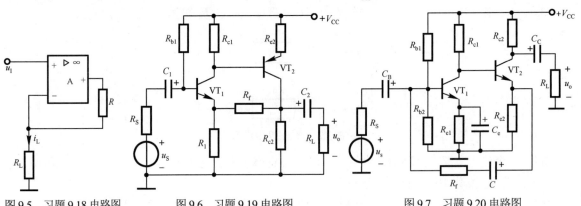

图 9.5　习题 9.18 电路图　　　　图 9.6　习题 9.19 电路图　　　　图 9.7　习题 9.20 电路图

第 10 章　信号产生与处理电路

振荡电路是一种不需外加信号激励而能自动将直流能量变换为交变能量的装置。从能量的观点看，放大器是一种在输入信号控制下，将直流电源提供的能量转变为按输入信号规律变化的交变能量的电路，而振荡器是不需要输入信号控制，就能自动地将直流电源的能量转变为特定频率和幅度的交变能量的电路。

振荡电路的种类很多。根据振荡波形可以分为正弦波振荡电路、非正弦波振荡电路；根据工作原理可分为反馈型振荡电路、负阻型振荡电路；根据频率高低可分为低频振荡电路、高频振荡电路；根据选频网络可分为 RC 振荡电路、LC 振荡电路、晶体振荡电路、压控振荡电路、集成振荡电路、开关电容振荡电路等。

对于信号频率具有选择性的电路称为滤波电路。其主要功能是传送输入信号中的有用频率成分，衰减或抑制无用的频率成分。

本章主要讨论反馈型振荡电路。包括正弦波振荡电路中的 RC 正弦波振荡电路、LC 正弦波振荡电路和晶体振荡电路，以及非正弦波产生电路。最后主要讨论由电阻、电容和运放组成的有源滤波电路。

10.1　正弦波振荡电路

正弦波广泛应用于测量、遥控、通信、自动控制、热处理和超声波电焊等加工设备中，通常也作为模拟电子电路的测试信号。本节重点讨论利用正反馈构成正弦波振荡电路的振荡条件，以及 RC 正弦波振荡电路、LC 正弦波振荡电路及晶体振荡电路的组成及工作原理。

10.1.1　正弦波振荡电路的振荡条件

1. 正弦波振荡的条件

在第 9 章讲负反馈放大电路的一般关系式 $\dot{A}_f = \dfrac{\dot{A}}{1+\dot{A}\dot{F}}$ 时，曾经讲到，当 $\left|1+\dot{A}\dot{F}\right| = 0$，则 $\left|\dot{A}_f\right| = \infty$。

这时没有输入信号，就有输出信号产生，这种现象称为自激。对于放大电路来说，自激将会使放大电路无法正常工作，必须避免；而对于振荡电路，就是要利用自激来产生正弦波。振荡电路与负反馈放大电路不同，必须引入正反馈，其方框图如图 10.1.1 所示。

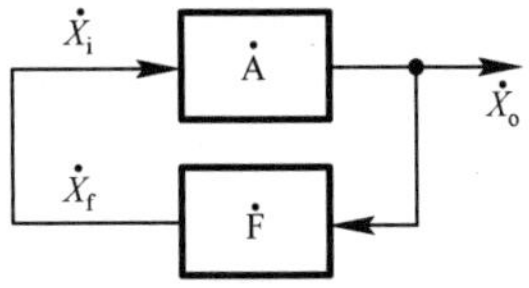

根据图 10.1.1 可得　$\dot{A} = \dfrac{\dot{X}_o}{\dot{X}_i}$，$\dot{F} = \dfrac{\dot{X}_f}{\dot{X}_o}$

式中，$\dot{X}_o$ 为输出信号，$\dot{X}_i$ 为开环放大器的输入信号，$\dot{X}_f$ 为反馈信号。

图 10.1.1　正弦波振荡电路的方框图

显然，要使电路维持振荡，必有

$$\dot{X}_i = \dot{X}_f$$

则正弦波振荡电路的平衡条件是

$$\dot{A}\dot{F} = \frac{\dot{X}_o}{\dot{X}_i} \cdot \frac{\dot{X}_f}{\dot{X}_o} = 1 \tag{10.1.1}$$

式（10.1.1）包括两个条件，即

$$\begin{cases} \left|\dot{A}\dot{F}\right| = 1 & (10.1.2a) \\ \varphi_A + \varphi_F = 2n\pi, & n\ \text{为整数} \quad (10.1.2b) \end{cases}$$

　　式（10.1.2a）称为振幅平衡条件，式（10.1.2b）称为相位平衡条件。振荡电路的振荡频率由相位平衡条件决定。要使振荡电路的输出有一个从小到大直至平衡在一定振幅的过程，电路的起振条件为

$$\dot{A}\dot{F} > 1 \tag{10.1.3}$$

　　式（10.1.3）（写成模和相角的形式）同样包含如下两个条件

$$\begin{cases} \left| \dot{A}\dot{F} \right| > 1 & (10.1.4a) \\ \varphi_A + \varphi_F = 2n\pi，n \text{ 为整数} & (10.1.4b) \end{cases}$$

式（10.1.4a）称为振幅起振条件，式（10.1.4b）称为相位起振条件。

2．正弦波振荡电路的组成

　　从以上分析可知，正弦波振荡电路必须由以下 4 个部分组成。

　　放大电路：保证电路能够有从起振到动态平衡的过程，使电路获得一定幅值的输出量，实现能量的控制。

　　选频网络：确定电路的振荡频率，使电路产生单一频率的振荡，即确保电路产生正弦波振荡。

　　正反馈网络：引入正反馈，使放大电路的输入信号等于反馈信号。

　　稳幅环节：非线性环节，使输出信号幅值稳定。

3．正弦波振荡电路的分类

　　正弦波振荡电路常用选频网络所用元件来命名，分为 RC 正弦波振荡电路、LC 正弦波振荡电路和石英晶体正弦波振荡电路 3 种类型。RC 正弦波振荡电路的振荡频率较低，一般在 1MHz 以下；LC 正弦波振荡电路的振荡频率多在 1MHz 以上，达到几百兆赫兹；石英晶体正弦波振荡电路的振荡频率非常稳定。下面讨论 RC 正弦波振荡电路的组成及工作原理。

10.1.2　RC 文氏桥正弦波振荡电路

　　RC 正弦波振荡电路可分为 RC 文氏桥正弦波振荡电路、RC 移相式正弦波振荡电路和双 T 网络正弦波振荡电路等多种形式，下面仅讨论 RC 文氏桥正弦波振荡电路。

1．RC 串并联选频网络的频率特性

　　RC 串并联电路如图 10.1.2 所示，从第 3 章的讨论我们知道这个电路具有带通特性，所以可以作为选频网络。通常，选取 $R_1 = R_2 = R$，$C_1 = C_2 = C$。因为 RC 串并联选频网络在正弦波振荡电路中既作为选频网络，又作为正反馈网络，所以其输入电压为 $\dot{U}_o$，输出电压为 $\dot{U}_f$。从第 3 章讨论我们知道

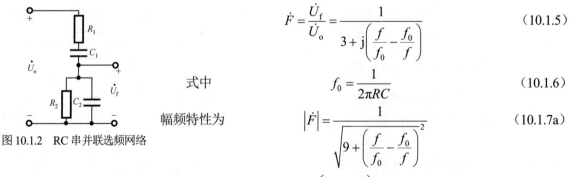

图 10.1.2　RC 串并联选频网络

$$\dot{F} = \frac{\dot{U}_f}{\dot{U}_o} = \frac{1}{3 + \mathrm{j}\left(\dfrac{f}{f_0} - \dfrac{f_0}{f}\right)} \tag{10.1.5}$$

式中

$$f_0 = \frac{1}{2\pi RC} \tag{10.1.6}$$

幅频特性为

$$\left| \dot{F} \right| = \frac{1}{\sqrt{9 + \left(\dfrac{f}{f_0} - \dfrac{f_0}{f}\right)^2}} \tag{10.1.7a}$$

相频特性为

$$\varphi_F = -\arctan \frac{1}{3}\left(\frac{f}{f_0} - \frac{f_0}{f}\right) \tag{10.1.7b}$$

　　当 $f = f_0$ 时，由式（10.1.7）可得

$$\left| \dot{F} \right|_{\max} = \frac{1}{3}，\quad \varphi_F = 0$$

即当 $f = f_0$ 时，$\dot{U}_f$ 的幅值为 $\dot{U}_o$ 的 $\dfrac{1}{3}$，且相位为同相。

2. RC 文氏桥正弦波振荡电路

RC 文氏桥正弦波振荡电路是以 RC 串并联选频网络作为反馈网络组成的正弦波振荡器，其构成如图 10.1.3 所示。由于当 $f = f_0 = \dfrac{1}{2\pi RC}$ 时，$\left|\dot{F}\right|_{\max} = \dfrac{1}{3}$，$\varphi_F = 0$。因此当要产生频率为 f_0 的正弦波时，根据平衡条件 $\left|\dot{A}\dot{F}\right| = 1$ 和 $\varphi_A + \varphi_F = 2n\pi$ 可知，放大器的放大倍数 $\left|\dot{A}\right| = 3$，$\varphi_A = 0$，即放大器是放大倍数等于 3 的同相放大器。对由运放构成的同相比例电路，放大倍数为

$$A = 1 + \frac{R_f}{R_1}$$

要使 $\left|\dot{A}\right| = 3$，可以求出

$$R_f = 2R_1 \tag{10.1.8}$$

为保证振荡电路的起振，R_f 的取值应略大于 $2R_1$，即起振条件为

$$R_f > 2R_1 \tag{10.1.9}$$

由图 10.1.3 可以看出，放大器的负反馈电阻 R_f 和 R_1 与 RC 串并联网络正好形成一个四臂电桥（这种形式通称为文氏电桥），放大电路输入端和输出端分别接到电桥的对角线上，如图 10.1.4 所示，因此称为文氏桥振荡电路。

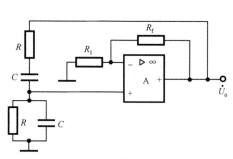
图 10.1.3　RC 文氏桥正弦波振荡电路

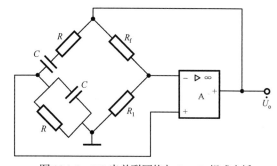
图 10.1.4　RC 串并联网络与 R_f、R_1 组成电桥

由于 $\dot{U}_o$ 与 $\dot{U}_f$ 具有良好的线性关系，所以为了稳定输出电压的幅值，一般应在电路中加入非线性环节。例如，可以选用 R_1 为正温度系数的热敏电阻，或选用 R_f 为负温度系数的热敏电阻。当 $\dot{U}_o$ 由于某种原因而增大时，流过 R_f 和 R_1 上的电流增大，导致温度升高，因而 R_1 的阻值增大或 R_f 的阻值减小，从而使 $\dot{A}$ 值减小，$\dot{U}_o$ 也就随之减小；当 $\dot{U}_o$ 由于某种原因而减小时，各物理量与上述变化相反，从而使输出电压稳定。

此外，还可以利用二极管或场效应管等非线性元件的动态电阻随电压变化的特性，将其接入 R_1 或 R_f 支路中，从而使输出电压稳定。

【例 10.1.1】　电路如图 10.1.3 所示，已知 $R = 10\mathrm{k}\Omega$，$C = 0.01\mu\mathrm{F}$。

（1）试求振荡器的振荡频率 f_0。

（2）为保证电路起振，R_f 与 R_1 应有何种关系？

（3）若用热敏电阻来稳幅，R_f 应采用何种温度系数的热敏电阻？

（4）若不小心使 R_f 开路或使 R_f 短路，则输出电压各等于多少？

解：（1）根据 RC 文氏桥正弦波振荡电路的工作原理，有

$$f = f_0 = \frac{1}{2\pi RC} = \frac{1}{2\pi \times 10 \times 10^3 \times 0.01 \times 10^{-6}} \approx 1.59(\mathrm{kHz})$$

（2）起振条件为 $\left|\dot{A}\dot{F}\right| > 1$，而 $\left|\dot{F}\right|_{max} = \dfrac{1}{3}$，则为保证起振，必有 $R_f > 2R_1$。

（3）要想稳幅，就必须使 A 随输出电压振幅的增大而减小，因此 R_f 应采用具有负温度系数的热敏电阻。

（4）若 R_f 开路，则电路的放大倍数趋近于无穷大，在理想情况下，输出电压为方波。若 R_f 短路，则电路的放大倍数将小于 3，电路会停振，输出电压为零。

10.1.3 LC 正弦波振荡器

LC 正弦波振荡电路是以 LC 并联电路作为选频网络的正弦波振荡电路，一般用于 1MHz 以上的正弦波产生电路。常用电路有变压器反馈式，电感反馈式和电容反馈式 3 种。

1. LC 并联电路的选频特性

LC 并联电路如图 10.1.5 所示。

图中 r 表示电路的损耗，一般电路的损耗很小，满足 $\omega L \gg r$，电路的等效阻抗为

$$Z = \frac{(r + j\omega L) \cdot \dfrac{1}{j\omega C}}{r + j\omega L + \dfrac{1}{j\omega C}} \approx \frac{\dfrac{L}{C}}{r + j\left(\omega L - \dfrac{1}{\omega C}\right)} \tag{10.1.10}$$

当 $\omega = \omega_0 = \dfrac{1}{\sqrt{LC}}$ 时，电路发生谐振，此时阻抗 Z 最大，且为纯电阻。

谐振角频率为

$$\omega_0 = \frac{1}{\sqrt{LC}} \tag{10.1.11}$$

或谐振频率为

$$f_0 = \frac{1}{2\pi\sqrt{LC}} \tag{10.1.12}$$

谐振阻抗为

$$Z_0 = \frac{L}{Cr} = Q_0\omega_0 L = \frac{Q_0}{\omega_0 C} \tag{10.1.13}$$

式中，$Q_0 = \dfrac{\omega_0 L}{r} = \dfrac{1}{\omega_0 Cr} = \dfrac{1}{r}\sqrt{\dfrac{L}{C}}$ 称为电路的品质因数，通常 $Q_0 \gg 1$，它表示储能和一周期内耗能的比值。r 越小，Z_0 越大，Q_0 越大，理想时 $r \to 0$，$Z_0 \to \infty$，$Q_0 \to \infty$。

谐振时，回路电流 $\left|\dot{I}_C\right| \approx \left|\dot{I}_L\right| = Q_0\left|\dot{I}_S\right| \gg \left|\dot{I}_S\right|$ 可见，在谐振时 LC 并联电路的回路电流比输入电流大得多。

LC 并联电路阻抗的频率特性如图 10.1.6 所示，它包括幅频特性和相频特性。

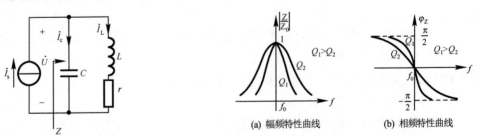

图 10.1.5 LC 并联电路   图 10.1.6 LC 并联电路的频率特性

（a）幅频特性曲线   （b）相频特性曲线

由幅频特性曲线可见，当 $\omega = \omega_0$ 时，产生并联谐振，回路等效阻抗达到最大值 Z_0；当 $\omega \neq \omega_0$ 时，回路失谐，$|Z|$ 将减小。而且 Q 越大，幅频特性曲线越尖锐。

由相频特性曲线可见，当 $\omega = \omega_0$ 时，LC 电路呈纯阻性，相角 $\varphi_Z = 0$；当 $\omega > \omega_0$ 时，LC 电路呈容性，$\varphi_Z < 0$；当 $\omega < \omega_0$ 时，LC 电路呈感性，$\varphi_Z > 0$。而且 Q 越大，在 ω_0 处曲线越陡，相角变化越快。

所以 LC 电路具有频率选择性，Q 越大，频率的选择性越好。

2. 变压器反馈式 LC 正弦波振荡器

（1）电路的组成和工作原理

变压器反馈式 LC 正弦波振荡器的电路如图 10.1.7 所示，图 10.1.8 是其对应的交流通路。图中 LC 并联电路作为选频电路，反馈信号通过由 L_1、L_2 间的互感电路回送至基极，只要变压器的同名端合适，就可满足正反馈的条件，R_{b1}、R_{b2}、R_e 组成分压式偏置电路，以利于起振。电路由放大器、选频电路、正反馈电路和利用三极管的非线性所实现的稳幅电路四部分组成。

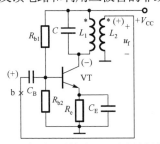
图 10.1.7 变压器反馈式 LC 正弦波振荡器

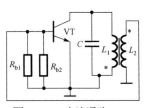
图 10.1.8 交流通路

根据反馈极性的判断方法，当 $\omega = \omega_0 = \dfrac{1}{\sqrt{LC}}$ 时，LC 回路呈纯电阻性，且最大，这样三极管的集电极输出电压与基极输入电压将产生 $180°$ 的相位移，即 $\varphi_A = 180°$；同时根据图中标出的同名端符号，线圈 L_2 的同名端与集电极的相位相反，反馈网络又引入了 $180°$ 的相位移，即 $\varphi_F = 180°$。这样，整个闭环回路的总相位移为 $\varphi_A + \varphi_F = 360°$，满足了振荡电路的相位平衡条件。

用瞬时极性法判断反馈极性，如图 10.1.7 所示，先在基极 b 处断开，设输入电压的瞬时极性为（+），则当谐振时，LC 回路呈纯电阻，集电极的极性为（−），对交流信号，直流电源相当于"地"，根据同名端的符号，线圈 L_2 上耦合的电压极性为上（+）下（−），即反馈电压 $\dot{U}_f$ 的瞬时极性为（+），与输入电压假设的极性相同，满足振荡的相位条件，各点瞬时极性如图中所标注。

（2）振荡频率

变压器反馈式 LC 振荡电路的交流通路如图 10.1.8 所示。因为只有在谐振频率 f_0 时，电路才能满足相位平衡条件，所以电路的振荡频率 f_0 基本上等于 LC 回路的谐振频率，即

$$f_0 \approx \frac{1}{2\pi\sqrt{L'C}} \tag{10.1.14}$$

式中，L' 为总的电感。

只要合理地选择变压器原、副边线圈的匝数比，以及电路的其他参数，电路一般都能满足幅值平衡条件，电路很容易起振，而且当振幅达到一定程度时，利用三极管的非线性可使幅度减小，从而使振荡电路稳定工作。由于 LC 回路良好的频率选择性，变压器反馈式正弦波振荡器的输出波形较好。

3. LC 三点式振荡器

为了克服变压器反馈式 LC 正弦波振荡电路中因原边和副边耦合不紧的缺点，常用 LC 三点式正弦波振荡电路。所谓三点式是指三极管的 3 个极与 LC 回路的 3 个点分别相连接，根据连接方式不同，分为电感三点式和电容三点式，也称为电感反馈式和电容反馈式，它们的交流通路如图 10.1.9 所示。

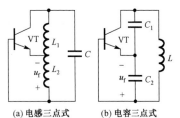
(a) 电感三点式　(b) 电容三点式
图 10.1.9 LC 三点式正弦波振荡电路的交流通路

电感反馈式振荡电路中的反馈电压取自电感 L_2，故称为电感反馈式，也称为哈特莱振荡电路；电容反馈式振荡电路中的反馈电压取自电容 C_2，故称为电容反馈式，也称为考必兹振荡电路。

（1）电感三点式振荡电路

电感三点式振荡电路如图 10.1.10 所示。

由图可见，电路为共发射极电路，R_{b1}、R_{b2}、R_e 组成分压式偏置电路，以利于起振，其交流通路如图 10.1.9(a)所示。用瞬时极性法判断电路是否满足正弦波振荡的相位条件：在基极 b 处断开反馈，设输入电压的瞬时极性为（+），LC 谐振回路在频率 f_0 时，LC 呈现纯电阻性，由于共发射极电路具有倒相作用，因此集电极的瞬时相位为（−），而电感 L_1、L_2 的连接处交流接地，故电感 L_2 上的反馈电压 U_f 的极性与原先的输入电压的极性相同，电路满足相位条件，各点瞬时极性如图中所标注。只要电路参数选择合适，电路就可满足幅值条件，从而产生正弦波振荡。

因为只有在谐振频率 f_0 时，电路才能满足相位平衡条件，所以电路的振荡频率 f_0 基本上等于 LC 回路的谐振频率，即

$$f_0 \approx \frac{1}{2\pi\sqrt{LC}} \tag{10.1.15}$$

反馈系数为

$$F \approx \frac{L_2 + M}{L_1 + M} \tag{10.1.16}$$

式中，$L = L_1 + L_2 + 2M$，M 为线圈间的互感。

在电感三点式振荡电路中，由于 L_1 和 L_2 间的耦合紧密，很容易起振，若采用可变电容，则振荡频率可在较宽的范围内调节，因而广泛地应用于信号发生器、感应加热等方面。但由于反馈电压取自电感 L_2，它对高次谐波呈现的电抗较大，所以输出波形中往往含有较多的谐波分量，输出波形较差。

（2）电容三点式振荡电路

电容三点式振荡电路如图 10.1.11 所示。

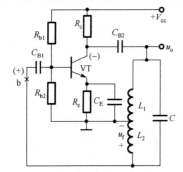
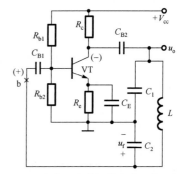

图 10.1.10　电感三点式振荡电路（哈特莱振荡器）　　　　图 10.1.11　电容三点式振荡电路（考必兹电路）

由图可见，电路为共发射极电路，R_{b1}、R_{b2}、R_e 组成分压式偏置电路，以利于起振，其交流通路如图 10.1.9(b)所示。用瞬时极性法判断电路是否满足正弦波振荡的相位条件：在基极 b 处断开反馈，设输入电压的瞬时极性为（+），当 LC 回路谐振在频率 f_0 时，LC 呈现纯电阻性，由于共发射极电路的输出电压与输入电压反相，因此集电极的瞬时相位为（−），而电容 C_2 的一端交流接地，故电容 C_2 上的反馈电压 $\dot{U}_f$ 的极性与原先的输入电压的极性相同，电路满足相位条件，各点瞬时极性如图中所标注。只要电路参数选择合适，电路就可满足幅值条件，从而产生正弦波振荡。

只有在谐振频率 f_0 时，电路才能满足相位平衡条件，所以电路的振荡频率 f_0 基本上等于 LC 回路的谐振频率，即

$$f_0 \approx \frac{1}{2\pi\sqrt{LC}} \tag{10.1.17}$$

反馈系数为

$$F \approx \frac{C_1}{C_1 + C_2} \tag{10.1.18}$$

式中，$C = \dfrac{C_1 C_2}{C_1 + C_2}$。

由于反馈电压取自电容 C_2，它对高次谐波呈现的电抗很小，所以反馈电压中的高次谐波分量很小，所以电容三点式正弦波振荡电路的输出波形较好，振荡频率可高达几百兆。但若采用改变电容来调节频率，则要求 C_1、C_2 同时可变，这样使用上不方便，而且反馈系数 F 也会随之变化，从而影响

电路的起振条件，而若用改变电感的方法来调节频率，则比较困难，因此常用于固定频率的场合，如调幅和调频接收机中。

（3）LC 三点式振荡电路相位条件的一般判断方法

下面讨论 LC 三点式振荡电路相位平衡条件的一般判断方法。

对 LC 三点式振荡电路，存在首端、中间端和尾端，其相位关系如图 10.1.12 所示。根据瞬时相位法和 LC 并联电路谐振时回路电流 $|\dot{I}_C| \approx |\dot{I}_L| = Q_0|\dot{I}_S| \gg |\dot{I}_S|$ 的特点，若中间点交流接地，则首端和尾端的相位相反；若首端或尾端交流接地，则其他两端的相位相同。

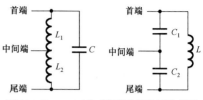

图 10.1.12　LC 三点式振荡电路的相位关系

【例10.1.2】　电路如图 10.1.13 所示，试判断电路是否满足正弦波振荡电路的相位条件，若满足，说明振荡电路的类型。

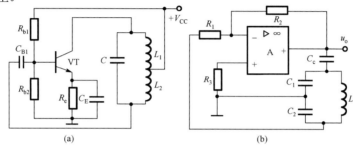

图 10.1.13　例 10.1.2 电路

解：根据 LC 三点式振荡电路相位关系的一般判断方法：

图 10.1.13(a)所示电路满足相位条件，电路为电感三点式振荡电路。

图 10.1.13(b)所示电路是由运算放大器构成的振荡电路，满足相位条件，电路为电容三点式振荡电路。

各种 LC 正弦波振荡电路的性能比较如表 10.1.1 所示。

表 10.1.1　各种 LC 正弦波振荡电路性能比较

电 路 名 称	变压器反馈式	电感三点式	电容三点式
振荡频率	$f_0 \approx \dfrac{1}{2\pi\sqrt{LC}}$	$f_0 \approx \dfrac{1}{2\pi\sqrt{(L_1 + L_2 + 2M)C}}$	$f_0 \approx \dfrac{1}{2\pi\sqrt{L\dfrac{C_1 C_2}{C_1 + C_2}}}$
振荡波形	一般	较差	好
频率可调范围	大	大	小
频率稳定度	$10^{-3} \sim 10^{-4}$	$10^{-3} \sim 10^{-4}$	$10^{-4} \sim 10^{-5}$
适用频率	几 kHz~几十 MHz	几 kHz~几十 MHz	几 MHz~几百 MHz

10.1.4　石英晶体振荡器

由于损耗，LC 选频网络的品质因数 Q 通常只有一、二百，因此 LC 正弦波振荡电路的频率稳定度难以进一步提高，频率稳定度是指在一定的时间内，由于外界因素的变化，引起振荡电路的实际工作频率偏离标称频率的程度。它是振荡器的一个很重要的指标，一般用频率的相对变化量 $\Delta f / f_0$ 来表示，f_0 为标称频率，Δf 为频率偏移。

为了得到频率稳定度很高的振荡器，往往采用石英晶体振荡电路。石英晶体振荡电路就是用石英晶体谐振器作滤波元件代替 LC 振荡电路中的 L、C 元件所组成的正弦波振荡电路，其振荡频率由石英晶体谐振器决定。与 LC 相比，它的品质因数 Q 很高，它的频率稳定度可高达 10^{-9}，甚至 10^{-11}。

1. 石英晶体的特性

石英晶体俗称水晶，主要化学成份是二氧化硅（SiO_2）。应用时，要将其按一定方向切割成薄片，称为晶片，在晶片的两个对应表面上涂敷银层并装上一对金属板，就构成石英晶体产品。

石英晶体之所以能作为谐振器，是因为它具有压电效应。若在石英晶体的两个极板间加电场，会使晶体产生机械变形；相反，若在极板上施加机械力，又会在相应的方向上产生一定的电场，这种现象称为压电效应。若在极板上加交变电压，则晶片会产生机械变形振动，同时机械变形振动又会产生交变电场。当外加交变电压的频率和晶片固有的频率接近或相等时，机械振动幅度将会突然增大，这种现象称为压电谐振，该频率称为石英晶体的谐振频率。因此石英晶体具有选频特性。

石英晶体谐振器的符号、等效电路与电抗频率特性如图 10.1.14 所示。图中 C_0 为切片与金属板构成的静态电容，一般为几皮法到几十皮法；L_q 和 C_q 分别模拟晶片振动时的惯性和弹性，因摩擦而造成的损耗用电阻 r_q 来等效。C_q 很小，约为 10^{-3} 皮法，L_q 较大，可达几百亨，r_q 约为几欧姆到几百欧姆，因石英晶体的 L_q 较大，而 C_q 和 r_q 很小，所以回路的品质因数 $Q = \dfrac{1}{r_q}\sqrt{\dfrac{L_q}{C_q}}$ 很大，可达 $10^4 \sim 10^6$，而 LC 回路的品质因数只能达到几百。况且晶体本身的固有频率几乎仅由晶片的切割方式、形状和尺寸有关，所以它的频率稳定度很高。石英晶体的选频特性是其他选频网络不能比拟的。

由石英晶体的等效电路图可知，它有两个谐振频率，当 C_q、L_q 和 r_q 发生串联谐振时，其串联谐振频率 f_s 为

$$f_s \approx \frac{1}{2\pi\sqrt{L_q C_q}} \tag{10.1.19}$$

由于 C_0 很小，其容抗比 r_q 大很多，因此，串联谐振的等效阻抗近似为 r_q，呈纯阻性，且其阻值很小。当频率低于 f_s 时，r_q、L_q、C_q 支路呈容性，当频率高于 f_s 时，r_q、L_q、C_q 支路呈感性，可与电容 C_0 产生并联谐振，其并联谐振频率 f_p 为

$$f_p \approx \frac{1}{2\pi\sqrt{L_q \dfrac{C_q C_0}{C_q + C_0}}} \tag{10.1.20}$$

因为 $C_q \ll C_0$，所以两个频率非常接近，即 $f_p \approx f_s$。

在忽略石英晶体的损耗时，石英晶体电抗的频率特性如图 10.1.14(c)所示。由图可知，在频率 f_s 和 f_p 之间，石英晶体呈感性；频率等于 f_s 时，近似为短路线，频率等于 f_p 时，近似为开路，即为纯电阻；其余频率下，石英晶体均呈容性。

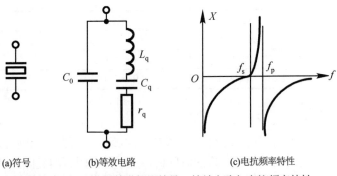

(a)符号　　　(b)等效电路　　　(c)电抗频率特性

图 10.1.14　石英晶体谐振器符号、等效电路与电抗频率特性

石英晶体外壳上所标注的频率一般为并接负载电容 C_L（30pF 或 50pF）时的并联谐振频率。

2. 石英晶体正弦波振荡电路

根据石英晶体的特性，当石英晶体的阻抗呈电感性时，与外接电容构成并联谐振，谐振频率在 f_s 和 f_p 之间，由此构成并联型石英晶体振荡电路；当石英晶体发生串联谐振时，它呈电阻性，谐振频率等于 f_s，构成串联型石英晶体振荡电路。

（1）并联型石英晶体振荡电路

并联型石英晶体振荡电路如图 10.1.15 所示。石英晶体在并联型石英晶体振荡电路中作为等效电感，电路形式为电容三点式振荡电路，也称为皮尔斯振荡电路。

振荡频率 f_0 为
$$f_0 \approx \frac{1}{2\pi\sqrt{L_q \dfrac{C_q C_0'}{C_q + C_0'}}} \tag{10.1.21}$$

式中，$C_0' = C_0 + \dfrac{C_1 C_2}{C_1 + C_2}$，显然，振荡频率在 f_s 和 f_p 之间，由于 $C_0' \gg C_q$，可以认为 $f_0 \approx f_p \approx f_s$。

（2）串联型石英晶体振荡电路

串联型石英晶体振荡电路如图 10.1.16 所示。石英晶体在串联型石英晶体振荡电路中作为短路元件，电路形式为电容三点式振荡电路。

只有当振荡频率等于石英晶体的串联谐振频率，石英晶体相当于短路时，电路才满足电容三点式振荡电路的相位平衡条件和幅度条件。

因此，电路的振荡频率 f_0 为石英晶体的串联谐振频率 f_s。

基本的并联型和串联型石英晶体振荡电路的频率稳定度一般为 10^{-6}，若要得到更高稳定度的正弦波，需采取恒温等措施，在此不再详细介绍。

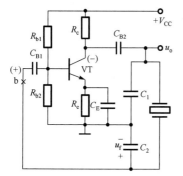

图 10.1.15　并联型石英晶体振荡电路

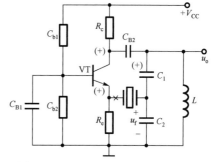

图 10.1.16　串联型石英晶体振荡电路

【例10.1.3】　电路如图 10.1.17 所示，说明石英晶体振荡电路的类型，并指出石英晶体在电路中的作用。

解：图 10.1.17(a)所示为串联型石英晶体振荡电路，石英晶体产生串联谐振时，呈纯阻性，近似起短路作用。图 10.1.17(b)为并联型石英晶体振荡电路，石英晶体作为等效电感。

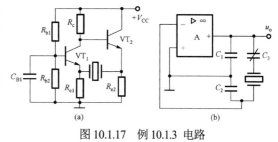

图 10.1.17　例 10.1.3 电路

10.2　非正弦波产生电路

常见的非正弦波有矩形波、三角波、锯齿波等，本节将讨论非正弦波的产生电路。通常非正弦波产生电路的基本组成部分有开关电路、反馈网络和延迟环节等。

10.2.1　方波发生器

1. 电路及工作原理

在第 4 章讲的迟滞比较器中增加一条由 R_1 和 C 组成的负反馈支路，就组成了一个简单的方波发生器，其电路如图 10.2.1 所示。

电路的基本工作原理是，将输出电压 u_o 经 R_1、C 支路反馈回比较器的反相端，利用电容 C 的充放电

电压 u_c 代替迟滞比较器的外输入电压 u_i，与同相端电压进行比较，使比较器的输出不断发生翻转，从而形成自激振荡。

由图 10.2.1 可知，运放同相端电位为

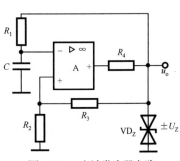

图 10.2.1　方波发生器电路

$$u_+ = \frac{R_2}{R_2 + R_3} u_o$$

当 $u_c = u_+$ 时，输出电压发生跳变，可求出门限电压为

$$U_{TH} = \frac{R_2}{R_2 + R_3} u_o$$

将 $u_o = +U_Z$ 或 $u_o = -U_Z$ 代入可得

$$\begin{cases} U_{TH1} = \dfrac{R_2}{R_2 + R_3} U_Z \\ U_{TH2} = -\dfrac{R_2}{R_2 + R_3} U_Z \end{cases} \tag{10.2.1}$$

设电容的初始电压为零，电路接通瞬间，输出电压 u_o 为正或为负纯属偶然，可设 $u_o = +U_Z$。这时，U_Z 经 R_1 和 C 充电使 u_c 上升到 U_{TH1} 时，u_o 由高电平跳变到低电平，即 $u_o = -U_Z$；电容 C 经 R_1 放电使 u_c 下降到 U_{TH2} 时，u_o 由低电平跳变到高电平，即 $u_o = +U_Z$。如此周而复始产生振荡，输出方波，如图 10.2.2 所示。

根据图 10.2.2 可知，由于电容 C 充、放电的时间常数均为 $R_1 C$，且幅值也相等，因此 u_o 为方波，故该电路称为方波发生器。当电容 C 的充、放电的时间常数不相等，将得到矩形波，矩形波高电平持续的时间与周期之比称为占空比，而方波的占空比为 50%。

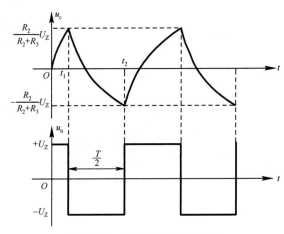

图 10.2.2　方波发生器的波形图

2. 振荡周期 T

根据电路分析中的三要素法可以求得方波的周期 T。充放电的时间常数 $\tau = R_1 C$，以 t_1 为放电的起始时刻，则

$$u_c(t_1) = \frac{R_2 U_Z}{R_2 + R_3}, \quad u_c(\infty) = -U_Z$$

当 $t = t_2$ 时，$\Delta t = t_2 - t_1 = \dfrac{T}{2}$，此时

$$u_c(t_2) = -\frac{R_2 U_Z}{R_2 + R_3}$$

所以

$$u_c(t_2) = u_c(\infty) + [u_c(t_1) - u_c(\infty)] e^{-\frac{\Delta t}{\tau}} \tag{10.2.2}$$

即

$$-\frac{R_2 U_Z}{R_2 + R_3} = -U_Z + \left[\frac{R_2 U_Z}{R_2 + R_3} - (-U_Z) \right] e^{-\frac{T}{2R_1 C}}$$

整理得

$$T = 2 R_1 C \ln\left(1 + \frac{2R_2}{R_3} \right) \tag{10.2.3}$$

方波的频率为

$$f = \frac{1}{T} = \frac{1}{2 R_1 C \ln\left(1 + \dfrac{2R_2}{R_3} \right)} \tag{10.2.4}$$

可见，方波的频率与 R_1C 和 $\dfrac{R_2}{R_3}$ 有关，而与输出电压幅值 U_Z 无关，实际应用中常通过改变 R_1 来调节频率。

10.2.2　三角波发生器

1. 电路和工作原理

在方波发生器中，电容两端的电压可近似看成三角波，但是它的线性度较差，另外带负载能力也较差。典型的三角波发生器由迟滞比较器和积分器构成，如图 10.2.3 所示。

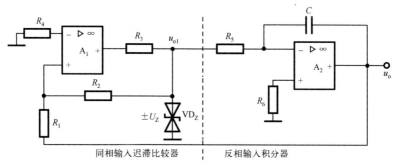

图 10.2.3　典型的三角波发生器

A_1 构成同相输入的迟滞比较器，A_2 构成反相积分电路。A_1 同相端电位由 u_{o1} 和 u_o 共同决定，而 $u_{o1} = \pm U_Z$，u_o 是积分电路的输出，又是迟滞比较器的输入。根据叠加定理，集成运放 A_1 同相端的电位为

$$u_{+1} = \frac{R_2}{R_1+R_2}u_o + \frac{R_1}{R_1+R_2}u_{o1} = \frac{R_2}{R_1+R_2}u_o \pm \frac{R_1}{R_1+R_2}U_Z \tag{10.2.5}$$

根据"虚短"和"虚断"的特点，$u_{1+} = u_{1-} = 0$，则门限电压为

$$\pm U_{TH} = \pm \frac{R_1}{R_2}U_Z \tag{10.2.6}$$

因此，迟滞比较器的电压传输特性如图 10.2.4 所示。

反相积分电路的输入 $u_{o1} = \pm U_Z$，所以输出电压 u_o 的表达式为

$$u_o(t) = -\frac{1}{R_5C}u_{o1}(t_1 - t_0) + u_o(t_0) \tag{10.2.7}$$

式中，$u_o(t_0)$ 为初始状态时的输出电压。设初始时 $u_o(t_0) = 0$，u_{o1} 正好从 $-U_Z$ 跳变为 $+U_Z$，则式（10.2.7）变为

$$u_o(t) = -\frac{1}{R_5C}U_Z(t_1 - t_0) \tag{10.2.8}$$

积分电路反向积分，u_o 随时间的增长线性下降，当 u_o 下降到 $-U_{TH}$ 时（t_1），u_{o1} 将从 $+U_Z$ 跳变为 $-U_Z$，使得式（10.2.7）变为

$$u_o(t) = \frac{1}{R_5C}U_Z(t_2 - t_1) + u_o(t_1) \tag{10.2.9}$$

$u_o(t_1)$ 为 u_{o1} 产生跳变时的输出电压。积分电路正向积分，u_o 随时间的增长线性上升，当 u_o 上升到 $+U_{TH}$ 时（t_2），u_{o1} 将从 $-U_Z$ 跳变为 $+U_Z$，积分电路又开始反向积分。周而复始，因此产生自激振荡。

由以上分析可知：A_1 的输出 u_{o1} 为方波，幅值为 $\pm U_Z$；A_2 的输出 u_o 为三角波，幅值为 $\pm R_1U_Z / R_2$，波形如图 10.2.5 所示。因此，也可以称图 10.2.3 为方波-三角波发生电路。

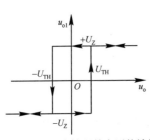

图 10.2.4　迟滞比较器的电压传输特性

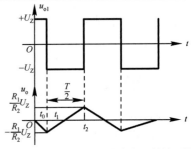

图 10.2.5　方波-三角波发生器的波形图

2．振荡周期和频率

根据图 10.2.5 所示波形可知，正向积分的初始值为 $-R_1 U_Z / R_2$，终值为 $+R_1 U_Z / R_2$，时间为 $\dfrac{T}{2}$，代入式（10.2.9）可得

$$\frac{R_1}{R_2} U_Z = \frac{1}{R_5 C} U_Z \cdot \frac{T}{2} + \left(-\frac{R_1}{R_2} U_Z\right)$$

经整理得振荡周期为

$$T = \frac{4 R_1 R_5 C}{R_2} \qquad\qquad (10.2.10)$$

振荡频率为

$$f = \frac{R_2}{4 R_1 R_5 C} \qquad\qquad (10.2.11)$$

调节电路中 R_1、R_2、R_5 和 C 的值，可以改变振荡频率，而调节 R_1 和 R_2 的值，可以改变三角波的幅值。

10.2.3　锯齿波发生器

如果图 10.2.3 中的积分电路正向积分的时间常数远大于反向积分的时间常数，或者反向积分的时间常数远大于正向积分的时间常数，则输出电压 u_o 上升和下降的斜率相差很多，那么就可以得到锯齿波。利用二极管的单向导电性可以使积分电路两个方向的积分通路不同，从而得到锯齿波发生器电路，如图 10.2.6 所示。图中 R_5 的阻值远小于 R_P。

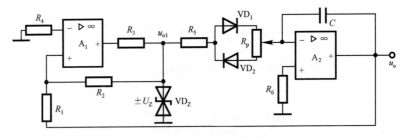

图 10.2.6　锯齿波发生器电路

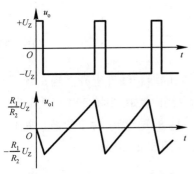

图 10.2.7　锯齿波发生器的波形

当 u_{o1} 为 $-U_Z$ 时 VD_1 截止，VD_2 导通，A_2 的积分常数中的电阻为 R_p 的下半部分和 R_5 电阻之和；当 u_{o1} 为 $+U_Z$ 时 VD_1 导通，VD_2 截止，A_2 的积分常数中的电阻为 R_p 的上半部分和 R_5 电阻之和。正反两个方向的积分常数随电位器 R_p 的滑动而变化，使输出 u_o 得到不同的上升和下降的斜率，形成锯齿波的正程和回程，同时从 u_{o1} 可以取得矩形波，如图 10.2.7 所示。其中，u_{o1} 矩形波的幅值为 $\pm U_Z$，u_o 锯齿波的输出幅度仍然是

$$U_{om} = \pm \frac{R_1}{R_2} U_Z$$

10.3　有源滤波电路

在第 3 章我们曾经讨论过由电阻、电容组成的滤波电路，这种由无源元件（电阻、电容、电感）组成的滤波电路称为无源滤波器；由无源元件和有源元件（三极管、场效应管、集成运放）共同组成的滤波电路称为有源滤波器。本节主要讨论由 R、C 和集成运放组成的有源滤波器。

带负载电阻的 RC 低通滤波电路如图 10.3.1 所示，电路的电压放大倍数为

$$\dot{A}_\mathrm{u} = \frac{\dot{U}_\mathrm{o}}{\dot{U}_\mathrm{i}} = \frac{\frac{1}{\mathrm{j}\omega c}//R_\mathrm{L}}{R + \frac{1}{\mathrm{j}\omega c}//R_\mathrm{L}} = \frac{\frac{R_\mathrm{L}}{R + R_\mathrm{L}}}{1 + \mathrm{j}\omega(R//R_\mathrm{L})C} = \frac{\dot{A}_0}{1 + \mathrm{j}\frac{f}{f_\mathrm{H}}}$$

$$\dot{A}_0 = \frac{R_\mathrm{L}}{R + R_\mathrm{L}}, \quad f_\mathrm{H} = \frac{1}{2\pi(R//R_\mathrm{L})C} \tag{10.3.1}$$

可以看出，不但通带电压放大倍数会因负载电阻而减小，而且通带截止频率也因负载电阻而增大，改变了滤波特性，说明无源滤波电路带负载能力比较差。

为了减小负载效应，可以在输出端串接一个电压跟随器，就构成一个简单的一阶有源低通滤波电路，如图 10.3.2 所示。因为电压跟随器的输入阻抗很高、输出阻抗很低，因此其带负载能力得到加强。若使用比例运算电路代替电压跟随器，则既可以提高增益，又可以降低负载效应。

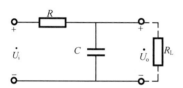
图 10.3.1　带负载电阻的 RC 低通滤波电路

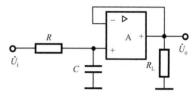
图 10.3.2　有源低通滤波电路

由于受集成运放所限，有源滤波电路不适于高电压大电流负载，工作频率目前还不高。

10.3.1　有源低通滤波器

1. 一阶有源低通滤波器

图 10.3.3 所示电路为用同相比例运算电路代替图 10.3.2 中的电压跟随器构成的一阶有源低通滤波器。低通滤波电路的通带电压增益 A_0 是 $\omega=0$ 时 $\dot{U}_\mathrm{o}$ 与 $\dot{U}_\mathrm{i}$ 之比。对于图 10.3.3 所示电路来说，电路的通带电压增益等于同相比例放大电路的电压增益，即

$$A_0 = 1 + \frac{R_\mathrm{f}}{R_1} \tag{10.3.2}$$

电路的电压增益为
$$\dot{A}_\mathrm{u} = \frac{\dot{U}_\mathrm{o}}{\dot{U}_\mathrm{i}} = \left(1 + \frac{R_\mathrm{f}}{R_1}\right) \cdot \frac{1}{1 + \mathrm{j}\omega RC} = \frac{A_0}{1 + \mathrm{j}\frac{f}{f_\mathrm{H}}} \tag{10.3.3}$$

其中
$$f_\mathrm{H} = \frac{1}{2\pi RC} = \frac{1}{2\pi\tau} \tag{10.3.4}$$

当 $f = f_\mathrm{H}$ 时，$\left|\dot{A}_\mathrm{u}\right| = \frac{A_0}{\sqrt{2}} \approx 0.707 A_0$，$f_\mathrm{H}$ 为通带截止频率。当 $f \gg f_\mathrm{H}$ 时，$20\lg\left|\dot{A}_\mathrm{u}\right|$ 按-20dB/十倍频程下降。类似无源低通滤波器，可画出其幅频特性如图 10.3.4 所示。

【例 10.3.1】　设计一个一阶有源低通滤波器。电路如图 10.3.3 所示，要求上转折频率 $f_\mathrm{H} = 1\mathrm{kHz}$，通带电压放大增益为 4。

解：选取电容 $C = 0.01\mu\mathrm{F}$，由 $f_\mathrm{H} = \frac{1}{2\pi RC}$ 可得

$$R = \frac{1}{2\pi f_{H} C} = \frac{1}{2\pi \times 10^{3} \times 0.01 \times 10^{-6}} = 15.9 \text{k}\Omega$$

因为 $A_0 = 4$ ，所以 $\qquad\qquad \dfrac{R_f}{R_1} = 4 - 1 = 3$

选取 $R_1 = 10\text{k}\Omega$ ，则 $R_f = 30\text{k}\Omega$ 。

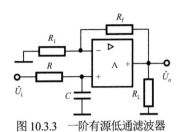

图 10.3.3　一阶有源低通滤波器

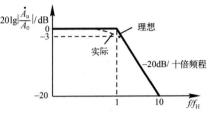

图 10.3.4　一阶有源低通滤波器幅频特性

为了使低通滤波器过渡带变窄，使其更接近理想幅频特性，可利用多个 RC 环节构成多阶低通滤波器。

2. 常用二阶有源低通滤波器

图 10.3.5 所示电路为一种常用的二阶有源低通滤波器。

当信号频率趋于零时， $\dot{U}_P = \dot{U}_i$ ，故电路的通带放大倍数与一阶电路的相同，为

$$A_0 = 1 + \frac{R_f}{R_1} \tag{10.3.5}$$

为了分析图 10.3.5 所示的二阶有源低通滤波器的频率特性，先将其等效成图 10.3.6 所示的二阶有源低通滤波器的等效电路，若图中 $C_1 = C_2 = C$ ，由此图可求得

$$\dot{A}_u = \frac{\dot{U}_o}{\dot{U}_i} = \frac{A_0}{1 + (3 - A_0)\mathrm{j}\omega RC + (\mathrm{j}\omega RC)^2} \tag{10.3.6}$$

令 $\qquad\qquad f_{H} = \dfrac{1}{2\pi RC} , \quad Q = \dfrac{1}{3 - A_0} \tag{10.3.7}$

则式（10.3.6）可以写为

$$\dot{A}_u = \frac{A_0}{1 - \left(\dfrac{f}{f_{H}}\right)^2 + j\dfrac{1}{Q} \cdot \dfrac{f}{f_{H}}} \tag{10.3.8}$$

式（10.3.8）为二阶有源低通滤波电路电压传递函数的典型表达式。将 $f = f_{H}$ 带入式（10.3.8），得到

$$\left| \dot{A}_u \right|_{f = f_{H}} = \left| Q A_0 \right| \tag{10.3.9}$$

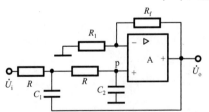

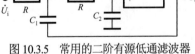

图 10.3.5　常用的二阶有源低通滤波器

图 10.3.6　二阶有源低通滤波器的等效电路

Q 值是 $f = f_{H}$ 时电压放大倍数的数值与通带电压放大倍数之比，称为等效品质因数。式（10.3.8）的幅频响应的表达式为

$$20\lg\left| \frac{\dot{A}_u}{A_0} \right| = 20\lg \frac{1}{\sqrt{\left[1 - \left(\dfrac{f}{f_{H}}\right)^2 \right]^2 + \left(\dfrac{f}{Q f_{H}}\right)^2}} \tag{10.3.10}$$

式（10.3.10）表明，当 $f = 0$ 时， $\left| \dot{A}_u \right| = A_0$ ；当 $f \to \infty$ 时， $\left| \dot{A}_u \right| \to 0$ 。显然这是低通滤波电路的特

性。由式（10.3.10）可以画出不同 Q 值下的幅频响应。若 $Q=0.707$ ，当 $f=f_H$ 时，

$20\lg\left|\dfrac{\dot{A}_u}{A_0}\right|=-3\text{dB}$ ，而当 $f=10f_H$ 时，$20\lg\left|\dfrac{\dot{A}_u}{A_0}\right|=-40\text{dB}$ 。表

明二阶有源低通滤波器在过渡带的下降速率为-40dB/十倍频程。选择合适的 Q 值，二阶有源低通滤波器的理想幅频特性如图 10.3.7 所示。需要指出，式（10.3.6）表明，$A_0<3$ 才能稳定工作。当 $A_0\geqslant 3$ 时，电路将自激振荡。

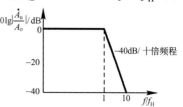

图 10.3.7　二阶有源低通滤波器的幅频特性

10.3.2　有源高通滤波器

高通滤波器和低通滤波器具有对偶关系。将图 10.3.3 和图 10.3.5 所示电路中的 R、C 元件位置对调，就构成一阶有源高通滤波器和二阶有源高通滤波器，电路分别如图 10.3.8 和图 10.3.9 所示。

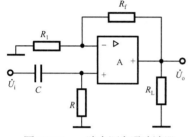

图 10.3.8　一阶有源高通滤波器

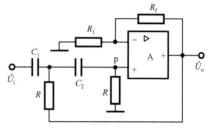

图 10.3.9　二阶有源高通滤波器

类似于 10.3.1 节的分析方法，由图 10.3.8 所示电路可得

$$A_0=1+\frac{R_f}{R_1} \tag{10.3.11}$$

$$f_L=\frac{1}{2\pi RC} \tag{10.3.12}$$

$$\dot{A}_u=\frac{A_0}{1-\text{j}\dfrac{f_L}{f}} \tag{10.3.13}$$

其幅频响应波特图如图 10.3.10 所示。

由图 10.3.9 可导出二阶有源高通滤波器的电压增益

$$\dot{A}_u=\frac{\dot{U}_o}{\dot{U}_i}=\frac{\left(\text{j}\dfrac{f}{f_L}\right)^2 A_0}{1-\left(\dfrac{f}{f_L}\right)^2-\text{j}\dfrac{1}{Q}\cdot\dfrac{f}{f_L}} \tag{10.3.14}$$

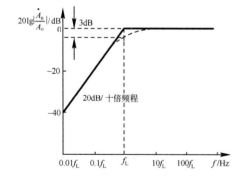

图 10.3.10　一阶有源高通滤波器幅频特性

式中，各参数的意义与前相同，其波特图与二阶有源低通滤波器具有"镜像"关系。

【例 10.3.2】　设计一个一阶有源高通滤波器。电路如图 10.3.8 所示，要求下转折频率 $f_L=1\text{kHz}$ ，通带电压放大增益为4。

解： 选取电容 $C=0.01\mu\text{F}$ ，由 $f_L=\dfrac{1}{2\pi RC}$ 可得

$$R=\frac{1}{2\pi f_L C}=\frac{1}{2\pi\times 10^3\times 0.01\times 10^{-6}}=15.9\text{k}\Omega$$

因为 $A_0=4$ ，所以

$$\frac{R_f}{R_1}=4-1=3$$

选取 $R_1 = 10\text{k}\Omega$ ，则 $R_f = 30\text{k}\Omega$ 。

10.3.3　有源带通滤波器

由图 10.3.11(b)所示带通滤波器的幅频响应与高通滤波器、低通滤波器的幅频响应进行比较，可以看出，若将低通滤波器和高通滤波器串联，就可以构成一个带通滤波器，如图 10.3.11(a)所示。由图 10.3.11(b)可以看出，要求低通滤波器的上转折频率 f_H 必须大于高通滤波器的下转折频率 f_L 。该带通滤波器的带宽 $f_{BW} = f_H - f_L$ 。

实用的二阶有源带通滤波器如图 10.3.12 所示。图中 R_1、C_1 组成低通网络，R_2、C_2 组成高通网络，两者串联组成带通滤波电路，图中运放、R 与 R_f 构成同相比例电路。为了方便，选取：$C_1 = C_2 = C$，$R_1 = R$，$R_2 = 2R$，中心频率 f_0、品质因数 Q 以及通频带 f_{BW} 分别为

$$f_0 = \frac{1}{2\pi RC}, \quad Q = \frac{1}{3 - A_0}, \quad f_{BW} = f_0 / Q$$

式中，$A_0 = 1 + \dfrac{R_f}{R}$ 为同相比例电路的增益，同样要求 $A_0 < 3$ 才能稳定工作。当 $f = f_0$ 时，带通滤波电路电压增益称为通带电压增益，为 $\left| \dot{A}_u \right|_{f = f_0} = |Q A_0|$ 。

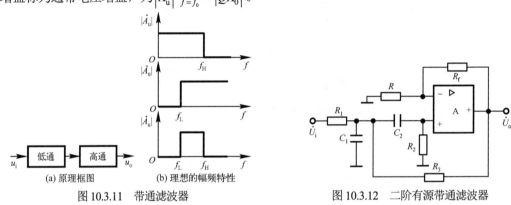

(a) 原理框图　　　(b) 理想的幅频特性

图 10.3.11　带通滤波器　　　　　　　　　图 10.3.12　二阶有源带通滤波器

10.3.4　有源带阻滤波器

由图 10.3.13(b)所示带阻滤波器的幅频响应与高通滤波器、低通滤波器的幅频响应进行比较，可以看出，若将低通滤波器和高通滤波器的输出电压经求和电路后输出，则构成带阻滤波器，如图 10.3.13(a)所示。由图 10.3.13(b)可以看出，要求低通滤波器的上转折频率 f_H 必须小于高通滤波器的下转折频率 f_L 。该电路可阻止 $f_H < f < f_L$ 范围内的信号通过，使其余频率信号均能通过。带阻滤波器也称陷波器，经常用于电子系统抗干扰。

实用的二阶有源带阻滤波器用由电阻和电容组成的双 T 网络和一个同相比例电路实现，如图 10.3.14 所示，其中 R_1、R_2 和 C_1 组成低通网络，C_2、C_3 和 R_3 组成高通网络。通常选择 $C_1 = C_2 = C$，$C_3 = 2C$，$R_1 = R_2 = R$，$R_3 = R/2$。中心频率 f_0、品质因数 Q 以及阻带带宽分别为

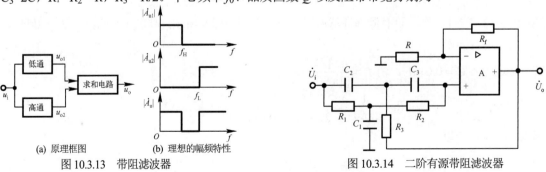

(a) 原理框图　　　(b) 理想的幅频特性

图 10.3.13　带阻滤波器　　　　　　　　　图 10.3.14　二阶有源带阻滤波器

$$f_0 = \frac{1}{2\pi RC}, \quad Q = \frac{1}{2(2-A_0)}, \quad f_{BW} = f_0 / Q$$

式中，$A_0 = 1 + \dfrac{R_f}{R}$ 为同相比例电路的增益。

10.4 基于 Multisim 仿真的设计与讨论

10.4.1 正弦波振荡电路

1. RC 文氏桥正弦波振荡电路

在 Multisim 仿真软件中建立如图 10.4.1 所示的 RC 文氏桥正弦波振荡电路。

① 用示波器观察该振荡电路输出波形及其起振过程，测量波形的频率与幅值。

② 调整 R_p 的大小，观察波形的变化，解释产生变化的原因。

③ 改变电阻 $R_1 = R_2 = 16\text{k}\Omega$，测量波形的频率与幅值；保持电阻 $R_1 = R_2 = 1.6\text{k}\Omega$ 不变，改变电容 $C_1 = C_2 = 10\text{nF}$ 重新测量波形的频率。

④ 若想要改变输出波形的幅度，如何改变电路？

2. 电感三点式 LC 正弦波振荡电路

在 Multisim 仿真软件中建立如图 10.4.2 所示的电感三点式（共射）正弦波振荡电路。该电路起振条件为 $\beta > \dfrac{L_2}{L_1}$，一般 L_1 约为 L_2 的 $\dfrac{1}{8} \sim \dfrac{1}{3}$，振荡频率 $f_0 = \dfrac{1}{2\pi\sqrt{(L_1+L_2)C}}$。

① 用示波器观察该振荡电路输出波形及其起振过程，用频率计测量波形的频率，与理论计算值进行比较。

② 改变电容 C 的值，观察振荡频率的变化。

③ 进行傅里叶分析，设置基频为该电路理论计算得到的频率，输出参数为 u_o，得到输出电压的总谐波失真 THD。

④ 将图 10.4.2 所示电路中的放大电路改为共基极放大电路（将图中的接地符号改接在节点 4 处），重复①、②，比较两种放大电路的波形与失真度。

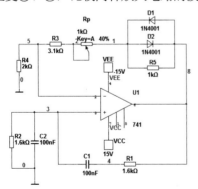

图 10.4.1 RC 文氏桥正弦波振荡电路   图 10.4.2 电感三点式（共射）正弦波振荡电路

3. 电容三点式 LC 正弦波振荡电路

将图 10.4.2 所示电路中的电感 L_1 和 L_2 换成 C_a 和 C_b，电容 C 换成电感 L，得到电容三点式（共射）正弦波振荡电路，如图 10.4.3 所示。该电路起振条件为 $\beta > C_a/C_b$（β 为三极管电流放大系数），一般取 C_a 约为 C_b 的 2～8 倍，振荡频率 $f_0 = \dfrac{1}{2\pi\sqrt{LC}}$，$C = \dfrac{C_a C_b}{C_a + C_b}$。

① 用示波器观察该振荡电路输出波形及其起振过程，用频率计测量波形的频率，与理论计算值进行比较。

② 进行傅里叶分析，设置基频为该电路理论计算得到的频率，输出参数为 u_o，得到输出电压的

总谐波失真 THD。

③ 图 10.4.3 中若采用改变电容来调节频率，则要求 C_a 和 C_b 同时改变，这样在使用上很不方便，而且反馈系数也随之改变，从而影响电路的起振条件。所以提出一种改进型的电路：将一个 $C_s=500\text{pF}$ 的电容接入电路，与 L 串联，得到的电路称为克拉泼振荡器，要求 $C\gg C_s$，该电路的振荡频率 $f_0 \approx \dfrac{1}{2\pi\sqrt{LC_s}}$。对该电路重复①、②。

④ 克拉泼振荡电路调节频率通过改变 C_s 来实现，C_s 的改变会引起回路谐振阻抗的改变，这会导致放大电路增益的变化，当增益减小，有可能不满足振幅平衡条件，导致电路停振，所以克拉泼振荡器频率调节范围不大。为此，可在电感 L 两端并联一个电容 C_o，以调节振荡频率，这种电路称为西勒振荡器，其振荡频率 $f_0 \approx \dfrac{1}{2\pi\sqrt{L(C_s+C_o)}}$，将克拉泼振荡电路中的 C_s 改为 300pF，C_o 为 200pF，重复①、②（起振时间较长，耐心等待）。

⑤ 比较 3 种振荡电路的波形、失真度以及频率调节范围。

⑥ 在图 10.4.3 所示电路输出端接一个 $10\text{k}\Omega$ 的负载电阻 R_L，逐渐减小负载电阻阻值，观察波形幅值与频率的变化，为了减小负载的影响，可以用变压器进行阻抗变换。变压器的初级线圈为电路中的 L，次级线圈驱动负载，设计驱动 100Ω 负载电阻的变压器电路，用示波器观察电路输出波形，用频率计测量波形的频率。

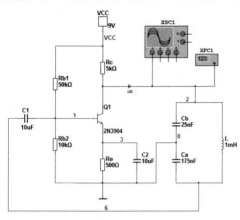

图 10.4.3　电容三点式（共射）正弦波振荡电路

10.4.2　非正弦波产生电路

1. 矩形波发生器

矩形波发生器电路如图 10.4.4 所示，其振荡周期为 $T = 2R_1C_1\ln\left(1+\dfrac{2R_2}{R_f}\right)$。

① 用示波器观察输出波形以及 C_1 端的波形，测量方波的频率与周期，与理论计算值进行比较。

② 改变 R_1 和 C_1 的大小，观察波形频率的变化。

③ 将图中 R_1 反馈支路用图 10.4.5 所示调节占空比的反馈支路代替，得到占空比可调的矩形波发生器，调整电阻 R_p 的大小，观察波形的变化。

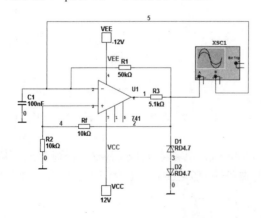

图 10.4.4　矩形波发生器电路

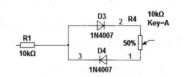

图 10.4.5　调节占空比的反馈支路

2. 三角波发生器

① 图 10.4.4 所示电路中 C_1 处的波形也看似一个三角波，但是这个三角波的线性度较差，为了得到线

性度好的三角波，可以利用积分电路，将方波变为三角波，在图 10.4.4 电路的输出端增加一个积分电路，如图 10.4.6 所示。改变积分电路中的 R_4 与 C_2 以改变积分常数，观察第一级与第二级的输出波形，可以看出由于 R_4 太小，方波的幅度已经不再是稳压值了，由于两级电路之间没有反馈，所以稳定性较差。

② 将图 10.4.6 所示电路进行优化，省去 RC 回路，将积分电路的输出波形反馈到迟滞比较器的输入端，得到方波-三角波发生电路如图 10.4.7 所示。三角波的幅值 $V_{om} = \dfrac{R_f}{R_2}$，振荡周期 $T = 4R_4C_2\dfrac{R_f}{R_2}$。用示波器观察方波与三角波，测量方波的幅值与周期，与理论计算值进行比较。

③ 用图 10.4.5 所示电路代替图 10.4.7 电路中的 R_4，得到锯齿波发生器，调节 R_p 使得充电与放电时间常数不同，观察输出的锯齿波，测量其周期与幅度。

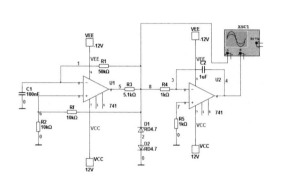

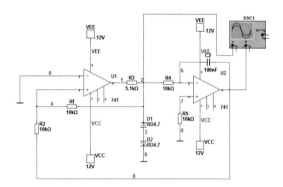

图 10.4.6　采用波形变换产生三角波　　　　　　　　图 10.4.7　方波-三角波发生电路

10.4.3　有源滤波器

为了消除负载的影响，在无源 RC 一阶低通滤波器与负载之间添加一个跟随器，就形成了一个有源低通滤波器，通过跟随器将两个低通滤波器前后级联构成二阶有源低通滤波器如图 10.4.8 所示，由于运放有非常大的输入阻抗，使第一级和第二级之间互不影响。

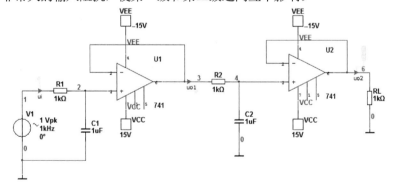

图 10.4.8　二阶有源低通滤波器

① 进行交流分析，在同一个图上分别仿真出从 u_{o1} 和 u_{o2} 输出的幅频特性与相频特性。从两条特性曲线上读出在截止频率处的分贝数、相位角；在远离截止频率处，读出两条幅频特性下降斜率（每十倍频程下降多少分贝）；比较一阶与二阶滤波器，说明每增加一阶低通滤波器，衰减分贝数、相移和衰减斜率的变化规律。

② 高通滤波器与低通滤波器具有对偶关系，所以将图 10.4.8 中 R_1 与 C_1 的位置互换，R_2 与 C_2 的位置互换，得到二阶高通滤波器，重复①的仿真内容。

③ 高通滤波器与低通滤波器串联，就可以构成带通滤波器，要求低通滤波器的上限转折频率大于高通滤波器的下限转折频率。把图 10.4.8 中的 R_1 改为 100Ω，C_1 改为 0.1μF，R_2 与 C_2 的位置互换，大小不

变，得到二阶带通滤波器，进行交流分析，得到从 u_{o2} 输出的幅频特性与相频特性，读出上限截止频率、下限截止频率，以及在截止频率处的相位角，与理论值进行比较。

④ 将高通滤波器与低通滤波器经求和电路输出，可以构成带阻滤波器，要求低通滤波器的上限转折频率小于高通滤波器的下限转折频率。图 10.4.8 中 R_1、C_1 保持不变，R_2 与 C_2 的位置互换，分别改为 100Ω 和 0.1μF，得到低通和高通电路，将两路并联，输出接到同相加法电路，可以得到增益放大的带阻滤波器。显然这个电路可以简化，跟随器可以省略，得到一个如图 10.4.9 所示的二阶有源带阻滤波器电路，对其进行交流分析，读出其通带增益、中心频率，比较从 u_{o1}、u_{o2} 和 u_o 输出的频率特性。

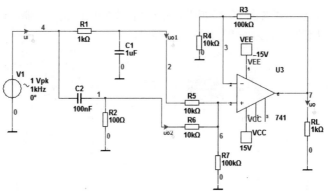

图 10.4.9   二阶有源带阻滤波器电路

图 10.4.9 所示的双 T 二阶有源带阻滤波器电路并不常用，实用的带阻滤波器是用由 RC 组成的双 T 网络和一个集成运放实现的，如图 10.4.10 所示，测量其中心频率、带宽，与理论值进行比较，改变电阻 R_f 以改变品质因数 Q，比较不同 Q 值时的特性曲线与带宽（进行参数扫描，扫描名称为 R_f，扫描分析选交流小信号分析）。

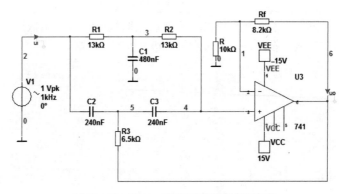

图 10.4.10   双 T 二阶有源带阻滤波器电路

10.4.4   设计仿真题目

1. 设计一个 RC 移相振荡器，振荡频率为 150Hz。

2. 设计一个 BJT 电容三点式振荡电路，要求：$V_{CC}=12V$，集电极静态电流 $I_{CQ}=1mA$，振荡频率 $f_0=800kHz$。

3. 设计一个方波发生器，要求输出频率为 10kHz，输出电压峰值为 ±5V。

4. 设计一个函数发生器，可以产生 1kHz 的三角波、方波和正弦波。

习   题   10

10.1   振荡电路与放大电路有何异同点。

10.2　正弦波振荡器振荡条件是什么？负反馈放大电路产生自激的条件是什么？两者有何不同，为什么？

10.3　根据选频网络的不同，正弦波振荡器可分为哪几类？各有什么特点？

10.4　正弦波信号产生电路一般由几个部分组成，各部分作用是什么？

10.5　当产生 20Hz～20kHz 的正弦波时，应选用什么类型的振荡器？当产生 100MHz 的正弦波时，应选用什么类型的振荡器？当要求产生频率稳定度很高的正弦波时，应选用什么类型的振荡器？

10.6　电路如图 10.1 所示，试用相位平衡条件判断哪个电路可能振荡，哪个不能振荡，并简述理由。

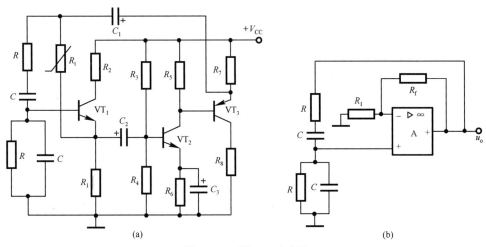

图 10.1　习题 10.6 电路图

10.7　电路如图 10.2 所示：（1）保证电路振荡，求 R_p 的最小值；（2）求振荡频率 f_0 的调节范围。

10.8　如图 10.3 所示各元器件：（1）请将各元器件正确连接，组成一个 RC 文氏桥正弦波振荡器；（2）若 R_1 短路，电路将产生什么现象；（3）若 R_1 断路，电路将产生什么现象；（4）若 R_f 短路，电路将产生什么现象；（5）若 R_f 断路，电路将产生什么现象。

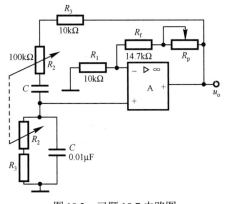

图 10.2　习题 10.7 电路图

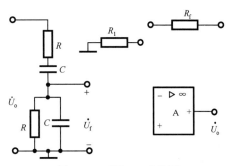

图 10.3　习题 10.8 电路图

10.9　图 10.4 所示为正弦波振荡电路，已知 A 为理想运放。

（1）已知电路能够产生正弦波振荡，为使输出波形频率增大应如何调整电路参数？

（2）已知 $R_1 = 10\text{k}\Omega$，若产生稳定振荡，则 R_f 约为多少？

（3）已知 $R_1 = 10\text{k}\Omega$，$R_f = 15\text{k}\Omega$，问电路产生什么现象？简述理由。

（4）若 R_f 为热敏电阻，试问其温度系数是正还是负？

10.10　电路如图 10.5 所示。试用相位平衡条件判断电路是否能

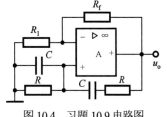

图 10.4　习题 10.9 电路图

振荡，并简述理由。指出可能振荡的电路属于什么类型。

　　10.11　石英晶体振荡电路如图 10.6 所示。试用相位平衡条件判断电路是否能振荡，并说明石英晶体在电路中的作用。

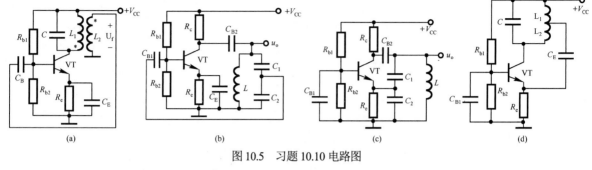

图 10.5　习题 10.10 电路图

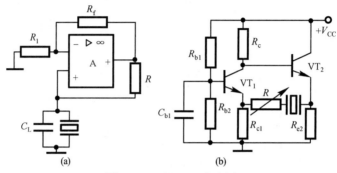

图 10.6　习题 10.11 电路图

　　10.12　电路如图 10.7 所示，设二极管和运放都是理想的：（1）A_1、A_2 各组成什么电路？（2）求出电路周期 T 的表达式。

　　10.13　一个具有一阶低通滤波特性的电压放大器，它的直流电压增益为 60dB，3dB 频率为 1000Hz。分别求频率为 100Hz，10kHz，100kHz 和 1MHz 时的增益。

　　10.14　设 A 为理想运放，试推导出图 10.8 所示电路的电压放大倍数，并说明这是一种什么类型的滤波电路。

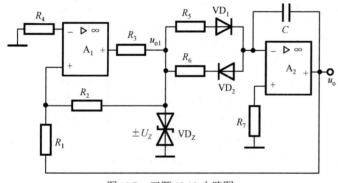

图 10.7　习题 10.12 电路图

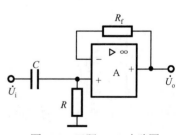

图 10.8　习题 10.14 电路图

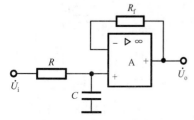

图 10.9　习题 10.15 电路图

　　10.15　设 A 为理想运放，试推导出图10.9 所示电路的电压放大倍数，并说明这是一种什么类型的滤波电路。

　　10.16　已知图 10.8 和图 10.9 所示电路的通带截止频率分别为 100Hz 和 100kHz。试用它们构成一个带通滤波器，并画出幅频特性。

　　10.17　电路如图 10.3.5 所示，要求 $f_H = 1\text{kHz}$，$C = 0.1\mu\text{F}$，等效品质因数 $Q = 1$，试求该电路中的各电阻阻值约为多少。

附录 A　Multisim 软件简介

20 世界 80 年代加拿大 Interactive Image Technologies 公司（简称 IIT 公司）推出了 EWB 5.0（Electronics Workbench）。20 世纪 90 年代，EWB 5.0 在我国得到迅速推广。21 世纪初，IIT 公司改进了 EWB 5.0 调用虚拟仪器有数量限制的缺陷，更新推出了 EWB 6.0，并取名 Multisim （意为多重仿真），也就是 Multisim 2001。2005 年以后，美国国家仪器公司（NI，National Instrument）合并了 IIT 公司，于 2006 年推出 Multisim 9.0 版本。2007 年年初，推出 NI Multisim 10 版本，在原来 Multisim 前冠以 NI，这也是目前应用最为广泛的一个版本。2010 年 1 月，NI 公司推出了 NI Multisim 11 版本，2012 年 3 月推出 NI Multisim 12 版本，2013 年 12 月推出 NI Multisim 13 版本，目前最新的为 2022 年 5 月发布的 14.3 版本。

下面以 NI Multisim 12 版本为基础进行相关介绍。

A.1　Multisim 的操作界面

NI Multisim 启动后的基本界面如图 A.1.1 所示。

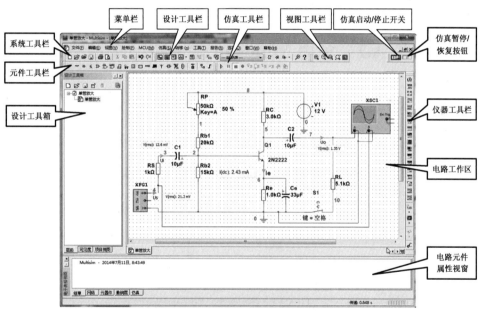

图 A.1.1　NI Multisim 12 的基本界面

从图 A.1.1 可以看出，Multisim 12 的主窗口如同一个实际的电子实验台。屏幕中央最大的窗口是电路工作区，其上可将各种电子元器件和测试仪器仪表连接成实验电路。电路工作区的上方是菜单栏和各种快捷工具栏，其右侧是测试仪器工具栏。常用元器件工具栏和仪器工具栏分别如图 A.1.2 和图 A.1.3 所示。

图 A.1.2　元器件工具栏

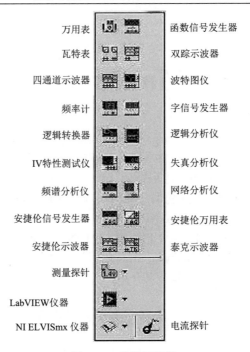

图 A.1.3　仪器工具栏

下面通过两个具体使用例子来说明如何利用 Multisim 来进行电路的模拟仿真和分析。

A.2　利用 Multisim 验证戴维南定理

1. 仿真要求

（1）构建图 A.2.1(a)所示实验电路原理图，测量有源线性二端网络的等效参数；

（2）由二端网络的等效参数构建图 A.2.1(b)所示的戴维南等效电路；

（3）分别测试二端网络的外特性和等效电路的伏安特性，验证戴维南定理。

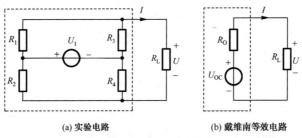

(a) 实验电路　　　　　　　(b) 戴维南等效电路

图 A.2.1　被测有源二端网络

2. 用 Multisim 绘制二端实验电路图

本仿真实验所用元器件及所属库如表 A.2.1 所示。

（1）新建一个设计

打开 Multisim 12，新建一个设计，命名为"戴维南定理"并保存。

表 A.2.1　戴维南定理所用的元器件及所属库

	元 器 件	所 属 库
1	直流电源 DC_POWER	Sources/POWER_SOURCES
2	电阻	Basic/RESISTOR
3	单刀单掷开关 SPST	Basic/SWITCH
4	单刀双掷开关 SPDT	Basic/SWITCH
5	接地 GROUND	Sources/POWER_SOURCES

　　在绘制原理图前先对 Multisim 进行一个简单地设置。选择"选项"→"参数选择",选择"元器件"栏,将符号标准更改为"DIN",如图 A.2.2(a)所示,确定退出。

　　选择"选项"→"电路图属性",选择"电路图可见性"栏,将"网络名称"标签更改为"全部显示",如图 A.2.2(b)所示,确定退出。

(a) 元器件符号标准设置　　　　　　　　　　　　(b) 网络名称显示设置

图 A.2.2　Multisim 设置

（2）添加电阻 R_1（设取 R_1 为 220Ω）

　　单击元器件工具栏的基本工具按钮,在出现的选择元器件对话框中选择 Basic/RESISTOR 库下的 220,单击"确定"按钮,如图 A.2.3 所示。

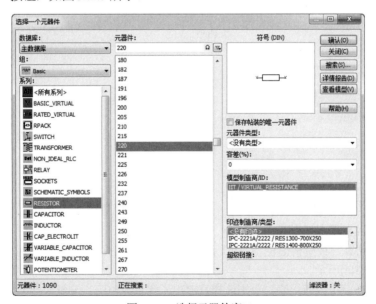

图 A.2.3　选择元器件窗口

　　将鼠标移入电路工作区,单击鼠标,即可将此电阻放于工作区,如图 A.2.4(a)所示。选择此电阻,右击鼠标,可以对电阻进行翻转旋转操作,如图 A.2.4(b)所示。选定电阻,按住鼠标左键拖动,可以移动电阻,如图 A.2.4(c)所示。

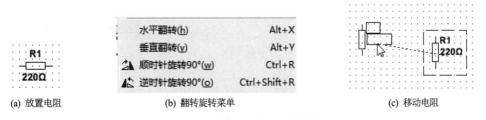

(a) 放置电阻　　　　　　　(b) 翻转旋转菜单　　　　　　　(c) 移动电阻

图 A.2.4　电阻的放置、旋转和移动

（3）添加其他元器件和万用表

用相同的方法放置其他元器件和万用表，并整理，如图 A.2.5 所示。

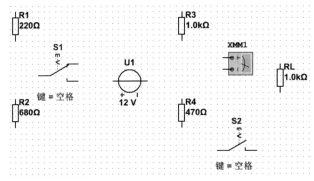

图 A.2.5　添加完所有元器件和万用表

（4）连接电路

双击元器件可以打开其属性对话框，在此窗口可以对元器件的属性进行修改。比如，在这里修改 S_2 的快捷键（因为它和 S_1 的快捷键冲突，必须改掉）为 A，如图 A.2.6 所示。

将鼠标放在元器件的管脚处，当光标变成十字"✛"时，按下鼠标左键，然后拖动鼠标，在需要连线转折的地方单击一下鼠标，最后移动鼠标到需要连接的另一个元器件管脚处，单击鼠标，完成两个元器件的连接，最后完成的实验电路如图 A.2.7 所示。

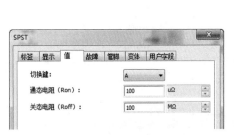

图 A.2.6　SPST 的属性窗口

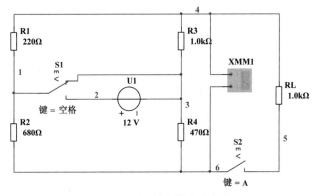

图 A.2.7 二端网络实验电路

3．测试二端网络的等效参数

按"▶"运行仿真，按空格键使 S_1 向上，置零 U_1，双击万用表，选择欧姆挡，测量二端网络的等效电阻，如图 A.2.8(a)所示。

按空格键接入 U_1，更改万用表，分别选择直流电压和直流电流，测量二端网络的开路电压和短路电流，如图 A.2.8(b)和(c)所示。

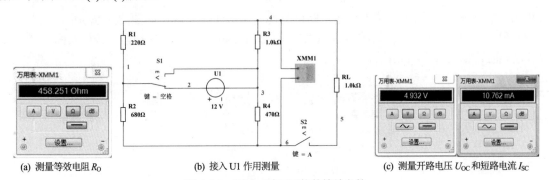

(a) 测量等效电阻 R_O 　　　　(b) 接入 U1 作用测量 　　　　(c) 测量开路电压 U_{OC} 和短路电流 I_{SC}

图 A.2.8　测试二端口网络的等效参数

4．用参数扫描分析二端网络的外特性

（1）添加测量探针

按 ■ 停止仿真，将万用表更改为直流电压测量状态，按"A"键，接入负载 R_L 支路，并在电路中添加测量探针，双击测量探针，在其属性窗口的参数栏中设置测量参数为直流电流，在其显示栏中将标识改为"IL"，如图 A.2.9 所示。

（2）参数扫描分析电路的外特性

由图 A.2.9 可见，测量二端网络的外特性就是测量 U_{45} 和 I_L 的关系。所以，在此选择"仿真"菜单下的"分析"→"参数扫描"，在分析参数栏设置扫描参数为"RL"，扫描范围为线性

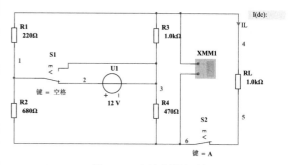

图 A.2.9　添加测量探针

$100\Omega\sim1k\Omega$，步进 100Ω，待分析量为"直流工作点"，并将扫描结果"在表格中显示"。

在"输出"栏设置测量量为"IL"和表达式"V(4)-V(5)"。整个参数扫描设置如图 A.2.10 所示。最后，单击"仿真"按钮，得到图 A.2.11 所示输出结果。**注意，进行此项仿真时万用表需改为电压测量状态或从电路中断开！**

(a) 扫描参数设置

(b) 输出参数设置

图 A.2.10　参数扫描设置

图 A.2.11　参数扫描输出结果

5．用 Multisim 绘制等效戴维南电路

绘制等效戴维南电路如图 A.2.12 所示。

6．对等效戴维南电路进行参数扫描分析，此处设置扫描参数为"RL2"，输出设置为"V(UL2_IL2)"和"I(UL2_IL2)"，得到的输出结果如图 A.2.13 所示。

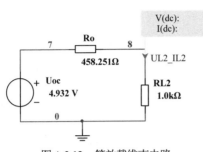

图 A.2.12　等效戴维南电路

图 A.2.13　等效戴维南电路参数扫描输出结果

7. 比较两个电路的输出结果，验证戴维南定理

将图 A.2.11 与图 A.2.13 所示的结果进行比较可以看出，二端网络和它的戴维南等效电路外特性完全重合，即说明了对于负载电阻来说，二端网络和戴维南电路是等效的。

A.3　Multisim 仿真共发射极放大电路

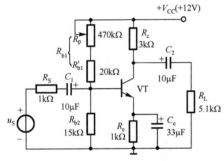

图 A.3.1　共发射极放大电路原理图

1. 仿真要求

（1）构建图 A.3.1 所示实验电路原理图；

（2）调整静态工作点，得到正常放大正弦波信号输出，测量此时的静态工作点；

（3）测量放大电路的动态性能指标：电压增益 A_u、输入电阻 R_i、输出电阻 R_o、通频带 f_{BW}；

（4）调节静态工作点，观察 3 种失真波形：截止失真、饱和失真与既饱和又截止失真。

2. 用 Multisim 绘制共射放大电路原理图

绘制出的共射放大电路原理图如图 A.3.2 所示。共射放大电路所用的元器件如表 A.3.1 所示。

设置信号源为 1kHz、Vp=15mV 的正弦波，调节电位器 R_P，观察示波器，使之得到如图 A.3.3 正常放大的正弦波形输出。

表 A.3.1　共射放大电路所用的元器件

	元器件	所属库
1	直流电源 DC_POWER	Sources/POWER_SOURCES
2	电阻	Basic/RESISTOR
3	电解电容	Basic/CAP-ELECTROLIT
4	单刀单掷开关 SPST	Basic/SWITCH
5	接地 GROUND	Sources/POWER_SOURCES

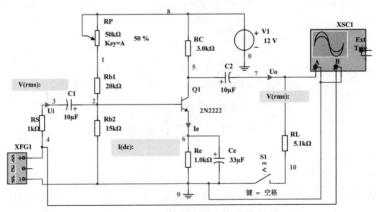

图 A.3.2　共射放大电路实验电路图

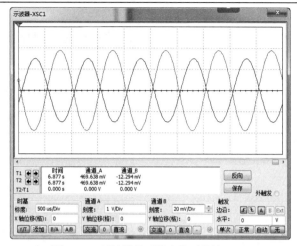

图 A.3.3　示波器显示输出为正弦波

3. 用直流分析分析放大电路的静态工作点

选择"仿真"→"分析"→"静态工作点"，输出量选择如表 A.3.2 所示。分析结果如图 A.3.4 所示。

表 A.3.2　直流工作点分析中的输出量

输出量	I_B	I_C	I_E	V_B	V_C	V_E	U_{BE}	U_{CE}
变量名称	@qq1[ib]	@qq1[ic]	@qq1[ie]	V(2)	V(5)	V(6)	V(2)-V(6)	V(5)-V(6)

4. 添加测量探针，测量 U_S、U_i、U_O/U_{OL}

开关 S_1 闭合时测量出来的 U_o 值为带载输出电压 U_{oL}，开关 S_1 断开时测量出来的 U_o 值为空载输出电压 U_o。

由图 A.3.5 可以得出测量的结果为 U_S= 21.2mV，U_i=12.6mV，U_{oL}=1.35V，U_o=1.84V。

由此可以计算出其动态参数为

图 A.3.4　直流工作点分析结果

$$\dot{A}_u = -\frac{U_{oL}}{U_i} = -\frac{1.35}{0.0126} = -107.14$$

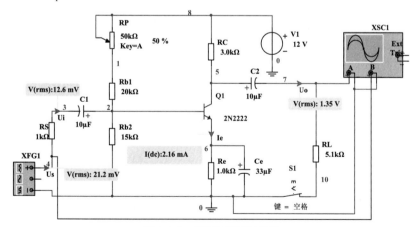

图 A.3.5　交流参数测量结果

$$R_i = \frac{U_i}{(U_S - U_i)/R_S} = \frac{12.6}{(21.2 - 12.6)/1} = 1.47(\text{k}\Omega)$$

$$R_O = \left(\frac{U_o}{U_{oL}} - 1\right)R_L = \left(\frac{1.84}{1.35} - 1\right) \times 5.1 = 1.85(\text{k}\Omega)$$

5. 交流分析得到放大电路的幅频特性和相频特性

选择"仿真"→"分析"→"交流分析"，在其设置页中将频率参数设置为对数 10Hz～1GHz，输出量设置为电压放大倍数"V(U$_O$)/V(Ui)"，运行仿真，得到放大电路的幅频特性和相频特性输出结果如图 A.3.6 所示。

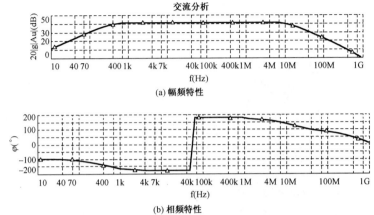

图 A.3.6　放大电路的幅频特性和相频特性输出结果

借助于光标标记线，截止频率测量如图 A.3.7 所示，可以在幅频特性曲线图上读出截止频率：f_L=322.99Hz，f_H=11.785MHz，所以其通频带宽 $f_{BW}≈f_H$=11.785MHz。

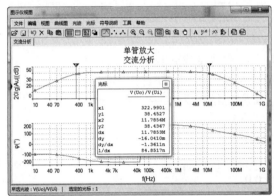

图 A.3.7　截止频率测量

6. 观察 3 种失真波形

适当增加信号源的峰值，调节电位器，用示波器观察失真波形，如图 A.3.8 所示。

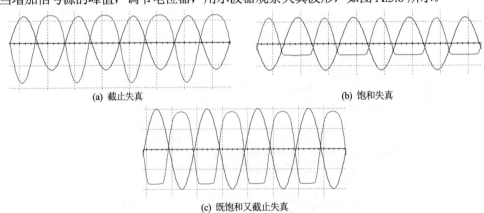

(a) 截止失真　　　　　　　　　　　(b) 饱和失真

(c) 既饱和又截止失真

图 A.3.8　3 种失真波形

从图 A.3.8 可以看出，截止失真是一种输出波形上半周变扁平的非线性失真，饱和失真是一种输出波形下半周被削平的失真，当输入信号过大时则会出现既饱和又截止失真。

附录 B 本书常用文字符号说明

一、基本原则

1. 电流与电压（以基极电流和基极-发射极电压为例）

I_B、U_{BE}	大写字母、大写下标表示直流量
I_b、U_{be}	大写字母、小写下标表示交流有效值
$\dot{I}_b$、$\dot{U}_{be}$	大写字母上面加点、小写下标表示正弦相量
i_B、u_B	小写字母、大写下标表示总的瞬时值
i_{be}、u_{be}	小写字母、小写下标表示交流分量瞬时值

2. 电阻

R	大写字母表示电路中的电阻或等效电阻
r	小写字母表示元器件内部的等效电阻

二、基本符号

1. 电压和电流

I、i	电流的通用符号
U、u	电压的通用符号
U_i、I_i	交流输入电压、输入电流的有效值
U_i'、I_i'	交流净输入电压、净输入电流的有效值
U_o、I_o	交流输出电压、输出电流的有效值
$U_{o\,(AV)}$、$I_{o\,(AV)}$	输出电压、输出电流平均值
U_{omax}	最大输出电压
U_f、I_f	反馈电压、反馈电流
U_Q、I_Q	静态电压、静态电流
U_{OH}、U_{OL}	电压比较器的输出高电平和输出低电平
u_{ic}	共模输入电压
u_{id}	差模输入电压
U_{REF}、I_R	参考电压、参考电流
U_T	温度的电压当量
U_+、I_+	集成运放同相输入端的电压、电流
U_-、I_-	集成运放反相输入端的电压、电流
U_S	信号源电压
V_{CC}	双极型三极管集电极直流电源电压
V_{BB}	双极型三极管基极直流电源电压
V_{EE}	双极型三极管发射极直流电源电压
V_{DD}	场效应管漏极直流电源电压
V_{GG}	场效应管栅极直流电源电压
V_{SS}	场效应管源极直流电源电压

2. 电阻、电容、电感、阻抗

R_i、R_o	电路的输入电阻、输出电阻
R_{if}、R_{of}	有反馈时电路的输入电阻、输出电阻
R_L	负载电阻
R_S	信号源内阻

R_P	可调电阻
G	电导的通用符号
C	电容的通用符号
L	电感的通用符号
X	电抗的通用符号
X_L	感抗
X_C	容抗
Y	复导纳
M	互感系数
Z	阻抗的通用符号

3．增益或放大倍数、反馈系数

A	增益或放大倍数的通用符号
A_{uc}	共模电压放大倍数
A_{ud}	差模电压放大倍数
A_i	电流放大倍数
A_u	电压放大倍数
A_{uf}	有反馈时的电压放大倍数
A_{us}	考虑信号源内阻时的电压放大倍数
F	反馈系数的通用符号

4．功率和效率

P	功率的通用符号
P_o	输出交变功率
P_V	电源提供的直流功率
P_T	三极管耗散功率
P_{om}	输出交变功率最大值
Q	无功功率
S	视在功率
η	效率
η_{max}	最大效率

5．频率和时间常数

f_{BW}	通频带
f_H	放大电路的上限（-3dB）频率
f_L	放大电路的下限（-3dB）频率
f_0	振荡频率、谐振频率
ω	角频率的通用符号
τ	时间常数

三、元器件参数和符号

1．二极管

VD	二极管
I_F	最大整流电流
I_R	是指二极管未被击穿时的反向电流值
I_S	二极管反向饱和电流
$I_{D(AV)}$	整流二极管平均电流
U_R	二极管工作时允许外加的最大反向电压
U_{BR}	反向击穿电压

| $U_{\text{D(on)}}$ | 二极管导通电压 |
| r_d | 二极管动态电阻 |

2. 稳压二极管

VD_Z	稳压管
U_Z	稳压管的稳定电压
I_Z	稳压管的稳定电流
r_Z	稳压管工作在稳压状态的动态电阻

3. 双极型晶体管

VT	双极型三极管、场效应管
b	双极型三极管的基极
c	双极型三极管的集电极
e	双极型三极管的发射极
$C_{\text{b'c}}$	集电结等效电容
$C_{\text{b'e}}$	发射结等效电容
α	共基电流放大系数
β	共射电流放大系数
$\overline{\beta}$	共射直流电流放大系数
$U_{\text{(BR)CBO}}$	发射极开路时集电极-基极之间的反向击穿电压
$U_{\text{(BR)CEO}}$	基极开路时集电极-发射极之间的反向击穿电压
$U_{\text{(BR)EBO}}$	集电极开路时发射极-基极之间的反向击穿电压
U_{CES}	三极管饱和管压降
I_{CBO}	集电极-基极之间的反向饱和电流
I_{CEO}	集电极-发射极之间的穿透电流
I_{CM}	集电极最大允许电流
P_{CM}	集电极最大允许耗散功率
$r_{\text{bb'}}$	基区体电阻
$r_{\text{b'e}}$	发射结微变等效电阻
r_{be}	共射接法下基极-发射极之间的微变等效电阻
r_{ce}	共射接法下集电极-发射极之间的微变等效电阻

4. 场效应管

D	场效应管的漏极
G	场效应管的栅极
S	场效应管的源极
g_m	跨导
U_P	场效应管的夹断电压
U_{th}	场效应管的开启电压
I_{DSS}	耗尽型场效应管 $U_{\text{GS}}=0$ 时的漏极电流
r_{ds}	场效应管漏极-源极之间的微变等效电阻

5. 集成运放

A_{od}	集成运放的开环差模电压增益
S_R	集成运放转换速率
BWG	集成运放的单位增益带宽
U_{ICM}	集成运放最大共模输入电压
U_{IDM}	集成运放最大差模输入电压
U_{IO}	集成运放输入偏置电流

I_{IO}	集成运放输入失调电流
r_{id}	集成运放差模输入电阻
K_{CMR}	共模抑制比

四、其他符号

K	热力学温度
Q	品质因数
T	周期、温度
φ	阻抗角
θ	相位角
S_r	稳压系数

附录 C　　部分习题答案

第1章

1.1　元器件 1 吸收功率 4.5W 起负载作用，元器件 2 吸收功率 1.5W 起负载作用，元器件 3 产生功率 15W 起电源作用，元器件 4 吸收功率 5W 起负载作用，元器件 5 吸收功率 4W 起负载作用。

1.2　$I = 2\text{A}$，$U = 13\text{V}$，电压源提供功率 6W，电流源提供功率 26W

1.3　$I_1 = 1\text{A}$，$I_2 = -1\text{A}$，$I_3 = 1\text{A}$

1.4　$U_{ab} = -1.8\text{V}$

1.5　$I = 7\text{A}$，$U_S = 22\text{V}$

1.6　$I = 2\text{A}$，$I_X = -3\text{A}$，$U = -15\text{V}$，$U_X = -25\text{V}$

1.7　(a) $R_{ab} = 10\Omega$；(b) $R = \dfrac{12}{7}\Omega$

1.8　（1）$U_S = 10.8\text{V}$，$U = 4.8\text{V}$；（2）$U_S = 12\text{V}$

1.9　（1）$U_0 = 400\text{V}$，（2）$I = 4.975\text{A}$，$I_A = 4.969\text{A}$，设备被损坏

1.10　$I_1 = 9\text{A}$，$I_2 = 4.5\text{A}$，$I_3 = 3\text{A}$

1.11　$R_m = 0.556\Omega$，$P = 0.45\text{W}$，选 0.5W

1.13　$I = 3.6\text{A}$

1.14　$V_b = 4\text{V}$，$V_a = 1\text{V}$

1.15　$I_1 = 0\text{A}$，$I_2 = 2\text{A}$，$I_3 = 1\text{A}$

1.16　$I_1 = 0.55\text{A}$，$I_2 = -0.15\text{A}$，$I_3 = 0.05\text{A}$

1.17　$U = -\dfrac{5}{9}\text{V}$

1.18　$V_a = \dfrac{3}{4}\text{V}$

1.19　$U = -10\text{V}$

1.20　$I = 0.4\text{A}$

1.21　$U = 4\text{V}$

1.22　$I = \dfrac{5}{18}\text{A}$

1.23　(a) $I = -1\text{A}$，受控电压源吸收功率 4W；(b) $I = 2\text{A}$，受控电流源产生功率 40W

1.24　$I = 1\text{A}$，电压源产生功率 9W

1.25　$I_1 = 1.5\text{A}$，$I_2 = 0.5\text{A}$

1.26　$V_1 = 6\text{V}$，$V_2 = 3\text{V}$，$V_3 = -2\text{V}$

1.27　$I = -2.2\text{A}$，$U = -0.4\text{V}$

1.28　$R_L = 5\Omega$ 时，$I_L = 2.25\text{A}$；$R_L = 15\Omega$ 时，$I_L = 1.5\text{A}$

1.29　$R_i = 16.75(\text{k}\Omega)$

第 2 章

2.1 $i_1(t)=(2+\sin 4t)\mathrm{A}$, $i_2(t)=\left(1-\dfrac{1}{2}\sin 4t\right)\mathrm{A}$

2.2 $u_C(0_+)=4\mathrm{V}$, $i_C(0_+)=-1\mathrm{A}$, $u_L(0_+)=-4\mathrm{V}$, $i_L(0_+)=2\mathrm{A}$

2.3 $i(0_+)=\dfrac{2}{3}\mathrm{A}$, $u(0_+)=4\mathrm{V}$

2.4 $u_C(0_+)=0$, $u_L(0_+)=-4\mathrm{V}$, $i_L(0_+)=3\mathrm{A}$, $i_1(0_+)=1\mathrm{A}$, $i_C(0_+)=2\mathrm{A}$

2.5 $w=3.125\mathrm{J}, u_C(t)=250\mathrm{e}^{-\frac{1}{400}t}\mathrm{V}, i_{\max}=62.5\times10^{-6}\mathrm{A}, t=775.2\mathrm{s}$

2.6 $i_L(t)=\dfrac{1}{4}\mathrm{e}^{-\frac{9}{2}t}\mathrm{A}$, $u=-\dfrac{3}{2}\mathrm{e}^{-\frac{9}{2}t}\mathrm{V}$

2.7 $u_C(t)=6\mathrm{e}^{-5t}\mathrm{V}$, $i=3+6\mathrm{e}^{-5t}\mathrm{A}$

2.8 $u_C(t)=6(1-\mathrm{e}^{-\frac{1}{1.75}t})\mathrm{V}$, $i_C=\dfrac{12}{7}\mathrm{e}^{-\frac{1}{1.75}t}\mathrm{A}$

2.9 $i(t)=\dfrac{1}{6}(1-\mathrm{e}^{-12t})\mathrm{A}$

2.10 $u_C(t)=\left(-2+6\mathrm{e}^{-\frac{3}{4}t}\right)\mathrm{V}$, $i=\left(-\dfrac{1}{2}-3\mathrm{e}^{-\frac{3}{4}t}\right)\mathrm{A}$

2.11 $u_C(t)=\left(5-2.5\mathrm{e}^{-t}\right)\mathrm{V}$, $i_L(t)=\left(1+0.25\mathrm{e}^{-5t}\right)\mathrm{A}$, $u=\left(5-2.5\mathrm{e}^{-t}+1.25\mathrm{e}^{-5t}\right)\mathrm{V}$

2.12 $i_L(t)=\left(\dfrac{1}{3}+\dfrac{1}{6}\mathrm{e}^{-2t}\right)\mathrm{A}$

2.13 $i(t)=i(\infty)\left(1-\mathrm{e}^{-\frac{t}{\tau}}\right)$, $0.0166\sim0.02\mathrm{s}$

第 3 章

3.1 $U=7.07\mathrm{V}$, $f=50\mathrm{Hz}$, $T=0.02\mathrm{s}$, $\theta_u=30°$

3.2 $i=20\sin\left(\dfrac{\pi}{6}t+30°\right)\mathrm{A}$

3.3 $\varphi=\theta_1-\theta_2=-75°$, 所以 i_1 滞后于 i_2 75° 角，或 i_2 超前 i_1 75° 角

3.4 $\dot{U}_1=3\angle60°\mathrm{V}$, $\dot{U}_2=\dfrac{5}{\sqrt{2}}\angle15°\mathrm{V}$, $\dot{I}_1=\sqrt{2}\angle-90°\mathrm{A}$, $\dot{I}_2=5\angle-45°\mathrm{A}$

3.5 $i_S=4\sin(2t+90°)\mathrm{A}$

3.6 $u_S=6.08\sin(t+124.68°)\mathrm{V}$

3.7 $u=40\sqrt{2}\sin(10t-60°)\mathrm{V}$

3.8   当 $f=50\,\mathrm{Hz}$ 时，$I=70.06\mathrm{A}$, $i=70.06\sqrt{2}\sin(314t-90°)\mathrm{A}$

      当 $f=100\,\mathrm{Hz}$ 时，$I=35.03\mathrm{A}$, $i=35.03\sqrt{2}\sin(628t-90°)\mathrm{A}$

3.9   (a) $I=2.24\mathrm{A}$;   (b) $I=1\mathrm{A}$;   (c) $U=2.24\mathrm{V}$;   (d) $U=1\mathrm{V}$

3.10   (a) $Z=10\sqrt{2}\angle45°(\Omega)$, $Y=0.07\angle-45°(\mathrm{S})$;

      (b) $Z=5.94\angle14°(\Omega)$, $Y=0.17\angle-14°(\mathrm{S})$

3.11 $R=11\Omega$, $C=167.6\mathrm{\mu F}$

3.12 $R=30\Omega$, $L=127.4\mathrm{mH}$

3.13　$u = \sqrt{2}\sin(100t + 45°)\text{V}$

3.14　$\dot{I} = \dfrac{4}{3}\text{A}$ ，$\dot{I}_1 = \dfrac{4}{3}\sqrt{2}\,\angle\,45°\text{A}$ ，$\dot{I}_2 = \dfrac{4}{3}\,\angle\,-90°\text{A}$

3.15　$\dot{I}_S = \text{j1A}$

3.16　$i = 2.5\sin(4t)\text{A}$ ，$u_R = 20\sin(4t)\text{V}$ ，$u_L = 20\sin(4t + 90°)\text{V}$ ，

　　　$u_S = 25\sin(4t + 36.87°)\text{V}$

3.17　$\dot{I}_1 = 1\,\angle\,-90°\text{A}$ ，$\dot{I}_2 = 1.12\,\angle\,63.46°\text{A}$

3.18　$\dot{U} = 5.4\,\angle\,21.8°\text{V}$

3.19　$i = 0.78\sqrt{2}\sin(4t - 26.46°)\text{A}$

3.20　$i = 2\sin(t + 45°)\text{A}$ ，$u = 3.16\sqrt{2}\sin(t - 108.4°)\text{V}$ ，$P = 8\text{W}$

3.21　$I = 0.4\text{A}$ ，$\lambda = 0.34$

3.22　$Z = 3.16\,\angle\,18.4°\,\Omega$ ，$P = 7.5\text{W}$ ，$Q = 2.5\text{var}$ ，$\lambda = 0.95$ （滞后），$S = 7.9\text{VA}$

3.23　白炽灯可接 348 盏，$\lambda = 0.83$

3.24　（1）$\dot{I}_L = 10\,\angle\,-60°\text{A}$ ，$Z = 22\,\angle\,60°\,\Omega$ ；（2）$C = 125.4\mu\text{F}$ ，$I = 5\text{A}$

3.26　$f_L = 318.47\text{Hz}$

3.27　$\dot{A}_u = \dfrac{1 + \text{j}2\omega RC - (\omega RC)^2}{1 + \text{j}3\omega RC - (\omega RC)^2} = \dfrac{\sqrt{\left[1 - (\omega RC)^2\right]^2 + 4(\omega RC)^2}\,\angle\,\arctan\dfrac{2\omega RC}{1 - (\omega RC)^2}}{\sqrt{\left[1 - (\omega RC)^2\right]^2 + 9(\omega RC)^2}\,\angle\,\arctan\dfrac{3\omega RC}{1 - (\omega RC)^2}}$

3.28　当 R_1 由 0 变化到 ∞ 时，相位随之从 180° 变化到 0°

3.29　$\omega_0 = 2 \times 10^3\text{rad/s}$ ，$Q = 25$ ，$I_0 = 1\text{A}$ ，$U_R = 4\text{V}$ ，$U_L = U_C = 100\text{V}$

3.30　$\omega_0 = 2(\text{rad/s})$ ，$i_R = 3\sqrt{2}\sin 2t\,\text{A}$ ，$i_L = 15\sqrt{2}\sin(2t - 90°)\,\text{A}$

　　　$i_C = 15\sqrt{2}\sin(2t + 90°)\,\text{A}$

3.31　$R = 1\Omega$ ，$L = 10\text{mH}$ ，$C = 100\mu\text{F}$

3.32　$\dot{I}_{AB} = 134.35\,\angle\,-15°\text{A}$ ，$\dot{I}_{BC} = 134.35\,\angle\,-135°\text{A}$ ，$\dot{I}_{CA} = 134.35\,\angle\,105°\text{A}$

　　　$\dot{I}_A = 232.7\,\angle\,-45°\text{A}$ ，$\dot{I}_B = 232.7\,\angle\,-165°\text{A}$ ，$\dot{I}_C = 232.7\,\angle\,75°\text{A}$

3.33　$\dot{I}_A = 44\,\angle\,-83.13°\text{A}$ ，$\dot{I}_B = 44\,\angle\,156.87°\text{A}$ ，$\dot{I}_C = 44\,\angle\,36.87°\text{A}$

3.34　A_1 表读数 65.82A，A_2 表读数 44A

第 4 章

4.1　$R_o = 3.4\text{k}\Omega$

4.2　$R_i = 2\text{k}\Omega$

4.3　$A_u = 150$ ；$A_u(\text{dB}) = 43.5\text{dB}$ ；$A_i = 100$ ；40dB

4.4　40dB；20Hz；100kHz；$f_{BW} \approx 100\text{kHz}$

4.5　20mV；30mV；1.985V；200

4.7　(a) $u_o = -R_f\left(\dfrac{u_{i1}}{R_1} + \dfrac{u_{i2}}{R_2}\right)$ ；　(b) $u_o = \left(1 + \dfrac{R_f}{R_1}\right)\left(\dfrac{R_3}{R_2 + R_3}u_{i1} + \dfrac{R_2}{R_2 + R_3}u_{i2}\right)$ ；

　　　(c) $u_o = \left(\dfrac{R_2}{R_1 + R_2}u_{i1} + \dfrac{R_1}{R_1 + R_2}u_{i2}\right)$ ；

　　　(d) $u_o = -R_f\left(\dfrac{u_{i1}}{R_1} + \dfrac{u_{i2}}{R_2}\right) + \left(1 + \dfrac{R_f}{R_1 // R_2}\right)\left(\dfrac{R_4}{R_3 + R_4}u_{i3} + \dfrac{R_3}{R_3 + R_4}u_{i4}\right)$

4.8　（1）$u_o = 7.5\,\text{V}$

4.11　$u_o = -\dfrac{R_2}{R_1}\left(1+\dfrac{R_3}{R_4}\right)\cdot u_i$

4.12　（1）$u_o = -\dfrac{R_2 + R_3 + (R_2 R_3 / R_4)}{R_1} u_i$；　（2）$R_4 = 35.2\text{k}\Omega$，取 36kΩ；

　　　（3）$R_2 = 5100\text{k}\Omega$

4.13　（1）$u_o = \dfrac{R_2 // R_3}{R_1 + R_2 // R_3} u_1 + \dfrac{R_1 // R_3}{R_2 + R_1 // R_3} u_2 + \dfrac{R_1 // R_2}{R_3 + R_1 // R_2} u_3$；

　　　（2）$u_o = \dfrac{1}{3}(u_1 + u_2 + u_3)$

4.14　$A = \dfrac{u_o}{u_{i1} - u_{i2}} = -\dfrac{R_2 R_p}{R_1 R_3}$

4.15　(a) $u_o = -\dfrac{R_5}{R_4}\left(1+\dfrac{R_2}{R_1}\right)u_{i1} + \left(1+\dfrac{R_5}{R_4}\right)u_{i2}$；　(b) $u_o = -\dfrac{R_5}{R_4}\left(1+\dfrac{R_2}{R_1}\right)u_{i1} - \dfrac{R_5}{R_6}u_{i2}$

4.16　$U_{im} = 0.24\,\text{V}$

4.17　（2）$u_o = \dfrac{1}{RC}\displaystyle\int (u_{i1} - u_{i2} - u_{i3})\,\text{d}t$

4.18　（2）$u_o = \dfrac{R_f}{R_1 R_2 C}\displaystyle\int (u_{i1} - u_{i2})\,\text{d}t$

4.19　（1）$u_o = \dfrac{R_4}{R_1 R_2 C_f}\displaystyle\int u_i\,\text{d}t - \dfrac{R_4}{R_3}(-1)$；　（2）$u_{o1} = 0$，$u_o = 0.5(\text{V})$

4.20　（1）$U_{TH} = 3\,\text{V}$

4.21　$U_{TH} = -1.5\,\text{V}$

4.22　(a) $U_{TH} = \pm 3\,\text{V}$；　(b) $U_{TH} = \pm 6\,\text{V}$

4.23　（1）$U_{TH+} = 3\,\text{V}$；　$U_{TH-} = -1\,\text{V}$

第5章

5.2　当开关断开时，$U_O = 4.3(\text{V})$，当开关闭合时，$U_O = 6(\text{V})$

5.3　(a) VD 导通，$U_{ab} = -5(\text{V})$；(b) VD 截止 $U_{ab} = 2(\text{V})$；

　　(c) VD_1 导通，VD_2 截止，$U_{ab} = 0\text{V}$；(d) VD_1 截止，VD_2 导通，$U_{ab} = -5(\text{V})$

5.5　$u_i(t) = 2t$，$t < 3\text{ms}$，$u_o(t) = 6(\text{V})$，$t > 3\text{ms}$，$u_o(t) = \dfrac{u_i(t)}{2} + 3 = 3 + t$

5.9　(a) $V_O = 3\text{V}$，$I = 8\text{mA}$；(b) $V_O = 1\text{V}$，$I = 4\text{mA}$

5.10　（1）$U = 20(\text{V})$；（2）$I_F = 99(\text{mA})$，$U_R = 31.1(\text{V})$

5.11　（1）$U_{o(AV)} \approx 63.6\text{V}$；（2）$U_{o(AV)} = 63.6(\text{mA})$；（3）$I_F = 31.8(\text{mA})$，$U_R = 100(\text{V})$

5.12　$U = 25(\text{V})$，$I_D = 12.5(\text{mA})$，$R_L C = 0.04s$，$C = 333.3\mu\text{F}$，

　　　$U_{CM} = 38.9(\text{V})$，$I_F = 13.75(\text{mA})$

5.13　$I_Z = 5\text{mA} > I_{Z\min}$，$U_{O1} = 6(\text{V})$，$U_{O2} = 5(\text{V})$

5.14　(a) VD_{Z1} 反向击穿，处于稳压状态，VD_{Z2} 正向导通，$U_{ab} = 8.7\text{V}$；

　　　(b) VD_{Z1} 反向击穿，处于稳压状态，VD_{Z2} 反向截止，$U_{ab} = 8\text{V}$

5.15　（1）$U_O = U_z = 6.8\text{V}$；（2）$R_{\min} = 0.42\text{k}\Omega$；（3）$R_{\max} = 0.52\text{k}\Omega$

5.16　（1）7812；（2）78M06；（3）79L15

5.17　$R'_W = 220\Omega$

5.18　（1）$I_O = I_W + \dfrac{U_{23}}{R}$ ；（2）160Ω

5.19　（1）$U_O = U_{REF} + I_1 R_2$ ，$R_2 = 750\Omega$ ，$U_{REF} = \dfrac{R_1}{R_1 + R_2} \cdot U_O$ ，$R_1 = 250\Omega$ ；

　　　（2）$U_O = (1.25 \sim 13.75)\text{V}$

5.20　（1）$I_O = 1.5\text{A} \sim 10\text{mA}$ ；（2）$R_L = 30\Omega$

第6章

6.1　(a) $I_C = 25\text{mA}$　$I_E = 25.125\text{mA}$；(b) $I_B = 49.5\mu\text{A}$　$I_C = 4.95\text{mA}$

　　　(c) $I_B = 25\mu\text{A}$　$I_E = 3.025\text{mA}$

6.2　(a) $\beta = 40$；(b) $\beta = 50$

6.6　$U_{CE} = 15\,\text{V}$，$I_C = 16.66\,\text{mA}$

6.8　(a) $I_{CQ} = 3.39\,\text{mA}$，$U_{CEQ} = 8.61\,\text{V}$；(b) $I_{CQ} = -2.03\,\text{mA}$，$U_{CEQ} = -3.94\,\text{V}$

6.10　(a) 饱和；(b) 放大；(c) 截止

6.12　$I_{BQ} = 37.7\mu\text{A}$ ，$I_{CQ} = 1.88\text{mA}$ ，$U_{CEQ} = 6.35\text{V}$ ；

　　　$R_i \approx 1\text{k}\Omega$ ，$R_o = R_c = 3\text{k}\Omega$ ，$A_u = -60$ ，截止失真，减小 R_b

6.13　$I_{BQ} = 37.7\mu\text{A}$ ，$I_{CQ} = 1.88\text{mA}$ ，$U_{CEQ} = -6.35\text{V}$ ；

　　　$R_i \approx 1\text{k}\Omega$ ，$R_o = R_c = 3\text{k}\Omega$ ，$A_u = -60$ ，饱和失真，增大 R_b

6.14　(a) $I_{CQ} = 1.88\,\text{mA}$，$U_{CEQ} = 2.29\,\text{V}$；(b) $I_{CQ} = 1.86\,\text{mA}$，$U_{CEQ} = 7.26\,\text{V}$

6.16　（1）$I_{CQ} = 1.65\text{mA}$ ，$U_{CEQ} = 5.4\text{V}$ ；（2）$R_i = 1.73\text{k}\Omega$ ，$R_o = 2\text{k}\Omega$ ；

　　　（3）$A_u = -70.5$ ，$A_{us} = -68.5$ ；（4）$U_{omax} = 2.2\text{V}$

6.17　（1）$I_{CQ} = 1.65\text{mA}$ ，$U_{CEQ} = 5.4\text{V}$ ；（3）$R_i = 5.1\text{k}\Omega$ ，$R_o = 2\text{k}\Omega$ ；

　　　（4）$A_u = -6.0$ ，$A_{us} = -5.0$

6.18　$R_e = 2.35\text{k}\Omega$ ，选 $R_e = 2.2\text{k}\Omega$ ，$R_{b2} = 5R_e = 11\text{k}\Omega$ ，计算得 $R_{b1} = 33\text{k}\Omega$

6.19　（1）$I_{CQ} = 1.65\text{mA}$ ，$I_{BQ} = 16.5\mu\text{A}$ ，$U_{CEQ} = 8.7\text{V}$ ；

　　　（2）$A_u = 0.986$ ，$R_i = 17.45\text{k}\Omega$ ，$R_o = 27.8\Omega$

6.21　$I_{BQ} \approx 43.3\mu\text{A}$ ，$I_{CQ} = 2.16\text{mA}$ ，$U_{CEQ} = -7.2\text{V}$ ，$A_u = 0.98$ ，$R_i = 31.7\text{k}\Omega$ ，$R_o = 36\Omega$

6.22　$I_{CQ} = 3.04\,\text{mA}$，$U_{CEQ} = 9.4\,\text{V}$，$R_i = 22.8\Omega$，$R_o = 2.4\,\text{k}\Omega$，$\dot{A}_u = 50$

6.23　$I_{CQ} = 1\,\text{mA}$，$V_{CQ} = 5.2\,\text{V}$，$R_i = 31.4\Omega$，$R_o = 6.8\,\text{k}\Omega$，$\dot{A}_u = 126.5$

6.24　$I_{C1} = 3\text{mA}$

6.25　（2）$I_{REF} = I_{C3} = 23.3\text{mA}$ ，$R_{e1} = 227\Omega$

6.26　$R = 9.3\text{k}\Omega$ ，$R_e = 11.97\text{k}\Omega$

6.27　$R_{e2} = 5.1\text{k}\Omega$ ，$R_{e3} = 209\Omega$

第7章

7.1　(a) $U_p = -3\text{V}$；(b) $U_T = -4\text{V}$；(c) $U_p = 2\text{V}$

7.2　(a) $U_p = 3\text{V}$ ；(b) $U_p = -1\text{V}$

7.3　（2）$I_D = 3.9\text{mA}$ ；（3）$I_D = 18.9\text{mA}$

7.6　(a) 能；(b) 不能；(c) 能；(d) 不能

7.7　$I_{DQ} = 63.9\text{mA}$ ，$U_{DSQ} = 11.2\text{V}$

7.8　(a) $U_{DSQ} = 4\text{V}$；(b) $U_{DSQ} = -4.52\text{V}$

7.9 （1）$K_n = 0.25\text{mA/V}^2$，$U_{th} = 2\text{V}$；（2）$R_d = 15\text{k}\Omega$，$R_S = 10\text{k}\Omega$

7.10 $R_d = 5\text{k}\Omega$

7.11 （a）截止；（b）击穿；（c）可变电阻；（d）恒流区

7.12 （2）$\dot{A}_u = -3.3$，$\dot{A}_{us} \approx -3.3$；（3）$R_i = 2.075\text{M}\Omega$，$R_o = 10\text{k}\Omega$

7.13 $\dot{A}_u = 0.822$；$R_i = 0.4\text{M}\Omega$；$R_o = 0.429\text{k}\Omega$

7.14 $A_u = 0.89$，$A_{us} \approx 0.87$，$R_i = 120\text{k}\Omega$，$R_o = 79\Omega$

7.15 （1）$I_{DQ} = 0.9\text{mA}$，$g_m = 0.6\text{ms}$，$R_{g1} = 1.2\text{M}\Omega$；

（2）$\dot{A}_u = -3$，$R_i = 2.048\text{M}\Omega$，$R_o = 10\text{k}\Omega$

7.16 （1）$U_{DSQ} = 15 - 3 \times 3.9 = 3.3\text{(V)}$，处于恒流区；

（2）$U_{DSQ} = 15 - 3 \times 10 = -15\text{(V)}$，处于可变电阻区；

（3）$U_{DSQ} = 15 - 3 \times 1 = 12\text{(V)}$，处于击穿区

7.17 $A_u = 0.92$，$R_i = 2.075\text{M}\Omega$，$R_o = 1.02\text{k}\Omega$

7.21 $\dot{A}_u = \dfrac{100}{\left(1+\dfrac{50}{\text{j}f}\right)\left(1+\text{j}\dfrac{f}{10^6}\right)}$，$\dot{A}_{um} = 100$，$f_L = 50\text{Hz}$，$f_H = 10^6\text{Hz}$，$20\lg|\dot{A}_{um}| = 40\text{dB}$

7.22 $\dot{A}_{um} = -100$，$f_L = 20\text{Hz}$，$f_H = 120 \times 10^3\text{Hz}$，$\dot{A}_u = -\dfrac{100}{\left(1+\dfrac{20}{\text{j}f}\right)\left(1+\text{j}\dfrac{f}{120\times10^3}\right)}$

7.23 （1）$A_u = 1000$，$U_o = 5\text{V}$；（2）$A_u = 707$，$U_o = 2.12\text{V}$；（3）29.5kHz

7.24 $f_H \approx f_{H1} = 6\text{kHz}$ （f_{H1} 小于其他 1/4）

第 8 章

8.3 （1）$P_{om} = 4.5\text{W}$；（2）$|U_{(BR)CEO}| = 24\text{V}$

8.4 $P_{om} = 2.25\text{W}$

8.5 （1）$P_{om} = 32\text{W}$；（2）$P_{CM} = 6.4\text{W}$；（3）$P_{om} = 28.09\text{W}$，$\eta = 73.63\%$

8.6 （1）$P_o = 1\text{W}$；（2）$P_V = 3.82\text{W}$

8.7 （a）$P_{om} = 1.57\text{W}$ （b）$P_{om} = 0.25\text{W}$

$P_V = 2.39\text{W}$ $P_V = 0.477\text{W}$

$\eta = 65.4\%$ $\eta = 52.4\%$

$P_{CM} = 0.314\text{W}$ $P_{CM} = 0.05\text{W}$

$I_{CM} = 0.75\text{A}$ $I_{CM} = 0.38\text{A}$

$U_{(BR)CEO} = 12\text{V}$ $U_{(BR)CEO} = 6\text{V}$

$U_i = 3.54\text{V}$ $U_i = 1.41\text{V}$

8.9 （a）$I_{BQ} = 9.2\mu\text{A}$，$I_{CQ} = 23.92\text{ mA}$，$U_{CEQ} = 7.824\text{ V}$，NPN，$\beta = 2500$；

（b）$I_{BQ} = 2.18\mu\text{A}$，$I_{CQ} = 5.56\text{ mA}$，$U_{CEQ} = 3.88\text{ V}$，PNP，$\beta = 2500$

8.10 （1）$P_{OM} = 5.06\text{(W)}$；（2）$A_{uf} = 100$，$U_i = 64\text{(mV)}$

8.11 $A_{uf} = 33.35$，$A_{uf}\text{(dB)} = 30.5\text{(dB)}$

第 9 章

9.7 $U_i = 0.1\text{V}$，$U_f = 0.099\text{V}$，$U_{id} = 1\text{mV}$

9.8 $\dfrac{\text{d}A_{uf}}{A_{uf}} = 0.06\%$

9.9 $F = 9.5 \times 10^{-3}\text{V/V}$，$A = 2 \times 10^3\text{V/V}$，$A_f = 100\text{V/V}$

9.10　$F = 9.5\Omega$，$A = 2S$

9.12　$1 + AF = \dfrac{R_o}{R_{of}} = 10$，$A_f = \dfrac{A}{1 + AF} = 10$

9.13　$A_{uf} = 9.95$，$R_{if} = R_i(1 + AF) = 201\text{k}\Omega$，$R_{of} = 4.97\Omega$

9.15　$I_o = \dfrac{U_S}{R}$

9.16　$\dot{A}_{Rf} = -R_f$，$R_{if} \to 0$，$R_{of} \to 0$

9.17　(b) $\dot{A}_{Rf} = -R_f$，$\dot{A}_{uf} = -R_f / R_{b1}$；(c) $\dot{A}_{Gf} = 1 / R_{e1}$，$\dot{A}_{uf} = -(R_{c3} // R_{f2}) / R_{e1}$

$\quad$ (e) $\dot{A}_{Rf} = -\dfrac{R_1 + R_2 // R_f}{R_2} \cdot (R_2 + R_f)$，$\dot{A}_{uf} = -\dfrac{R_1 + R_2 // R_f}{R_2 R_s} \cdot (R_2 + R_f)$

9.19　（2）$\dot{A}_{ufs} = 1 + \dfrac{R_f}{R_1}$

9.20　（2）$\dot{A}_{ufs} = \dfrac{(R_L // R_{c2})(R_{e2} + R_f)}{R_{e2} R_S} = 8.8$

第 10 章

10.7　（1）$R_p \geqslant 5.3\text{k}\Omega$；（2）$145\text{Hz} \sim 1.59\text{kHz}$

10.9　（2）$R_f = 20\text{k}\Omega$

10.12　$T_1 = \dfrac{2R_1 R_6 C}{R_2}$，$T_2 = \dfrac{2R_1 R_5 C}{R_2}$，$T = \dfrac{2R_1 C(R_5 + R_6)}{R_2}$

10.13　$f = 100\text{Hz}$，$A_u = 60\text{dB}$，$f = 10\text{kHz}$，$A_u = 40\text{dB}$，$f = 100\text{kHz}$，$A_u = 20\text{dB}$

$\quad$ $f = 10\text{MHz}$，$A_u = 0\text{dB}$

10.14　$\dot{A}_u = \dfrac{1}{1 + \dfrac{1}{j\omega RC}} = \dfrac{1}{1 - j\dfrac{f_L}{f}}$

10.15　$\dot{A}_u = \dfrac{1}{1 + j\omega RC} = \dfrac{1}{1 + j\dfrac{f}{f_H}}$

10.17　$R = 1.59\text{k}\Omega$，$Q = \dfrac{1}{3 - A_0}$，$A_0 = 3 - \dfrac{1}{Q} = 2$，故 $A_0 = 1 + \dfrac{R_f}{R_1} = 2$，所以 $R_f = R_1$，为使运放两

输入端电阻对称，应有 $R_f // R_1 = 2R \approx 3.18\text{k}\Omega$，所以 $R_1 = R_f = 6.36\text{k}\Omega$

参 考 文 献

1　秦曾煌. 电工学简明教程. 北京：高等教育出版社，2001.

2　李瀚荪. 简明电路分析基础. 北京：高等教育出版社，2002.

3　康华光. 电子技术基础. 5 版. 北京：高等教育出版社，2005.

4　华成英. 模拟电子技术基本教程. 北京：清华大学出版社，2005.

5　谢嘉奎. 电子线路（线性部分）. 4 版. 北京：高等教育出版社，1999.

6　王文辉，刘淑英. 电路与电子学. 3 版. 北京：电子工业出版社，2005.

7　方维，高荔. 电路与电子学基础. 2 版. 北京：科学出版社，2005.

8　夏应清. 模拟电子技术基础. 北京：科学出版社，2006.

9　麻寿光. 电路与电子学. 北京：高等教育出版社，2005.

10　刘京南. 电子电路基础. 北京：电子工业出版社，2003.

11　马积勋. 模拟电子技术重点难点及典型题精解. 西安：西安交通大学出版社，2001.

12　卫行莘，李森生. 模拟电子技术基础. 北京：电子工业出版社，2005.

13　邱光源. 电路. 4 版. 北京：高等教育出版社，1999.

14　王勇，龙建忠，方勇. 电路理论基础. 北京：科学出版社，2005.

15　于舒娟，史学军. 电路分析典型题解与分析. 北京：人民邮电出版社，2004.

16　Charles K.Alexander、Matthew N.O.Sadiku. Fundamentals of Electric Circuits. 北京：清华大学出版社，2000.

17　胡翔骏，黄金玉. 《电路分析》教学指导书. 北京：高等教育出版社，2002.

18　王保均. 电子技术基础及解题指导. 北京：中国人事出版社，1999.

19　童诗白，华成英. 模拟电子技术基础. 北京：高等教育出版社，2001.

20　陈大钦. 模拟电子技术基础问答·例题·试题. 武汉：华中理工大学出版社，1999.

21　吴立新. 实用电子技术手册. 北京：机械工业出版社，2002.

22　解月珍，谢沅清. 电子电路学习指导与解题指南. 北京：北京邮电大学出版社，2006.

23　杨素行. 模拟电子技术基础简明教程. 3 版. 北京：高等教育出版社，2006.

24　周淑阁，付文红，硕力更，吴少琴. 模拟电子技术基础. 北京：高等教育出版社，2004.

25　周连贵. 电子技术基础学习指导（非电类）. 北京：机械工业出版社，2003.

26　Robert T. Paynter, B. J. Toby Boydell 著. 姚建红，张秀艳译. 电子技术（从交、直流电路到分立器件及运算放大电路）. 北京：科学出版社，2008.

27　Thomas L. Fload 著. 杨栈云，李世文，王俊惠，曾鸿祥译. 电子器件（从原理分析到故障检修及系统应用）. 北京：科学出版社，2008.

28　劳五一，劳佳. 模拟电子学导论. 北京：清华大学出版社，2011.

29　毕满清，高文华. 模拟电子技术基础学习指导及习题详解. 北京：电子工业出版社，2010.